U0738607

Logo 演示动画

旋转的杂志

电视栏目开头动画

After Effects CC 从新手到高手

导入素材合成片头

创建真实的三维空间动画

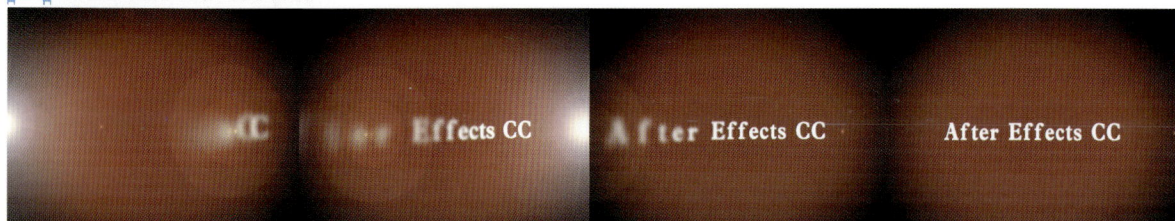

制作文字动画效果

制作冰冻文字效果

燃烧的画面

▶ 地震效果模拟

▶ 制作阴天下雨效果

金　　　　金属文　　　　金属文字　　　　金属文字动画

▶ 制作金属文字效果

▶ 创建真实的三维空间动画

▶ 制作新闻类片头

▶ 跟踪摄像机

▶ 蒙版动画

▶ 寻找宝藏

高等院校数字艺术设计系列教材

After Effects CC

影视后期制作 技术教程（第二版）

潘登 刘晓宇 编著

清华大学出版社
北京

<h1 style="text-align:center">内 容 简 介</h1>

本书由浅入深地介绍了影视后期合成的制作流程，以通俗易懂的文字全面讲述了After Effects CC的基础操作和应用。全书共分12章，内容涵盖后期合成基础知识、After Effects CC基础面板介绍、创建和管理项目、创建关键帧动画和蒙版动画、创建三维空间动画、添加图层效果、运动跟踪和表达式、常用效果的使用等内容，各章由理论和实践组成，从入门到进阶，使读者能够快速掌握After Effects CC的知识点并应用到实际的项目制作中。

本书附带1张DVD光盘，内容包括书中案例的素材、源文件和教学视频，使读者提高学习兴趣，提升学习效率。

本书可作为各高等院校、职业院校和培训学校的相关专业教材使用，也可作为广大视频编辑爱好者或相关从业人员的自学手册和参考资料。

图书在版编目 (CIP) 数据

After Effects CC 影视后期制作技术教程 / 潘登，刘晓宇 编著 .—2 版 .—北京：清华大学出版社，2016
(2018.12重印)

（高等院校数字艺术设计系列教材）

ISBN 978-7-302-43646-1

Ⅰ. ① A⋯ Ⅱ. ①潘⋯ ②刘⋯ Ⅲ. ①图像处理软件—高等学校—教材 Ⅳ. ① TP391.41

中国版本图书馆 CIP 数据核字 (2016) 第 083598 号

责任编辑：李　磊
封面设计：王　晨
责任校对：曹　阳
责任印制：李红英

出版发行：清华大学出版社
　　　　　网　　址：http://www.tup.com.cn，http://www.wqbook.com
　　　　　地　　址：北京清华大学学研大厦 A 座　　邮　　编：100084
　　　　　社 总 机：010-62770175　　　　　邮　　购：010-62786544
　　　　　投稿与读者服务：010-62776969，c-service@tup.tsinghua.edu.cn
　　　　　质 量 反 馈：010-62772015，zhiliang@tup.tsinghua.edu.cn
印　刷　者：清华大学印刷厂
装 订 者：三河市铭诚印务有限公司
经　　销：全国新华书店
开　　本：190mm×260mm　　印　张：26.25　　插　页：2　　字　数：637 千字
　　　　　（附 DVD 光盘 1 张）
版　　次：2010 年 1 月第 1 版　2016 年 7 月第 2 版　　印　次：2018 年 12 月第 3 次印刷
定　　价：59.00 元

产品编号：068738-02

After Effects CC是Adobe公司推出的一款视频处理软件，也是当前主流的视频合成和特效制作软件之一。After Effects与其他Adobe软件紧密集成，内置了数百种预设效果和动画，利用灵活的2D和3D合成，在影视后期特效、电视栏目包装、企业和产品宣传等领域得到了广泛的应用。

本书内容安排

本书是一本After Effects CC的学习手册，全面而系统地介绍了软件的基础操作和相关理论知识，提供了大量的实战案例，帮助读者快速地掌握软件的使用技巧。本书共分12章，内容如下。

第1章：介绍视频制作的相关基础概念和After Effects CC的安装软硬件要求及新增特性。

第2章：介绍After Effects CC的安装方法和主要的工作界面。学习软件的基础操作前，用户需要对软件中的窗口和面板有比较全面的了解并对软件进行合理的设置。

第3章：介绍如何导入不同类型的素材文件，创建合成的基本工作流程、常用窗口和面板的管理等。

第4章：介绍图层的种类、属性、操作方式、混合模式、合成嵌套、关键帧的创建和编辑等。

第5章：介绍形状工具、钢笔工具、蒙版的创建和动画制作等。

第6章：介绍创建文本、编辑文本、文字动画、文本效果等基础知识和操作。

第7章：介绍三维空间创建的基础知识和操作。

第8章：介绍色彩的基础知识以及调色效果的使用。

第9章：介绍键控效果。

第10章：介绍运动跟踪、跟踪摄像机、稳定运动、变形稳定器、表达式语言、表达式的添加和编辑等。

第11章：介绍常用的内置效果，包括过渡、风格化、模糊、扭曲等。

第12章：通过2个典型的案例，介绍内置效果和外置插件效果的使用，同时了解视频包装的基本制作流程和方法。

本书编写特色

对于实践性很强的应用软件，最佳的学习方法就是理论加实践教学。本书也针对这一点，从基础型的案例入手，由浅入深，无论是After Effects CC的初学者，还是有一定基础的软件使用者，本书内容都有可学习之处。

在编写本书的过程中，作者借鉴了国内外的优秀案例，让读者能够扩展项目的制作思路，通过经典的实战案例，快速地掌握实际项目的制作流程。

作者寄语

After Effects CC是基于图层的后期制作软件，与Photoshop相似，在项目的制作中，经常和Photoshop配合使用。对于软件基础相对薄弱的初学者，建议对Photoshop有一定的了解和熟悉后再开始After Effects CC的学习。在After Effects CC的学习过程中，建议读者先理清案例的制作思路和方法，再去学习绚丽的效果和插件，同时注重综合素质和艺术修养的不断提升，只有这样，才能够在视频制作的行业中做得更好。

本书由潘登、刘晓宇编写，另外张乐鉴、马胜、李兴、高思、王宁、杨宝容、杨诺、白洁、张茫茫、赵晨、赵更生、陈薇、杜昌国等人也参考了部分编写工作。虽然作者在写作过程中力求严谨，但书中难免存在疏漏或不足之处，恳请广大读者批评指正。

本书配套的PPT课件请到 http://www.tupwk.com.cn下载。

编 者

After Effects CC | 目录 🔍 ➡

第1章 进入合成的世界

第2章 基础面板介绍

第3章　创建和管理项目

第4章　基础图层动画

第5章　创建蒙版动画

第6章　文本动画

第7章　创建三维空间动画

第8章　色彩调节与校正

第9章　键控抠像

第10章　运动跟踪与表达式

第11章　常用效果介绍

第12章 综合案例

第1章

I 进入合成的世界

Adobe After Effects是Adobe公司推出的一款视频处理软件，在视频制作行业内得到了广泛的应用。该软件可以实现超凡的视觉效果，不仅与其他Adobe系列产品紧密集成，软件本身也具备了丰富的滤镜效果。利用软件灵活的2D和3D合成，用户可以快速、精确地完成电影、广告和电视包装等视频的制作。在本章中，主要介绍视频制作的相关基础概念和After Effects CC的安装软硬件要求及新增特性。

| 1.1 后期合成基础

合成是对已有的素材再次进行加工处理。素材可以是图像序列如拍摄或渲染完成的影片，也可以是单张的图片，通过后期处理生成完整的图像，使其能够达到需要的完美效果。

1.1.1 影视后期的应用领域

影视后期应用领域主要包括以下几个方面。

1. 电影特效

随着科技的进步、技术的完善以及设备的更新，电影及相关影视作品的制作也发生着巨大的变化。剧本的创作思路、演员的表现要求、画面语言的分布、情节效果的表现等方面都在从传统的影视模式向新兴的数字化和现代化模式转变。从早期剧本构思和分镜头表现来说，人们已经开始在创作初期就结合现有特效技术进行创作。现代化、数字化、多样化的后期特效技术使得创作人员有着更加宽广的发挥空间，而不再仅仅局限于老套的创作表达思路，许多在传统方式中难以表达的画面都变得更加简单便捷，也使得拍摄环境变得更加安全。

在特效多样化的今天，影视作品的创作变得越来越高效。拍摄剧组将不再考虑诸多的客观条件因素，而是依靠搭建好的摄影棚进行拍摄，蓝背技术、绿背技术、多样的物品模型、丰富的灯光表现、诸多的现代因素使得剧本和分镜头的创作变得更为重要。演员和灯光师将依照剧本设定的特效要求进行表演和调整，这也更加考验了演员的表演功底和生活阅历，需要在背景布下理解和模拟动作和自身情绪，努力做到与期望效果特效相匹配。而场务人员也需要根据剧本设定进行调整配合，例如道具的摆放位置、灯光的明暗设定、人物的走位变化等。这些设定和变化将服务于后期特效的添加和表现。

在前期拍摄工作结束后，专业后期人员会根据要求对前期素材进行加工，添加上需要的场景素材或者表现特效。这种现代化、数字化、高效化的影视创作方式已经完全替代了老旧的、传统的拍摄方法。如今，随着后期软件种类的增加，人们越来越了解影视后期再创作的重要性，如图1-1所示。

图1-1

2. 电视包装

如今，电视包装这一词语已经逐渐被各大广告公司、工作室和影视节目公司所熟知。从"包装"两个字的字面意思来看，所有人都可以清晰地明白含义，但对电视包装的确切定义、内在含义和对外影响等方面却很少有人做出过深入的研究和讨论。一般来说，电视包装中的包装是借用词语的实际意义来体现其表现功能，是把影视节目如电视节目、电视剧、电视频道等进行整体形象的规范和装饰，其中包括声音部分(如语言、音效)、图像部分(如画面的表达、动画等)以及颜色部分(如颜色的选择和搭配等)诸多组成部分。

电视包装可以突出自身的特点和风格，可以让观众快速而准确地识别相应的影视风格，可以加快推广速度，树立自身品牌形象，增大自身竞争力。

电视包装是电视节目发展的刚性需求，是电视节目整体综合实力的一种体现。如今，各大电视台之间有着非常激烈的竞争，观众的收视率影响着自身的综合效益。广大观众在休闲娱乐上有着完全自由的主动选择权和极大的盲目跟风性。在这种社会环境下，电视包装的重要性就显得尤为关键。在现今社会，商品的买卖尤其注重产品的包装和推广，这一点和电视包装就有着异曲同工之妙。只有好的电视包装，才能逐步向外推广出自身品牌，只有好的推广度才能抓住观众的眼球，只有把观众吸引住，才能回报自身的付出。这一系列的因果关系就能很好地说明电视包装在现今社会的重要性和必要性，如图1-2所示。

图1-2

3. 宣传片

1）企业宣传片

随着社会的进步，企业也慢慢开始适应这个数字化的时代。随着人们生活中科技产品的普及，越来越多的人可以足不出户地查询自己想要了解的事物，企业的宣传和推广方式也在进行着潜移默化的转变。从传统的文字宣传方式到如今数字化、直观化的宣传短片，这一变化强烈冲击着众多消费者的感官。如今，各大企业都在制作具有自己企业特色的宣传短片，力求通过一部短片概括地表达出自身企业的优点和文化。企业宣传片的形式多种多样，如故事叙述模式、创意展现模式等。在企业宣传片的制作过程中，影视后期特效的制作和添加可以使影片与众不同。这种创新不仅会给人耳目一新的感觉，还会让观看者印象深刻，难以忘怀，如图1-3所示。

图1-3

2）产品宣传

再优秀的产品如果没有一个好的推广，就不会被消费者所熟知。没有人会去选择消费一个闻所未闻的产品。消费者不去选择，生产厂家就会被其他同行挤压出局。这就是产品宣传的重要性。如今，如何提升自身产品的知名度，如何推广企业和企业文化是每一位企业高层决策者所面临的最重大的选择。拍摄产品宣传片就是一个简单、直接、明了的选择。每一个消费者都可以通过产品宣传片最直观地得到产品的情况信息，从而决定是否选取该物品，如图1-4所示。

图1-4

3）活动宣传

　　如今，在诸多活动庆典中，人们也会选择用镜头记录下这些美好的瞬间，然后进行加工编辑，制作成精美的纪录片，如图1-5所示。

图1-5

1.1.2 影视后期制作软件

影视后期制作软件主要分为剪辑软件和合成软件。

1. 剪辑软件

Adobe Premiere Pro：作为目前最流行的一款视频编辑软件，可以提供功能强大的数字视频编辑工具，它作为一种强大的多媒体视频和音频编辑软件，应用范围十分广泛，可以让用户更加高效地进行创作。Adobe Premiere Pro有着人性化的界面和丰富的工具，可以满足绝大部分后期制作人员的各种要求。在同一价格水平中，Adobe Premiere Pro提供了高效的生产力和灵活的操控性。Adobe Premiere Pro是一款非线性视频编辑软件，同时也兼顾了音频的编辑，被诸多后期制作人员所喜爱。

Final Cut Pro：这是苹果系统中专业的视频编辑剪切软件Final Cut Studio旗下的一个子产品。Final Cut Pro HD是一款功能齐全且强大的程序软件，具有广阔的拓展空间、精确的剪辑工具以及顺畅的工作流程。Final Cut Pro HD除了依靠PCI卡取得HD-SDI之外，还可以通过FireWire接口来获取DVCPRO HD格式并进行输出。这一软件兼容多数视频格式。

Vegas：这是一款主打视频和音频编辑的软件。软件中无限制的视频轨道和音频轨道是其独有的特点，这一特性是其他软件所没有的。同时这款软件可以兼备进阶编码、转场特效、视频合成、视频修改和动画控制等工作。

EDIUS：这是一种非线性编辑软件。通常这种软件服务于广播和后期创作环节，例如可让新闻记者进行无带化视频播放和保存。这一软件有着近乎完美的文件工作流程，在这一流程中，软件提供了实时多轨道多格式编辑，同时兼顾混合合成字幕时间线输出功能。

2. 合成软件

NUKE：作为大型电影特效制作软件的代表，NUKE已经在许多电影和商业电影的数字制作领域崭露头角。NUKE是由The Foundry公司开发的一种依靠数字节点式进行合成的软件。NUKE拥有超过10年的实践经验，曾获得过学院奖(Academy Award)。NUKE创造出了可以输出高质量图像的方法，不需要有特殊的硬件平台，就可以提供组合操作扫描图像的功能。NUKE有着高效、经济和全面的工具功能。在数字领域，NUKE已经参与制作了近百部电影和数以万计的商业、音乐、电视节目。

Autodesk Discreet Toxik：它的数字合成系统初衷是专为电影长度而制作。这个新的软件的侧重点放在了数据管理上，可以将先进的制作工具和高动态图像处理有效地结合起来。Toxik软件可以用来处理工程图形，使用起来感觉就像快速批量生产物品那样容易。它可以详细记录电影或电视剧制作中的每一个动作，并可以记录当前每一个阶段的状态。Toxik是一个强大的新兴软件。该软件的最大亮点是有一个全面的创意工具箱，这个特征是Toxik的最大卖点。先进的记录、按钮、油漆桶和行动记录，以及工具系统界面则是由新的功能强大的3D所合成。

Digital Fusion：可以支持Adobe After Effects的后期特效插件和世界最著名的5D和ULTIMATTE插件，同时也是一款基于动画曲线和流程的合成软件。对习惯于Maya和Softimage 3D软件操作的人来说会感到非常合适。这一软件已被广泛应用于电影、高清晰度电视、广播和电视剧的生产中，这是第一个服务于64位PC操作平台，并支持64位色彩颜色校正的软件，而且具有独特的基于SGI平台软件合成技术，可以实现多线程节点的渲染和多任务实时渲染预览。这款软件支持PC、SGI等系统平台上的诸多图像格式，还支持Z通道*.rla图像格式文件，兼容多处理器。

1.2 视频格式基础

熟悉视频基本的组成单位和标准格式要求，可以更加有效地对视频进行编辑处理，还可以在项目设置环节选择更为合适的选项标准，设置更为准确的格式。

1.2.1 像素

像素是构成数字图像的基本单元，通常以像素每英寸PPI(pixels per inch)为单位来表示图像分辨率的大小。把图像放大数倍时，会发现图像是由多个色彩相近的小方格所组成，这些小方格就是构成图像的最小单位，就是像素。图像中的像素点越多，色彩越丰富，图像效果越好，如图1-6所示。

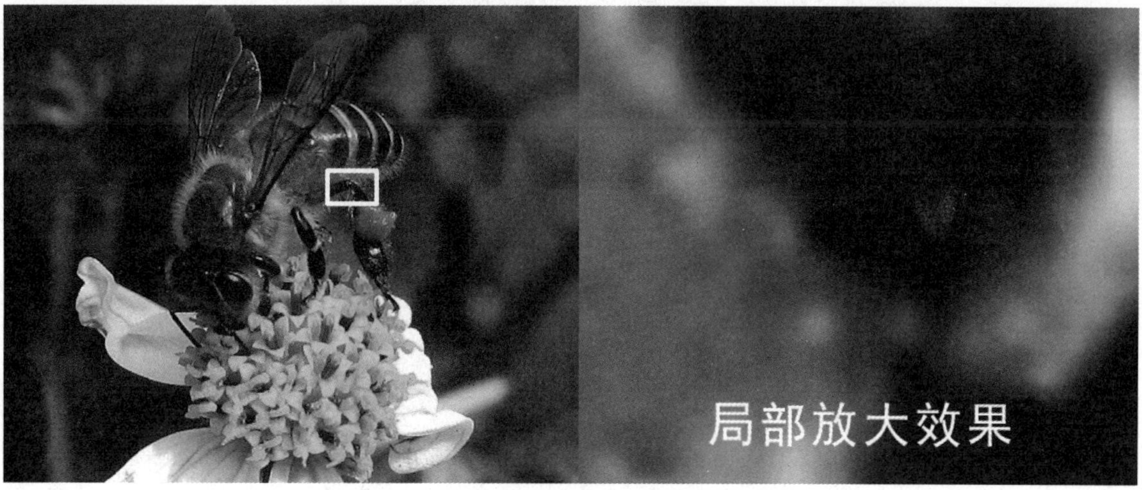

图1-6

1.2.2 像素比

像素比是指图像中的一个像素的宽度与高度之比，方形像素比为1.0(1：1)。由于计算机产生的图像的像素比永远是1：1，而电视设备所产生的视频图像，就不一定是1：1，如我国的PAL制像素比就是16：15=1.07。同时，PAL制规定画面宽高比为4：3。根据宽高比的定义来推算，PAL制图像分辨率应为768×576，在像素比为1：1的情况下，PAL制的分辨率为720×576。因此，实际PAL制图像的像素比是768：720=16：15=1.07，也就是通过把正方形的像素"拉长"的方法，保证了画面4：3的宽高比例。

▊ 1.2.3 画面大小

数字图像是以像素为单位表示画面的高度和宽度。标准的画面像素大小有许多种，如DV画面像素大小为720×576，HDV画面像素大小为1280×720和1400×1080，HD高清画面像素大小为1920×1080等。用户也可以根据需要，自定义画面的大小。

▊ 1.2.4 帧

帧就是动态影像中的单幅影像画面，是动态影像的基本单位，相当于电影胶片上的每一格镜头。一帧就是一个静止的画面，多个画面逐渐变化的帧快速播放，就形成了动态影像。

关键帧就是指画面或物体变化中的关键动作所处的那一帧，即比较关键的帧。关键帧与关键帧之间的动画画面可以由软件来创建，这一过程称为补间动画，中间的帧称为过渡帧或者中间帧，如图1-7所示。

图1-7

▊ 1.2.5 帧速率

帧速率就是每秒钟显示的静止图像的帧数，通常用fps(Frames Per Second)表示。帧速率越高，影像画面的动画就越流畅。如果帧速率过小，视频画面就会不连贯，影响观看效果。电影的帧速率为24fps，中国电视的帧速率为25fps。通过改变帧速率的方式，可以达到快速镜头或慢速镜头的表现效果。

▊ 1.2.6 时间码

时间码(Time Code)是摄像机在记录图像信号的时候，针对每一幅图像记录的唯一的时间编码。数据信号流为视频中的每一帧都分配一个数字，每一帧都有唯一的时间码，格式为"小时:分钟:秒钟:帧"。例如，01:45:17:10表示为1小时45分钟17秒10帧。

1.2.7　视频记录方式

视频记录方式有两种，分别是数字信号(Digital)记录方式和模拟信号(Analog)记录方式。

数字信号记录方式就是用二进制数记录数据内容，通常用于新型视频设备，如DV、DC、平板电脑和智能手机等。数字信号可以通过有线或无线方式进行传播，传输质量不受距离因素的影响。

模拟信号记录方式就是以连续的波形记录数据，通常用于传统视频设备。模拟信号可以通过有线或无线方式进行传播，传输质量随着距离的增加而衰减。

1.2.8　扫描格式

扫描格式是视频标准中最基本的参数，主要包括图像在时间和空间上的抽样参数，即每行的像素数、每秒的帧数，以及隔行扫描或逐行扫描。

扫描格式主要有两大类，即525/59.94和625/50，前者是每帧的行数，后者是每秒的场数。NTSC制式的场频是59.940 059 94Hz，行频是15 734.265 73Hz；PAL制式的场频是50Hz，行频是15 625Hz。

在数字视频领域，通常用水平、垂直像素数和帧频率来表示扫描格式，例如720×576，25Hz和720×480，29.97Hz等。

1.2.9　扫描方式

在将光信号转换为电信号的扫描过程中，扫描总是从图像的左上角开始，水平向前行进，同时扫描点也以较慢的速率向下移动。当扫描点到达图像右侧边缘时，扫描点快速返回左侧，重新开始在第一行的起点下面进行第二行扫描，行与行之间的返回过程称为水平消隐。一幅完整的图像扫描信号，由水平消隐间隔分开的行信号序列构成，称为一帧。扫描点扫描完一帧后，要从图像的右下角返回到图像的左上角，开始新一帧的扫描，这一时间间隔，叫作垂直消隐。PAL制式信号采用每帧扫描625行，NTSC制式信号采用每帧扫描525行。

按照行的扫描顺序，可以分为交错式扫描和非交错式扫描，也称为隔行扫描和逐行扫描两种扫描方式。

1.2.10　场

交错式扫描就是先扫描帧的奇数行得到奇数场，再扫描偶数行得到偶数场。每一帧由两个场组成，奇数场和偶数场又称为上场和下场。场以水平分隔线的方式隔行保存帧的内容，在显示时可以选择优先显示上场内容或下场内容。

计算机操作系统是以非交错扫描形式显示视频的，非交错式扫描是比交错式扫描更为先进的扫描方式，每一帧图像一次性垂直扫描完成，即为无场。

1.3　电视制式

电视制式就是用来实现电视图像或声音信号所采用的一种技术标准，电视信号的标准可以简称为制式。由于世界上各个国家所执行的电视制式的标准不同，电视制式也是有区别的，主要表现在帧速率、分辨率和信号带宽等多方面。世界上主要使用的电视制式有NTSC、PAL和SECAM 3种，分布在世界各个国家和地区，如图1-8所示。

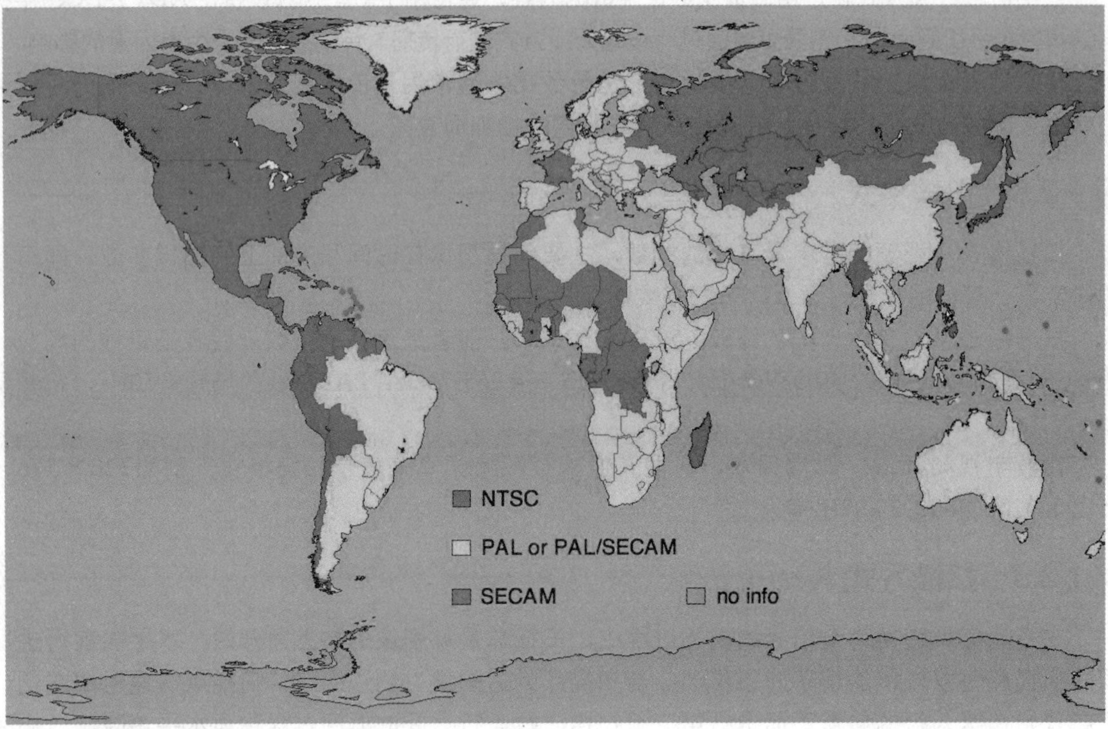

图1-8

▋ 1.3.1　NTSC制式

　　NTSC(National Television Standards Committee，美国国家电视标准委员会)制式一般被称为正交调制式彩色电视制式，是1952年由美国国家电视标准委员会指定的彩色电视广播标准，采用正交平衡调幅的技术方式。

　　采用NTSC制式的国家和地区有中国台湾、日本、韩国、菲律宾、美国和加拿大等。

▋ 1.3.2　PAL制式

　　PAL(Phase Alternating Line，逐行倒相)制式一般被称为逐行倒相式彩色电视制式，是西德在1962年指定的彩色电视广播标准，它采用逐行倒相正交平衡调幅的技术方法，克服了NTSC制式相位敏感造成色彩失真的缺点。

　　采用PAL制式的国家有德国、中国、英国、意大利和荷兰等。PAL制式根据不同的参数细节，进一步划分为G、I、D等制式，中国采用的制式是PAL-D制式。

▋ 1.3.3　SECAM制式

　　SECAM制式，又称塞康制，是法国在1956年提出，1966年研制成功并制定的一种新的彩色电视制式，首先用在法国模拟彩色电视系统。有3种形式的SECAM：即SECAM(SECAM-L)、SECAM-B/G和SECAM D/K，不同的形式在不同的国家和地区使用。

采用SECAM制式的国家和地区有法国、东欧、非洲各国和中东一带。

1.4 文件格式

在项目编辑的过程中会遇到多种图像、音频和视频格式，掌握这些格式的编码方式和特点，可以更好地选择合适的格式进行应用。

1.4.1 编码压缩

由于一些文件过大，导致占用空间较多，为了节省空间和方便管理，需要将文件重新压缩编码计算，以便得到更好的效果。压缩分为无损压缩和有损压缩两种。

无损压缩就是压缩前后数据完全相同，没有损失。有损压缩就是损失一些人所不敏感的音频或图像信息，以减小文件体积。压缩的比重越大，文件损失数据就会越多，压后效果就越差。

1.4.2 图像格式

图像格式是计算机存储图像的格式，常见的图像格式有GIF格式、JPEG格式、BMP格式和PSD格式等。

1. GIF格式

GIF格式全称为Graphics Interchange Format，是图形交换格式，是一种基于LZW算法的连续色调的无损压缩格式。GIF格式的压缩率一般在50%左右，支持的软件较为广泛。GIF格式可以在一个文件中存储多幅彩色图像，并可以逐渐显示，构成简单的动画效果。

2. JPEG格式

JPEG格式全称为Joint Photographic Expert Group，是最常用的图像文件格式之一，由软件开发联合会组织制定，是一种有损压缩格式，能够将图像压缩在很小的储存空间中。JPEG格式是目前网络上最流行的图像格式，可以把文件压缩到最小，就是用最少的磁盘空间得到较好的图像品质。

3. TIFF格式

TIFF格式全称为Taggad Image File Format，这是由Aldus和 Microsoft公司为桌上出版系统研制开发的一种较为通用的图像文件格式。TIFF格式支持多种编码方法，是图像文件格式中较复杂的格式，具有扩展性、方便性、可改性等特点，多用于印刷领域。

4. BMP格式

BMP格式全称为Bitmap，是Windows环境中的标准图像数据文件格式。BMP格式采用位映射存储格式，不采用其他任何压缩，所需空间较大，支持的软件较为广泛。

5. TGA格式

TGA格式又称为Targa,全称为Tagged Graphics,是一种图形图像数据的通用格式,是多媒体视频编辑转换的常用格式之一。TGA格式对不规则形状的图形图像支持较好,它支持压缩,使用不失真的压缩算法。

6. PSD格式

PSD格式全称为Photoshop Document,是Photoshop图像处理软件的专用文件格式。PSD格式支持图层、通道、蒙版和不同色彩模式的各种图像特征,是一种非压缩的原始文件保存格式。PSD格式保留了图像的原始信息和制作信息,方便软件处理修改,但文件较大。

7. PNG格式

PNG格式全称为Portable Network Graphics,是便携式网络图形格式,该格式能够提供比GIF格式还要小的无损压缩图像文件,并且保留了通道信息,可以制作背景为透明的图像。

1.4.3 视频格式

视频格式是计算机存储视频的格式,常见的视频格式有MPEG格式、AVI格式、MOV格式和3GP格式等。

1. MPEG格式

MPEG(Moving Picture Experts Group,动态图像专家组)是针对运动图像和语音压缩制定国际标准的组织。MPEG标准的视频压缩编码技术主要利用了具有运动补偿的帧间压缩编码技术,以减小时间冗余度,大大增强了压缩性能。MPEG格式被广泛应用于各个商业领域,成为主流的视频格式之一。MPEG格式包括MPEG-1、MPEG-2和MPEG-4等。

2. AVI格式

AVI格式全称为Audio Video Interleaved,即音频视频交错格式,是将语音和影像同步组合在一起的文件格式。通常情况下,一个AVI文件里会有一个音频流和一个视频流。AVI格式文件是Windows操作系统中最基本的也是最常用的一种媒体格式文件。AVI文件作为主流的视频文件格式之一,被广泛应用于影视、广告、游戏和软件等领域,但由于该文件格式占用内存较大,经常需要进行一些压缩。

3. MOV格式

MOV(QuickTime)是 Apple(苹果)公司创立的一种视频格式,是一种优秀的视频编码格式,也是常用的视频格式之一。

4. ASF格式

ASF(Advanced Streaming Format,高级流格式)是一种可以在网上即时观赏的视频流媒体文件压缩格式。

5. WMV格式

Windows Media格式输出的是WMV格式文件,其全称是Windows Media Video,是微软公司推出的一种流媒体格式。在同等视频质量下，WMV格式的文件可以边下载边播放，很适合在网上播放和传输，因此也成为常用的视频文件格式之一。

6. 3GP格式

3GP是一种3G流媒体的视频编码格式，主要是为了配合3G网络的高传输速度而开发的，也是手机中较为常见的一种视频格式。

7. FLV格式

FLV是Flash Video的简称，是一种流媒体视频格式。FLV格式的文件体积小，方便网络传输，多用于网络视频播放。

8. F4V格式

F4V格式是Adobe公司为了迎接高清时代而推出的继FLV格式后的支持H.264的F4V流媒体格式。F4V格式和FLV格式主要的区别在于，FLV格式采用的是H263编码，而F4V则支持H.264编码的高清晰视频。文件大小相同的情况下，F4V格式文件更加清晰流畅。

1.4.4 音频格式

音频格式是计算机存储音频的格式，常见的音频格式有WAV格式、MP3格式、MIDI格式和WMA格式等。

1. WAV格式

WAV是微软公司开发的一种声音文件格式。该格式支持多种压缩算法，支持多种音频位数、采样频率和声道，标准WAV格式是44.1K的采样频率，速率88K/S，16位。支持WAV格式的软件较为广泛。

2. MP3格式

MP3全称为MPEG Audio Player 3，是MPEG标准中的音频部分，也就是MPEG音频层。MP3格式采用保留低音频、高压高音频的有损压缩模式，具有10：1～12：1的高压缩率，因此MP3格式文件体积小、音质好，成为较为流行的音频格式。

3. MIDI格式

MIDI(Musical Instrument Digital Interface)格式允许数字合成器和其他设备交换数据，是编曲界最广泛的音乐标准格式。MIDI格式用音符的数字控制信号来记录音乐，在乐器与电脑之间以较低的数据量进行传输，存储在电脑里的数据量也相当小，一个MIDI文件每存1分钟的音乐只用大约5～10KB的空间。

4. WMA格式

WMA (Windows Media Audio) 是微软公司推出的音频格式，该格式的压缩率一般都可以达到1：18左右，其音质超过MP3格式，更远胜于RA(Real Audio)格式，成为广受欢迎的音频格式之一。

5. Real Audio格式

Real Audio(简称RA)是一种可以在网上实时传输和播放的音频流媒体格式。Real的文件格式主要有RA(Real Audio)、RM(Real Media，Real Audio G2)和RMX(Real Audio Secured)等。RA文件压缩比例高，可以随网络带宽的不同而改变声音的质量，带宽高的设备可使听众听到较好的音质。

6. AAC格式

AAC (Advanced Audio Coding，高级音频编码)是杜比实验室提供的技术。AAC格式是遵循MPEG-2的规格所开发的技术，可以在比MP3格式小30%的体积下，提供更好的音质效果。

1.5 初识After Effects CC 2015

Adobe After Effects是用于制作影视特效的专业合成软件，在视频行业中得到了广泛的应用。经过版本的不断更新，现在已经推出After Effects CC 2015版本，其功能也变得更加强大。

1.5.1 After Effects CC 2015系统要求

1. Windows系统

☆ Intel® Core™2 Duo 或 AMD Phenom® II 处理器；要求 64 位支持。

☆ Microsoft® Windows® 7 Service Pack 1 和 Windows® 8。

☆ 4GB RAM(建议8GB)。

☆ 3GB 可用硬盘空间；安装过程中需要额外可用空间(无法安装在可移动闪存设备上)。

☆ 用于磁盘缓存的额外磁盘空间(建议10GB)。

☆ 1280×900 显示器。

☆ 支持 OpenGL 2.0 的系统。

☆ DVD-ROM 驱动器，用于从 DVD 介质进行安装。

☆ QuickTime 功能所需的 QuickTime 7.6.6软件。

☆ 可选：Adobe 认证的 GPU 显卡，用于 GPU 加速的光线追踪 3D 渲染器。

☆ 互联网连接，并登记激活所需的软件、会员验证和访问在线服务。

2. Mac OS系统

☆ 具有 64 位支持的多核 Intel 处理器。

☆ Mac OS X 10.6.8、10.7或10.8。

☆ 4GB RAM(建议 8GB)。

☆ 4GB可用硬盘空间用于安装；安装过程中需要额外可用空间(无法安装在使用区分大小写的文件系统的卷上，也无法安装在可移动闪存设备上)。

☆ 用于磁盘缓存的额外磁盘空间(建议10GB)。

☆ 1280×900显示器。

☆ 支持 OpenGL 2.0 的系统。

☆ DVD-ROM 驱动器，用于从DVD介质进行安装。

☆ QuickTime功能所需的QuickTime 7.6.6软件。

☆ 可选：Adobe 认证的GPU显卡，用于GPU加速的光线追踪 3D 渲染器。

☆ 互联网连接，并登记激活所需的软件、会员验证和访问在线服务。

1.5.2　After Effects CC 2015新增特性

1. Creative Cloud Libraries

在 After Effects CC 2015中加入了 Creative Cloud Libraries，在【窗口】|【库】面板中，当安装完Creative Cloud应用程序后，用户可以直接访问和重复使用存储在 Creative Cloud Libraries 中的资源，以轻易分享彼此的档案，加强团队之间的配合。

2. 与Adobe Stock 集成

使用 Adobe Stock可以查看、试用和购买主要图库中的高质量的免版税图像。在【窗口】|【库】面板中，用户可以直接单击【搜索 Adobe Stock】按钮 ，并在After Effects 内搜索。

3. 不中断的预览

在低版本的 After Effects 中，在合成、图层或素材查看器中开始预览后，单击用户界面中的任何位置则会停止预览。在 After Effects CC 2015中重新调整了软件架构，新版本界面与算图各自独立在CPU中处理，预览项目的同时可以对项目进行更改。可查看设计迭代、调整属性甚至调整面板大小，而不必停止合成的播放。

4. 统一和可配置的预览

现在可以使用新的"预览"面板自定义预览行为。如果你是 After Effects 的新用户，将发现可实时回放音频和缓存帧的默认"预览"(按空格键可启动)，非常直观。对于经验丰富的 After Effects 用户，可以配置"预览"选项来适应自己的工作风格。原本使用空格键(Space)与数字键盘0的两种播放在新版本中合二为一，RAM Preview正式告别After Effects，现在只需通过空格键就可以预览播放。预览现在可被视为统一、用户可配置的行为。通过"预览"面板中的新控件，用户可以为每个键盘快捷键配置预览行为：音频、循环、缓存、范围和图层控件。

5. 人脸跟踪功能

After Effects CC 2015中现在包括人脸跟踪功能。通过管理跟踪的细节级别，用户能够以极高的精确度检测和跟踪人脸。新的脸部追踪技术可以快速追踪脸部(追踪不受表情变化影响，可用于打马赛克)，也可以追踪脸部表情细节(可以自动产生左右眉毛、眼睛、鼻子、嘴巴部分的关键帧)，包含许多追踪数据，可进一步利用来制作角色表情动画。

6. 与Adobe Character Animator(Preview)集成

Adobe Character Animator (Preview)是一款配套应用程序，可通过简单的键盘操作和自动化功能跟踪脸部运动、录制画外音，甚至触发身体运动，从而让用户在 Illustrator 或 Photoshop 中创造的角色栩栩如生。在After Effects中可直接打开新的动画软件Adobe Character Animator角色动画师，搭配视频摄影机可以快速制作表情动画。

7. 表达式检视功能

新的表达式(Expression)检视功能可以让用户更清楚是哪些地方出了问题，如表达式绑定图层误删，还可以返回表达式修改前一步骤。

8. 用户界面增强功能

界面进一步优化，包含一些图标以及界面文字亮度。【项目】面板和【时间轴】面板中的合成和图像序列图标现在是彩色的，而不是黑白的。界面各栏位的调整也更加弹性化。

9. Maxon Cineware 2.0.15 增效工具

CINEMA 4D 图层不再自动同步，在合成中添加 CINEMA 4D 场景图层的多个实例时，包括添加多程图层，Cineware 不会再自动同步 CINEMA 4D 图层。

10. 其他更新

多重处理首选项已被移除，原因是 After Effects CC 2015 中采用了新的线程体系结构。之前名为【内存和多重处理】的首选项现在称为【内存】。

RED camera raw (.r3d) 文件解码已更新为最新的RED SDK，头脑风暴功能(Brain Storm)已经被移除。

第2章

基础面板介绍

在本章中，主要介绍After Effects CC的安装方法和基本工作界面。学习软件的基础操作前，我们需要对软件中的窗口和面板有比较全面的了解。在进行实际项目制作时，系统将以默认的设置运行该软件，为了适应不同的制作需求，用户需要对After Effects CC首选项进行了解和设置。

2.1 After Effects CC的安装

要安装After Effects CC软件，用户可以先在Adobe官网注册ID，然后通过Adobe Creative Cloud下载软件。Adobe Creative Cloud是一种数字中枢，用户可以通过它访问每个Adobe Creative Suite 6桌面应用程序、联机服务以及其他新发布的应用程序，是一种在线订阅服务。用户付费订阅，这样可以通过Creative Cloud下载CC版本的程序以及更新升级程序。在Creative Cloud的Adobe软件中选择After Effects CC进行安装，或者购买下载好的程序，进行安装，如图2-1所示。

Adobe® Creative Cloud™

图2-1

01 双击安装程序，如图2-2所示。

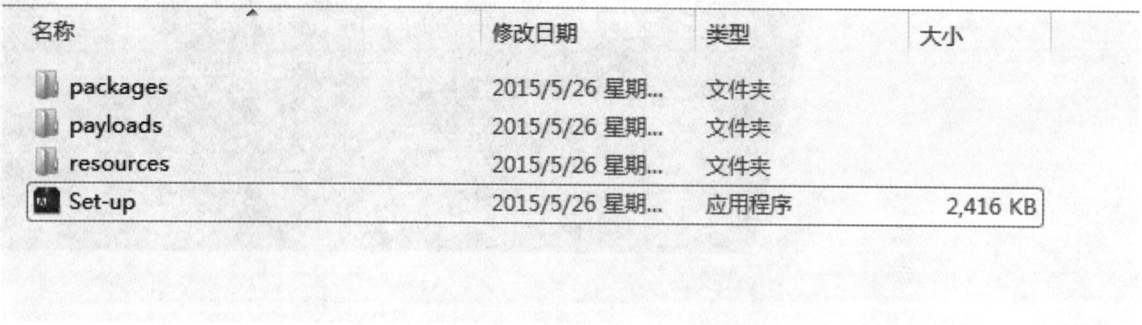

名称	修改日期	类型	大小
packages	2015/5/26 星期...	文件夹	
payloads	2015/5/26 星期...	文件夹	
resources	2015/5/26 星期...	文件夹	
Set-up	2015/5/26 星期...	应用程序	2,416 KB

图2-2

02 初始化安装程序，如图2-3所示。

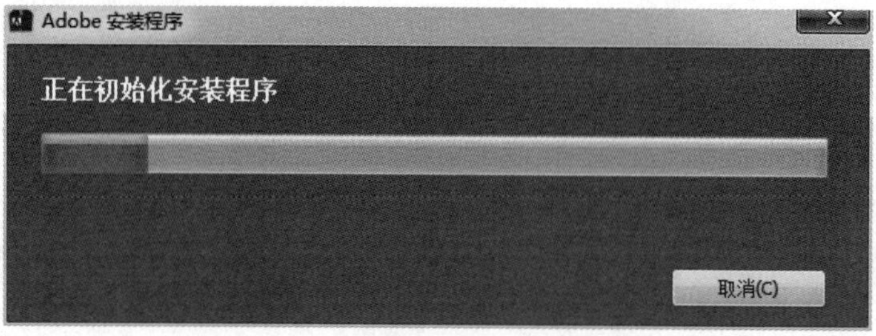

Adobe 安装程序

正在初始化安装程序

取消(C)

图2-3

03 进入【欢迎】界面后，选择【安装】或者【试用】，如图2-4所示。

04 进入【需要登录】界面后，单击【登录】按钮，如图2-5所示。

05 进入【Adobe软件许可协议】界面后，阅读协议，单击【接受】按钮，如图2-6所示。

图2-4

图2-5

图2-6

06 进入【选项】界面后，选择语言和安装路径，单击【安装】按钮，如图2-7所示。

图2-7

07 进入【安装】界面后，等待安装结束即可，如图2-8所示。

图2-8

08 结束软件安装，如图2-9所示。

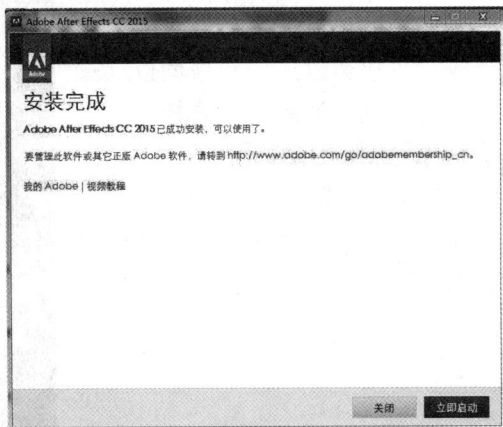

图2-9

09 运行After Effects CC，如图2-10所示。

图2-10

2.2 After Effects CC界面

Adobe CC的软件应用已经重新设计，更加微妙的色彩方案和简化的用户界面元素同样体现在了新版本的Adobe After Effects CC中。在学习软件的基础操作前，我们需要对软件中的窗口和面板有比较全面的了解。

2.2.1 欢迎界面

当用户首次启动Adobe After Effects CC时，会弹出一个欢迎界面。在欢迎界面中，用户可以打开最近使用的项目或重新建立新的合成，可以通过入门和帮助以及支持的选项帮助新用户更快地熟悉Adobe After Effects CC，还可以通过Adobe Creative Cloud功能，在云端同步和储存文件，如图2-11所示。

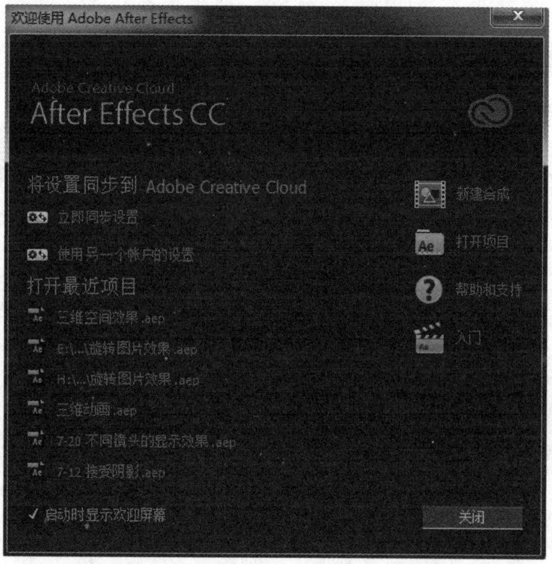

图2-11

提示

用户可以通过取消勾选【启动时显示欢迎屏幕】选项，取消启动软件时所显示的用户欢迎界面，直接进入到工作界面中。

2.2.2　工作界面

Adobe After Effects CC为用户提供了一个可以根据需求而自由定制的工作界面。用户可以根据个人的工作需求自由调整面板的位置及大小，也可以隐藏或显示某些面板。

在默认情况下，工作界面主要由菜单栏、工具栏、【合成】窗口、【项目】面板、【时间轴】面板等构成。用户也可以通过单击【窗口】菜单关闭或显示工作界面中的面板。在工作界面的右上方提供了一个【工作区】选项，用户可以单击【工作区】选项，在下拉菜单中选择相应的工作模式。Adobe After Effects CC中预设了9种工作模式供用户选择，如图2-12所示。

图2-12

☆　【项目】面板：该面板主要用来储存和管理素材。在其中，用户可以查看素材的大小、持续时间以及帧速率等信息，也可以对素材进行解释、替换、重命名、重新加载等操作。如果项目中的素材很多，用户也可以通过添加文件夹的方式分类和管理素材，如图2-13所示。

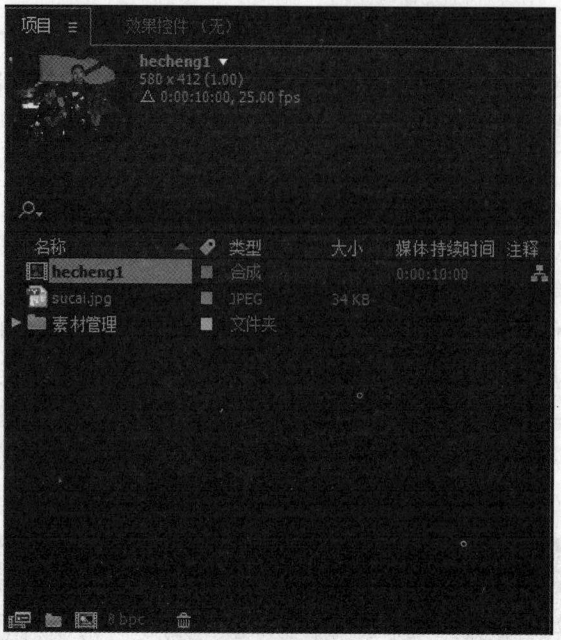

图2-13

☆ 【时间轴】面板：该面板可用于进行添加滤镜和关键帧等操作。在【时间轴】面板中，素材是以图层的方式从上至下排列而成。面板主要分为两个区域，左侧为面板的控制区域，右侧为时间线编辑区域。在时间线编辑区域中，用户还可以通过【图表编辑器】按钮 将编辑区域分为关键帧编辑和图表编辑模式，如图2-14所示。

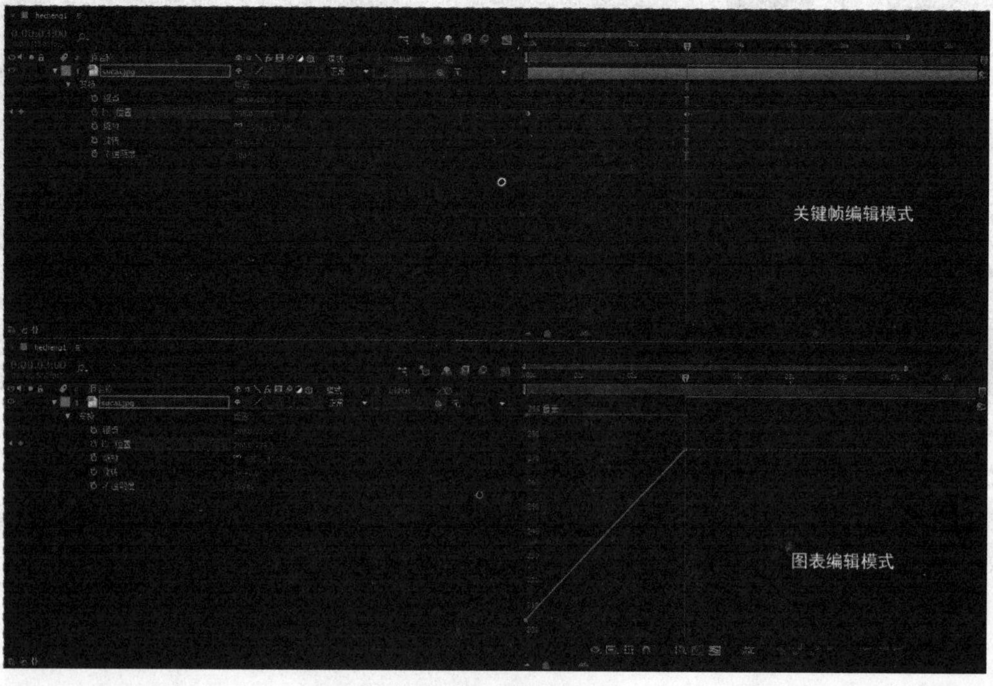

图2-14

☆ 【合成】窗口：该窗口主要用于显示各个层的效果。窗口中主要分为显示区域和操作区域，用户可以在窗口中设置画面的显示质量、调整窗口的显示大小及多视图显示等，如图2-15所示。

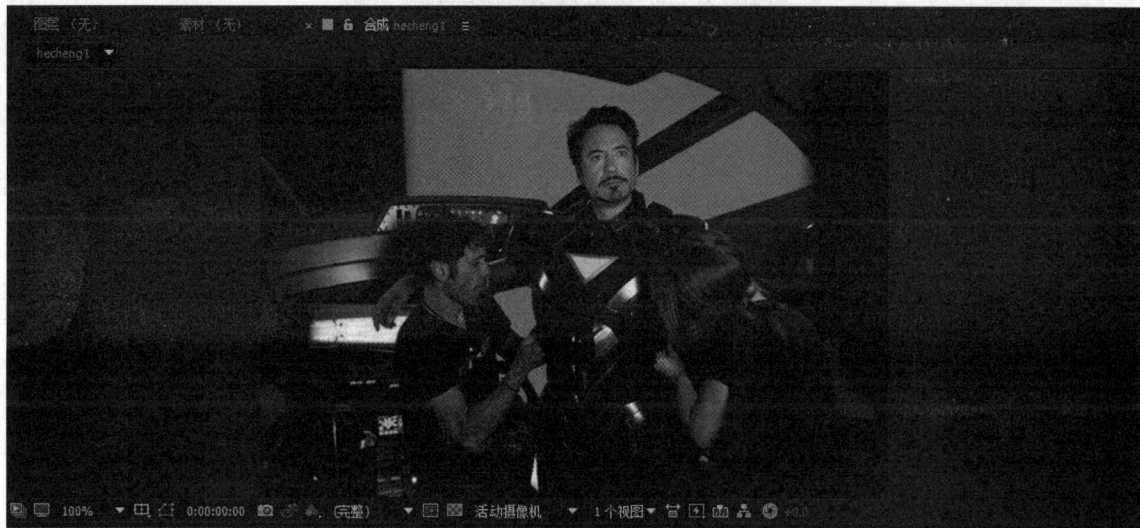

图2-15

☆ 【信息】面板：该面板中可以显示鼠标在【合成】窗口中的颜色信息和位置信息。用户可以通过该面板配合调色滤镜进行画面颜色的调整，如图2-16所示。

☆ 【效果和预设】面板：在该面板中用户可以直接调用，为图层添加滤镜效果。同时，Adobe After Effects CC也为用户提供了已经制作完成的动画预设效果，这些效果包含文字动画、图像过渡、动态背景等，用户可以在动画预设中直接调用，如图2-17所示。

图2-16   图2-17

☆ 【段落】面板：该面板主要用于设置文字的对齐方式、缩进方式等，如图2-18所示。

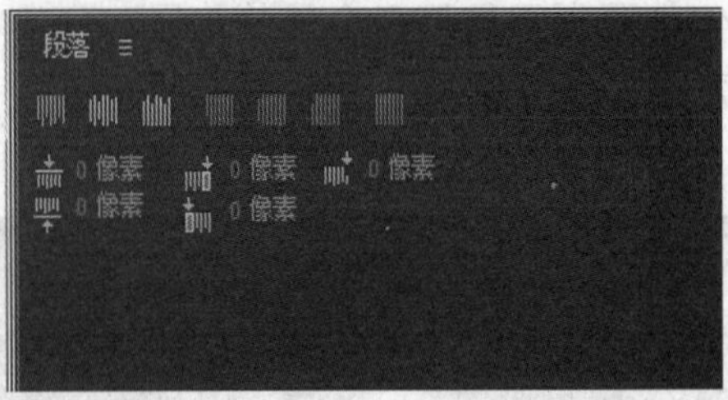

图2-18

☆【预览】面板：在进行合成的预览时，可以通过时间控制面板进行控制，如图2-19所示。

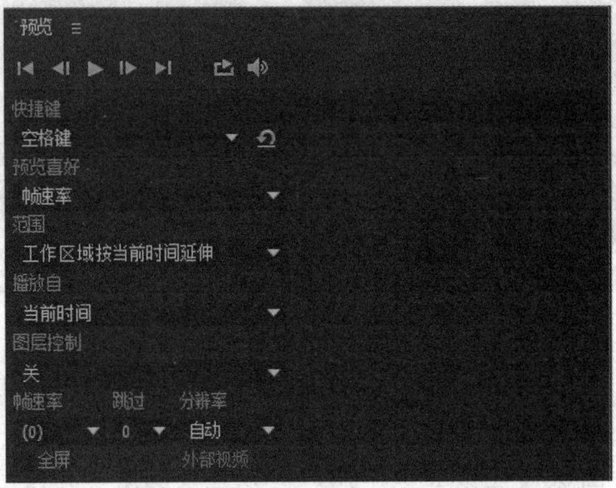

图2-19

☆【图层】窗口：该窗口是对合成中的图层进行观察和设置，用户可以直接在窗口中调节图层的入点和出点，如图2-20所示。

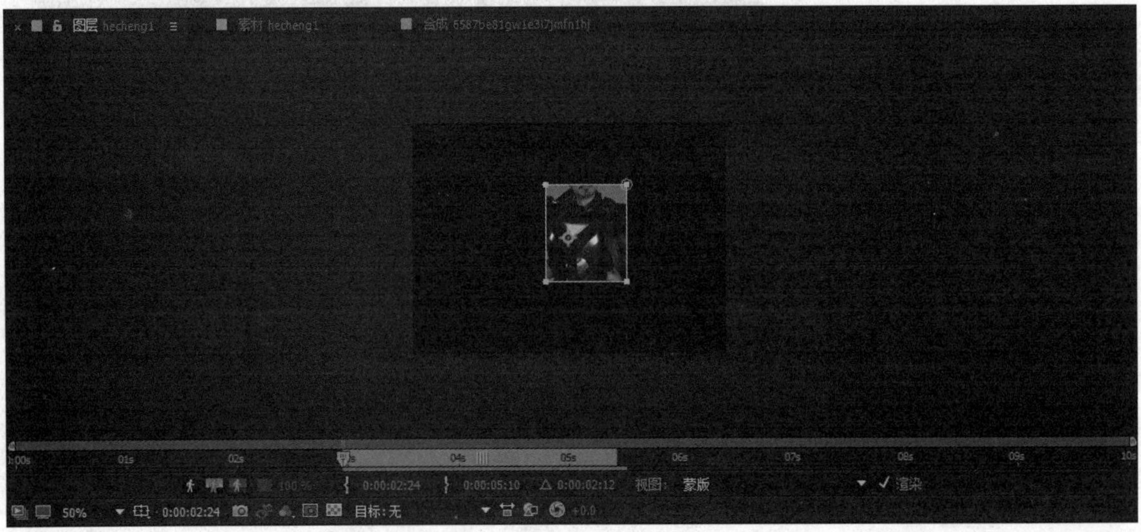

图2-20

☆ 【素材】窗口：【素材】窗口和【图层】窗口的作用相似，主要用于观察素材及设置素材的出点和入点，如图2-21所示。

图2-21

☆ 【效果控件】面板：该面板用于显示和调节图层的滤镜参数，如图2-22所示。

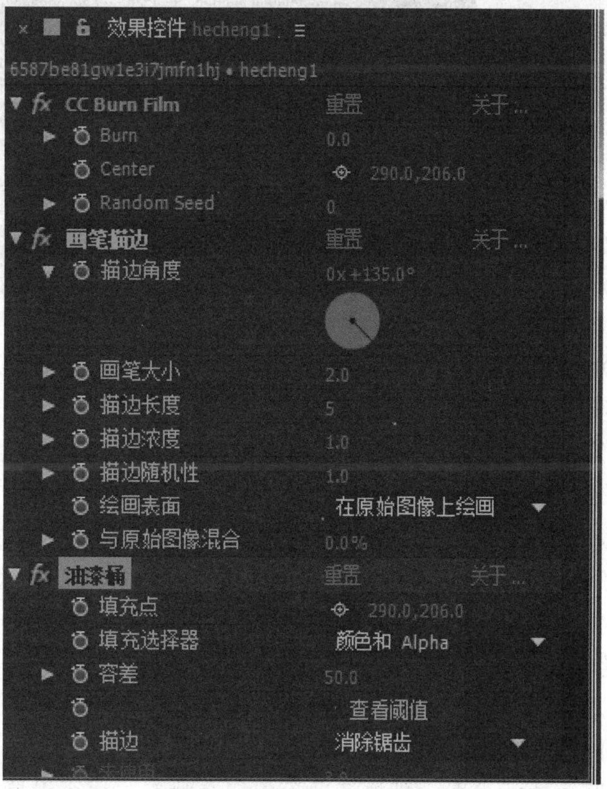

图2-22

2.3 设置After Effects CC首选项

成功安装并运行After Effects CC时，为了最大化地利用资源，满足各种特效的制作需求，用户需要对软件的参数设置进行全面的了解。用户可以通过【编辑】|【首选项】命令来打开参数设置。常用首选项主要是用来设置一些基本的选项设置，包括预览、显示及整个操作系统协调性设置等。

2.3.1 常规

在【常规】选项中，主要包括下列选项，如图2-23所示。

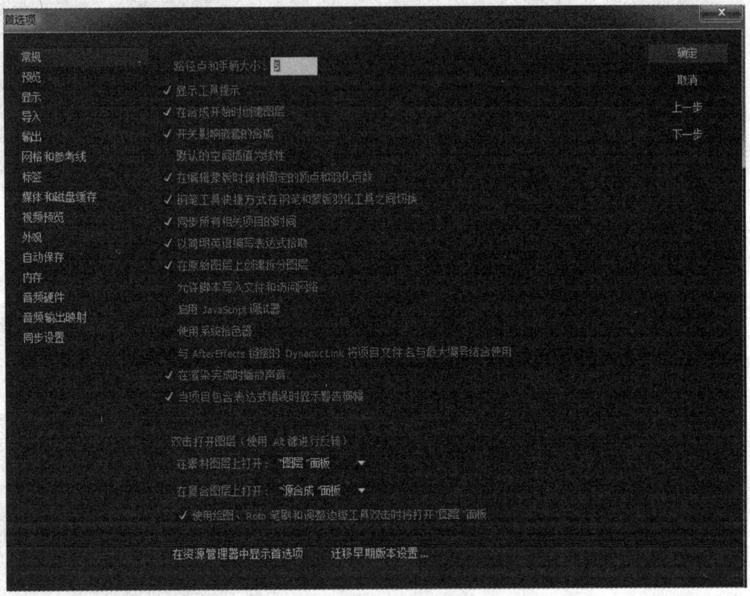

☆ 路径点和手柄大小：用于指定贝塞尔曲线的手柄、蒙版和形状的顶点等控件的大小。

☆ 显示工具提示：默认情况下为勾选状态，用于指定是否显示工具的提示信息，勾选该选项代表当鼠标停留在工具栏按钮上时会显示工具信息。

☆ 在合成开始时创建图层：默认情况下为勾选状态，用于设置在创建合成时是否将图层放置在合成的时间起始处。

图2-23

☆ 开关影响嵌套的合成：默认情况下为勾选状态，用于设置合成中对图层的运动模糊、图像质量等开关设置是否影响到嵌套的合成中。

☆ 默认的空间插值为线性：用于设置是否将关键帧的插值计算方式默认为线性。

☆ 在编辑蒙版时保持固定的顶点和羽化点数：默认情况下为勾选状态，用于设置在编辑蒙版时的顶点数量和羽化点数保持不变。在制作遮罩动画关键帧的时候，如果在某一时间点添加了一个顶点，那么在所有的时间段内都会在相应的位置自动添加顶点以保证点数的总数不变。

☆ 钢笔工具快捷方式在钢笔和蒙版羽化工具之间切换：默认情况下为勾选状态，用于设置钢笔工具的快捷键是否会在钢笔和蒙版羽化工具之间来回切换。

☆ 同步所有相关项目的时间：默认情况下为勾选状态，用于设置不同的合成窗口在进行切换时，时间指示器所处的时间点位置相同。

☆ 以简明英语编写表达式拾取：默认情况下为勾选状态，用于设置在使用表达式时是否使用简洁的表达方式。

☆ 在原始图层上创建拆分图层：默认情况下为勾选状态，用于设置拆分图层创建的位置是否在原始图层之上。

☆ 允许脚本写入文件和访问网络：用于设置脚本是否能连接网络。

☆ 启用JavaScript调试器：用于设置是否启用JavaScript调试器。

☆ 使用系统拾色器：用于设置是否采用系统中的颜色取样工具来设置颜色。

☆ 与After Effects链接的Dynamic Link将项目文件名与最大编号结合使用：用于设置与After Effects链接的Dynamic Link一起结合使用的项目文件名称和最大编号。

☆ 在渲染完成时播放声音：默认情况下为勾选状态，用于设置是否在渲染完成时播放声音。

☆ 当项目包含表达式错误时显示警告横幅：默认情况下为勾选状态，用于设置当项目出现错误时是否显示横幅的警告内容。

☆ 双击打开图层：用于设置是否用鼠标双击的方式打开素材图层和复合图层，还可以使用绘图、Roto笔刷和调整边缘工具双击打开【图层】面板。

☆ 在资源管理器中显示首选项：单击该选项按钮，可以弹出首选项的设置文件。

☆ 迁移早期版本设置：单击该选项按钮，可以将早期的版本设置迁移到当前版本中。

2.3.2 预览

在【预览】选项中，主要包括下列选项，如图2-24所示。

☆ 自适应分辨率限制：用于设置分辨率的级别，包括1/2、1/4、1/8和1/16。

☆ GPU信息：单击该选项按钮，可以弹出GPU信息以及OpenGL的信息。

☆ 显示内部线框：默认情况下为勾选状态，用于设置是否显示文字图层等组件的内部线框。

☆ 缩放质量：用于设置查看器的缩放质量，包括【更快】、【除缓存预览之外更准确】和【更准确】3个选项。

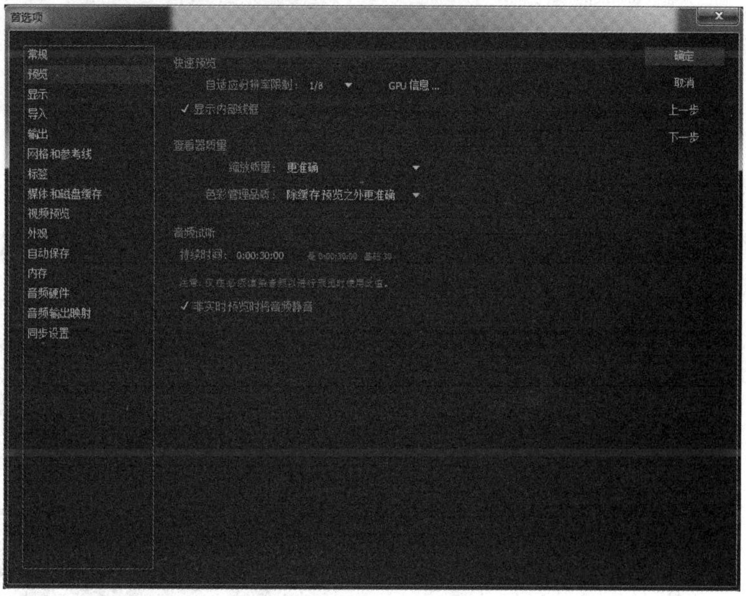

☆ 色彩管理品质：用于

图2-24

设置色彩品质管理的质量，包括【更快】、【除缓存预览之外更准确】和【更准确】3个选项。

☆ 音频试听：用于设置单独进行音频快速预览的持续时间。

☆ 非实时预览时将音频静音：默认情况下为勾选状态，用于设置非实时预览时，音频将保持静音状态。

2.3.3 显示

在【显示】选项中，主要包括下列选项，如图2-25所示。

☆ 运动路径：设置运动路径的显示方式。【没有运动路径】表示不显示运动路径。【所有关键帧】表示显示所有关键帧。【不超过__个关键帧】表示设定关键帧显示的个数，默认情况下为5。【不超过__】表示关键帧显示的时间范围。

☆ 在项目面板中禁用缩略图：启用该复选框，在【项目】面板中将禁用素材的缩略图显示。

☆ 在信息面板和流程图

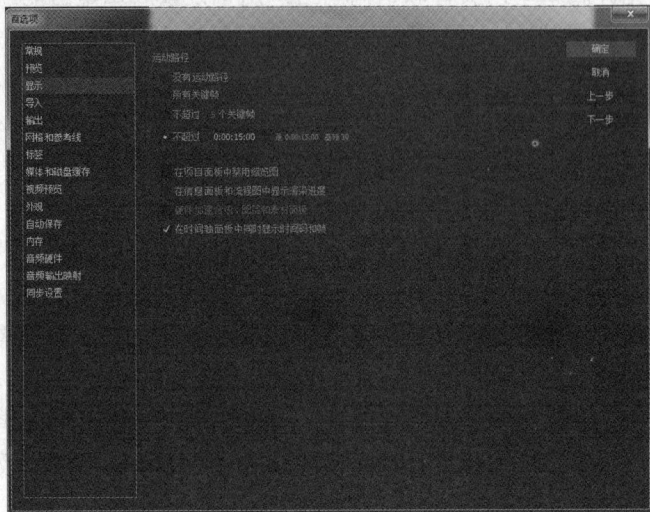

图2-25

中显示渲染进度：启用该复选框，将在【信息】面板和【流程图】中显示影片的渲染进度。

☆ 硬件加速合成、图层和素材面板：启用该复选框，将在进行合成、图层和素材面板操作时使用硬件加速。

☆ 在时间轴面板中同时显示时间码和帧：默认情况下为勾选状态，在【时间轴】面板中将同时显示时间码和帧。

2.3.4 导入

在【导入】选项中，主要包括下列选项，如图2-26所示。

☆ 静止素材：用于设置单帧素材在导入【时间轴】面板中显示的长度，分为两种模式。一种模式是以合成的长度作为单帧素材的长度；另一种模式可以设定素材的长度为一个固定的时间值。

☆ 序列素材：用于设置序列素材导入【时间轴】面板的帧速率。在默认情况下为30帧/秒，用户可以根据需求重新设置导入的帧速率。当用户勾选【报告缺失帧】复选框后，在导入素材时将显示丢失的帧。

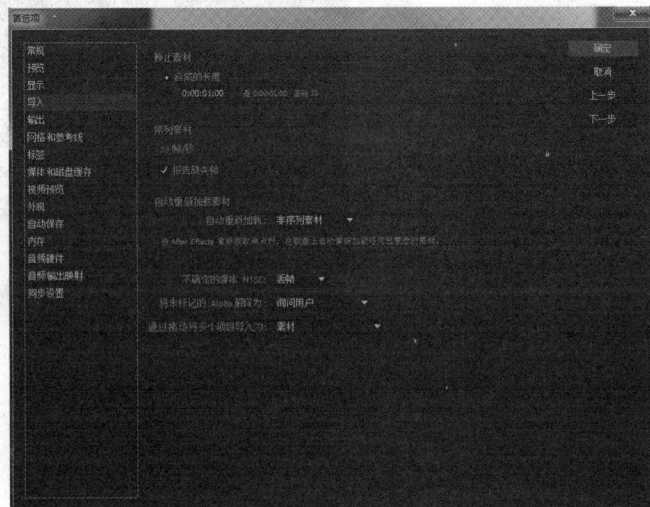

图2-26

☆ 自动重新加载素材：用于设置当After Effects重新获取焦点时，在磁盘上自动重新加载任何已更改的素材。加载素材类型包括【非序列素材】、【所有素材类型】和【关】。

☆ 不确定的媒体NTSC：用于设置当系统无法确定NTSC媒体的情况下，允许在【丢帧】或【不丢帧】的情况下进行输入。

☆ 将未标记的Alpha解释为：用于设置对未进行标注Alpha通道的素材如何解释Alpha通道值，包括【询问用户】、【猜测】、【忽略Alpha】、【直接(无遮罩)】、【预测(黑色遮罩)】和【预测(白色遮罩)】。

☆ 通过拖动将多个项目导入为：用于设置通过拖动导入的多个项目是以【素材】、【合成】或【合成(保持图层大小)】的方式进行导入。

2.3.5 输出

在【输出】选项中，主要包括下列选项，如图2-27所示。

☆ 序列拆分为：用于设置输出序列文件的最多文件数量。

☆ 仅拆分视频影片为：用于设置输出的影片片段最多可以占用的磁盘空间大小。用户需要注意，具有音频的影片文件无法分段。

☆ 使用默认文件名和文件夹：默认情况下为勾选状态。表示使用默认的输出文件名和文件夹。

☆ 音频块持续时间：用于设定在渲染影片结束后音频的时长。

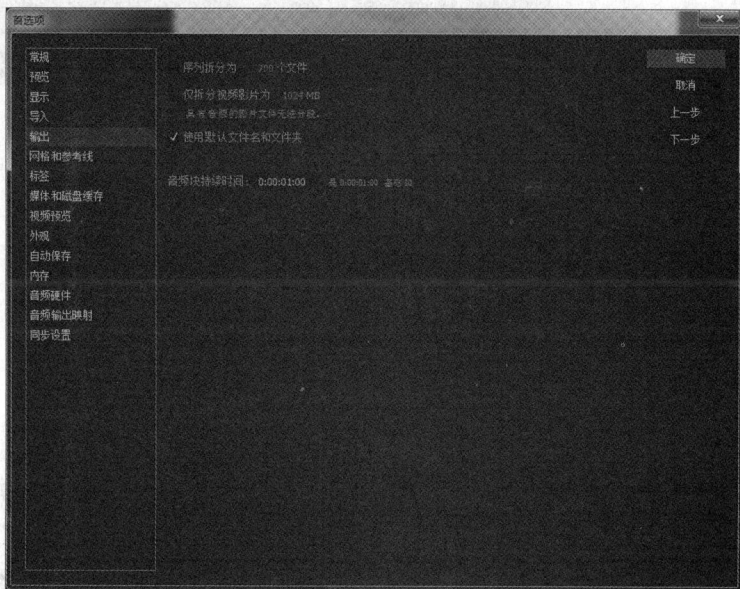

图2-27

2.3.6 网格和参考线

在【网格和参考线】选项中，主要包括下列选项，如图2-28所示。

☆ 网格：用于设置网格的具体参数。用户可以通过【颜色】来设置网格的颜色，也可以通过【吸管工具】直接拾取颜色。【样式】用于设置网格线条的样式，包括【线条】、【虚线】和【点】。【网格线间隔】用于设置网格之间的疏密程度，数值越大，网格间隔越大。【次分隔线】用于设置网格的数目，数值越大，网格数目越多。

☆ 对称网格：【水平】参数用于设置网格的宽度，【垂直】参数用于设置网格的长度。

☆ 参考线：用于设置参考线的具体参数。用户可以通过【颜色】来设置参考线的颜色，也可以通过【吸管工具】直接拾取颜色。【样式】用于设置参考线的样式，包括【线条】和【虚线】。

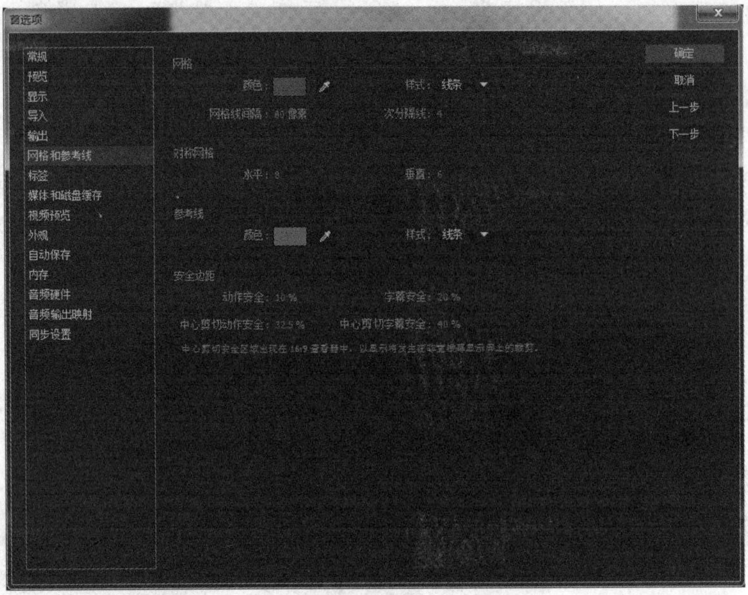

图2-28

☆ 安全边距：用于设置安全区域的范围。【动作安全】用于设置动作安全区域的范围。【字幕安全】用于设置字幕安全区域的范围。【中心剪切动作安全】用于设置中心剪切动作安全区域的范围。【中心剪切字幕安全】用于设置中心剪切字幕安全区域的范围。

2.3.7 标签

在【标签】选项中，主要包括下列选项，如图2-29所示。

☆ 标签默认值：用于设置各类型的图层和文件的标签颜色。用户可以通过单击默认的标签颜色，在下拉列表中选择替换颜色。

☆ 标签颜色：用于设置颜色来区分不同属性的图层。用户可以单击颜色块，在【标签颜色】面板中选取新的颜色。同样也可以通过【吸管工具】来拾取颜色。

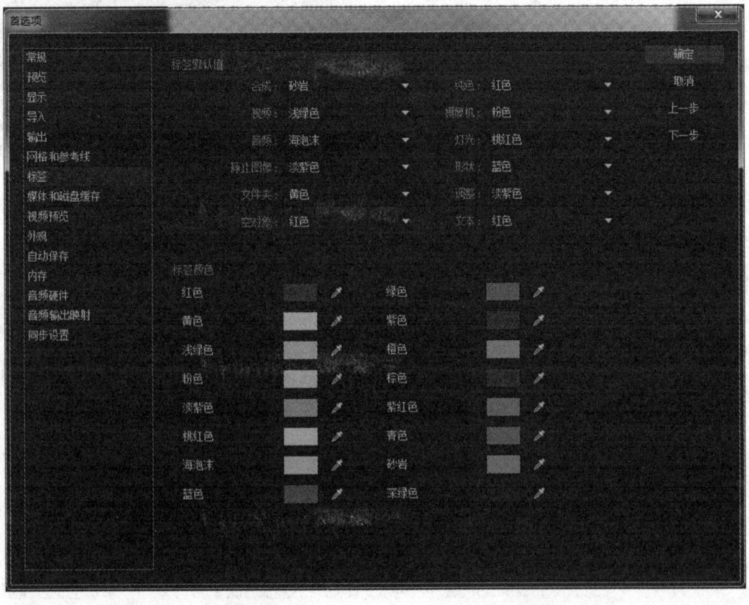

图2-29

2.3.8 媒体和磁盘缓存

在【媒体和磁盘缓存】选项中，主要包括下列选项，如图2-30所示。

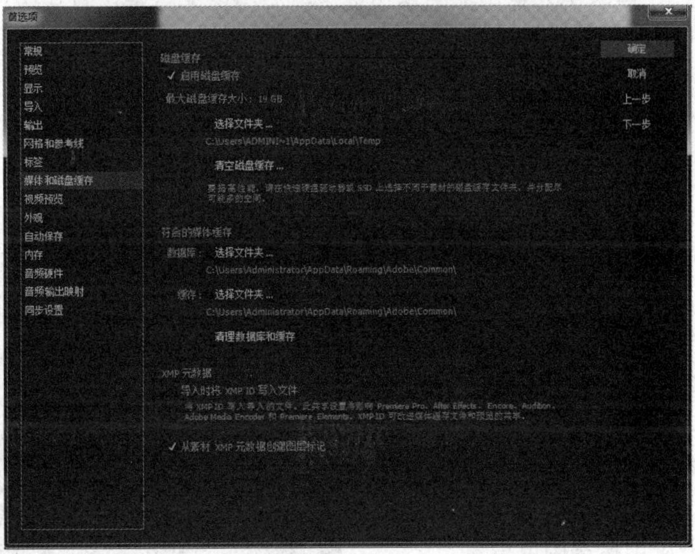

☆ 磁盘缓存：用于设置磁盘缓存参数。用户可以通过设置【最大磁盘缓存大小】来设置磁盘的缓存大小。单击【选择文件夹】按钮，可以设定磁盘缓存的位置。单击【清空磁盘缓存】按钮可以清空当前的磁盘缓存文件。

☆ 符合的媒体缓存：用于设置媒体缓存参数。单击【选择文件夹】按钮选项可以设置媒体缓存和数据库的位置。单击【清理数据库和缓存】按钮将清空当前的所有数据库和缓存文件。

图2-30

☆ 导入时将XMP ID写入文件：启用该复选框，表示将XMP ID写入导入的文件，共享设置将影响After Effects等软件。XMP ID 可改进媒体缓存文件和预览的共享。

☆ 从素材XMP元数据创建图层标记：默认情况下为勾选状态，表示用素材XMP元数据来创建图层标记。

2.3.9 视频预览

在【视频预览】选项中，主要包括下列选项，如图2-31所示。

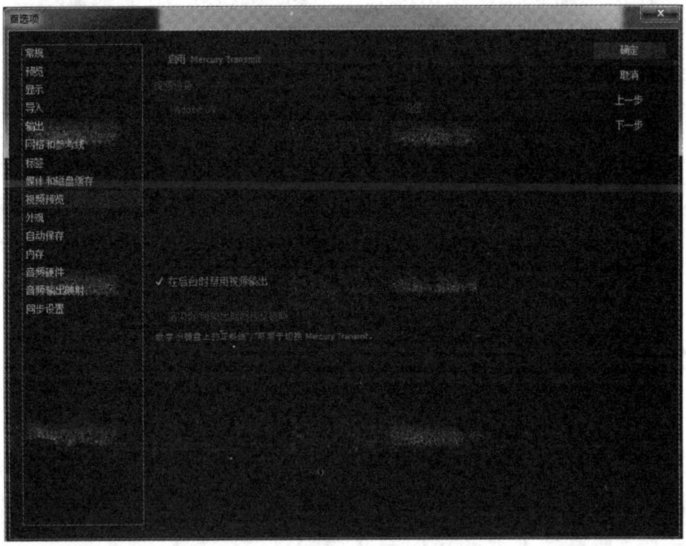

☆ 启用Mercury Transmit：启用该复选框，将启用Mercury Transmit。Mercury Transmit是Adobe数字应用程序所使用的软件界面，用来将视频帧发送到外部视频设备。使用Mercury Transmit进行视频预览，可将【合成】面板、【图层】面板或【素材】面板查看器的内容发送至外部监视器。

☆ 视频设备：启用该复选框，可启用通往指定设备的视频输出。

图2-31

☆ 在后台时禁用视频输出：默认情况下为勾选状态，用于避免在After Effects并非前景应用程序时，视频帧被发送至外部监视器。

☆ 渲染队列输出期间预览视频：启用该复选框，可在After Effects正在渲染渲染队列中的帧时将视频帧发送给外部监视器。

2.3.10 外观

在【外观】选项中，主要包括下列选项，如图2-32所示。

☆ 对图层手柄和路径使用标签颜色：默认情况下为勾选状态，用于设置是否对图层的操作手柄和路径应用标签颜色设置。

☆ 对相关选项卡使用标签颜色：默认情况下为勾选状态，用于设置是否对相关的选项卡应用标签颜色设置。

☆ 循环蒙版颜色(使用标签颜色)：默认情况下为勾选状态，用于设置是否对不同的蒙版应用不同的标签颜色。

☆ 为蒙版路径使用对比度颜色：默认情况下为勾选状态，用于设置是否为蒙版路径使用对比度颜色。

图2-32

☆ 使用渐变色：默认情况下为勾选状态，用于设置是否让按钮或界面颜色产生渐变效果。

☆ 亮度：用于设置用户界面的整体亮度。向右侧拖动滑块将增加界面亮度，向左侧拖动滑块将降低界面亮度。单击【默认】按钮将恢复默认设置。

☆ 影响标签颜色：启用该复选框，当调整界面颜色时，标签颜色同样受到界面颜色亮度的影响。

☆ 交互控件：用于设置交互控件的整体亮度。向右侧拖动滑块将增加交互控件亮度，向左侧拖动滑块将降低交互控件亮度。单击【默认】按钮将恢复默认设置。

☆ 焦点指示器：用于设置焦点指示器的整体亮度。向右侧拖动滑块将增加焦点指示器亮度，向左侧拖动滑块将降低焦点指示器亮度。单击【默认】按钮将恢复默认设置。

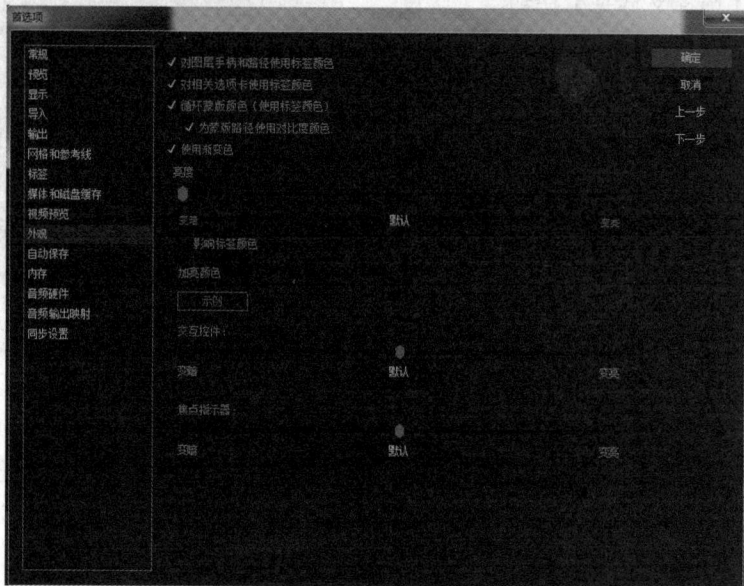

2.3.11 自动保存

在【自动保存】选项中，主要包括下列选项，如图2-33所示。

☆ 自动保存项目：默认情况下为勾选状态。用户可以通过设置【保存间隔】和【最大项目版本】来设置自动保存的文件的间隔时间和数量。用户还可以设置文件的保存位置，默认情况下为【项目旁边】，也可以为【自定义位置】。

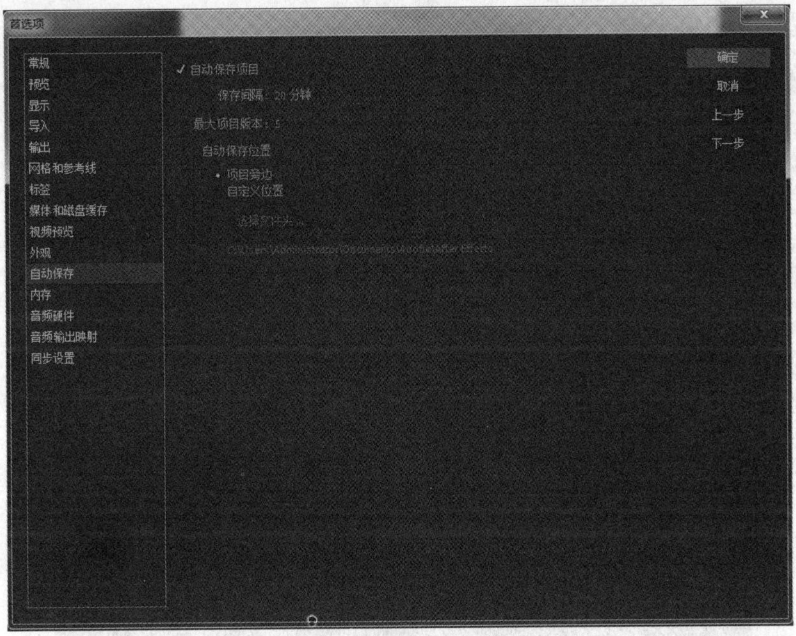

图2-33

2.3.12　内存

在【内存】选项中，主要包括下列选项，如图2-34所示。

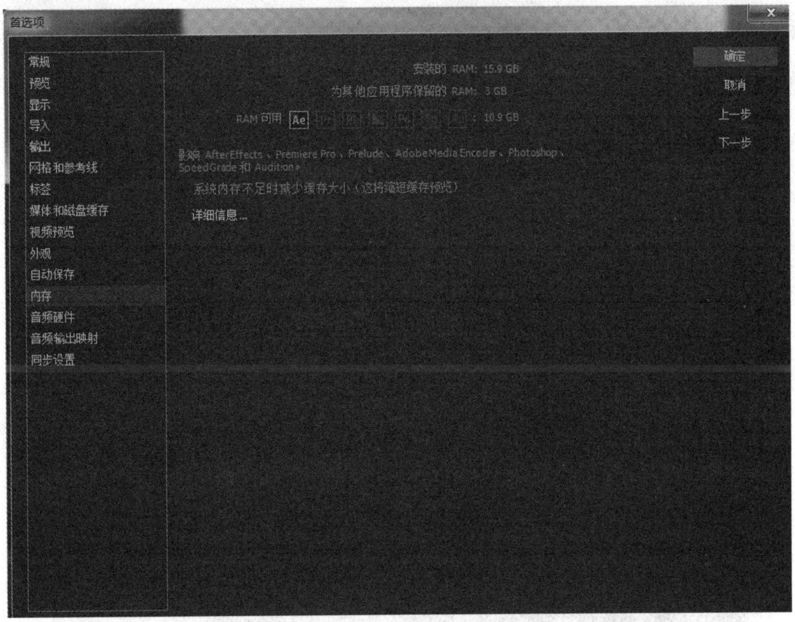

图2-34

系统内存不足时减少缓存大小：用于设置当系统内存不足时，减少缓存的大小，以加快计算机的运行速度。

2.3.13 音频硬件

在【音频硬件】选项中，主要包括下列选项，如图2-35所示。

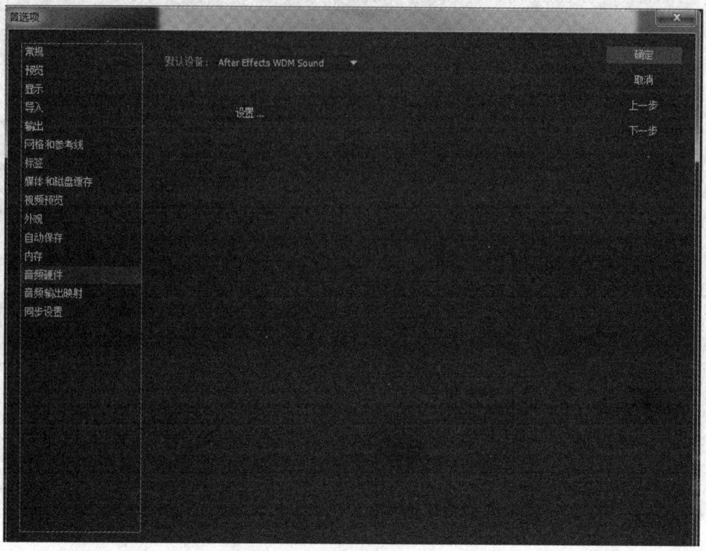

图2-35

默认设备：用于设置音频输入和输出的设备。用户可以单击【设置】选项，在【音频硬件设置】面板中选择一种音频设备。

2.3.14 音频输出映射

在【音频输出映射】选项中，主要包括下列选项，如图2-36所示。

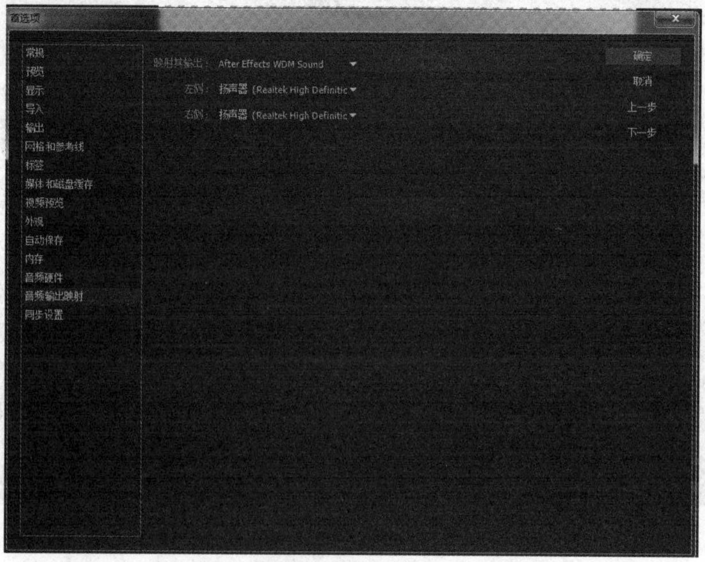

图2-36

映射其输出：用于设置音频输出设备。

2.3.15　同步设置

在【同步设置】选项中，主要包括下列选项，如图2-37所示。

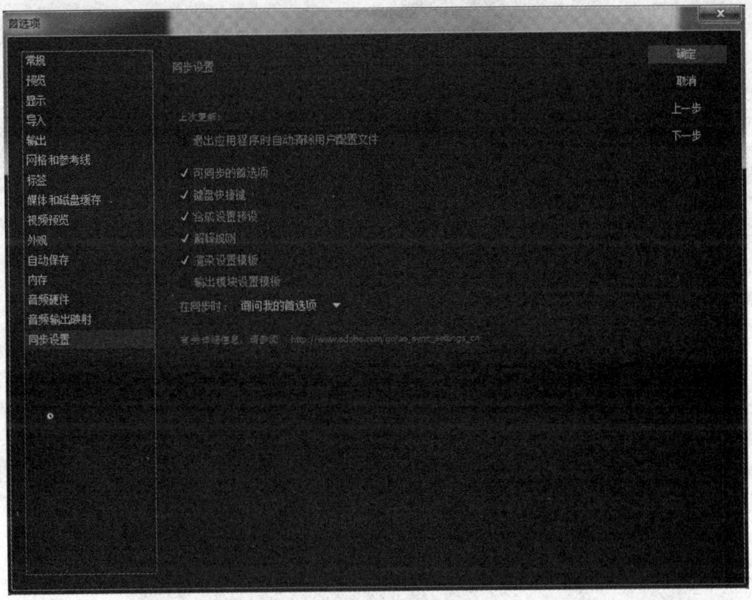

图2-37

☆ 退出应用程序时自动清除用户配置文件：当用户退出软件时，自动删除用户配置的文件。

☆ 可同步的首选项：默认情况下为勾选状态。在同步设置中将同步用户所设置的首选项。

☆ 键盘快捷键：默认情况下为勾选状态。在同步设置中将同步用户所设置的键盘快捷键。

☆ 合成设置预设：默认情况下为勾选状态。在同步设置中将同步用户所设置的合成设置预设。

☆ 解释规则：默认情况下为勾选状态。在同步设置中将同步用户所设置的解释规则。

☆ 渲染设置模板：默认情况下为勾选状态。在同步设置中将同步用户所设置的渲染设置模板。

☆ 输出模块设置模板：启用该复选框，在同步设置中将同步用户所设置的输出模块。

☆ 在同步时：用于设置同步状态，包括【询问我的首选项】、【始终上载设置】和【始终下载设置】。

第3章

创建和管理项目

使用After Effects创建合成时，将会使用到大量来自软件外部的素材，用户需要通过导入、组织和管理素材来操作和管理项目。项目是创建合成的载体。在本章中，将详细介绍如何导入不同类型的素材文件，创建合成的基本工作流程和方法，以及常用窗口和面板的管理。

| 3.1 素材的导入

After Effects是一款后期合成软件，是对已有的素材再次进行加工和处理，除了软件本身的矢量图形制作和滤镜效果添加，大量的外部素材是合成的基础。After Effects可以支持的素材文件种类包括图片文件、音频文件和视频文件等。

3.1.1 素材格式

在第1章中，已经对常见的视频格式、音频格式、图像格式做了简单的介绍，After Effects可以支持绝大部分的影音视频文件，但有些文件格式需要用户在系统中安装相关软件后才可以支持导入，如图3-1所示。

图3-1

3.1.2 素材的导入

由于After Effects中可以支持的文件类型较多，用户需要根据项目需求分类导入不同类型的文件格式。

1. 导入单个素材

执行【文件】|【导入】|【文件】命令，在弹出的【导入文件】对话框中，选择需要导入的文件位置，选中需要导入的素材文件，单击【导入】按钮。用户也可以在【项目】面板中的空白区域双击鼠标左键，或在【项目】面板中的空白区域单击鼠标右键，在弹出的对话框中选择【导入】|【文件】命令，同样可以导入素材，如图3-2所示。

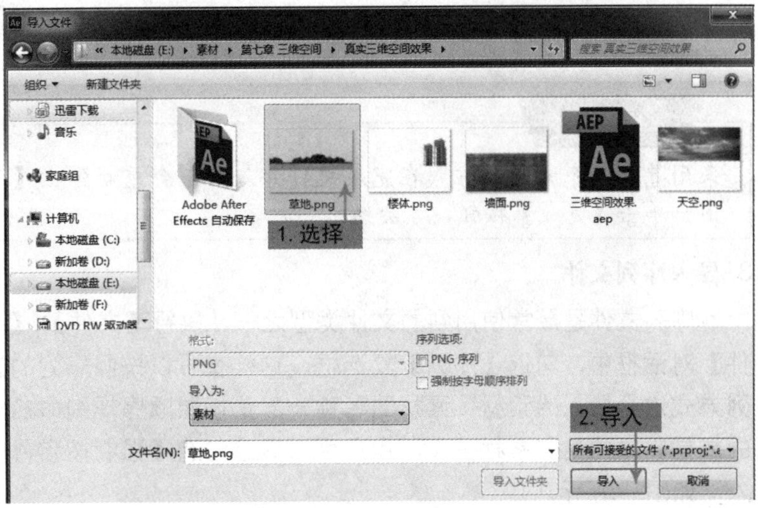

图3-2

> 提 示
>
> 如果用户需要一次导入多个文件，可以按住Shift键进行多个连续素材的选择，或者按住Ctrl键，逐一添加选择的素材，也可以通过鼠标框选的方式进行选择。

2. 连续导入素材

执行【文件】|【导入】|【多个文件】命令，选择需要导入的素材，单击【导入】按钮即可完成导入。用户也可以在【项目】面板中的空白区域双击鼠标左键，或在【项目】面板中的空白区域单击鼠标右键，在弹出的对话框中选择【导入】|【多个文件】命令，同样可以导入素材，如图3-3所示。

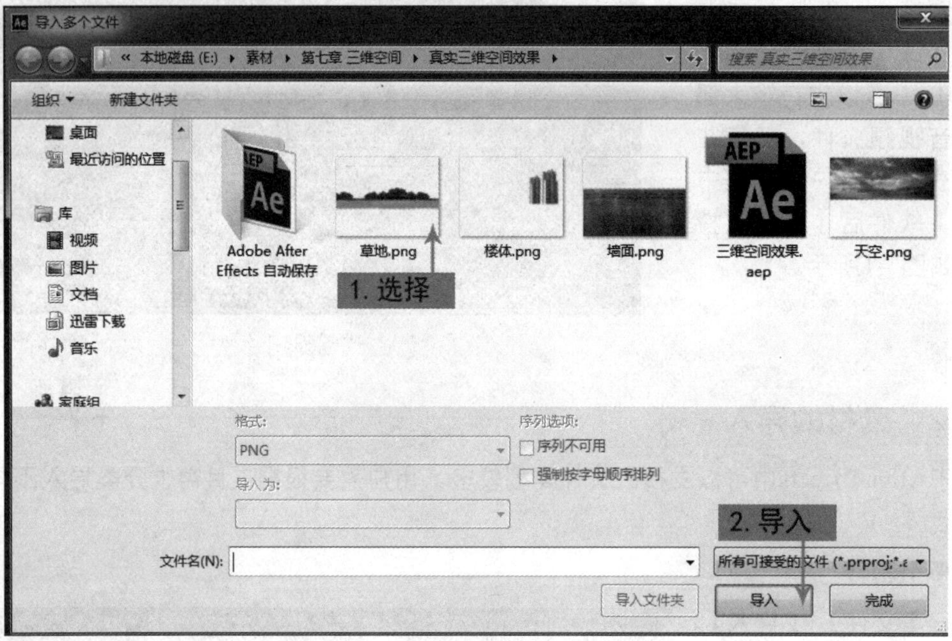

图3-3

> 提 示
>
> 采用导入多个素材的方式在完成文件导入后，会重新弹出【导入多个文件】对话框，直到用户单击【完成】按钮，才会结束导入。

3. 导入序列文件

序列文件是最常使用到的文件类型之一，执行【文件】|【导入】命令，在弹出的【导入文件】对话框中，勾选【序列】复选框，这样就可以按照序列的方式进行素材的导入。对于以序列方式进行导入的素材，素材的名称一般是按照顺序规则命名排列，如果素材的名称是不规律的或是其中的某些素材丢失，用户可以通过勾选【强制按字母顺序排列】复选框进行素材的导入，如图3-4所示。

图3-4

提 示

将序列文件导入到【项目】面板中，用户可以观察素材的帧速率，在默认情况下为30fps，用户可以通过【编辑】|【首选项】|【导入】命令，更改导入素材的帧速率，如图3-5所示。

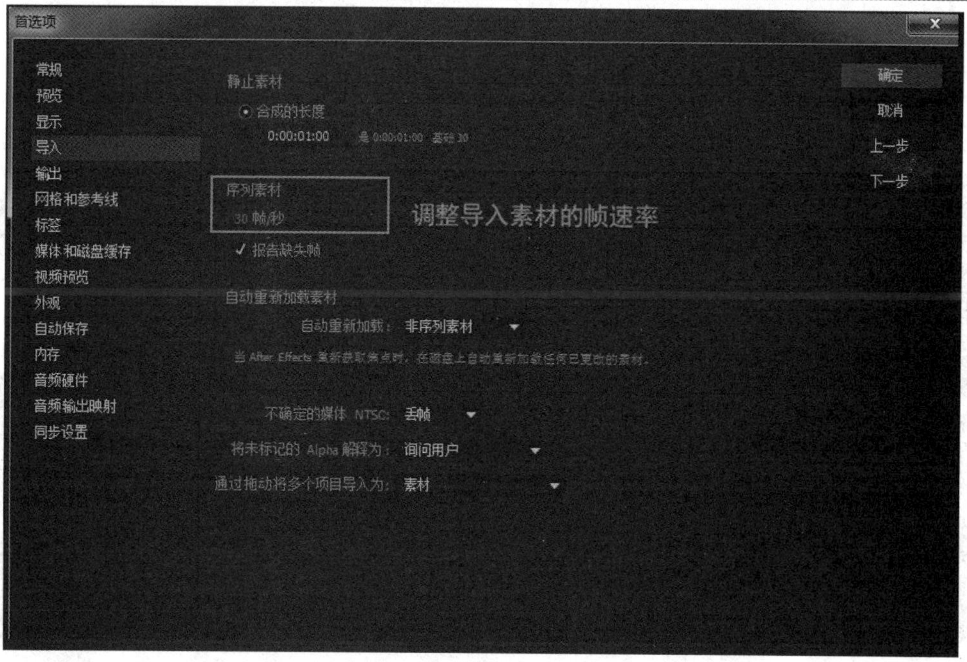

图3-5

4. 导入包含图层的素材

在导入包含图层的素材时，除了以素材的方式进行导入，After Effects还可以保留文件的图层信息。由Photoshop生成的PSD文件和Illustrator生成的AI文件是经常使用到的文件。

执行【文件】|【导入】|【文件】命令，在弹出的【导入文件】对话框中，选择【导入为】下拉菜单中的【合成】选项，单击【导入】按钮，素材将以【合成】的方式进行导入，如图3-6所示。

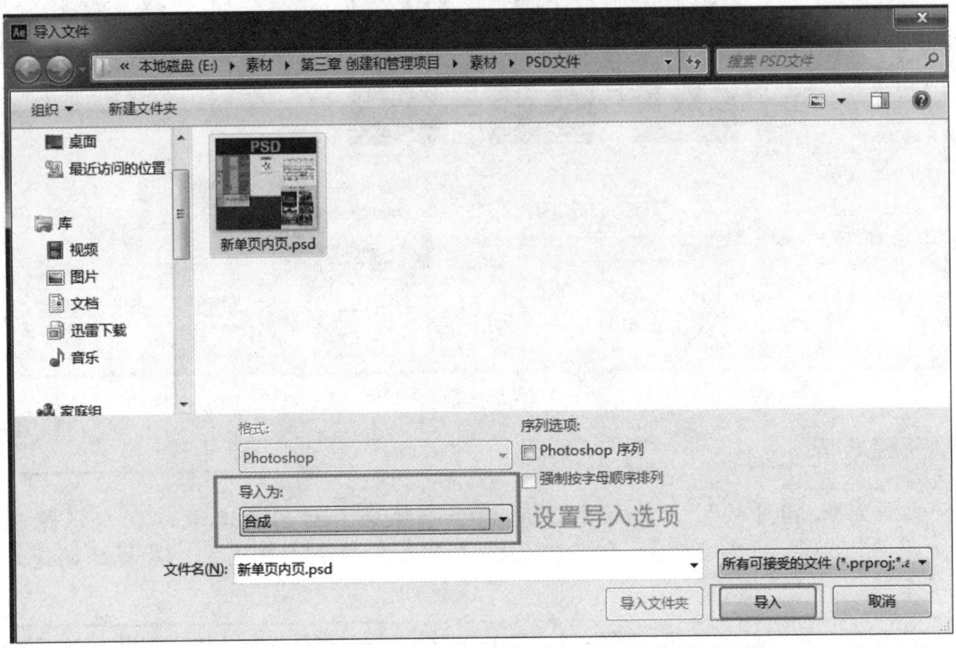

图3-6

在导入PSD文件后，系统会自动弹出一个对话框。用户可以通过【导入种类】再次选择文件的导入方式，还可以在【图层选项】中设置PSD图层文件的图层信息，如图3-7所示。

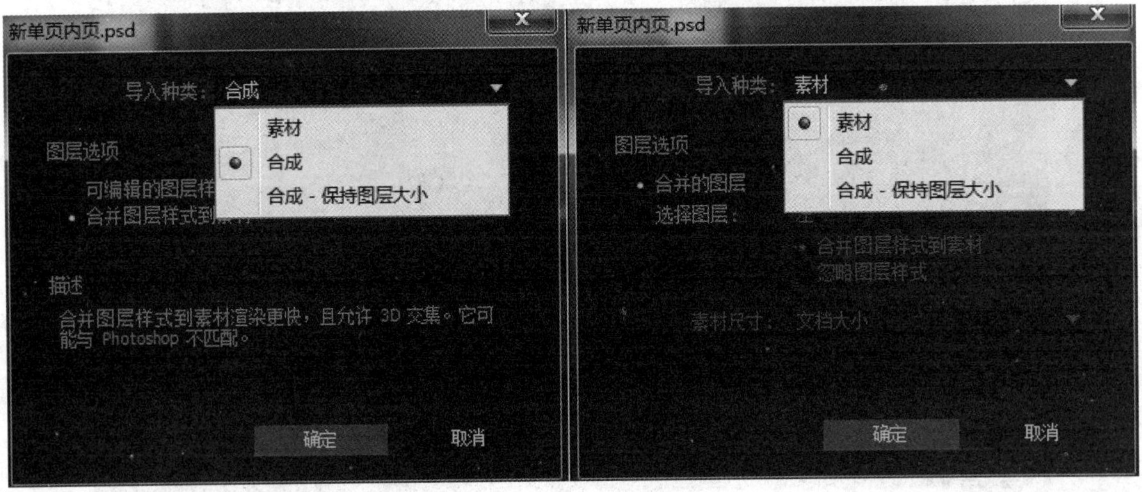

图3-7

提示

以合成方式导入素材：用户可以通过【合成】和【合成-保持图层大小】两种方式进行素材的导入，这两种导入方式会自动为素材创建一个新的合成，原始图层的信息将尽可能多地被保留，用户可以通过直接双击新建立的合成的图标，进入合成的编辑界面，在原有图层的基础上添加动画和效果。

以素材方式导入素材：当以【素材】方式导入素材时，在【图层选项】中，用户可以选择【合并的图层】和【选择图层】两种方式。【合并的图层】方式会将原始文件的所有图层合并成一个新的图层。【选择图层】可以选择需要的图层进行单独的导入，还可以选择导入素材的尺寸为【文档大小】或【图层大小】。

3.2 组织和管理素材

在【项目】面板中，往往储存着大量的素材。素材在使用过程中，经常会出现素材需要替换或重新解释的情况，同时为了保证【项目】面板的整洁和合理，我们还需要对素材进行进一步的组织和管理。

3.2.1 素材的排序

在【项目】面板中，素材是按照一定的顺序进行排列的。素材可以按照【名称】、【类型】、【大小】、【媒体持续时间】、【文件路径】等方式进行排列。用户可以通过单击【项目】面板中的属性标签，改变素材的排列顺序。

例如，单击【媒体持续时间】属性标签，素材会按照时间长度进行排列。通过属性标签上的箭头指向，可以显示是按照升序还是降序进行排列，如图3-8所示。

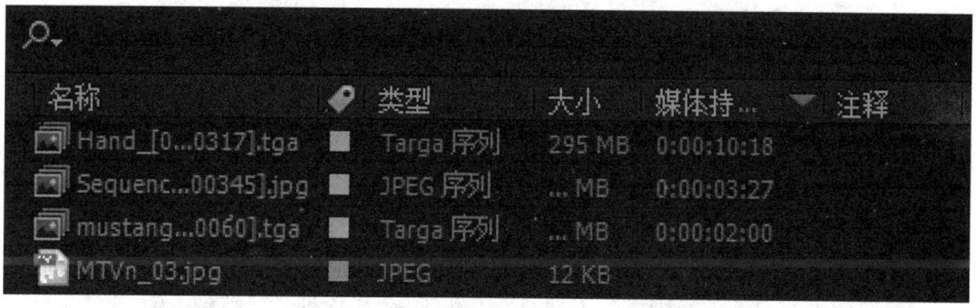

名称		类型	大小	媒体持...	▼	注释
Hand_[0...0317].tga		Targa 序列	295 MB	0:00:10:18		
Sequenc...00345].jpg		JPEG 序列	... MB	0:00:03:27		
mustang...0060].tga		Targa 序列	... MB	0:00:02:00		
MTVn_03.jpg		JPEG	12 KB			

图3-8

3.2.2 素材的替换

当用户需要对合成中的素材进行替换的时候，可以通过两种方式进行操作。

用户可以在【项目】面板中选中需要进行替换的素材，执行【文件】|【替换素材】|【文件】命令，在弹出的【替换素材文件】对话框中，选中需要替换的素材文件。用户也可以直接在需要替换的素材文件上单击鼠标右键，在弹出的菜单中选择【替换素材】|【文件】命令，选中需要替代的素材文件，如图3-9所示。

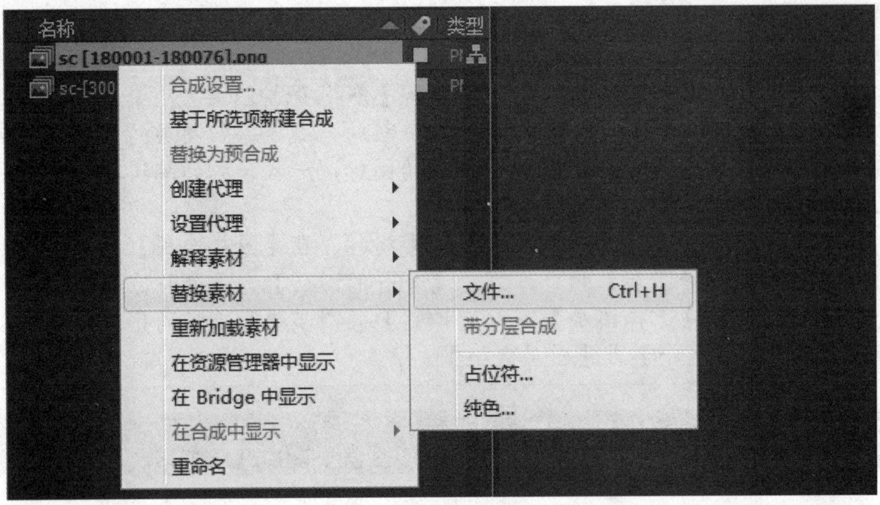

图3-9

▌ 3.2.3 素材的整合

素材的整合是通过创建文件夹，将素材进行分类整理。分类的方式可以按照镜头号、素材类型等，由用户自由指定分类方式。

用户可以在【项目】面板底部单击【新建文件夹】按钮▉，在【项目】面板中直接输入新建立的文件夹名称。也可以选中文件夹，单击鼠标右键，在弹出的对话框中选择【重命名】命令，修改文件夹的名称。

当文件夹创建完成后，用户可以选中素材，将素材直接拖动到相应的文件夹中。当需要对文件夹进行删除时，可以直接选中文件夹，执行【删除所选项目】命令▉。如果文件夹中包含素材文件，会弹出警告对话框，提示用户文件夹中包含素材文件，是否执行【删除】命令，如图3-10所示。

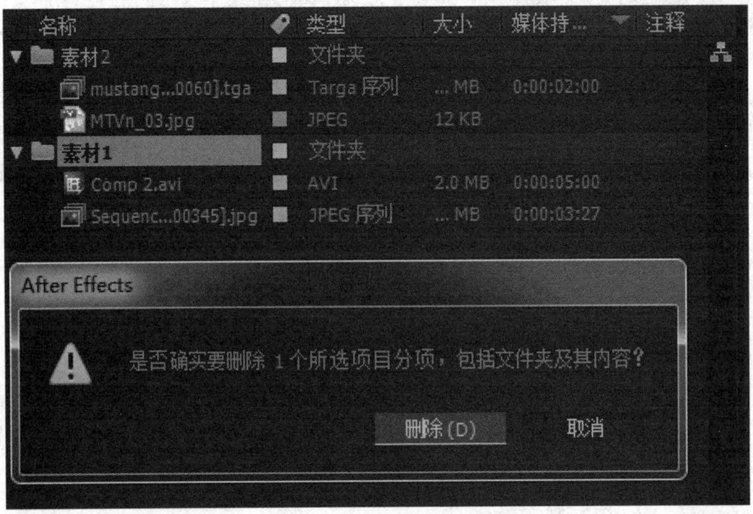

图3-10

3.2.4 素材的解释

对于已经导入到【项目】面板中的素材，如果想再次更改帧速率、Alpha通道等信息，可以在【项目】面板中选择需要修改的素材对象，执行【文件】|【解释素材】|【主要】命令。用户也可以直接在【项目】面板底部单击【解释素材】按钮，弹出【解释素材】对话框，如图3-11所示。

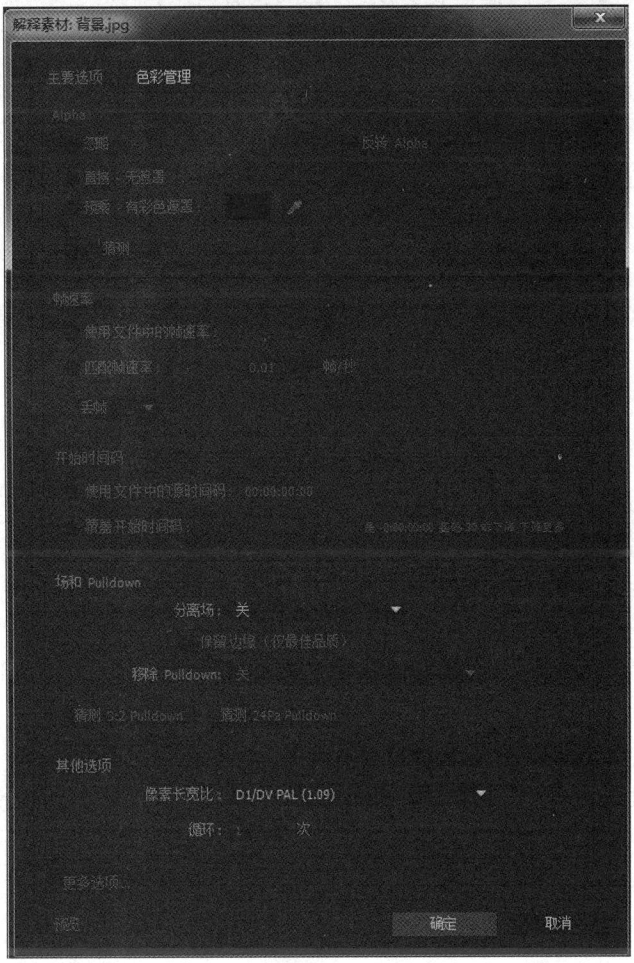

图3-11

在【解释素材】对话框的【主要选项】中，包括【Alpha】、【帧速率】、【开始时间码】、【场和Pulldown】等。

1. Alpha

Alpha通道的设置主要是针对包含Alpha通道信息的素材，如Tga、Tiff文件等。当用户导入包含Alpha通道的素材时，系统会自动提示是否读取Alpha通道信息。

☆ 忽略：选择该选项，将忽略素材中的Alpha通道信息。

☆ 直接-无遮罩：透明度信息只存储在 Alpha 通道中，而不存储在任何可见的颜色通道中。

使用直接通道时，仅在支持直接通道的应用程序中显示图像时才能看到透明度结果。

☆ 预乘-有颜色遮罩：透明度信息既存储在Alpha通道中，也存储在可见的 RGB 通道中，后者乘以一个背景颜色。预乘通道有时也称为有彩色遮罩。半透明区域(如羽化边缘)的颜色偏向于背景颜色，偏移度与其透明度成比例。

☆ 猜测：系统自动确定图像中使用的通道类型。

☆ 反转Alpha：启用该复选框，将会反转Alpha通道信息。

2. 帧速率

合成帧速率确定每秒显示的帧数，以及在时间标尺和时间显示中如何将时间划分给帧。在【帧速率】选项中，主要包括以下两种选项。

☆ 使用文件中的帧速率：选择该选项，素材将使用默认的帧速率进行播放。

☆ 匹配帧速率：用于指定素材的播放速率。

3. 开始时间码

使用文件中的源时间码：素材将会使用文件中的源时间码进行显示。

覆盖开始时间码：用于设定素材开始的时间码。用户可以在【素材】面板中观察更改开始时间码后的效果。

4. 场和Pulldown

每一帧由两个场组成，即奇数场和偶数场，又称为高场和低场。场以水平分隔线的方式隔行保存帧的内容，在显示时可以选择优先显示高场内容或低场内容。

☆ 分离场：用于设置视频场的先后显示顺序，包括【关】、【高场优先】和【低场优先】3个选项。

☆ 保留边缘(仅最佳品质)：启用该复选框，在最佳品质下渲染时，可以提高非移动区域的图像品质。

☆ 移除Pulldown：用于设置移除Pulldown的方式。

☆ 猜测3：2 Pulldown：单击该选项，移除3：2 Pulldown。3：2 Pulldown过程将导致产生全帧和拆分场帧。

☆ 猜测24Pa Pulldown：单击该选项，移除24Pa Pulldown。

5. 其他选项

☆ 像素长宽比：用于设置像素的长宽比。像素长宽比指图像中一个像素的宽与高之比。多数计算机显示器使用方形像素，但许多视频格式使用非方形的矩形像素。

☆ 循环：用于设置素材的循环次数。

▎ 3.3 创建合成 　　　　　　　　　　　　　　Q ➡

在After Effects CC中，可以在【项目】面板中创建多个合成，同时也可以将合成当作素材继续进行使用。创建合成是视频制作的基础，通过合成的堆叠可以制作出丰富的动画效果。

3.3.1 工作流程

在开始创建合成之前，用户需要对After Effects的工作流程有基本的了解。

1. 导入和组织管理素材

在创建项目后，在【项目】面板中将所需素材导入。前两节中已经系统地介绍了素材导入的方式和素材的组织与管理。

2. 在合成中创建动画效果

用户可创建一个或多个合成。在【时间轴】面板中排列和组合图层，修改图层属性，例如大小、位置和不透明度。设置关键帧动画、添加滤镜效果、使用蒙版和混合模式等制作丰富的动画效果。

3. 预览

在计算机显示器或外部视频监视器上预览合成。对于复杂的项目，可以通过指定预览的分辨率和帧频率以及调整预览的合成区域和持续时间，来更改预览的速度和品质。当预览完成后，进行图层修改和调整操作，直至满意为止。

4. 渲染和输出

渲染是制作影片的最后环节，渲染方式影响着最后的输出成品质量。输出的种类一般为视频文件，也可以设置为序列图片或者静帧图片等。用户需要将一个或多个合成添加到渲染队列中，调整输出设置，最终渲染输出成各种格式，以适合各种媒体发布，如图3-12所示。

图3-12

3.3.2 创建合成

创建合成的方式主要包括两种，一种是新建空白合成，一种是基于素材创建合成。

1. 新建空白合成

创建空白合成的方法主要有3种，用户可以执行【合成】|【新建合成】命令，也可以单击【项目】面板底部的【新建合成】按钮，或者通过快捷键Ctrl+N，快速地完成空白合成的创建，在弹出的【合成设置】面板中调整合成的参数，如图3-13所示。

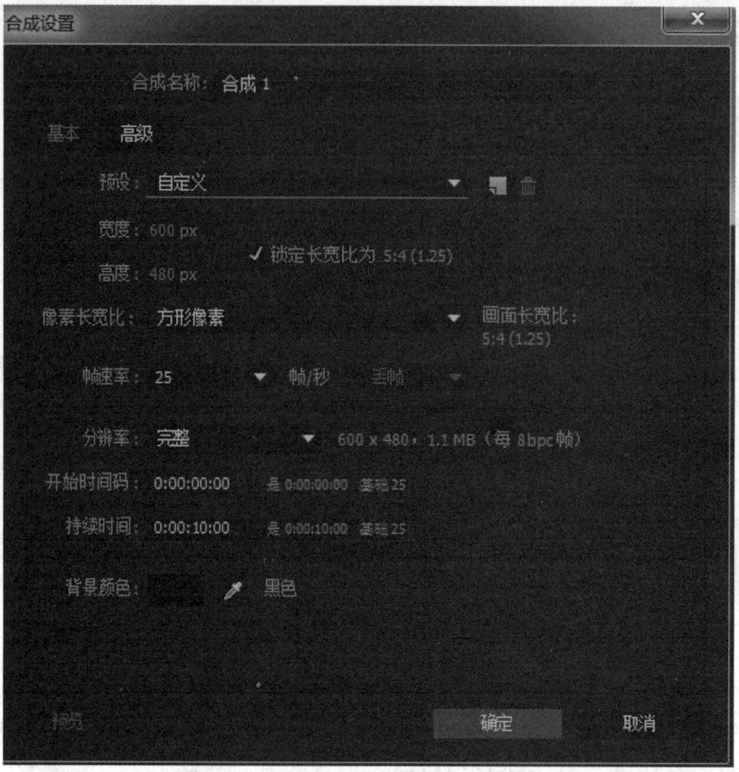

图3-13

1）基本参数

☆ 合成名称：用于设置合成的名称。

☆ 预设：用于选择预设的合成参数。在下拉列表中提供了大量的合成预设选项。用户可以通过直接选择预设参数，快速地完成合成的设置。

☆ 宽度和高度：用于设置合成的大小，单位为像素。当启用【锁定长宽比为5：4】复选框时，如果用户更改宽度或高度的大小，系统会根据宽度和高度的比例自动调整其中一个参数的数值。

☆ 像素长宽比：用于设置单个像素的长宽比例，在下拉列表中可以选择预设的像素长宽比。

☆ 帧速率：用于设置合成图像中的帧速率。

☆ 分辨率：用于设置进行视频效果预览的分辨率，包括【完整】、【二分之一】、【三分之一】、【四分之一】及【自定义】设置。用户可以通过降低预览视频的质量提高渲染速度。

☆ 开始时间码：用于设置项目开始的时间，默认情况下从第0帧开始。

☆ 持续时间：用于设置合成的时间总长度。

☆ 背景颜色：用于设置默认情况下的合成窗口的背景颜色。用户可以通过单击【吸管工具】调整背景颜色。

2）高级参数

　　用户可以通过单击【合成设置】面板中的【高级】选项卡，切换到高级参数设置面板，如图3-14所示。

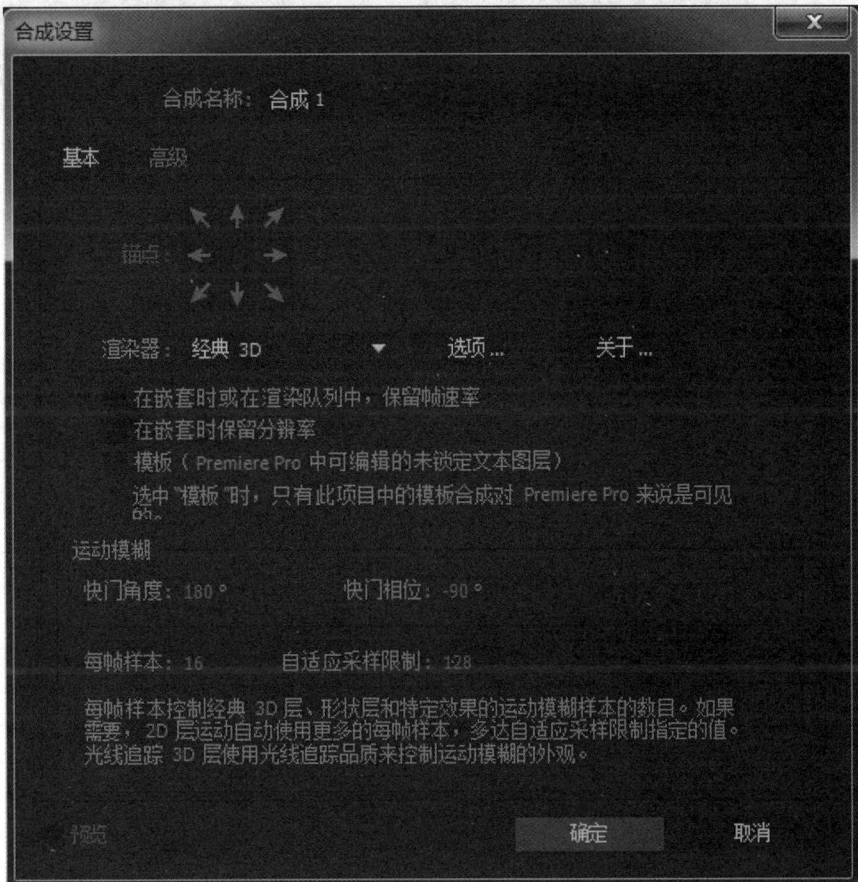

图3-14

　　☆ 锚点：用于设置合成图像的中心点。

　　☆ 渲染器：用于设置渲染引擎。用户可以根据自身的显卡配置来进行选择。在右侧的下拉列表中包括【经典3D】和【光线追踪3D】两个选项。单击【选项】按钮，用户可以在【经典3D】模式下调整【阴影图分辨率】。

　　☆ 在嵌套时或在渲染队列中，保留帧速率：启用该复选框，在进行嵌套合成或在渲染队列中，将使用原始合成的帧速率。

　　☆ 在嵌套时保留分辨率：启用该复选框，在进行嵌套合成时，将保留原始合成中设置的图像分辨率。

　　☆ 模板：启用该复选框，表示在Premiere Pro中可编辑未锁定的文本图层，只有此项目中该模板合成对Premiere Pro显示为可见状态。

　　☆ 快门角度：用于设置快门的角度。如果为图层开启了【运动模糊】开关，快门角度可以影响到图像的运动模糊的程度，如图3-15所示。

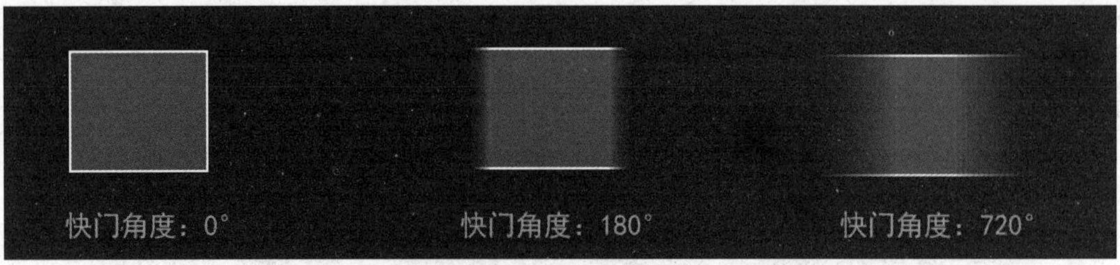

快门角度: 0°　　　　　　快门角度: 180°　　　　　　快门角度: 720°

图3-15

☆ 快门相位：用于设置快门相位。快门相位会影响到运动模糊的偏移程度。

☆ 每帧样本：用于控制经典3D图层、形状层和特定效果的运动模糊的样本的数目。

☆ 自适应采样限制：用于设置二维图层运动自动使用的每帧样本取样的极限值。

2. 基于素材创建合成

基于素材创建合成是以素材的尺寸和时间长度为依据进行合成的创建。基于素材创建合成主要分为单个素材的创建和多个素材的创建。

用户可以在【项目】面板中选中需要创建合成的素材，执行【文件】|【基于所选项新建合成】命令，也可以将素材拖动至【项目】面板底部的【新建合成】按钮■上。当用户选择了多个素材进行合成创建时，系统将弹出【基于所选项新建合成】对话框，如图3-16所示。

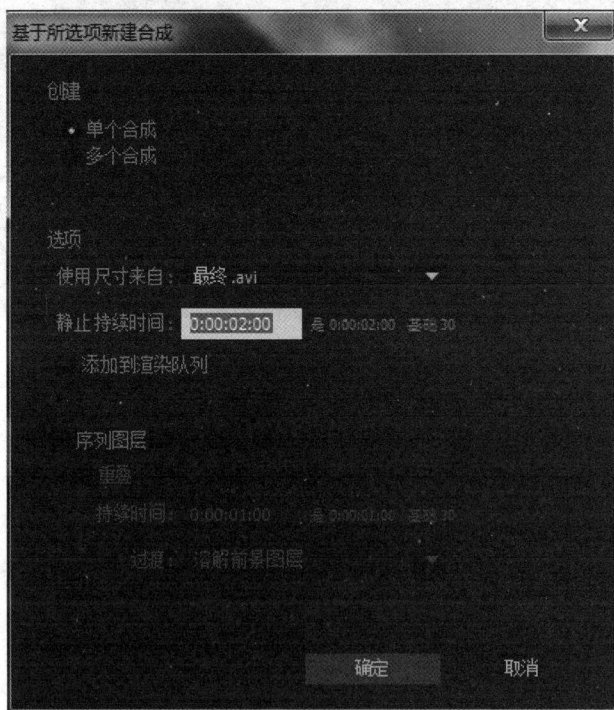

图3-16

在【基于所选项新建合成】对话框中，主要包括以下选项。

☆ 创建：用于设置合成的创建方式，包括【单个合成】和【多个合成】两个选项。【单个合成】将会把多个素材放置在一个合成中，【多个合成】将根据素材的数量创建等量的合成。

☆ 选项：用于设置合成的大小和时间等参数。【使用尺寸来自】用于设置合成尺寸的依据对象，【静止持续时间】用于设置合成的素材的静止持续时间。启用【添加到渲染队列】复选框后，合成将添加到渲染队列中。

☆ 序列图层：启用该复选框后，用于设置序列图层的排列方式。启用【重叠】选项，用户可以设置素材的重叠时间及过渡方式。

3.3.3 保存和收集项目文件

创建合成项目以后，用户需要经常保存和备份项目文件，以防止内容丢失。

1. 保存文件

保存文件是将项目保存在本地计算机当中，用户可以执行【文件】|【保存】命令，在弹出的【另存为】对话框中，设置保存文件路径、名称和文件类型，如图3-17所示。

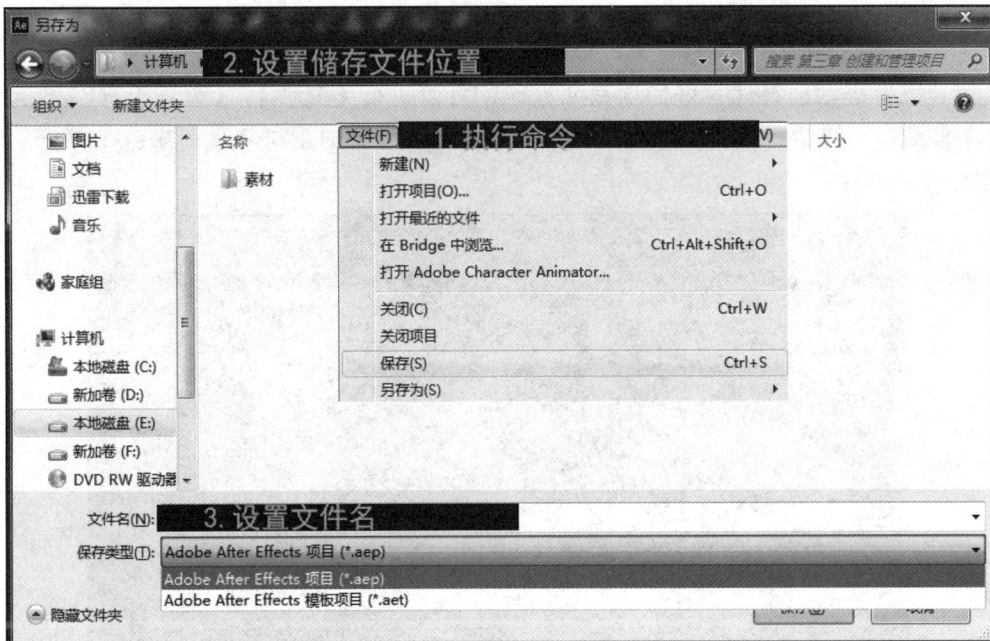

图3-17

> **提 示**
>
> 如果该项目已经保存在本地计算机中，用户可以执行【文件】|【另存为】|【另存为】命令，在弹出的【另存为】对话框中重新设置保存文件信息。

在【文件】|【另存为】菜单中，除了【另存为】命令，同样为用户提供了多种保存方式，包括【保存副本】、【将副本另存为XML】和【将副本另存为CC(12)】，如图3-18所示。

关闭(C)	Ctrl+W	
关闭项目		
保存(S)	Ctrl+S	
另存为(S)	▶	另存为(V)...　　　Ctrl+Shift+S
增量保存	Ctrl+Alt+Shift+S	保存副本(Y)...
恢复(R)		将副本另存为 XML...
导入(I)	▶	将副本另存为 CC (12)...

图3-18

☆ 保存副本：可将当前项目文件保存为一个副本。

☆ 将副本另存为XML：将当前项目保存为XML格式的文档备份，基于文本的 XML 项目文件将一些项目信息包含为十六进制编码的二进制数据。

☆ 将副本另存为CC(12)：将文件保存为一个可在 After Effects CC (12) 中打开的项目。

☆ 增量保存：以当前文件名的增量来保存项目。保存的项目文件会在之前的文件名称的基础上自动添加序号，原始项目将自动关闭。

2. 收集文件

当用户需要移动已经保存好的项目文件时，可以执行【文件】|【整理工程(文件)】|【收集文件】命令，系统会将当前文件进行整理并保存，合成中的素材将重新集合在同一个文件夹中，如图3-19所示。

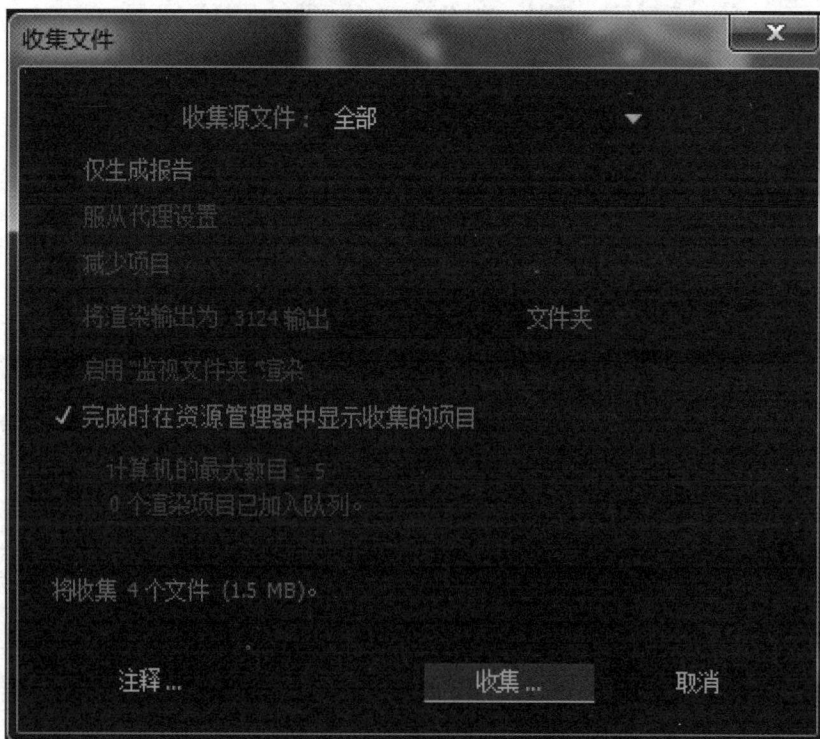

图3-19

3.3.4 合成窗口

【合成】窗口用来显示各个层的效果，主要分为显示区域和操作区域。用户可以在【合成】窗口中设置画面的显示质量、调整合成窗口显示大小及多视图显示等，如图3-20所示。

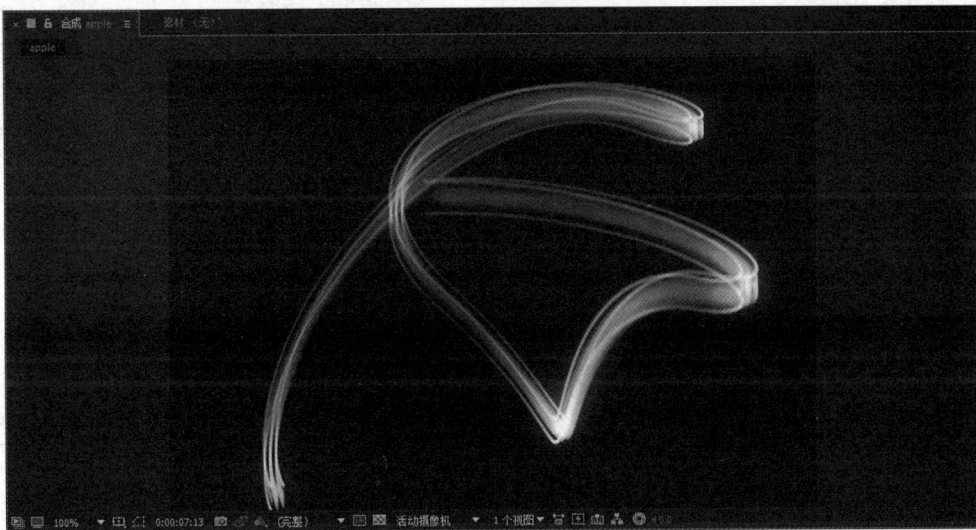

图3-20

在操作区域中，包含了用于调整【合成】窗口显示的多种按钮选项。

☆ 始终预览此视图■：按下该按钮，将始终预览当前的视图。

☆ 主查看器■：使用此查看器进行音频和外部视频预览。

☆ 放大率弹出式菜单 100%：用于设置合成图像的显示大小，在下拉列表中预设了多种显示比率。用户可以选择【适合】，自动调整图像显示比例。

☆ 选择网格和参考线选项■：用于设置是否显示参考线、网格等辅助元素。

☆ 切换蒙版和形状路径可见性■：用于设置是否显示蒙版和形状路径。

☆ 当前时间 0:00:07:13：用于显示【时间指示器】所处位置的时间信息。用户可以单击【当前时间】按钮，在弹出的【转到时间】对话框中设置【时间指示器】所处的位置。

☆ 拍摄快照■：单击该按钮，将保存当前时间的图像信息。

☆ 显示快照■：单击该按钮，将显示快照的图像。

☆ 显示通道及色彩管理设置■：用于设置通道及色彩管理模式，在下拉列表中提供了多种通道模式。

☆ 分辨率/向下采样细数弹出式菜单 完整：用于设置图像显示的分辨率，在下拉列表中预设了多种显示方式。用户可以通过更改分辨率参数调整图像的显示质量以加快渲染速度，显示质量不影响最终的渲染。

☆ 目标区域■：用于指定图像的显示范围。单击该按钮，将显示一个矩形区域，用户可以通过调节矩形区域的大小完成图像显示范围的调节。

☆ 切换透明网格■：单击该按钮，背景将以透明网格进行显示。

☆ 3D视图弹出式菜单 活动摄像机：用于设置用户观察的角度。当用户将普通图层转换为三维图层并添加摄像机后，可以通过多个角度观察效果。

☆ 选择视图布局 1个视图▼：用于设置视图显示的数量和不同的观察方式。

☆ 切换像素长宽比校正 ▤：单击该按钮，合成窗口中的图像将会被拉伸，从而校正图像中非正方形的像素。

☆ 快速预览 ▣：用于设置快速预览，在下拉列表中提供了多种选项。

☆ 时间轴 ▦：单击该按钮，将自动切换到【时间轴】面板中。

☆ 合成流程图 ▣：单击该按钮，将打开【流程图】窗口，查看合成中素材的流程关系。

☆ 重置曝光度(仅影响视图) ◉：单击该按钮，将重置合成中图像的曝光度。

☆ 调整曝光度(仅影响视图) +0.0：用于设置曝光的程度。

3.3.5 时间轴面板

【时间轴】面板是主要的集中设置图层属性和动画的面板。在该面板中，用户可以进行很多操作，例如设置素材的出点和入点位置、设置图层的混合模式等。在【时间轴】面板底部的图层会首先进行渲染。左侧为控制面板区域，由图层的控件组成，右侧是时间图表，如图3-21所示。

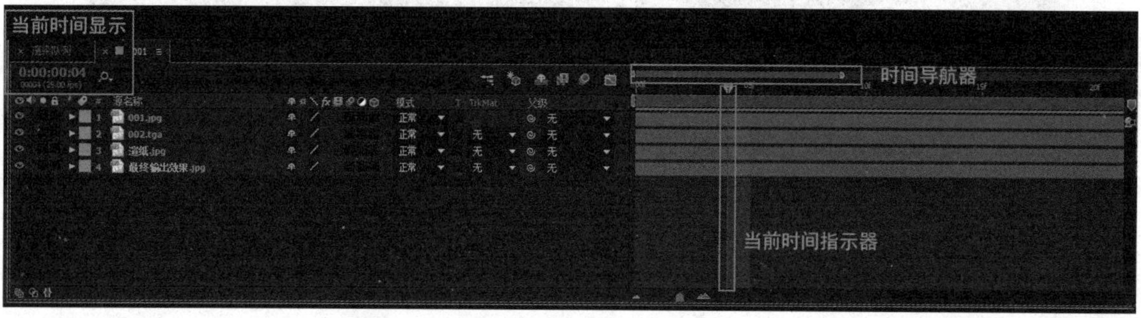

图3-21

在控制面板区域，主要包括下列工具按钮。

☆ 时间码 0:00:00:04：用于显示【时间指示器】所在的时间位置，按住Ctrl键并单击将替代显示样式。用户也可以单击当前时间码，输入数字来调整【时间指示器】的位置。

☆ 搜索 ⌕：用于搜索和查找素材及其他属性设置，如图3-22所示。

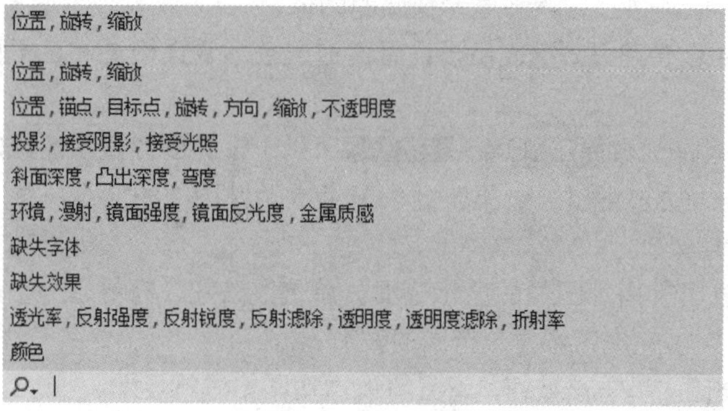

图3-22

☆ 合成微型流程图▣：单击该按钮，可调整流程图显示设置。

☆ 草图3D▣：单击该按钮，将显示草图3D功能。

☆ 隐藏图层▣：用于设置是否隐藏具有【消隐】开关的所有图层。

☆ 帧混合▣：单击该按钮，设置了【帧混合】开关的所有图层将启用帧混合效果。

☆ 动态模糊▣：单击该按钮，在【时间轴】面板中已经添加了动态模糊效果的图层将显示动态模糊效果。

☆ 图表编辑器▣：用来切换时间线操作区域的显示方式，如图3-23所示。

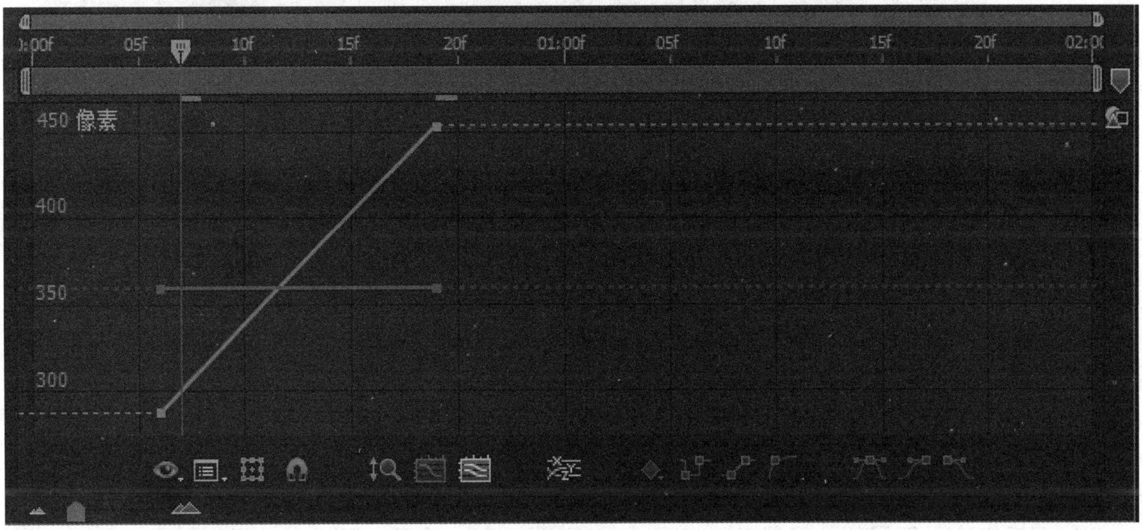

图3-23

3.4 添加效果

效果也就是特效，在After Effects中，内置了上百种不同类型的效果。After Effects中的效果可以单独使用，也可以多个同时使用，通过添加效果，用户可以制作出绚丽的视觉特效。

3.4.1 效果的添加

添加效果的方法有很多种，下面讲解最常见的4种方式。

(1) 在【时间轴】面板中选择需要添加效果的素材图层，执行【效果】菜单中的子命令。

(2) 在【时间轴】面板中选择需要添加效果的素材图层，单击鼠标右键，在弹出的菜单中选择【效果】菜单中的子命令。

(3) 将【效果和预设】面板中的选定效果，拖曳至【时间轴】面板中需要添加效果的图层上。

(4) 在【时间轴】面板中选择需要添加效果的素材图层，在【效果和预设】面板中双击选中的效果。

当用户为图层添加效果之后，可以在【效果控件】面板中，通过设置效果的参数，调整所添加的效果，如图3-24所示。

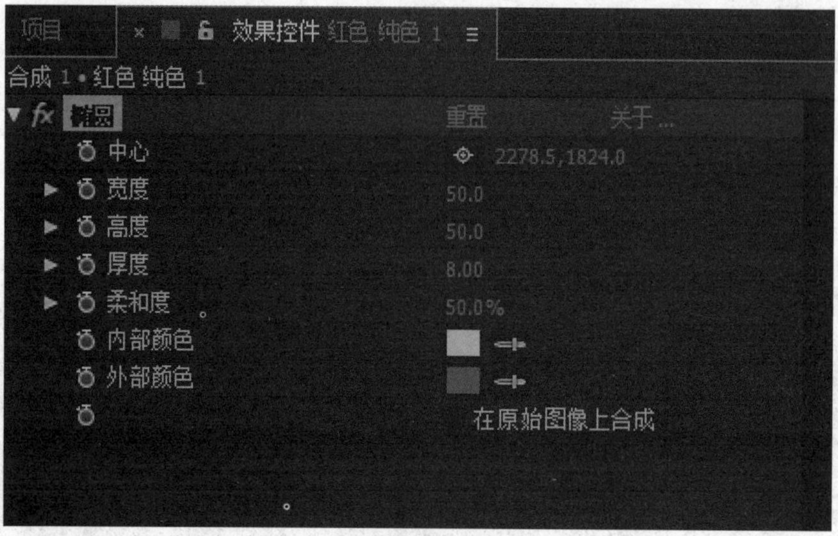

图3-24

3.4.2 复制和取消效果

1. 复制效果

当需要将图层中的效果应用到其他图层上时，可以通过复制效果的方法来实现。在【效果控件】面板中选择图层的一个或多个效果，执行【编辑】|【复制】命令，复制效果，在【时间轴】面板中选择目标图层，执行【编辑】|【粘贴】命令，即可完成复制。

> **提 示**
>
> 当在同一图层中复制效果时，可以在【效果控件】面板中选择需要复制的效果，使用快捷键Ctrl+D完成复制操作。

2. 取消效果

当需要将图层中的效果取消时，可以使用After Effects中的"禁用"和"删除"功能实现。

当需要删除效果时，可以在【效果控件】面板中选择需要删除的效果，按下Delete键即可。

当需要禁用效果时，可以在【效果控件】面板中单击效果左侧的 fx 按钮，当显示为■时，效果即被禁用，再次单击效果将被恢复，如图3-25所示。

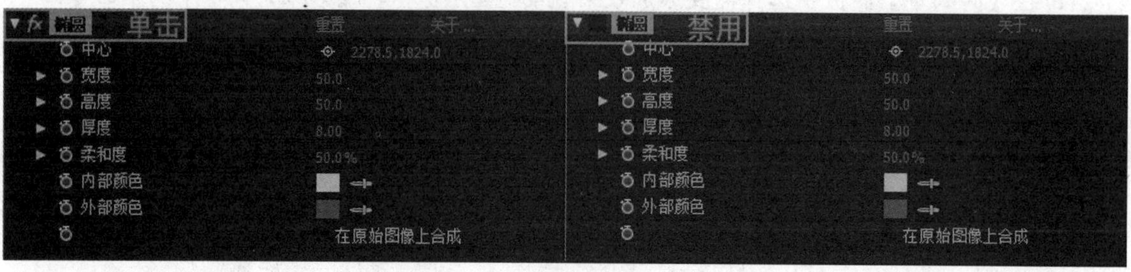

图3-25

3.5 渲染与输出

影片的渲染是将合成中的图像逐帧渲染，从已经创建的合成变成影片的过程。影片可以制成包含所有已渲染帧的单个视频文件(如*.avi 或*. mov文件)，也可以制成静止图像序列。

渲染输出一般有两种用途，第一种是将渲染输出的文件作为其他合成的素材使用，如将After Effects中输出的文件用于Premiere Pro的素材，这种方式对于输出文件的质量要求比较高，一般要求为图像序列或高品质的影片，素材文件相对较大；第二种是将渲染输出的文件用于媒体播放、光盘制作、视频预览等，用户就需要通过Adobe Media Encoder对影片进行压缩处理。此操作既可通过在 After Effects 中使用【渲染队列】完成，也可通过将合成导入 Adobe Media Encoder 完成。

对于渲染队列，After Effects CC使用嵌入版本的 Adobe Media Encoder，通过【渲染队列】面板对大多数影片格式进行编码。在使用【渲染队列】面板管理渲染和导出操作时，将自动调用 Adobe Media Encoder 的嵌入版本。Adobe Media Encoder仅以【导出设置】对话框的形式出现，用户可在该对话框中指定一些编码和输出设置。

3.5.1 渲染队列

执行【合成】|【添加到渲染队列】命令，或者使用快捷键Ctrl+M，即可打开【渲染队列】面板，如图3-26所示。

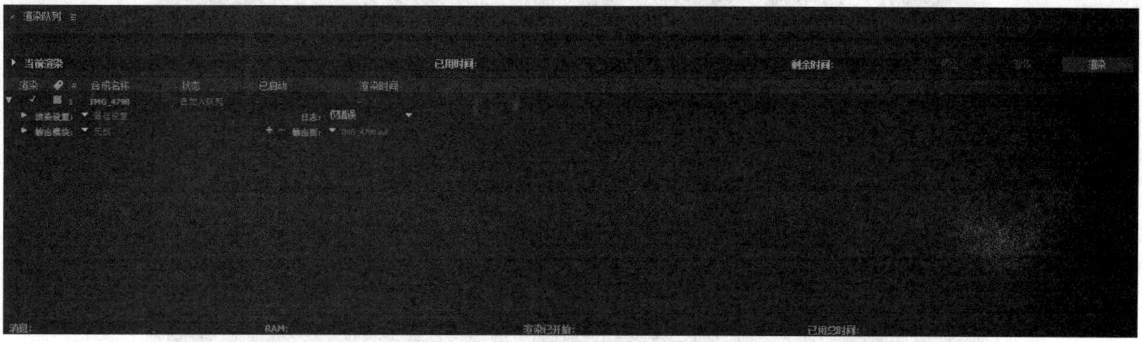

图3-26

在【渲染队列】面板的底部，将显示当前渲染内容的信息。

☆ 消息：渲染状态消息。

☆ RAM：显示渲染时内存的使用情况。

☆ 渲染已开始：显示渲染的开始时间。

☆ 已用总时间：显示当前渲染内容所消耗的时间(不计算暂停)。

3.5.2 渲染设置

单击【渲染队列】面板中【渲染设置】选项右侧的下拉箭头■，在弹出的下拉列表中提供了基本的预设模式，如图3-27所示。

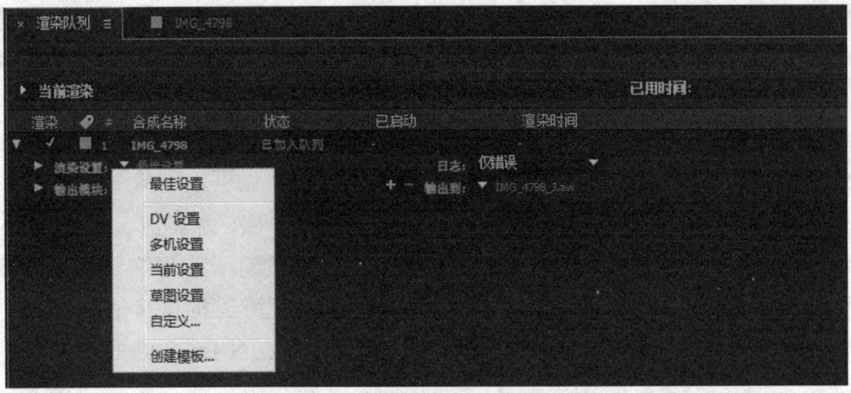

图3-27

☆ 最佳设置：使用最高的渲染质量进行渲染输出，通常用于最终效果输出。

☆ DV设置：与【最佳设置】类似，但打开了【场渲染】，并设置为【低场优先】。

☆ 多机设置：与【最佳设置】类似，一般用于多个机器进行渲染。

☆ 当前设置：使用当前默认设置。

☆ 草图设置：使用较低的渲染质量进行渲染输出，通常适合测试渲染时使用。

☆ 自定义：使用该选项将会弹出【渲染设置】对话框，用户可以自定义渲染的各项设置，如图3-28所示。

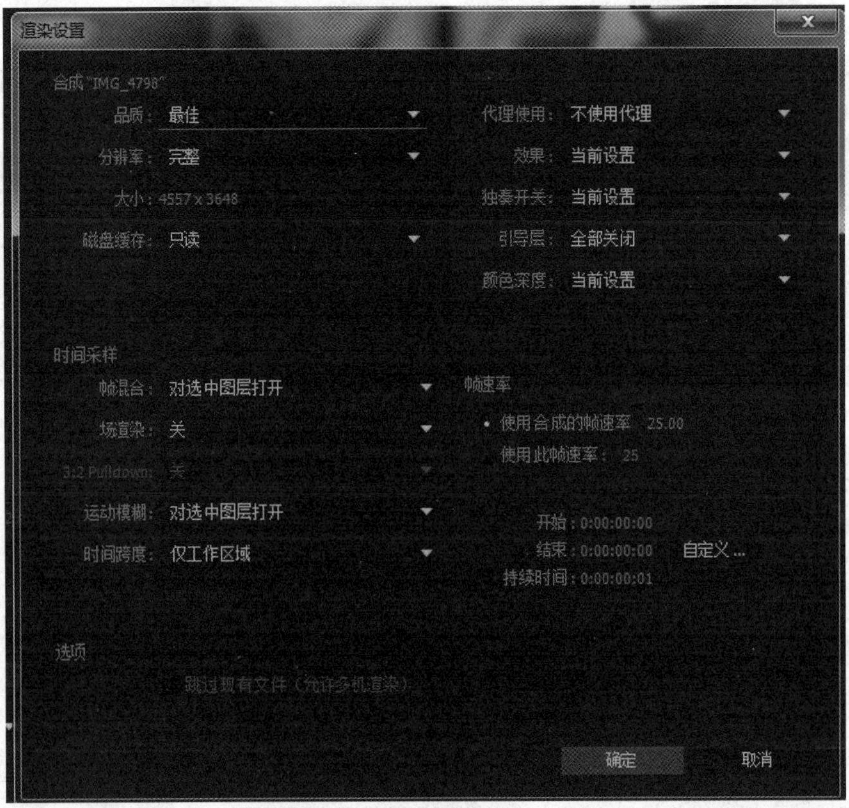

图3-28

在【渲染设置】对话框中，主要包含以下设置。

☆ 品质：用于设置图层的品质，包括【最佳】、【草图】和【线框】3个选项。

☆ 分辨率：用于设置渲染输出的分辨率。

☆ 磁盘缓存：用于确定渲染期间是否使用磁盘缓存首选项。【只读】表示不会在渲染期间向磁盘缓存写入任何新帧。

☆ 代理使用：用于决定渲染时是否使用代理。

☆ 效果：用于设置合成中的效果是否被渲染。【当前设置】指的是使用【效果】开关的当前设置；【全部开启】将渲染所有图层效果；【全部关闭】将不渲染任何效果。

☆ 独奏开关：用于开启【独奏】开关的图层的渲染设置。【当前设置】为每个图层使用【独奏】开关的当前设置。【全部关闭】将忽略【独奏】开关进行渲染。

☆ 引导层：用于设置是否渲染合成中的引导层。

☆ 颜色深度：用于设置渲染输出的通道的深度，包括8位/通道、16位/通道和32位/通道。

☆ 帧混合：用于设置帧混合的状态。【对选中图层打开】将对设置了【帧混合】开关的图层渲染帧混合。

☆ 场渲染：用于设置渲染时是否渲染场。【关】表示不进行场渲染；【高场优先】和【低场优先】都将进行场渲染。

☆ 3∶2 Pulldown：用于选择 3∶2 Pulldown 的相位。

☆ 运动模糊：用于设置是否渲染运动模糊效果。【当前设置】为使用【运动模糊】图层开关和【启用运动模糊】合成开关的当前设置。【对选中图层打开】只对设置了【运动模糊】图层开关的图层渲染运动模糊；【对所有图层关闭】将忽略运动模糊效果。

☆ 时间跨度：用于设置渲染输出的长度。【合成长度】将渲染整个合成的长度；【仅工作区域】渲染由工作区域标记指示的合成部分；【自定义】可以自定义渲染时间的范围。

☆ 帧速率：用于设置渲染影片时使用帧速率。选择【使用合成的帧速率】将使用在【合成设置】面板中指定的帧速率；【使用此帧速率】可以自定义设置一个帧速率。

3.5.3 输出模块

【输出模块】设置用于确定如何最终输出处理渲染的影片。在【输出模块设置】对话框中，可以设置最终输出的文件格式、输出颜色配置文件、压缩选项以及其他编码选项，也可以裁剪、拉伸影片等，如图3-29所示。

在【主要选项】中，主要包括以下选项。

☆ 格式：用于设置输出格式，主要包括视频格式和序列图像。

☆ 包括项目链接：用于设置是否在输出文件中包括链接到源 After Effects 项目的信息。

☆ 渲染后动作：用于设置在渲染完成后如何处理文件。

☆ 包括源XMP元数据：用于设置是否在输出文件中包括用作渲染合成的源文件中的 XMP 元数据。

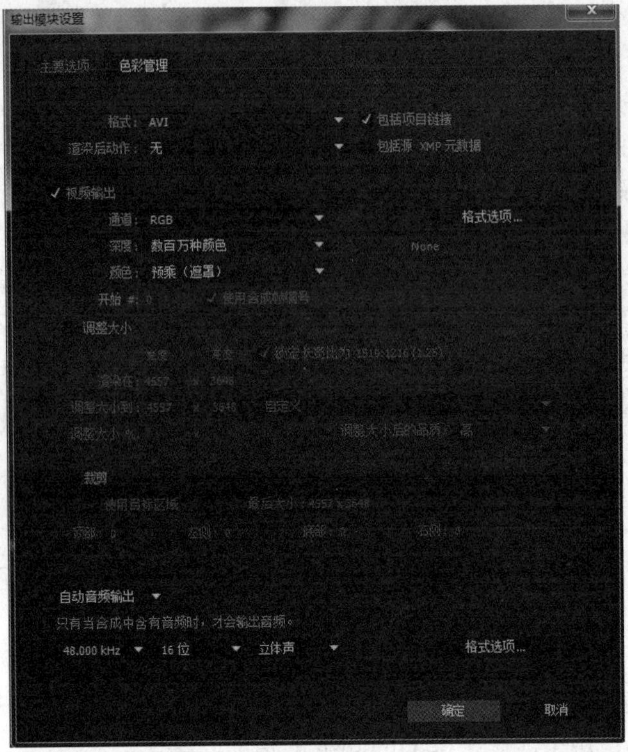

图3-29

☆ 通道：用于设置输出的通道。

☆ 格式选项：单击该按钮，将弹出新的对话框，用于设置不同的压缩方式。

☆ 深度：用于设置输出影片的颜色深度。

☆ 颜色：用于指定使用 Alpha 通道创建颜色的方式，包括【预乘(遮罩)】和【直接(无遮罩)】。

☆ 调整大小：用于设置输出影片的大小。

☆ 锁定长宽比：勾选该复选框，将锁定输出尺寸的长宽比。

☆ 裁剪：用于在输出影片的边缘减去或增加像素行或列。

☆ 使用目标区域：导出在【合成】或【图层】面板中选择的目标区域。

☆ 顶部、左侧、底部、右侧：分别控制上、左、下、右的修剪或增加的数量。

☆ 自动音频输出：用于设置音频的输出，包括【自动音频输出】、【打开音频输出】和【关闭音频输出】3个选项。

在调整完渲染选项后，单击【确定】按钮完成渲染设置。单击【输出到】指定文件输出路径，单击【渲染】按钮即可输出渲染。当渲染队列中的所有项目均已渲染和导出时，将播放提示声。

3.6 素材的摆放(案例)

在本案例中，将从新建项目开始，通过在【时间轴】面板中放置素材，详细介绍【时间轴】面板的基础操作方法。

操作步骤:

01 新建合成。执行【合成】|【新建合成】命令，在【合成设置】面板中输入合成的名称，调整合成设置。选择【预设】下拉列表中的【PAL D1/DV】选项，将【持续时间】调整为15秒，如图3-30所示。

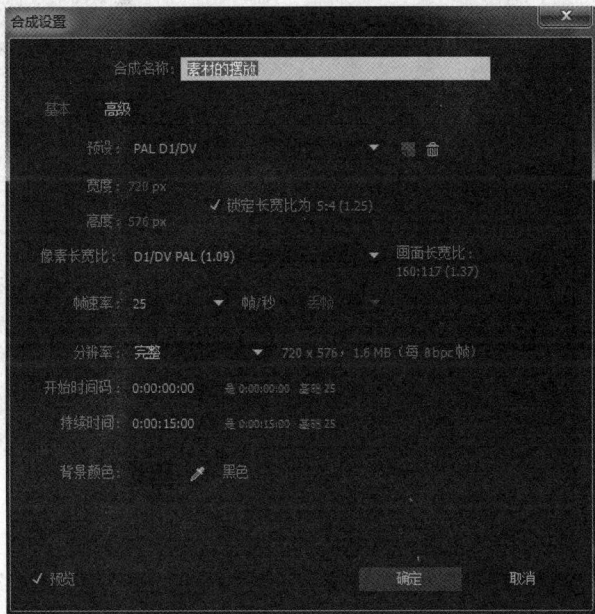

图3-30

02 双击【项目】面板，导入序列图。选中图片"10000.tga"，勾选【Targa序列】复选框，如图3-31所示。

图3-31

03 在【解释素材】对话框中选择【直接-无遮罩】方式，单击【确定】按钮，完成素材导入，如图3-32所示。

图3-32

04 将素材拖动到【时间轴】面板中，拖动【时间指示器】观察素材，如图3-33所示。

图3-33

05 执行【编辑】|【重复】命令，或使用快捷键Ctrl+D，将图层复制2份，如图3-34所示。

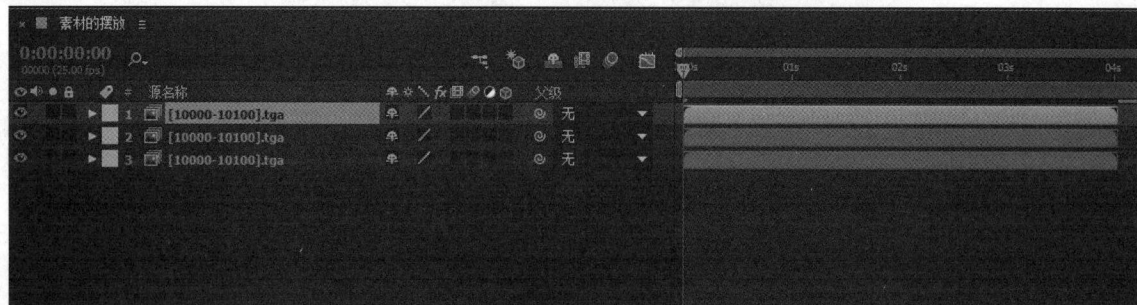

图3-34

06 选中图层，使用鼠标右键单击图层，在弹出的对话框中选择【重命名】命令，重新输入图层名称，如图3-35所示。

图3-35

07 选中"动画1"图层，使用快捷键O，将【时间指示器】调整至图层的出点位置，如图3-36所示。

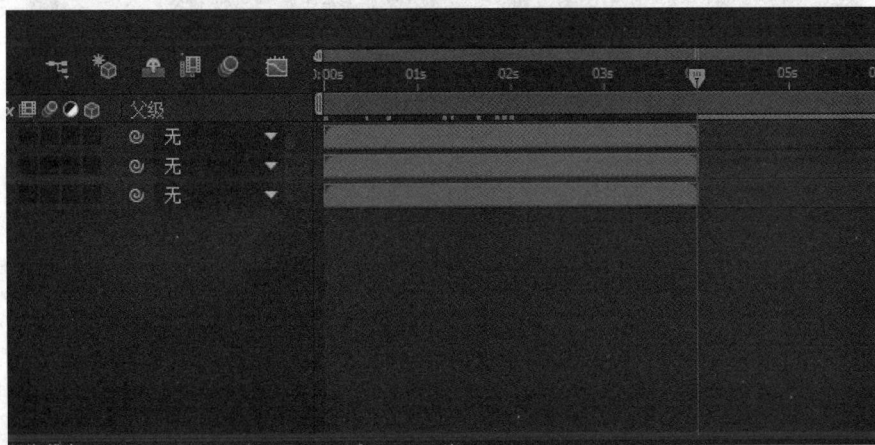

图3-36

08 选中"动画2"图层，使用快捷键{，将"动画2"图层的入点对齐【时间指示器】，如图3-37所示。

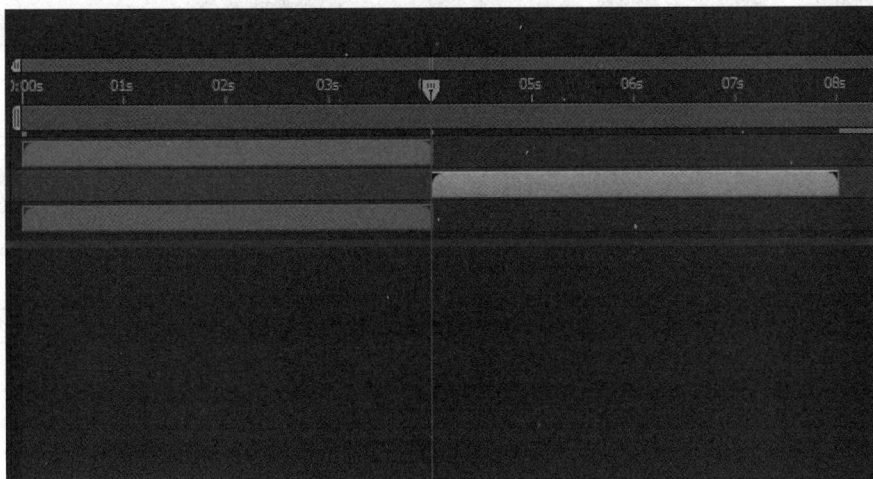

图3-37

09 选中"动画2"图层，使用快捷键O，将【时间指示器】调整至图层的出点位置，如图3-38所示。

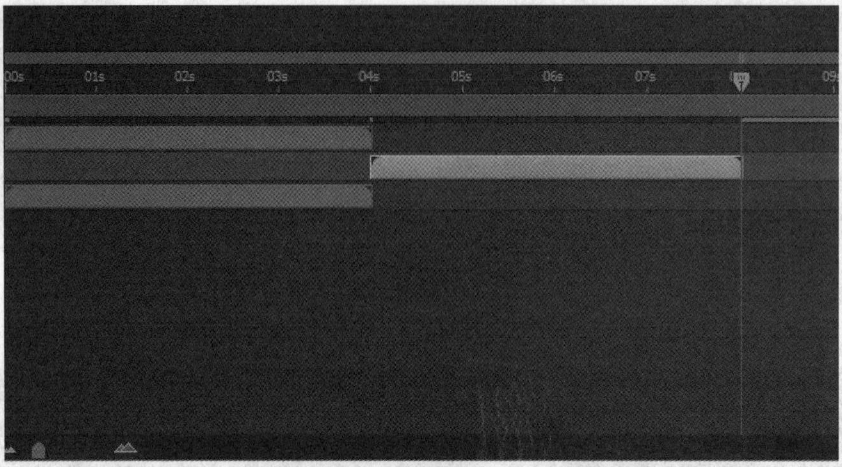

图3-38

10 选中"动画3"图层，使用快捷键{，将"动画3"图层的入点对齐【时间指示器】，如图3-39所示。

图3-39

11 选中"动画3"图层，使用快捷键O，将【时间指示器】调整至图层的出点位置，如图3-40所示。

图3-40

至此，本案例制作完成，我们可以通过【播放】来观察动画效果。

3.7 导入素材合成片头（案例）

在本案例中，将通过导入素材，制作视频的开场动画效果，如图3-41所示。

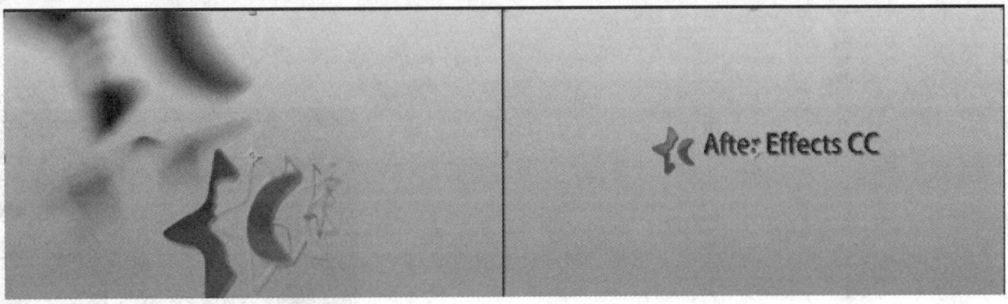

图3-41

操作步骤：

01 新建合成。执行【合成】|【新建合成】命令，在【合成设置】面板中输入合成的名称，调整合成设置。选择【预设】下拉列表中的【HDTV 1080 25】选项，将【持续时间】调整为10秒，如图3-42所示。

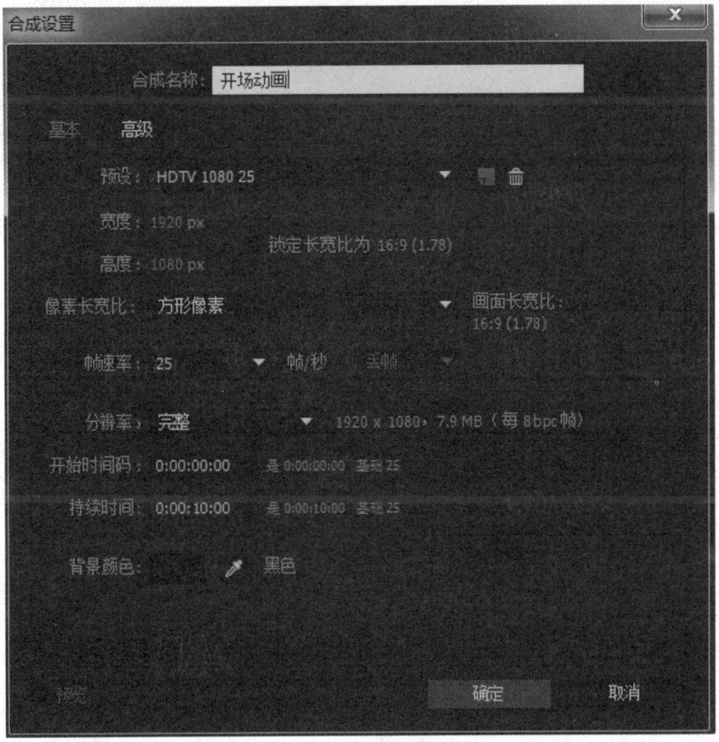

图3-42

02 双击【项目】面板，导入序列图。选中图片"Logo_00000.tga"，勾选【Targa序列】复选框，如图3-43所示。

03 在【解释素材】对话框中选择【直接-无遮罩】方式，单击【确定】按钮，完成素材导入，如图3-44所示。

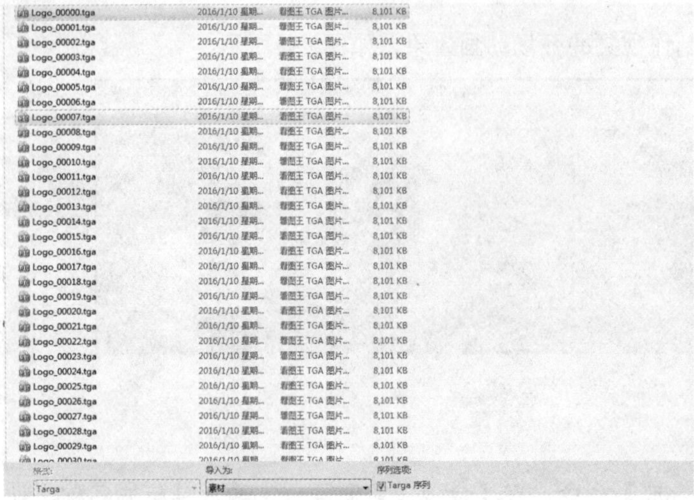

图3-43

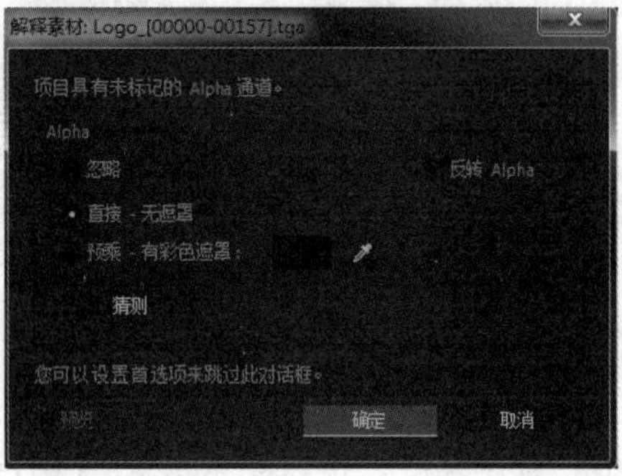

图3-44

04 使用相同方法导入"文字1"序列文件，如图3-45所示。

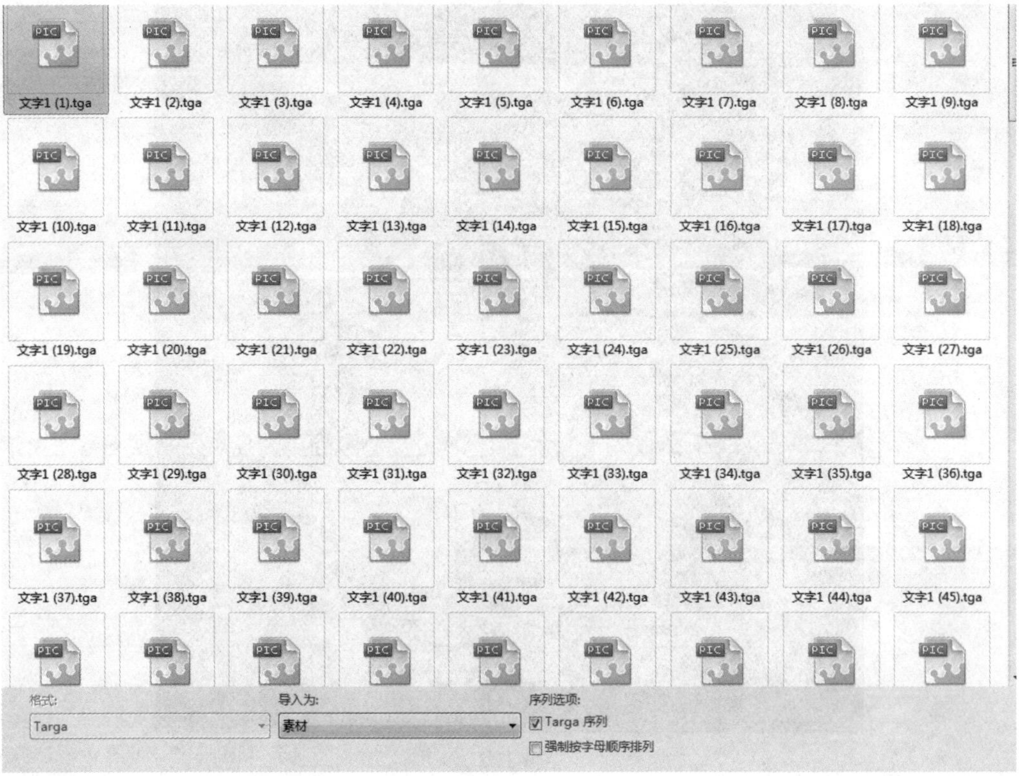

图3-45

05 双击【项目】面板，导入"BG.jpg"文件，如图3-46所示。

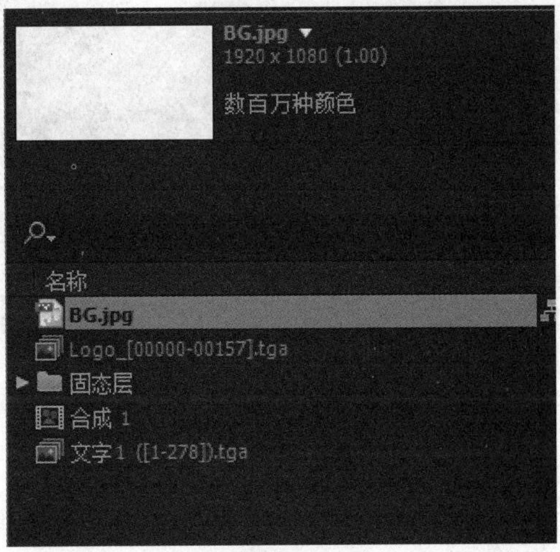

图3-46

06 将素材分别拖动到【时间轴】面板中，将"Logo"图层放置于"文字"图层之上，"BG"图层放置于最下端位置。拖动【时间指示器】观察素材，如图3-47所示。

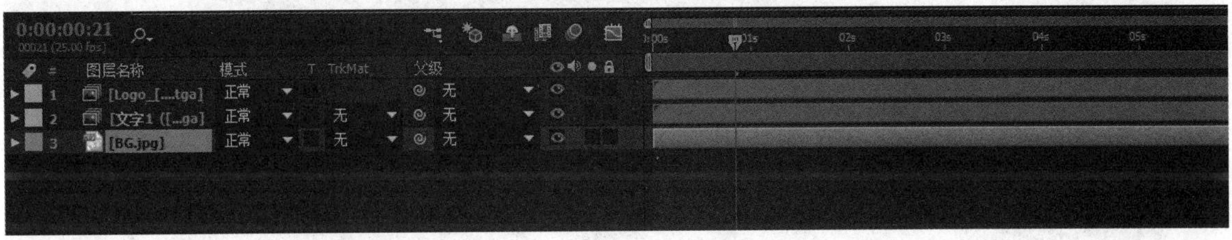

图3-47

07 选择"BG.jpg"图层，执行【效果】|【生成】|【梯度渐变】命令。在【效果控件】面板中，将【起始颜色】调整为接近白色，【结束颜色】调整为灰白色，如图3-48所示。

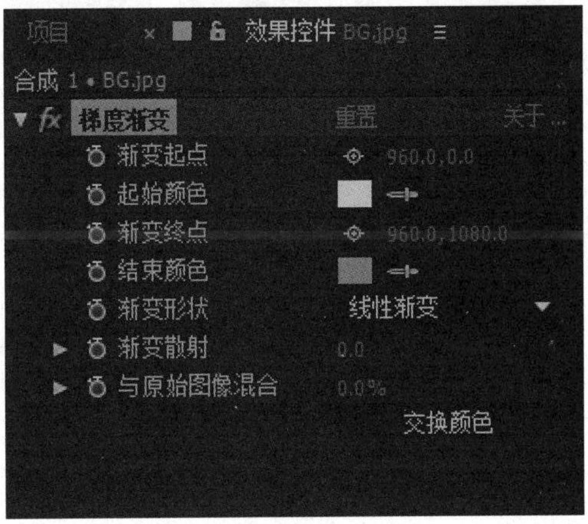

图3-48

08 选择"Logo"图层，执行【效果】|【透视】|【投影】命令。在【效果控件】面板中，将【距离】参数调整为10.0，如图3-49所示。

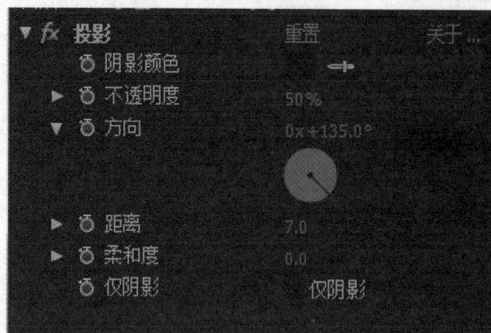

图3-49

09 选择"Logo"图层，在【效果控件】面板中选择【投影】效果，执行【编辑】|【复制】命令，复制效果，在【时间轴】面板中选择"文字"图层，执行【编辑】|【粘贴】命令，完成复制，如图3-50所示。

图3-50

至此，本案例制作完成，我们可以通过【播放】来观察动画效果。

第4章

基础图层动画

图层是构成合成的最基本元素。在After Effects中，包含了多种不同种类的图层，我们可以为这些图层添加基础关键帧动画效果。关键帧动画效果制作不同于传统意义上的逐帧动画，用户只需要对合成中的某一属性激活【时间变化秒表】按钮，软件会自动生成过渡效果。在本章中，将详细介绍图层的种类、属性、操作方式、混合模式及合成嵌套的概念，在关键帧动画的制作中，将详细介绍关键帧的创建方式、编辑方式等基础知识。

| 4.1 图层

图层是构成合成的元素。After Effects 中的图层类似于Photoshop中的图层，一张张按顺序叠放在一起，组合起来形成合成的最终效果。

用户可以在【时间轴】面板中调整图层的分布，After Effects会对合成中的图层进行编号，其编号会显示在图层名称的左侧位置。图层的堆叠顺序会影响到合成的最终效果，在默认设置下，图层按照从上往下的顺序依次叠放，上层图层的图像会遮盖下层图层图像。用户也可以通过调整混合模式，使上下图层进行各种混合，产生特殊的效果，如图4-1所示。

图4-1

4.1.1 图层的种类

在After Effects 中，用户可以创建多种图层，主要分为以下几种。

(1) 基于导入的素材项目(如静止图像、影片和音频轨道)的视频和音频图层。

(2) 用来执行特殊功能的图层(例如，摄像机、灯光、调整图层和空对象)。

(3) 创建的纯色素材项目的纯色图层。

(4) 形状图层和文本图层。

(5) 预合成图层。

其中，After Effects为用户提供了9种不同的新建图层，大多数命令的新建图层都会立即在现有选定图层的上方创建，如果未选择任何图层，则新图层会在堆栈的最上方创建。用户可以执行【图层】|【新建】命令，选中任意图层类型，即可创建一个新的图层，如图4-2所示。

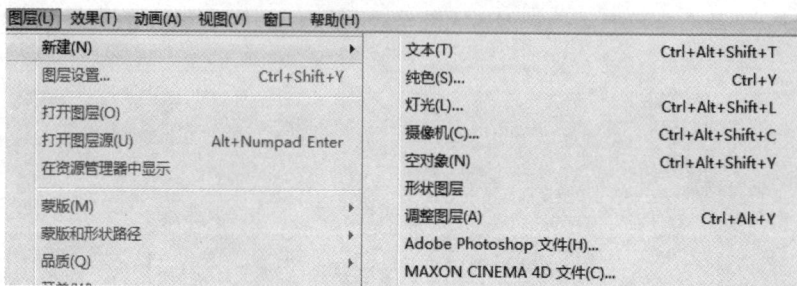

图4-2

提 示

在【时间轴】面板的空白区域单击鼠标右键，在弹出的对话框中选择【新建】命令，同样能够创建不同类型的空白图层。

1. 文本图层

用户可以执行【图层】|【新建】|【文本】命令，创建文本图层。文本图层是用于创建文字特效的图层，如图4-3所示。

图4-3

2. 纯色图层

用户可以执行【图层】|【新建】|【纯色】命令，创建纯色图层。纯色图层是具有颜色的图层，用户可以选择纯色图层，执行【图层】|【纯色设置】命令，再次修改纯色图层的参数信息，如图4-4所示。

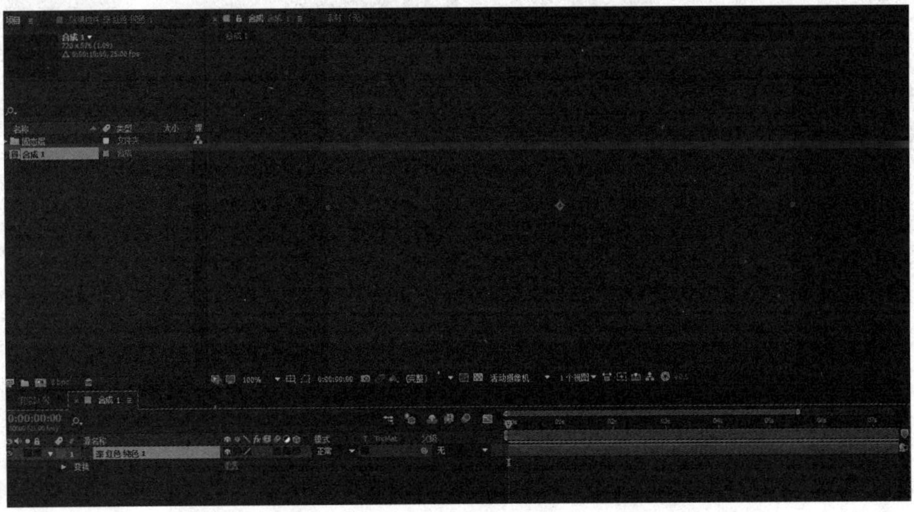

图4-4

3. 灯光图层

用户可以执行【图层】|【新建】|【灯光】命令，创建灯光图层。灯光图层用于模拟不同种类灯光的照明效果，在灯光图层的属性面板中，用户可以设置灯光图层的【灯光类型】、【颜色】、【强度】等参数，如图4-5所示。

图4-5

4. 摄像机图层

用户可以执行【图层】|【新建】|【摄像机】命令，创建摄像机图层。摄像机图层是用来在3D模式下模拟摄像机运动效果，如图4-6所示。

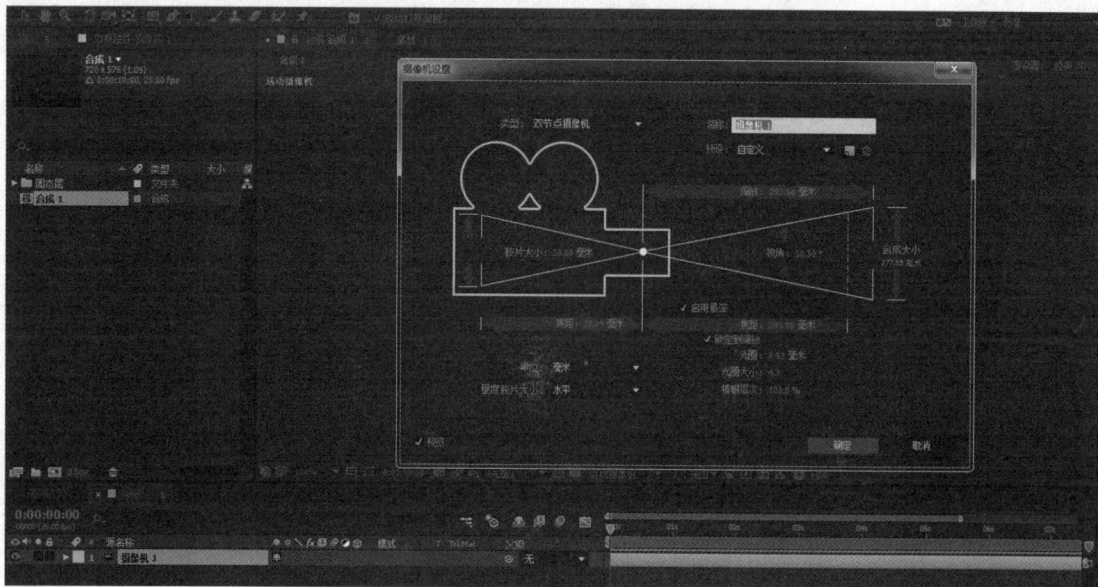

图4-6

5. 空对象图层

　　用户可以执行【图层】|【新建】|【空对象】命令，创建空对象图层。空对象图层是一种虚拟图层，是具有可见图层的所有属性的不可见图层，因此经常用来配合表达式和作为父级使用，如图4-7所示。

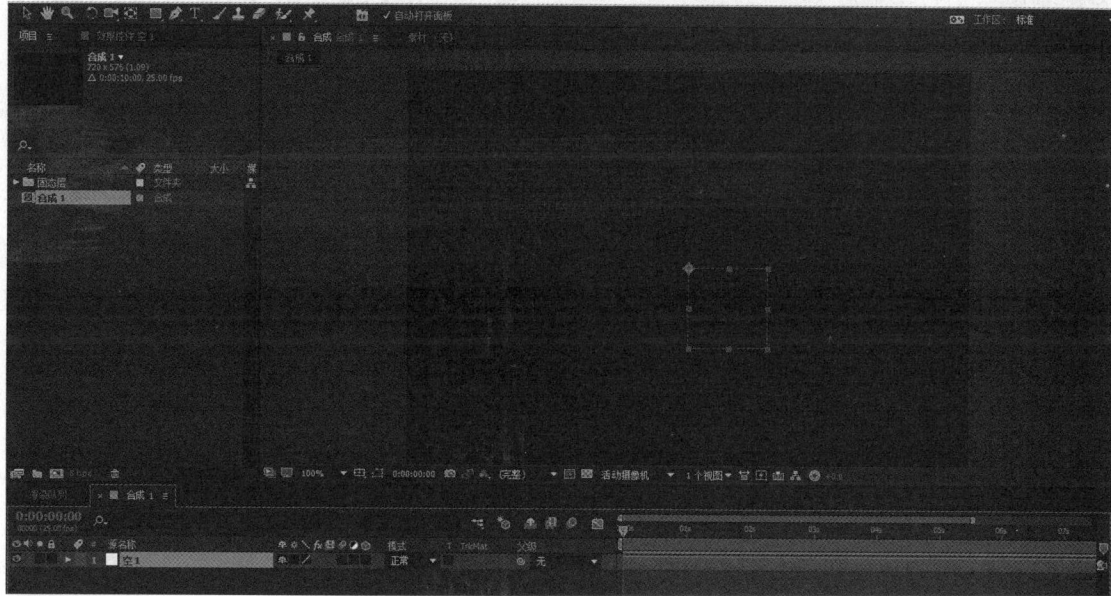

图4-7

6. 形状图层

　　用户可以执行【图层】|【新建】|【形状图层】命令，创建形状图层，如图4-8所示。

图4-8

7. 调整图层

用户可以执行【图层】|【新建】|【调整图层】命令，创建调整图层。当用户向某个图层应用效果时，该效果将仅应用于该图层，不应用于其他图层。调整图层会影响在图层堆叠顺序中位于该图层之下的所有图层。位于图层堆叠顺序底部的调整图层没有可视结果，如图4-9所示。

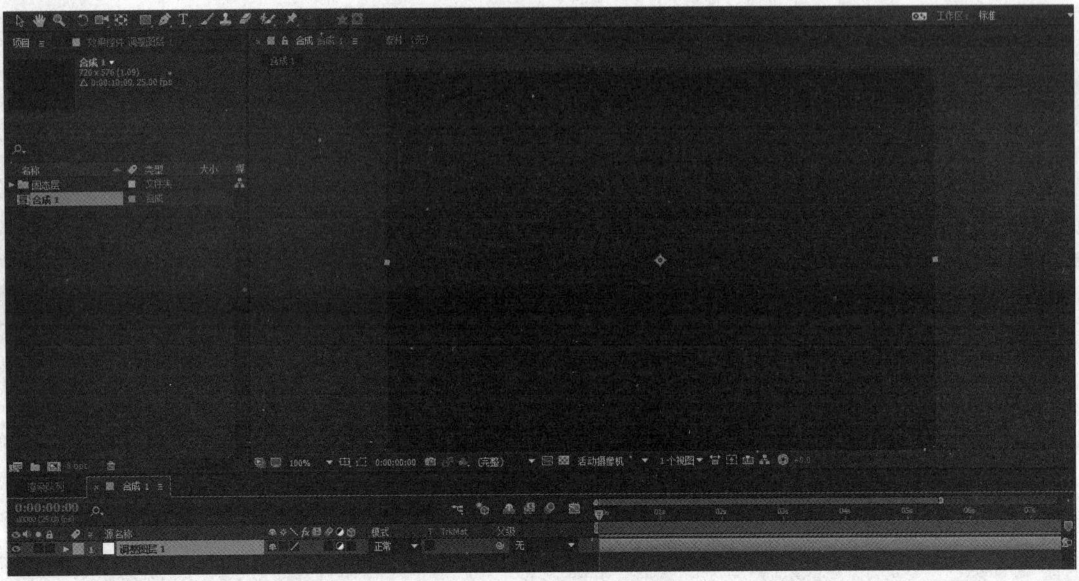

图4-9

8. Adobe Photoshop 文件(H)

用户可以执行【图层】|【新建】|【Adobe Photoshop 文件】命令，创建Adobe Photoshop 文件图层，如图4-10所示。

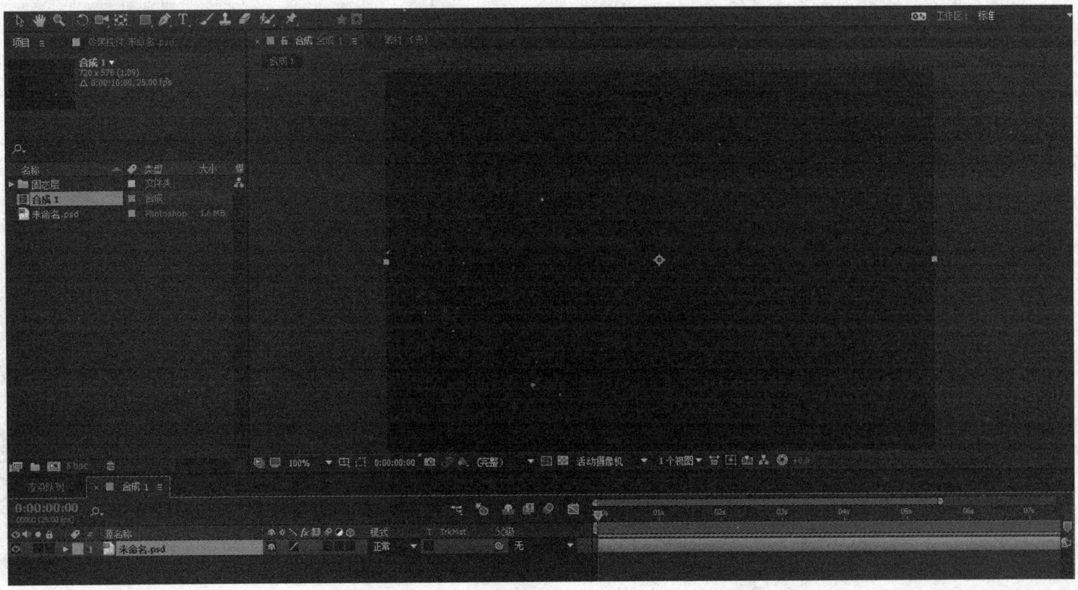

图4-10

9. MAXON CINEMA 4D 文件(C)

用户可以执行【图层】|【新建】|【MAXON CINEMA 4D】命令，创建CINEMA 4D文件。CINEMA 4D 是 MAXON 推出的常用3D建模和动画软件。用户可以从After Effects 内创建CINEMA 4D文件 (.c4d)，并且可使用复杂3D元素、场景和动画。为实现互操作性，Adobe After Effects 中同样集成了CINEMA 4D 渲染引擎CINEWARE，如图4-11所示。

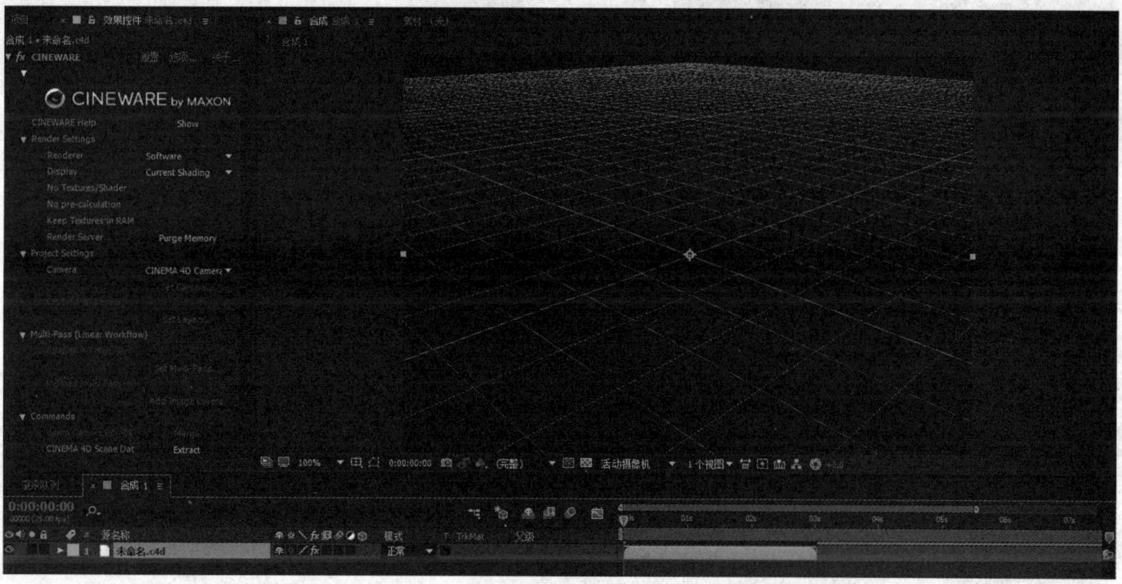

图4-11

4.1.2 图层的属性

在After Effects中，经常会使用图层属性制作动画效果。除音频图层外，每个图层具有一个基本属性组【变换】组，该组包括【锚点】、【位置】、【缩放】、【旋转】和【不透明度】属性，如图4-12所示。

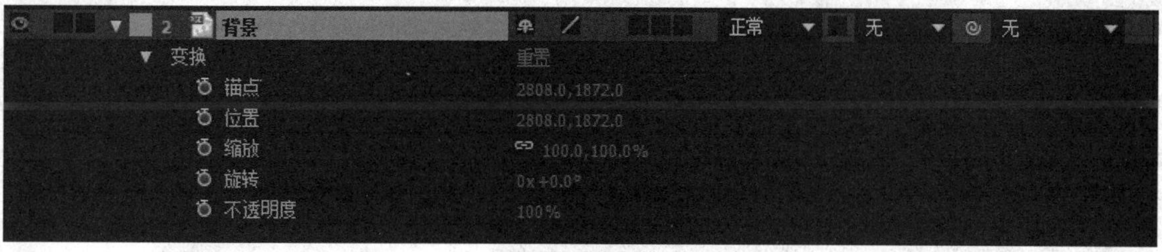

图4-12

☆ 锚点：锚点就是图层的轴心点，图层的位置、旋转和缩放都是基于锚点来操作的。锚点属性的快捷键为A，当进行图层的旋转、位移和缩放操作时，锚点的位置会影响最终的效果，如图4-13所示。

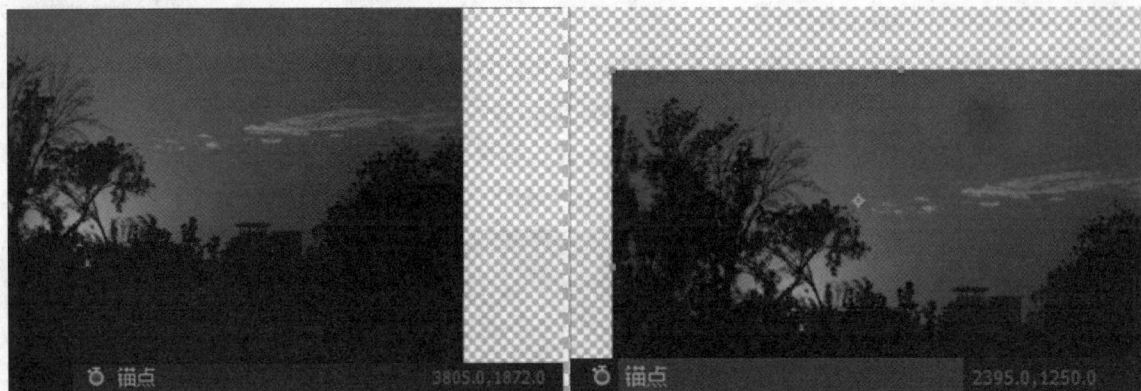

图4-13

☆ 位置：位置属性是用来调整图层在画面中的位置，可以通过位置属性制作位移动画效果。位置属性的快捷键为P，普通的二维图层通过X轴和Y轴两个参数来定义图层位于合成中的位置，如图4-14所示。

图4-14

☆ 缩放：缩放属性用于控制图层的大小，缩放的中心为锚点的位置，普通的二维图层通过X轴和Y轴两个参数来调整。缩放属性的快捷键为S，在使用缩放命令时，图层缩放属性中的【约束比例】 ⊂⊃默认为开启状态。用户可以通过单击【约束比例】选项解除锁定，即可对图层的X轴和Y轴进行单独调节，如图4-15所示。

图4-15

☆ 旋转：旋转属性是用来控制图层在画面中旋转的角度。旋转属性的快捷键为R，普通的二维图层的旋转属性由【圈数】和【度数】两个参数组成。如1×+50°表示图层旋转了1圈又50°，即410°，如图4-16所示。

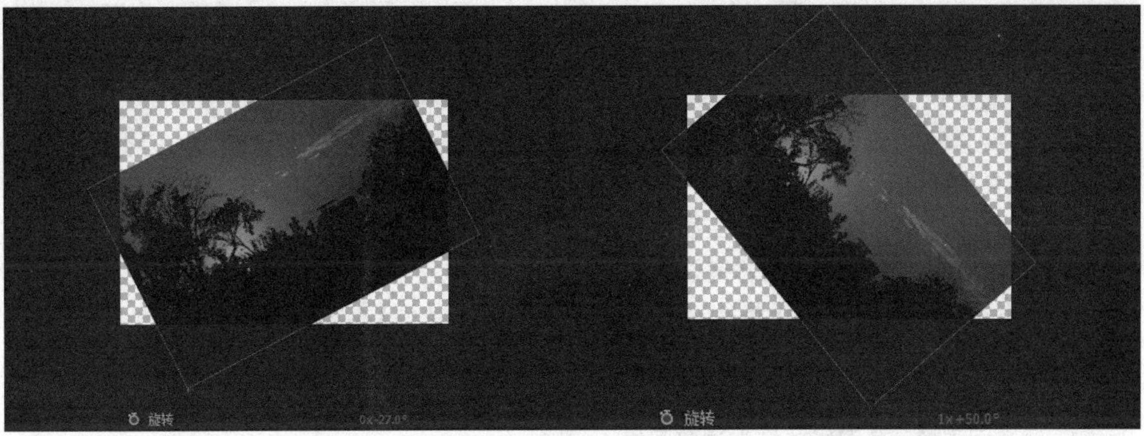

图4-16

☆ 不透明度：不透明度属性用来控制图层的不透明度效果。不透明度属性的快捷键为T。不透明度是以百分比的方式来显示，当数值为100%时，图层完全不透明；当数值为0时，图层完全透明，如图4-17所示。

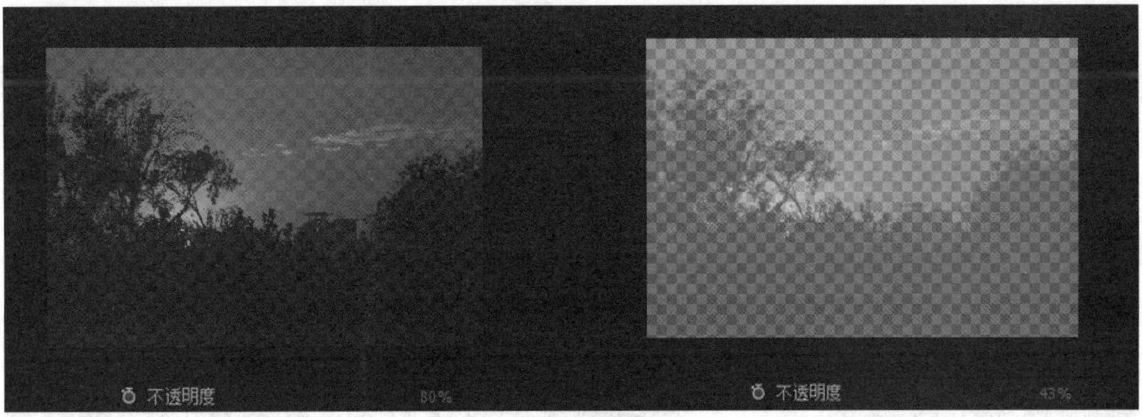

图4-17

4.1.3 图层的开关

图层的许多特性由其图层开关决定，这些开关排列在【时间轴】面板的各列中。

☆ 图层开关 ▦：展开或折叠【图层开关】窗格。

☆ 转换控制 ▦：展开或折叠【转换控制】窗格。

☆ 入点/出点/持续时间/伸缩 ▦：展开或折叠【入点/出点/持续时间/伸缩】窗格。

☆ 视频 ◉：隐藏或显示来自合成的视频。

☆ 音频 ◀：启用或禁用图层声音。

☆ 独奏◉：隐藏所有非独奏视频。

☆ 锁定🔒：锁定图层，阻止再次编辑图层。

☆ 隐藏🔳：在【时间轴】面板显示或隐藏图层。

☆ 折叠变换/连续栅格化✳：如果图层是预合成，则折叠变换；如果图层是形状图层、文本图层或以矢量图形文件(如 Adobe Illustrator 文件)作为源素材的图层，则连续栅格化。为矢量图层选择此开关会导致 After Effects 重新栅格化图层的每个帧，这会提高图像品质，但也会增加预览和渲染所需的时间。

☆ 质量和采样◥：在图层渲染品质的"最佳"和"草稿"选项之间切换。

☆ 效果🖌：显示或关闭图层滤镜效果。

☆ 帧混合▣：用于设置帧混合的状态，可分为【帧混合】、【像素运动】和【关】3种模式。

☆ 运动模糊◉：启用或禁用运动模糊。

☆ 调整图层◢：将图层转换为调整图层。

☆ 3D图层◈：将图层转换为 3D 图层。

4.2 图层操作

4.2.1 选择图层

在进行合成效果制作时，需要经常选择一个或多个图层进行编辑，对于单个图层，直接在【时间轴】面板中单击所要选择的图层即可。当用户需要选择多个图层时，可以使用以下方式。

(1) 在【时间轴】面板左侧按住鼠标左键框选多个连续的图层，如图4-18所示。

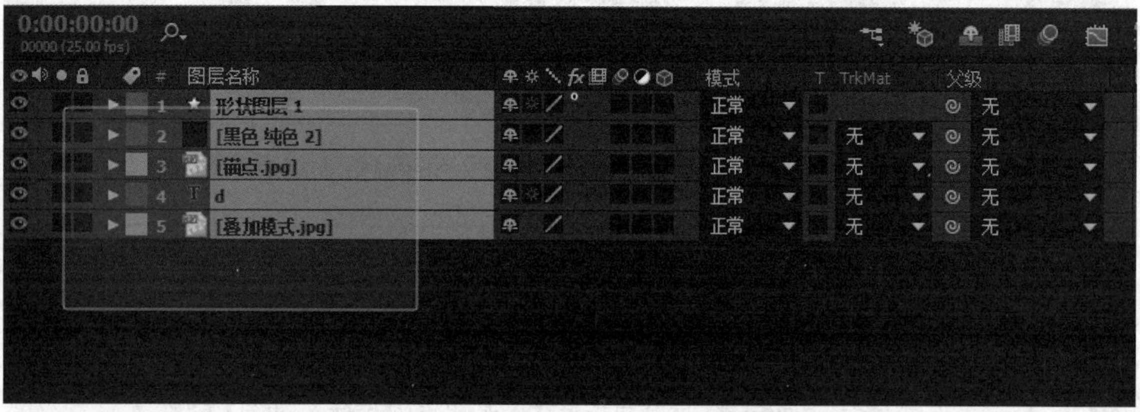

图4-18

(2) 在【时间轴】面板左侧单击起始图层，按住Shift键，单击至结束图层，如图4-19所示。

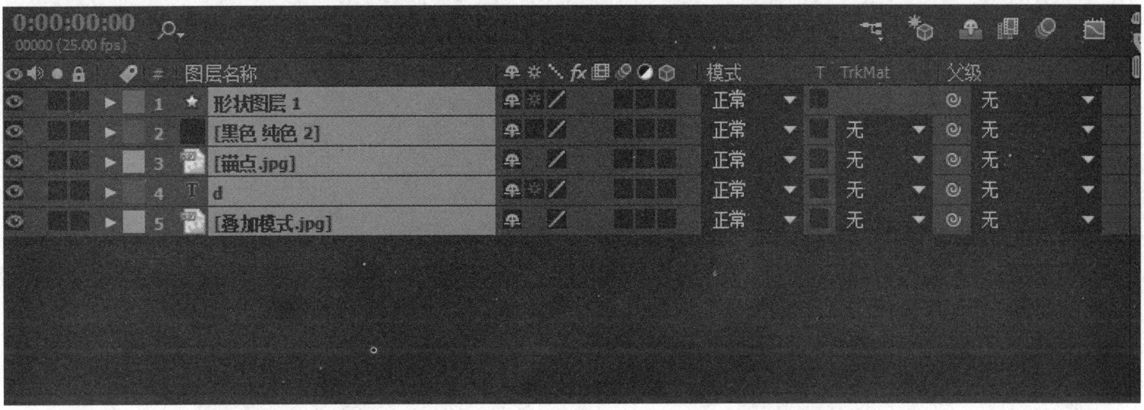

图4-19

(3) 在【时间轴】面板左侧单击起始图层，按住Ctrl键，单击需要选择的图层，这样就可以实现图层的单独加选，如图4-20所示。

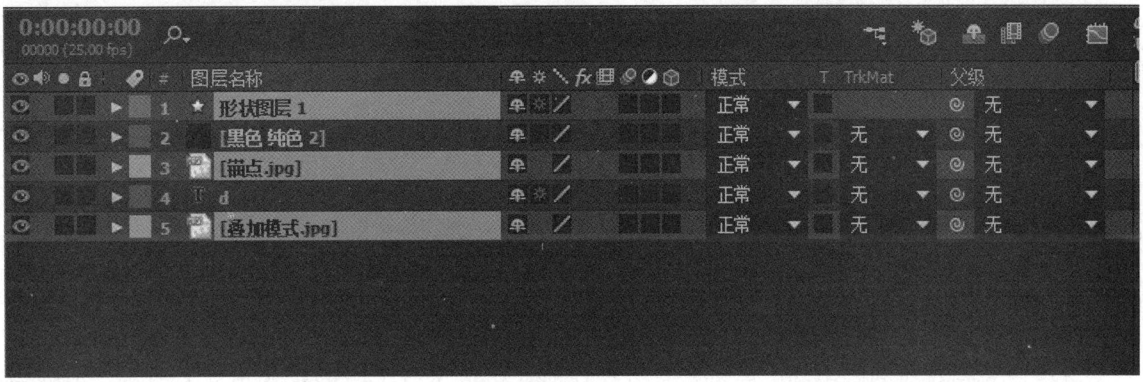

图4-20

(4) 在颜色标签 ▶■3 上单击鼠标左键，在弹出的对话框中执行【选择标签组】命令，可将相同标签颜色的图层同时选中，如图4-21所示。

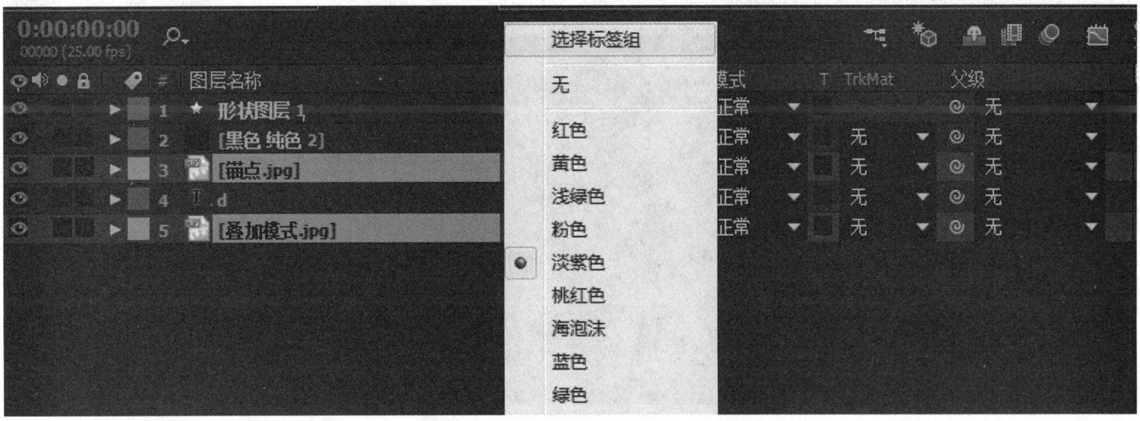

图4-21

(5) 执行【编辑】|【全选】命令，或使用快捷键Ctrl+A，可选择【时间轴】面板中的所有图层。执行【编辑】|【全部取消选择】命令，或使用快捷键Ctrl+Shift+A，可以将已经选中的图层全部取消。

4.2.2　改变图层的排列顺序

在【时间轴】面板中可以观察图层的排列顺序，改变图层的顺序将影响最终的合成效果。用户可以通过按住鼠标左键拖曳图层从而调整图层的上下位置，也可以执行【图层】|【排列】命令，调整图层的位置，如图4-22所示。

排列	▶	将图层置于顶层	Ctrl+Shift+]
转换为可编辑文字		使图层前移一层	Ctrl+]
从文本创建形状		使图层后移一层	Ctrl+[
从文本创建蒙版		将图层置于底层	Ctrl+Shift+[

图4-22

☆　将图层置于顶层：用于将选中的图层调整至最上层。
☆　使图层前移一层：用于将选中的图层向上移动一层。
☆　使图层后移一层：用于将选中的图层向下移动一层。
☆　将图层置于底层：用于将选中的图层调整至最下层。

提　示

当改变调整图层的位置时，调整图层以下的所有图层都将受到调整图层的影响。

4.2.3　复制图层

当用户需要对时间轴中的图层进行复制操作时，可以执行【编辑】|【重复】命令，或使用快捷键Ctrl+D，即为当前图层复制出一个图层，如图4-23所示。

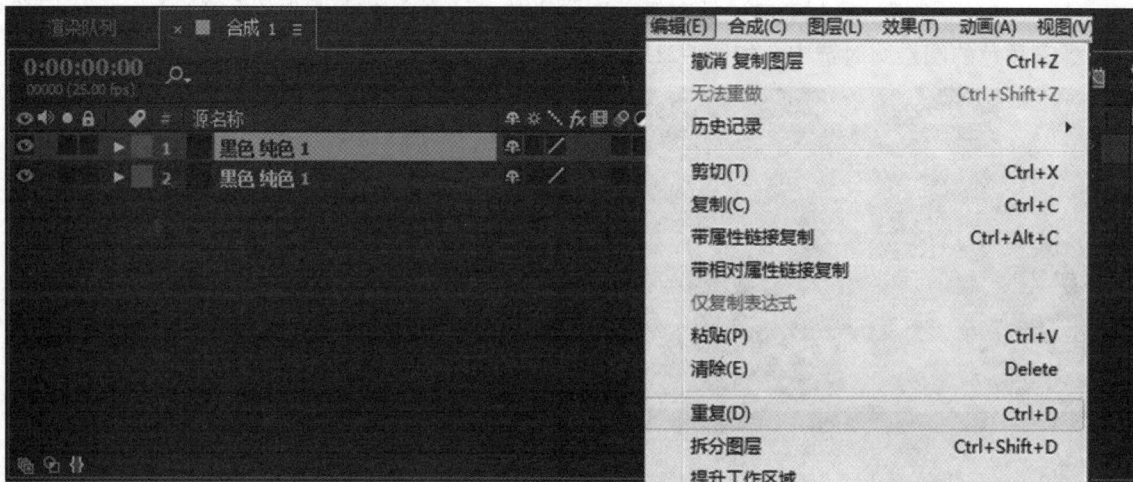

图4-23

4.2.4 拆分图层

在After Effects中，用户可以通过拆分，将一个图层分为两个独立的图层。选中需要拆分的图层，在【时间轴】面板中将时间指示器调整到需要拆分的位置，执行【编辑】|【拆分图层】命令，即可将图层在当前时间分为两个独立的图层，如图4-24所示。

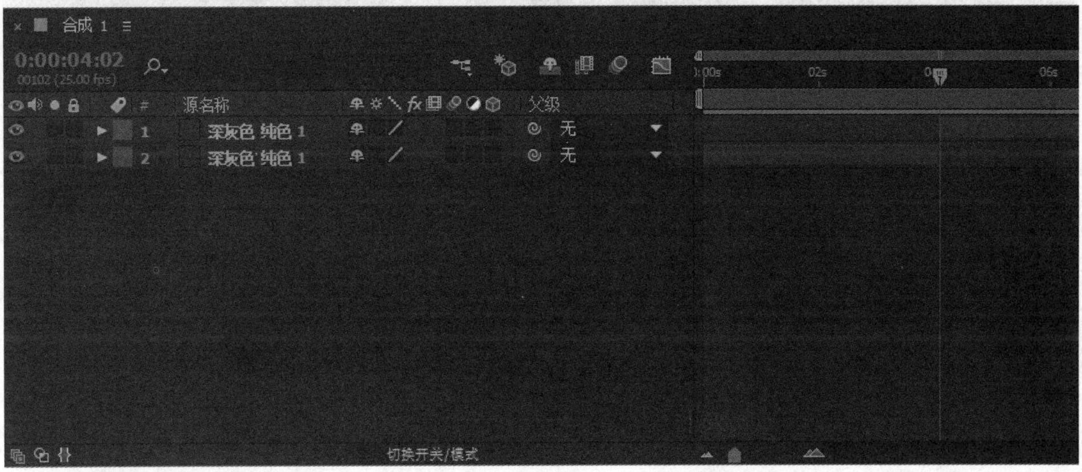

图4-24

> **提 示**
>
> 在执行【拆分图层】命令时，若没有选中任何图层，系统会在当前时间下拆分合成中的所有图层。

4.2.5 提升/提取工作区域

在合成中，如果需要移除其中的某些内容，可以使用【提升工作区域】和【提取工作区域】命令。

【提升工作区域】和【提取工作区域】的操作方式基本一致，首先需要设置工作区域。在【时间轴】面板中可通过快捷键B设置工作区域的起始位置，快捷键N设置工作区域的结束位置，如图4-25所示。

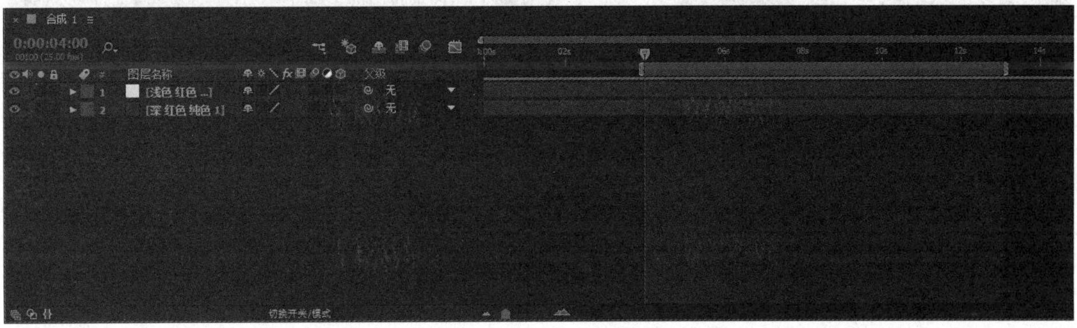

图4-25

选择需要提升/提取的图层，执行【编辑】|【提升工作区域】或【提取工作区域】命令进行相应的内容移除。

☆ 提升工作区域：提升工作区域可以移除工作区域内被选中的图层内容，但是被选择图层的总时长保持不变，中间会保留删除后的空间，如图4-26所示。

图4-26

☆ 提取工作区域：提取工作区域可以移除工作区域内被选中的图层内容，但是被选择图层的总时间长度会被缩短，删除后的空隙将会被后段素材所取代，如图4-27所示。

图4-27

4.2.6　设置图层的出入点

用户可以在【时间轴】面板中，对图层的时间出入点进行精确的设置，也可以通过手动调节的方式完成。

在【时间轴】面板中，按住鼠标左键拖动图层左侧的边缘位置，或将【时间指示器】调整到相应位置，使用快捷键Alt+(调整图层的入点，如图4-28所示。

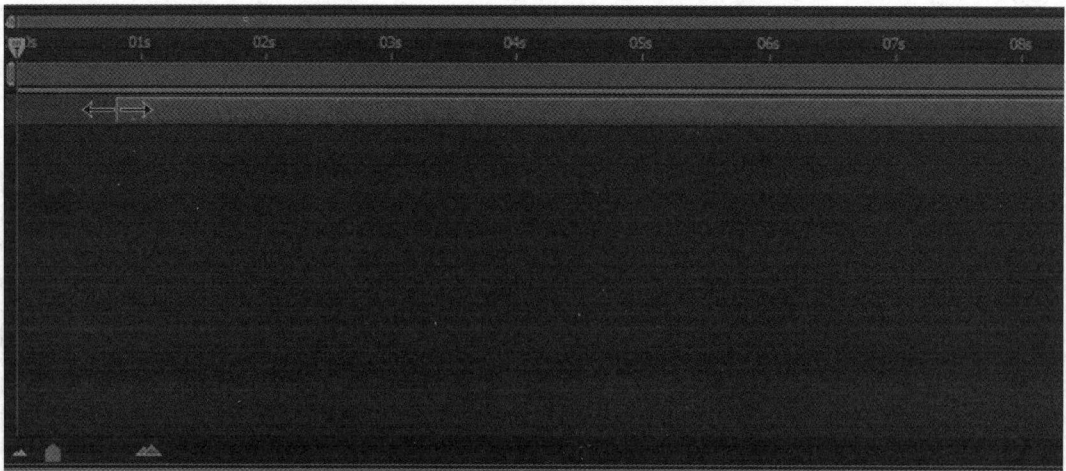

图4-28

在【时间轴】面板中，按住鼠标左键拖动图层右侧的边缘位置，或将【时间指示器】调整到相应位置，使用快捷键Alt+)调整图层的出点。

用户可以通过单击【时间轴】面板中的【入点】、【出点】和【持续时间】选项，直接输入数值来改变图层的出入点和持续时间，如图4-29所示。

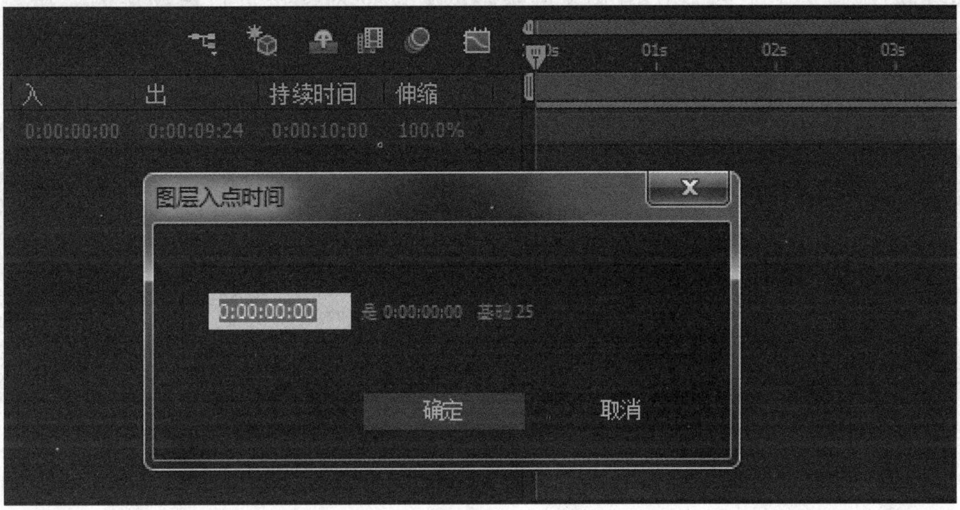

图4-29

4.2.7 父子图层

在对某一个图层进行基础属性变换时，若想对其他图层同样产生相同效果的影响，可以通过设置父子图层的方式来实现。当父级图层的基础属性发生变化时，子级图层除透明度以外的属性随父级图层发生改变。一个父级图层可以同时拥有多个子级图层，但是一个子图层只能有一个父级图层。用户可以在【时间轴】面板的【父级】选项中指定图层的父级图层，如图4-30所示。

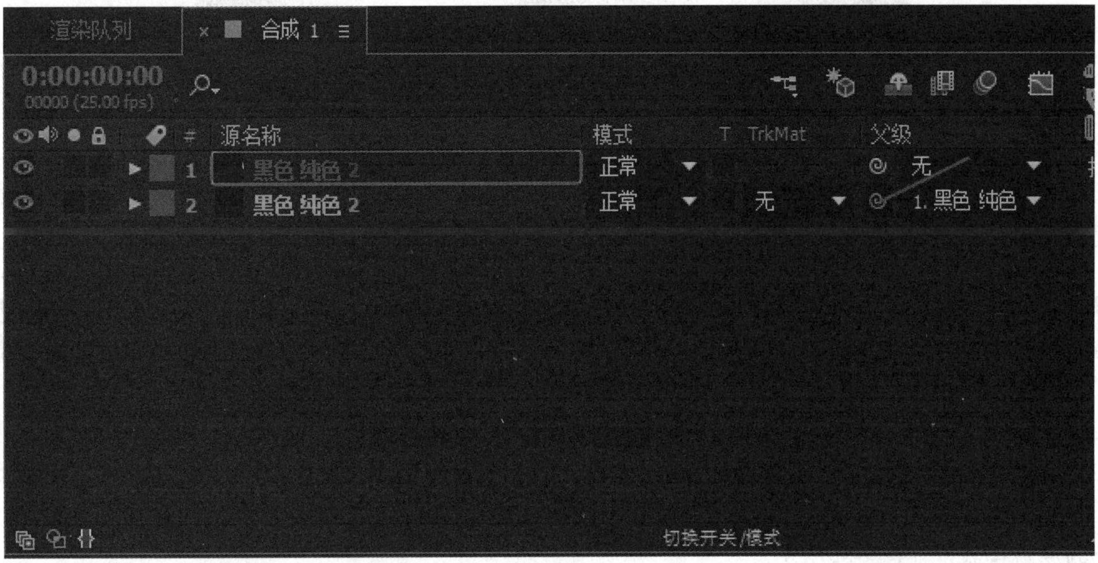

图4-30

4.2.8 自动排列图层

在进行图层排列时，可以使用【关键帧辅助】功能对图层进行自动排列。用户首先需要选择所有的图层，执行【动画】|【关键帧辅助】|【序列图层】命令，选择的第一个图层是最先出现的图层，其他被选择的图层将按照一定的顺序在时间线上自动排列，如图4-31所示。

图4-31

用户可以通过启用【重叠】复选框，设置图层之间是否产生重叠以及重叠的持续时间和过渡方式，如图4-32所示。

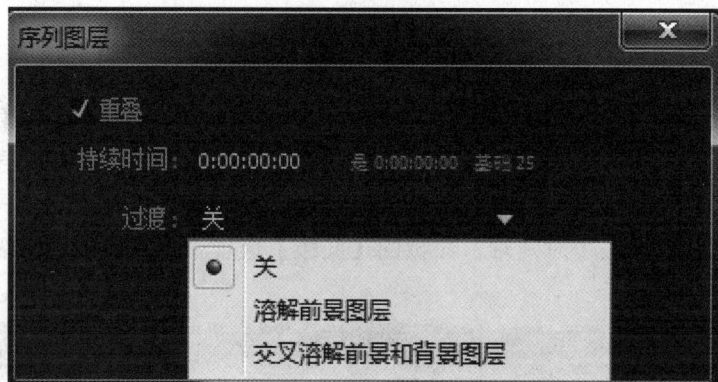

图4-32

☆ 持续时间：用来设置图层之间的重叠时间。

☆ 过渡：用来设置重叠部分的过渡方式，分为【溶解前景图层】和【交叉溶解前景和背景图层】两种方式。

4.3 图层混合模式

图层混合模式就是将当前图层与下层图层文件相互混合、叠加或交互，通过图层素材之间的相互影响，使当前图层画面产生变化效果。图层混合模式分为8组、38种模式。用户可以在【时间轴】面板中选中需要修改混合模式的图层，执行【图层】|【混合模式】命令，再选择相应的混合模式，如图4-33所示。

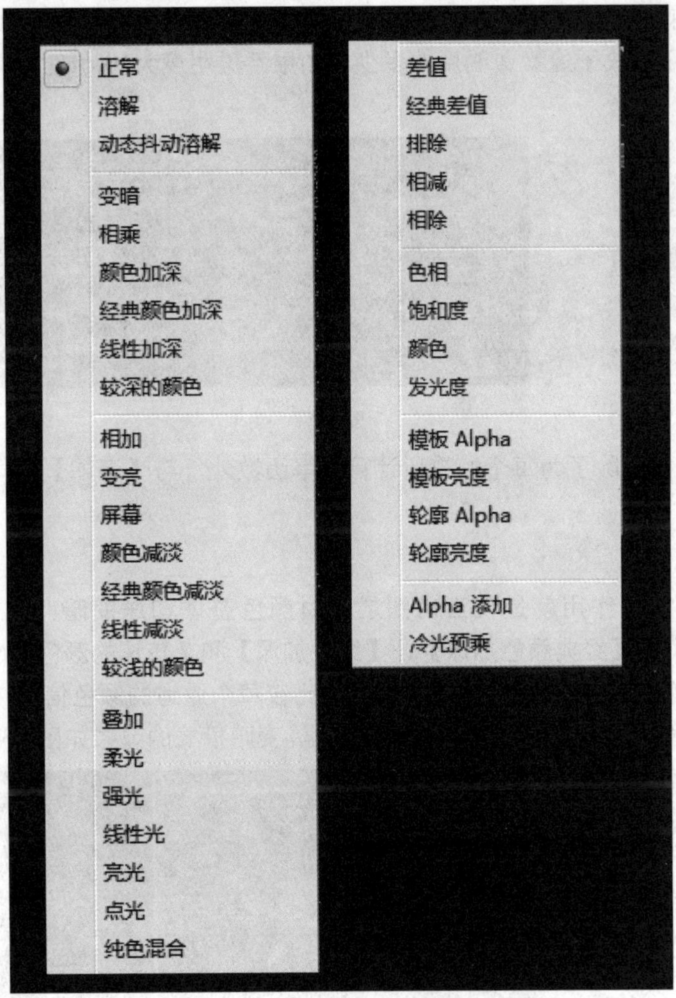

图4-33

1. 普通模式组

普通模式组的混合效果就是根据当前图层素材与下层图层素材的不透明度变化而产生相应的变化效果，包括【正常】、【溶解】和【动态抖动溶解】3种模式。

☆ 正常：这是软件默认模式，当图层素材不透明度为100%时，则遮挡下层素材的显示效果，如图4-34所示。

图4-34

☆ 溶解：影响图层素材之间的融合显示，图层结果影像像素由基础颜色像素或混合颜色像素随机替换，显示取决于像素透明度的多少。如果不透明度为100%时，则不显示下层素材影像，如图4-35所示。

图4-35

☆ 动态抖动溶解：除了为每个帧重新计算概率函数外，与【溶解】相同，因此结果随时间而变化。

2. 变暗模式组

变暗模式组的主要作用就是使当前图层素材颜色整体加深变暗，包括【变暗】、【相乘】、【颜色加深】、【经典颜色加深】、【线性加深】和【较深的颜色】6种模式。

☆ 变暗：两个图层间素材相混合时，查看并比较每个通道的颜色信息，选择基础颜色和混合颜色中偏暗的颜色作为结果颜色，暗色替代亮色。变暗模式的效果如图4-36所示。

图4-36

☆ 相乘：这是一种减色模式，将基础颜色通道与混合颜色通道的数值相乘，再除以位深度像素的最大值，具体结果取决于图层素材的颜色深度。而颜色相乘后会得到一种更暗的效果。相乘模式的效果如图4-37所示。

图4-37

☆ 颜色加深：用于查看并比较每个通道中的颜色信息，增加对比度，使基础颜色变暗，结果颜色是混合颜色变暗而形成的。混合影像中的白色部分不发生变化。颜色加深模式的效果如图4-38所示。

图4-38

☆ 经典颜色加深：After Effects 5.0和更低版本中的【颜色加深】模式已重命名为【经典颜色加深】。使用它可保持与早期项目的兼容性。

☆ 线性加深：用于查看并比较每个通道中的颜色信息，通过减小亮度使基础颜色变暗，并反映混合颜色，混合影像中的白色部分不发生变化，比相乘模式产生更暗的效果。线性加深模式的效果如图4-39所示。

图4-39

☆ 较深的颜色：与变暗相似，但深色模式不会比较素材间的生成颜色，只对素材进行比较，选取最小数值为结果颜色。深色模式的效果如图4-40所示。

图4-40

3. 变亮模式组

变亮模式组的主要作用就是使图层颜色整体变亮，包括【相加】、【变亮】、【屏幕】、【颜色减淡】、【经典颜色减淡】、【线性减淡】和【较浅的颜色】7种模式。

☆ 相加：每个结果颜色通道值是源颜色和基础颜色的相应颜色通道值的和，如图4-41所示。

图4-41

☆ 变亮：两个图层间素材相混合时，查看并比较每个通道的颜色信息，选择基础颜色和混合颜色中较为明亮的颜色作为结果颜色，亮色替代暗色，如图4-42所示。

图4-42

☆ 屏幕：用于查看每个通道中的颜色信息，并将混合之后的颜色与基础颜色进行相乘，得到一种更亮的效果，如图4-43所示。

图4-43

☆ 颜色减淡：用于查看并比较每个通道中的颜色信息，通过减小两者之间的对比度，使基础颜色变亮以反映出混合颜色。混合影像中的黑色部分不发生变化，如图4-44所示。

图4-44

☆ 经典颜色减淡：After Effects 5.0 和更低版本中的【颜色减淡】模式已重命名为【经典颜

色减淡】，使用它可保持与早期项目的兼容性。

　　☆ 线性减淡：用于查看并比较每个通道中的颜色信息，通过增加亮度使基础颜色变亮以反映混合颜色。混合影像中的黑色部分不发生变化，如图4-45所示。

图4-45

　　☆ 较浅的颜色：与变亮相似，但不对各个颜色通道执行操作，只对素材进行比较，选取最大数值为结果颜色，如图4-46所示。

图4-46

4. 叠加模式组

　　叠加模式组的混合效果就是将当前图层素材与下层图层素材的颜色亮度进行比较，查看灰度后，选择合适的模式叠加效果，包括【叠加】、【柔光】、【强光】、【线性光】、【亮光】、【点光】和【纯色混合】7种模式。

　　☆ 叠加：对当前图层的基础颜色进行正片叠底或滤色叠加，保留前图层素材的明暗对比，如图4-47所示。

图4-47

　　☆ 柔光：使结果颜色变暗或变亮，具体取决于混合颜色。与发散的聚光灯照在图像上的效果相似。如果混合颜色比 50% 灰色亮，则结果颜色变亮，反之则变暗。混合影像中的纯黑或纯白颜色，可以产生明显的变暗或变亮效果，但不能产生纯黑或纯白的颜色效果，如图4-48所示。

图4-48

☆ 强光：模拟强烈光线照在图像上的效果。该效果对颜色进行正片叠底或过滤，具体取决于混合颜色。如果混合颜色比 50% 灰色亮，则结果颜色变亮，反之则变暗，多用于添加高光或阴影效果。混合影像中的纯黑或纯白颜色，在素材混合后仍会产生纯黑或纯白颜色效果，如图4-49所示。

图4-49

☆ 线性光：通过减小或增加亮度来加深或减淡颜色，具体取决于混合颜色。如果混合颜色比50%灰色亮，则通过增加亮度使图像变亮，反之，则通过减小亮度使图像变暗，如图4-50所示。

图4-50

☆ 亮光：通过增加或减小对比度来加深或减淡颜色，具体取决于混合颜色。如果混合颜色比50% 灰色亮，则通过减小对比度使图像变亮，反之，则通过增加对比度使图像变暗，如图4-51所示。

图4-51

☆ 点光：根据混合颜色替换颜色。如果混合颜色比 50% 灰色亮，则替换比混合颜色暗的像素，而不改变比混合颜色亮的像素。如果混合颜色比 50% 灰色暗，则替换比混合颜色亮的像素，而比混合颜色暗的像素保持不变。这对于向图像添加特殊效果非常有用，如图4-52所示。

图4-52

☆ 纯色混合：提高源图层上蒙版下面的可见基础图层的对比度。蒙版大小确定对比区域，反转的源图层确定对比区域的中心，如图4-53所示。

图4-53

5. 差值模式组

差值模式组是基于当前图层与下层图层的颜色值来产生差异效果，包括【差值】、【经典差值】、【排除】、【相减】和【相除】5种模式。

☆ 差值：对于每个颜色通道，从浅色输入值中减去深色输入值。使用白色绘画会反转背景颜色；使用黑色绘画不会产生任何变化，如图4-54所示。

图4-54

☆ 经典差值：After Effects 5.0 和更低版本中的【差值】模式已重命名为【经典差值】。使用它可保持与早期项目的兼容性。

☆ 排除：创建与【差值】模式相似但对比度更低的结果。如果源颜色是白色，则结果颜色是基础颜色的补色。如果源颜色是黑色，则结果颜色是基础颜色，如图4-55所示。

图4-55

☆ 相减：从基础颜色中减去源颜色。如果源颜色是黑色，则结果颜色是基础颜色。在32-bpc项目中，结果颜色值可以小于0，如图4-56所示。

图4-56

☆ 相除：基础颜色除以源颜色。如果源颜色是白色，则结果颜色是基础颜色。在32-bpc 项目中，结果颜色值可以大于1.0，如图4-57所示。

图4-57

6. 颜色模式组

颜色模式组会改变下层颜色的色相、饱和度和明度等信息，包括【色相】、【饱和度】、【颜色】和【发光度】4种模式。

☆ 色相：结果颜色具有基础颜色的发光度、饱和度以及源颜色的色相，如图4-58所示。

图4-58

☆ 饱和度：结果颜色具有基础颜色的发光度、色相以及源颜色的饱和度，如图4-59所示。

图4-59

☆ 颜色：结果颜色具有基础颜色的发光度以及源颜色的色相和饱和度。此混合模式保持基础颜色中的灰色阶，主要用于为灰度图像上色和为彩色图像着色，如图4-60所示。

图4-60

☆ 发光度：结果颜色具有基础颜色的色相、饱和度以及源颜色的发光度。此模式与【颜色】模式相反，如图4-61所示。

图4-61

7. 模板模式组

模板模式组可以将源图层转换为下层图层的遮罩，包括【模板Alpha】、【模板亮度】、【轮廓Alpha】和【轮廓亮度】4种模式。

☆ 模板Alpha：使用图层的 Alpha通道创建模板，如图4-62所示。

图4-62

☆ 模板亮度：使用图层的亮度值创建模板。图层的浅色像素比深色像素更不透明，如图4-63所示。

图4-63

☆ 轮廓Alpha：使用图层的 Alpha 通道创建轮廓，如图4-64所示。

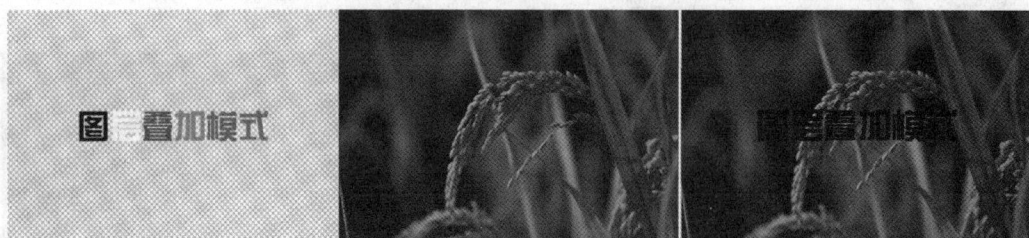

图4-64

☆ 轮廓亮度：使用图层的亮度值创建轮廓。混合颜色的亮度值确定结果颜色中的不透明度。源的浅色像素导致比深色像素更透明。使用纯白色绘画会创建 0% 不透明度。使用纯黑色绘画不会产生任何变化，如图4-65所示。

图4-65

8. 共享模式组

共享模式组可以使下层图层与源图层的Alpha通道或透明区域像素产生相互作用，包括【Alpha添加】和【冷光预乘】两种模式。

☆ Alpha添加：通过为合成添加色彩互补的 Alpha 通道来创建无缝的透明区域。用于从两个相互反转的 Alpha 通道或从两个接触的动画图层的Alpha 通道边缘删除可见边缘，如图4-66所示。

图4-66

☆ 冷光预乘：通过将超过 Alpha 通道值的颜色值添加到合成中来防止修剪这些颜色值。在应用此模式时，可以通过将预乘 Alpha 源素材的解释更改为直接 Alpha 来获得最佳结果，如图4-67所示。

图4-67

4.4 合成嵌套

合成嵌套是将一个合成放置在另一个合成中，当需要对多个图层使用相同的变换命令和特效，或是对合成中的图层进行分组时，可以使用合成嵌套。合成嵌套又称为预合成，会将合成中的图层放置在新合成中，这将替换原始合成中的图层。新的嵌套合成将成为原始合成中单个图层的源。

用户可以在【时间轴】面板中选择一个或多个图层，执行【图层】|【预合成】命令，或使用快捷键Ctrl+Shift+C，在弹出的【预合成】对话框中，设置相应的选项，如图4-68所示。

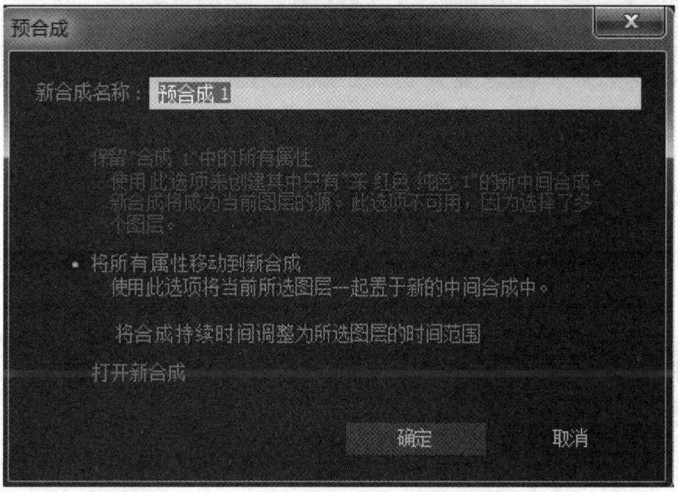

图4-68

☆ 保留合成中的所有属性：将所有图层的属性、关键帧信息等保留在合成中。当选择了多个图层、文本图层和形状图层时，此选项不可用。

☆ 将所有属性移动到新合成：将所有图层的属性、关键帧信息等移动到新建的合成中。

☆ 将合成持续时间调整为所选图层的时间范围：启用该复选框，将所选图层的时间范围应用到新合成中。

☆ 打开新合成：启用该复选框，执行完【预合成】命令后，将在【时间轴】面板中打开新合成。

4.5 创建关键帧动画

通过为图层或图层效果改变一个或多个属性，并把这些变化记录下来，就可以创建关键帧动画。

4.5.1 激活关键帧

在After Effects中，每个可以制作动画的属性参数前都有一个【时间变化秒表】按钮，单击该按钮即可制作关键帧动画。激活【时间变化秒表】按钮，在【时间轴】面板中任何属性的变化都将产生新的关键帧，在【时间轴】面板中将出现关键帧图标。当用户再次单击【时间变化秒表】时，将会停用记录关键帧功能，所有已经设置的关键帧将自动取消，如图4-69所示。

图4-69

4.5.2 显示关键帧曲线

在【时间轴】面板中单击【图标编辑器】，即可显示关键帧曲线。在图表编辑器中，每个属性都通过它自己的曲线表示，用户可以方便地观察和处理一个或多个关键帧，如图4-70所示。

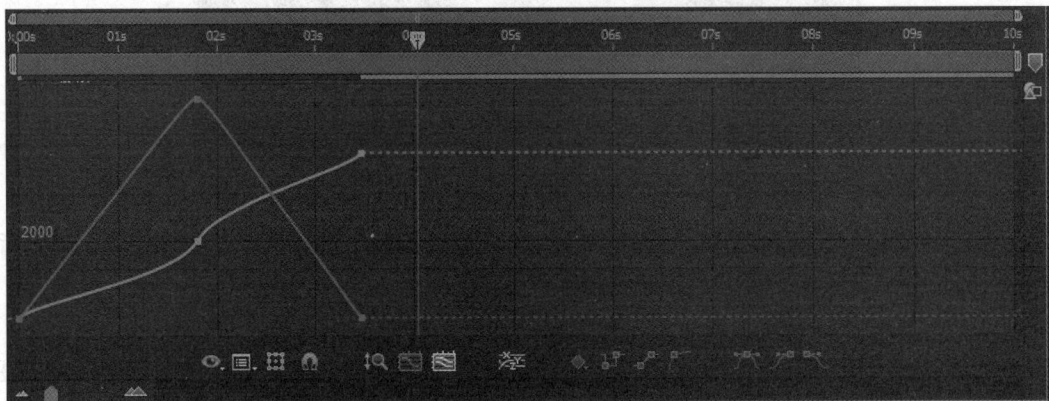

图4-70

☆ 选择具体显示在图表编辑器中的属性◉：用于设置显示在图表编辑器中的属性，包括【显示选择的属性】、【显示动画属性】和【显示图表编辑器集】。

☆ 选择图表类型和选项▣：用于图表显示的类型等，如图4-71所示。

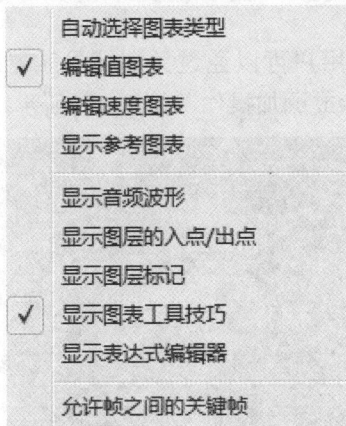

自动选择图表类型

✓ 编辑值图表

编辑速度图表

显示参考图表

显示音频波形

显示图层的入点/出点

显示图层标记

✓ 显示图表工具技巧

显示表达式编辑器

允许帧之间的关键帧

图4-71

★ 自动选择图表类型：自动为属性选择适当的图表类型。

★ 编辑值图表：为所有属性显示值图表。

★ 编辑速度图表：为所有属性显示速度图表。

★ 显示参考图表：在后台显示未选择且仅供查看的图表类型。

★ 显示音频波形：显示音频波形。

★ 显示图层的入点/出点：显示具有属性的所有图层的入点和出点。

★ 显示图层标记：显示图层标记。

★ 显示图表工具技巧：打开和关闭图表工具提示。

★ 显示表达式编辑器：显示或隐藏表达式编辑器。

★ 允许帧之间的关键帧：允许在两帧之间继续插入关键帧。

☆ 变换框▦：激活该按钮后，在选择多个关键帧时，将显示【变换】框。

☆ 对齐▨：激活该按钮后，在编辑关键帧时将自动进行吸附对齐的操作。

☆ 自动缩放图标高度▨：切换自动缩放高度模式来自动缩放图表的高度，以使其适合图表编辑器的高度。

☆ 使选择适于查看▨：在图表编辑器中调整图表的值(垂直)和时间(水平)刻度，使其适合选定的关键帧。

☆ 使所有图表适于查看▨：在图表编辑器中调整图表的值(垂直)和时间(水平)刻度，使其适合所有图表。

☆ 单独尺寸▨：在调节【位置】属性时，单击该按钮，可以单独调节【位置】属性的动画曲线。

☆ 编辑选定的关键帧▨：用于设置选定的关键帧，在弹出的菜单中选择相应的命令即可。

☆ 关键帧插值设置▨▨▨：用于设置关键帧插值计算方式，依次为【定格】、【线性】和【自动贝塞尔曲线】。

☆ 关键帧曲线设置■■■ ：用于设置关键帧辅助类型，依次为【缓动】、【缓入】和【缓出】。

■ 4.5.3 选择关键帧

当为图层添加了关键帧后，用户可以通过关键帧导航器从一个关键帧跳转到另一个关键帧，同时也可以对关键帧进行删除或添加操作，如图4-72所示。

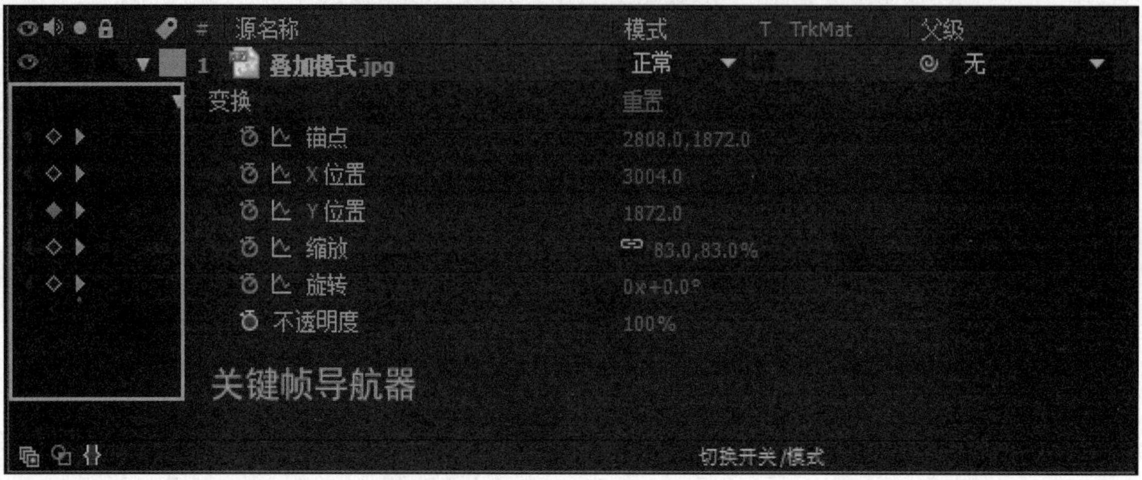

图4-72

☆ 转到上一个关键帧◀：单击该按钮可以跳转到上一个关键帧的位置，快捷键为J。

☆ 转到下一个关键帧▶：单击该按钮可以跳转到下一个关键帧的位置，快捷键为K。

☆ 在当前时间添加或移除关键帧◇：当前时间点若有关键帧，单击该按钮，表示取消关键帧；当前时间点若没有关键帧，单击该按钮，将在当前时间点添加关键帧。

> **提示**
>
> 使用【转到上一个关键帧】和【转到下一个关键帧】命令时，仅适用于当前指定属性。

当用户进行关键帧选择时，还可以通过下列方法来实现。

☆ 同时选择多个关键帧：当用户需要选择多个关键帧时，可以按住Shift键连续单击选择关键帧，或按住鼠标左键进行拖曳，在选框内的关键帧都将被选中。

☆ 选择所有关键帧：当用户需要选择图层属性中所有的关键帧时，在【时间轴】面板中单击图层的属性名称即可。

☆ 选择具有相同属性的关键帧：当用户需要选择在同一个图层中属性数值相同的关键帧时，可以选择其中一个关键帧，单击鼠标右键，在弹出的对话框中执行【选择相同关键帧】命令。

☆ 选择某个关键帧之前或之后的所有关键帧：当用户需要选择在同一个图层中某个关键帧之前或之后的所有关键帧时，可以单击鼠标右键，在弹出的对话框中执行【选择前面的关键帧】或【选择跟随关键帧】命令。

4.5.4 编辑关键帧

1. 移动关键帧

当需要改变关键帧在时间轴中的位置时，可以选择需要修改的关键帧，按住鼠标左键进行拖动即可。若用户选择的是多个关键帧，关键帧之间的相对位置保持不变。

2. 修改关键帧数值

当需要修改关键帧数值时，可以选中需要修改参数的关键帧，双击鼠标左键，在弹出的对话框中输入数值即可，或在选中的关键帧上单击鼠标右键，在弹出的对话框中执行【编辑值】命令，如图4-73所示。

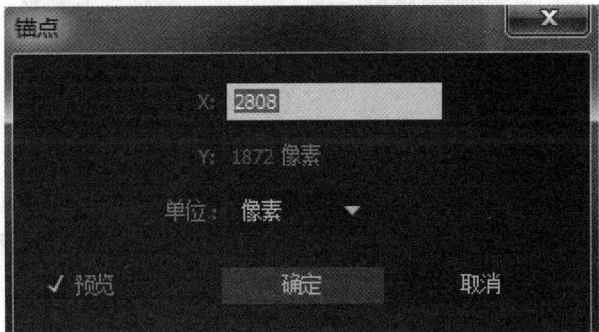

图4-73

3. 复制和粘贴关键帧

选择需要复制的一个或多个关键帧，执行【编辑】|【复制】命令，将【时间指示器】移动到需要粘贴的时间处，执行【编辑】|【粘贴】命令即可，粘贴后的关键帧依然处于被选中的状态，用户可以继续对其进行编辑，也可以通过快捷键Ctrl+C和Ctrl+V完成上述操作。

> **提 示**
>
> 当用户需要剪切和粘贴关键帧时，可以执行【编辑】|【剪切】命令，将【时间指示器】移动到需要粘贴的时间处，执行【编辑】|【粘贴】命令即可。

4. 删除关键帧

选择需要删除的一个或多个关键帧，执行【编辑】|【清除】命令，或使用快捷键Delete删除即可。

4.5.5 设置关键帧插值

插值是在两个已知值之间填充未知数据的过程，可以在任意的两个相邻的关键帧之间的属性自动计算数值。关键帧之间的插值可以用于对运动、效果、音频电平、图像调整、透明度、颜色变化以及许多其他视觉元素和音频元素添加动画。

在【时间轴】面板中，鼠标右键单击关键帧，执行【关键帧插值】命令，在弹出的【关键帧插值】对话框中，可以进行插值的设置，如图4-74所示。

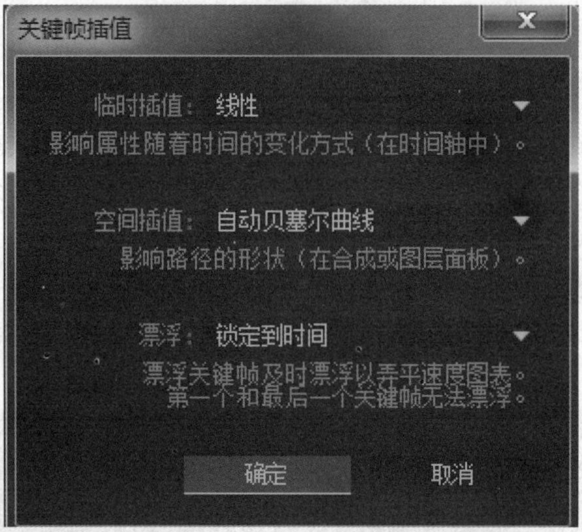

图4-74

在【关键帧插值】对话框中，调节关键帧插值主要有3种方式。【临时插值】可以调整与时间相关的属性，影响属性随着时间变化的方式。【空间差值】用于影响路径的形状，只对【位置】属性有作用。【漂浮】主要用来控制关键帧是锁定到当前时间还是自动产生平滑效果。

【临时插值】与【空间插值】的插值选项大致相同，包括以下内容。

☆ 当前设置：该选项为默认，表示维持关键帧当前的状态。

☆ 线性：线性插值在关键帧之间创建统一的变化率，表现为线性的匀速变化，这种方法让动画看起来具有机械效果。

☆ 贝塞尔曲线：通过贝塞尔曲线插值可进行精确的控制，可以手动调整关键帧任一侧的值图表或运动路径段的形状。在绘制复杂形状的运动路径时，用户可以在值图表和运动路径中单独操控贝塞尔曲线关键帧上的两个方向手柄。

☆ 连续贝塞尔曲线：连续贝塞尔曲线插值通过关键帧创建平滑的变化速率，用户可以手动设置连续贝塞尔曲线方向手柄的位置。

☆ 自动贝塞尔曲线：自动贝塞尔曲线插值通过关键帧创建平滑的变化速率，将自动产生速度变化，是默认的【空间插值】的方式。

☆ 定格：定格插值仅在作为【临时插值】方法时才可用。当希望图层突然出现或消失时，可以使用【定格】插值的方式，不会产生任何过渡效果。

4.6 旋转的杂志(案例)

本案例是针对关键帧设置、图层入点调整的基础案例。通过本案例，能够了解和掌握基础二维动画的设置，如图4-75所示。

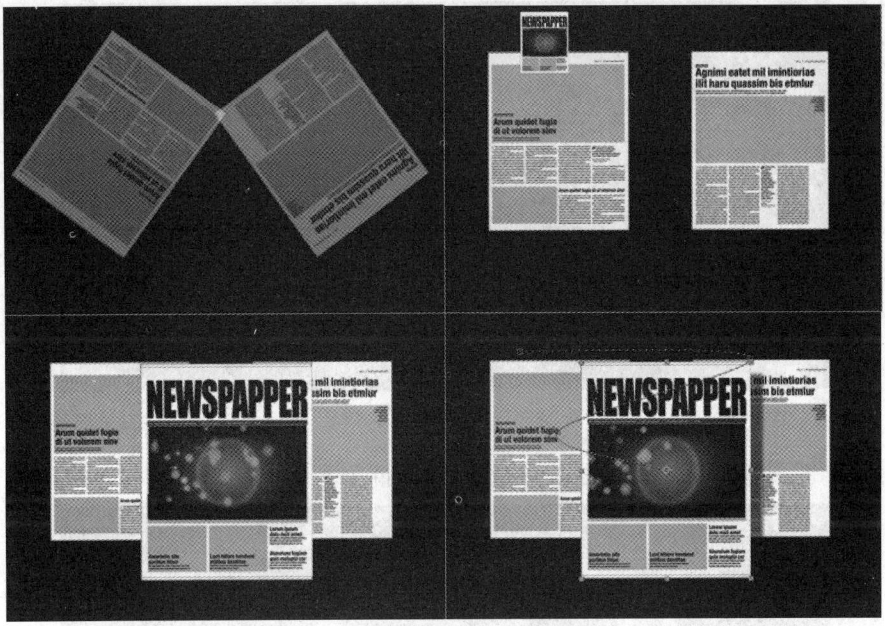

图4-75

操作步骤：

01 新建合成。执行【合成】|【新建合成】命令，在【合成设置】面板中将合成大小调整为 720×576像素，像素长宽比为方形像素，合成长度为10秒，如图4-76所示。

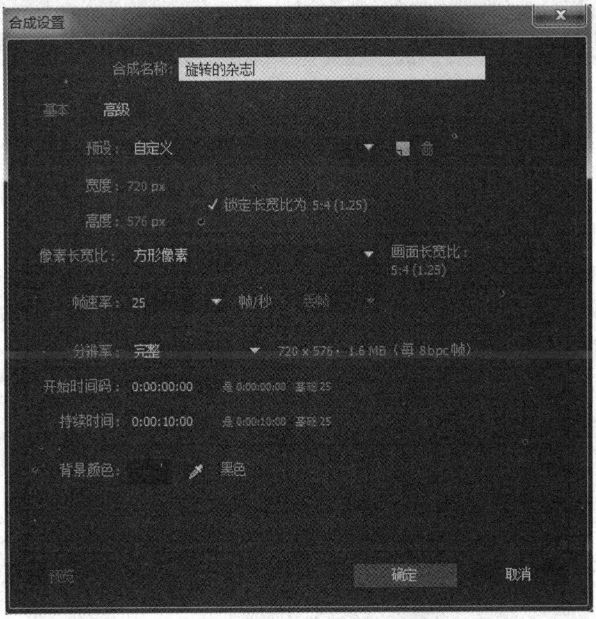

图4-76

02 双击【项目】面板，导入所有图片和视频素材，将素材拖动到合成中的【时间轴】面板，如 图4-77所示。

图4-77

03 将"报纸1"图层和"视频"图层取消显示,如图4-78所示。

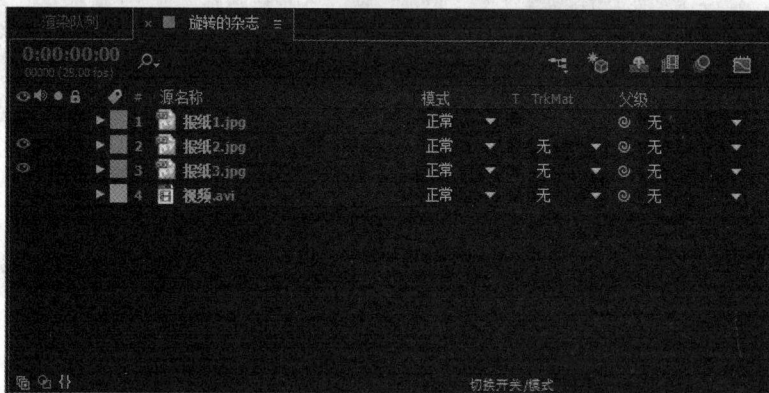

图4-78

04 选择"报纸2"图层,展开"报纸2"图层中的【变换】属性组,将【位置】参数设置为186.0,286.0。将【时间指示器】移动至第0帧位置,激活【旋转】参数中的【时间变化秒表】按钮,激活【不透明度】参数中的【时间变化秒表】按钮,并将【不透明度】参数设置为0,如图4-79所示。

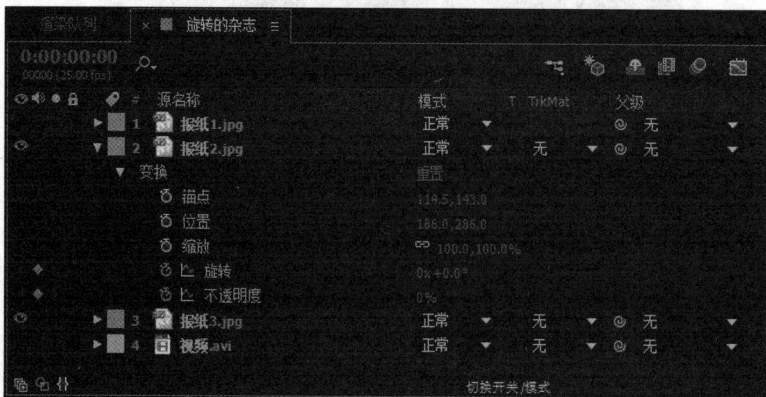

图4-79

05 选择"报纸3"图层,展开"报纸3"图层中的【变换】属性组,将【位置】参数设置为518.0,

286.0。将【时间指示器】移动至第0帧位置，激活【旋转】参数中的【时间变化秒表】按钮，激活【不透明度】参数中的【时间变化秒表】按钮，并将【不透明度】参数设置为0，如图4-80所示。

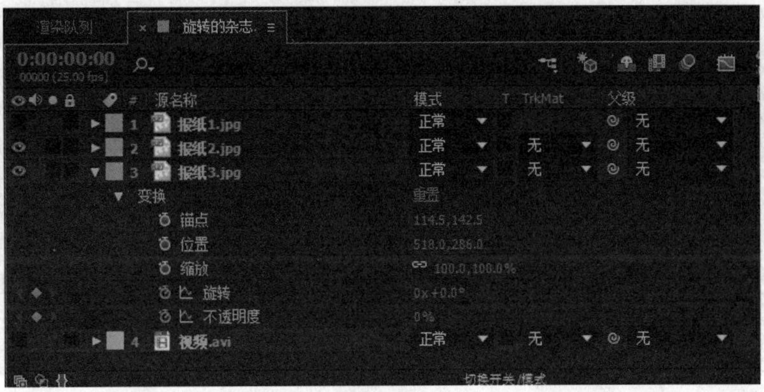

图4-80

06 将【时间指示器】移动至第0:00:01:00位置，选择"报纸2"图层，展开"报纸2"图层中的【变换】属性组，将【不透明度】参数设置为100%，如图4-81所示。

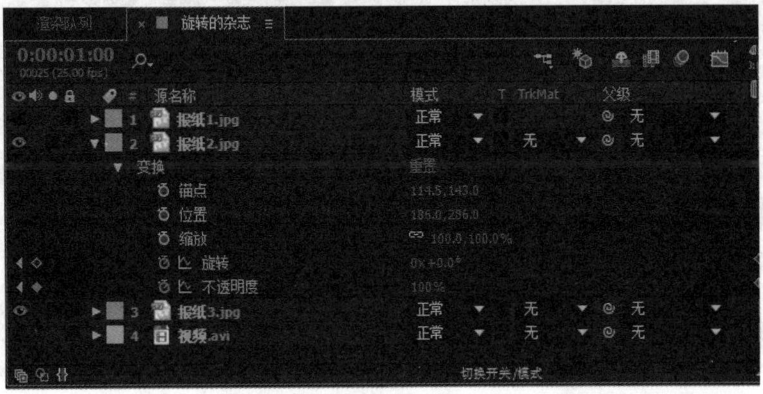

图4-81

07 选择"报纸3"图层，展开"报纸3"图层中的【变换】属性组，将【不透明度】参数设置为100%，如图4-82所示。

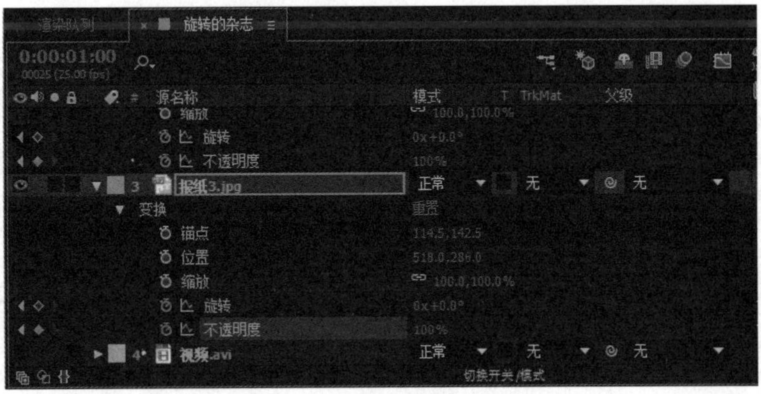

图4-82

08 将【时间指示器】移动至第0:00:03:00位置，选择"报纸2"图层，展开"报纸2"图层中的【变换】属性组，将【旋转】参数设置为3×+0.0°，如图4-83所示。

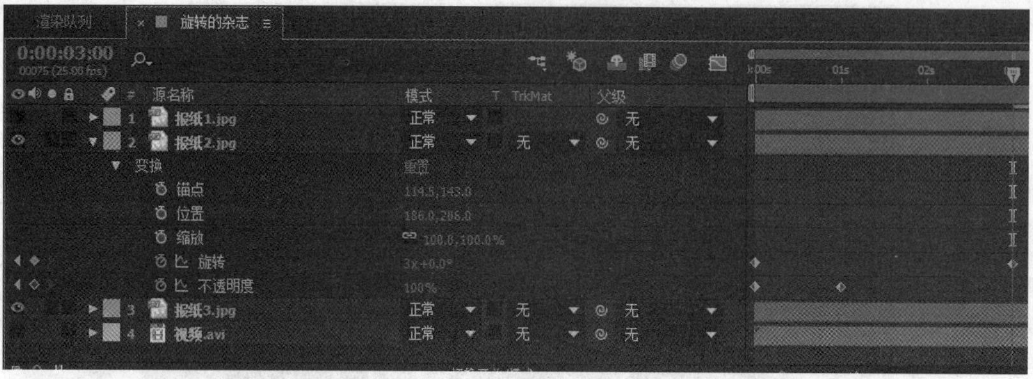

图4-83

09 选择"报纸3"图层，展开"报纸3"图层中的【变换】属性组，将【旋转】参数设置为-3×+0.0°，如图4-84所示。

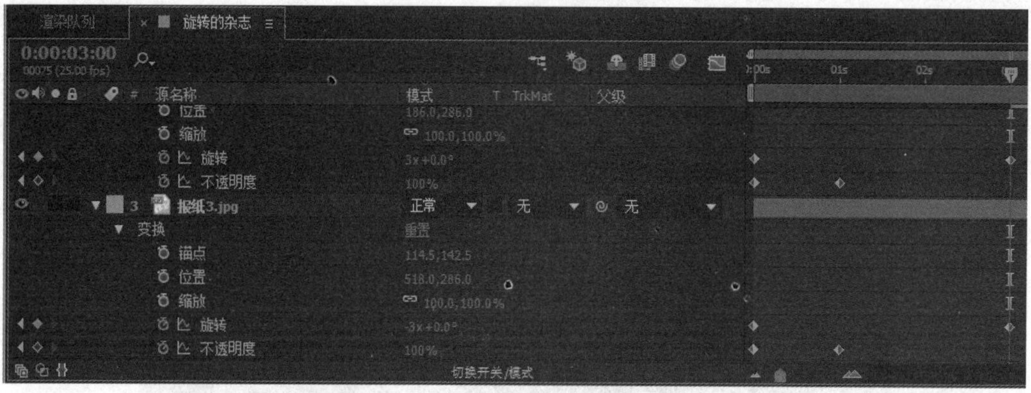

图4-84

10 选择"报纸1"图层和"视频"图层，将图层设置为可见状态，将"视频"图层拖曳到图层的最上端显示，展开"视频"图层中的【变换】属性组，将【缩放】参数设置为17.5%，如图4-85所示。

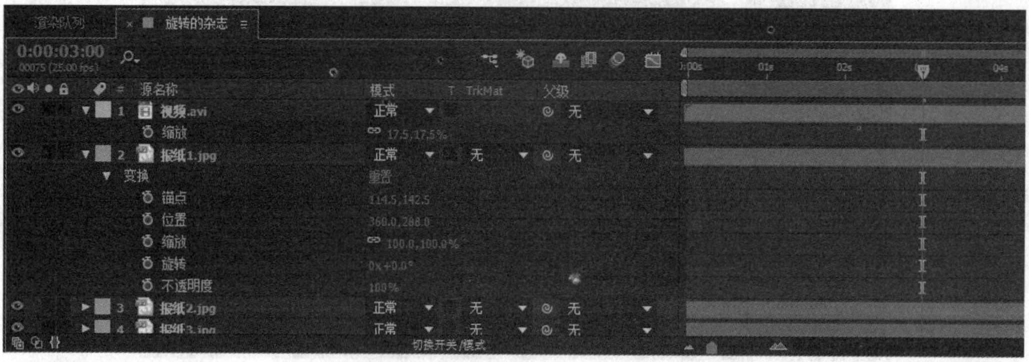

图4-85

11 选择"视频"图层，将"视频"图层的【父级】图层设置为"报纸1"，并调整"视频"图层和"报纸1"图层的入点至0:00:03:00位置，如图4-86所示。

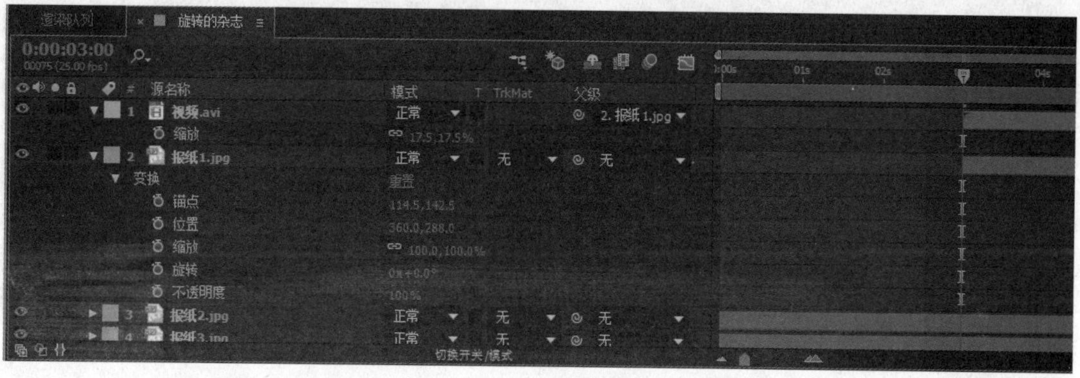

图4-86

12 选择"报纸1"图层，展开"报纸1"图层中的【变换】属性组，激活【位置】和【缩放】参数中的【时间变化秒表】按钮，将【位置】参数设置为121.0,129.0，【缩放】参数设置为31.0%，如图4-87所示。

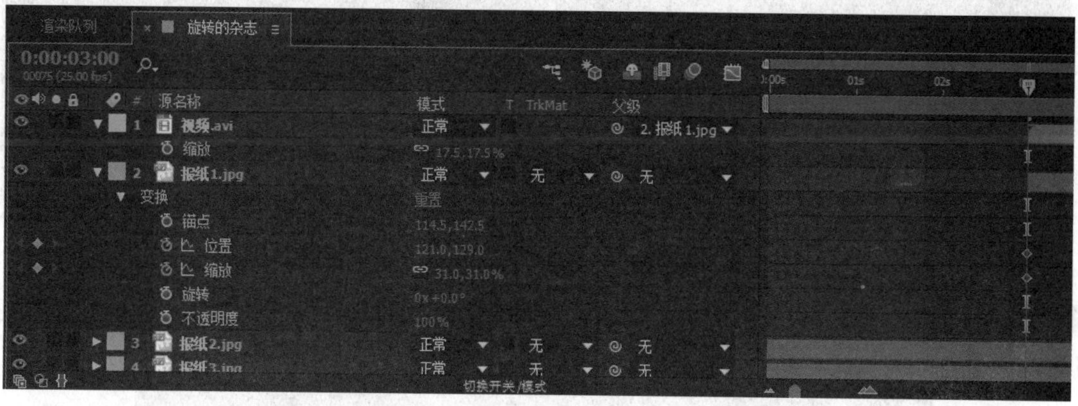

图4-87

13 将【时间指示器】移动至0:00:04:10位置，展开"报纸1"图层中的【变换】属性组，将【位置】参数设置为489.0,141.0，如图4-88所示。

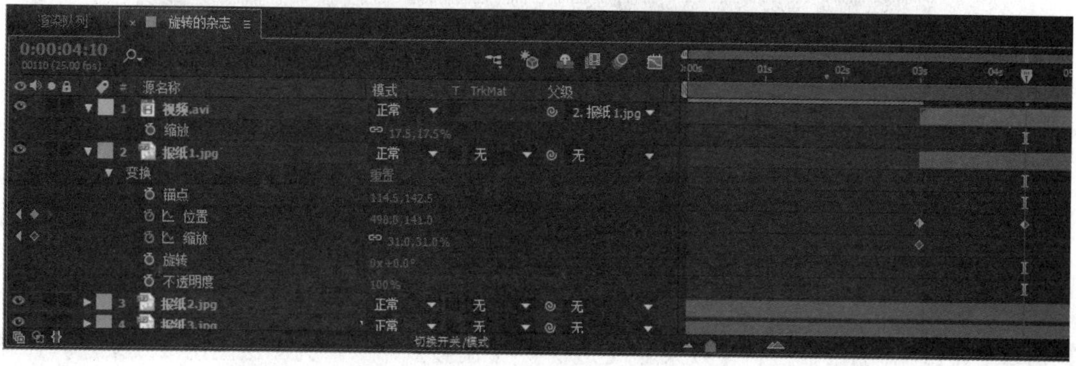

图4-88

14 将【时间指示器】移动至0:00:05:20位置，展开"报纸1"图层中的【变换】属性组，将【位置】参数设置为182.0,257.0，如图4-89所示。

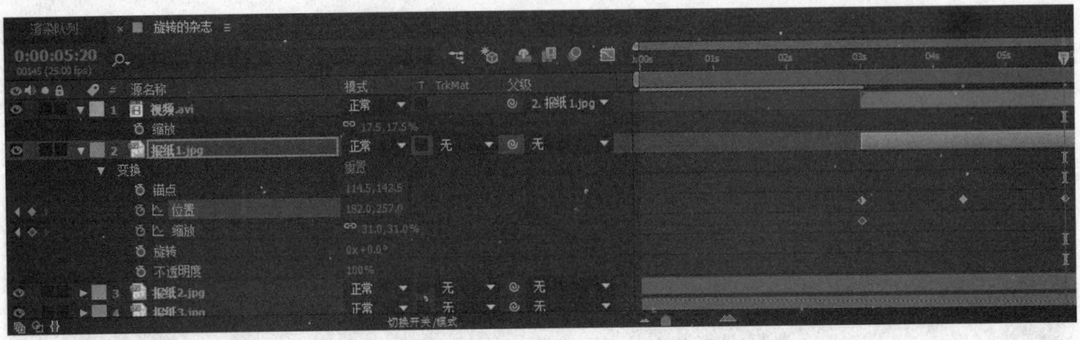

图4-89

15 将【时间指示器】移动至0:00:07:00位置，展开"报纸1"图层中的【变换】属性组，将【位置】参数设置为360.0,320.0，【缩放】参数设置为122.0%，如图4-90所示。

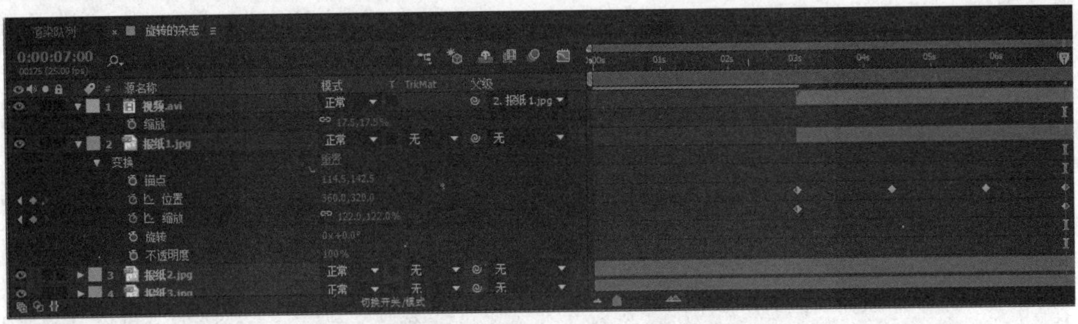

图4-90

16 选择"报纸2"和"报纸3"图层，为图层启用【运动模糊】效果，单击【运动模糊】按钮，为设置了【运动模糊】的所有图层启用【运动模糊】效果，如图4-91所示。

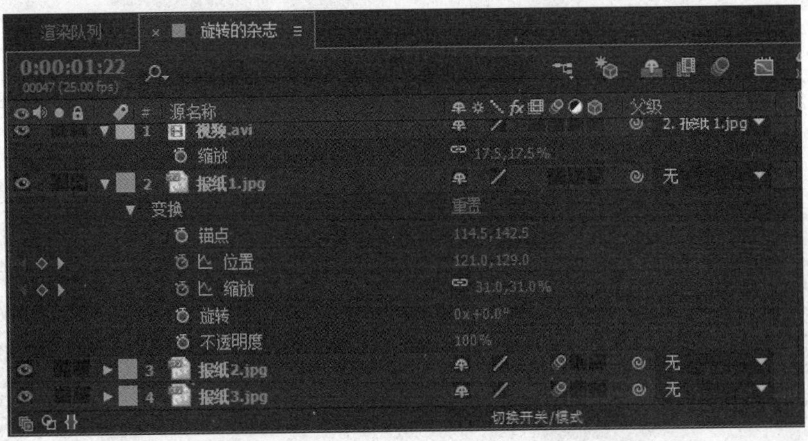

图4-91

17 选择"报纸1"图层，执行【效果】|【透视】|【投影】命令，为图层应用该效果，并在【效果控制】面板中设置效果参数，如图4-92所示。

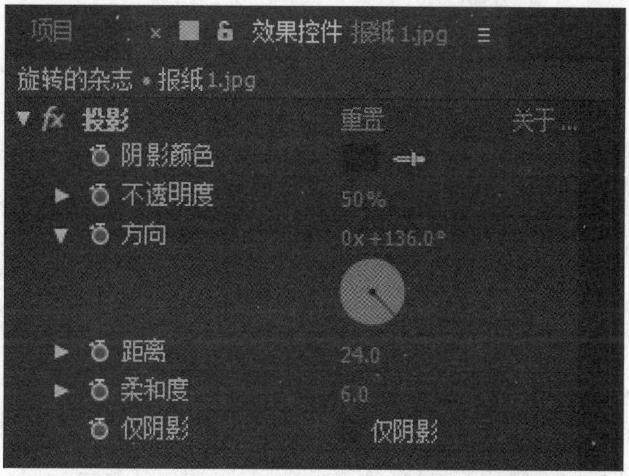

图4-92

至此，本案例制作完成，我们可以通过【播放】来观察动画效果。

4.7 电视栏目开头动画（案例）

在本案例中，将继续使用添加图层关键帧的方法，为多种不同类型的文件制作动画效果，同时了解和掌握合成嵌套的使用方法，如图4-93所示。

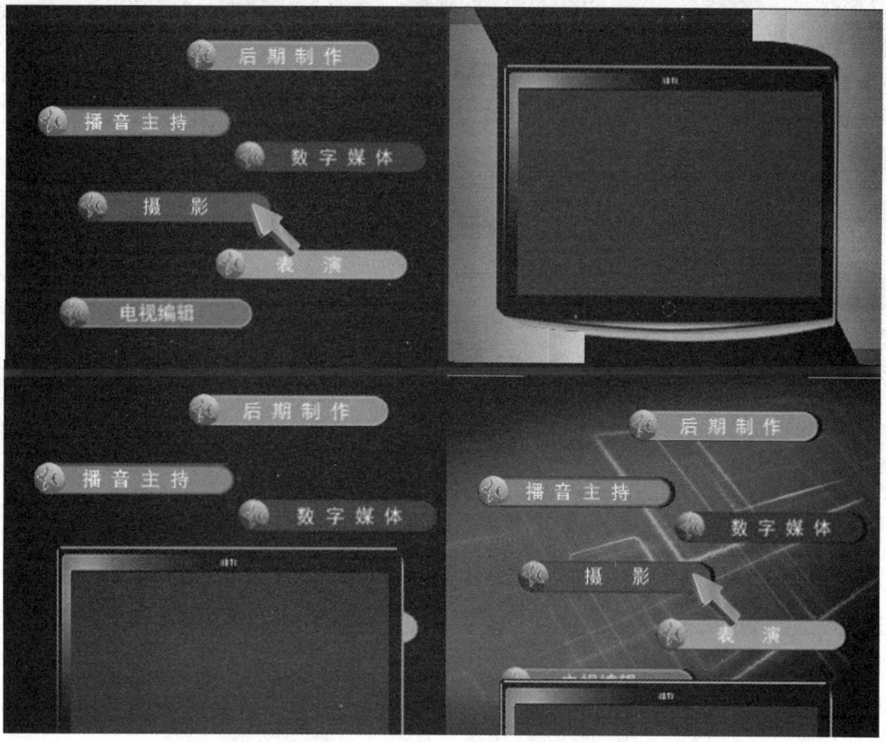

图4-93

操作步骤:

01 双击【项目】面板,导入"标题.psd"文件,将【导入种类】修改为【合成-保持图层大小】,如图4-94所示。

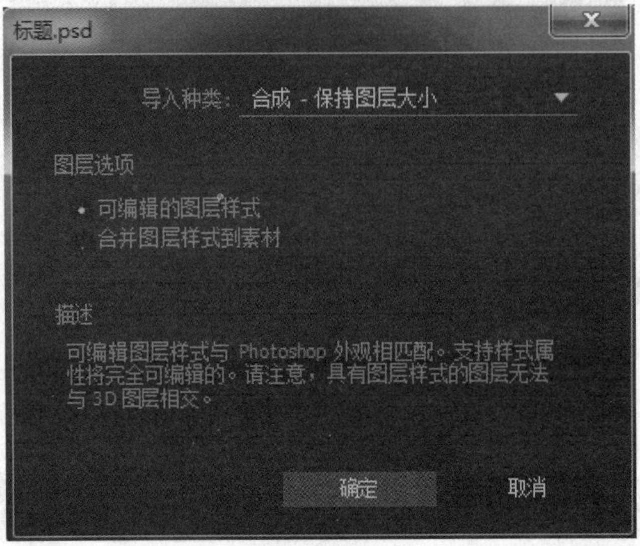

图4-94

02 双击【项目】面板中的"标题"合成,观察合成中的图层和显示效果,如图4-95所示。

图4-95

03 双击【项目】面板,导入"鼠标.tga"文件,在弹出的【解释素材】对话框中,选择【直接-无遮罩】方式,如图4-96所示。

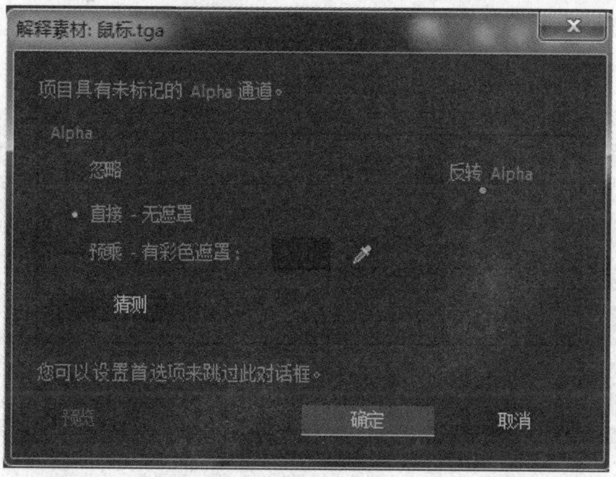

图4-96

04 将"鼠标.tga"素材拖曳至"标题"合成中,选择"鼠标.tga"图层,展开图层中的【变换】属性组,将【缩放】参数设置为23.0%,如图4-97所示。

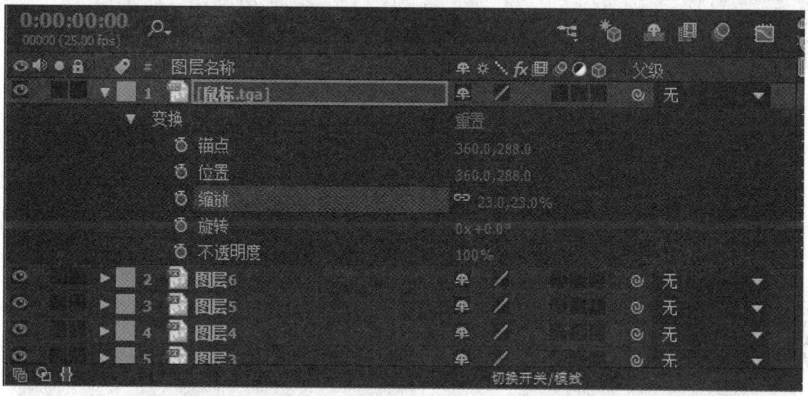

图4-97

05 选择"图层1"图层,按住Shift键单击"图层6"图层,将"图层1"至"图层6"全部选择,使用快捷键P展开所有图层【位置】参数,如图4-98所示。

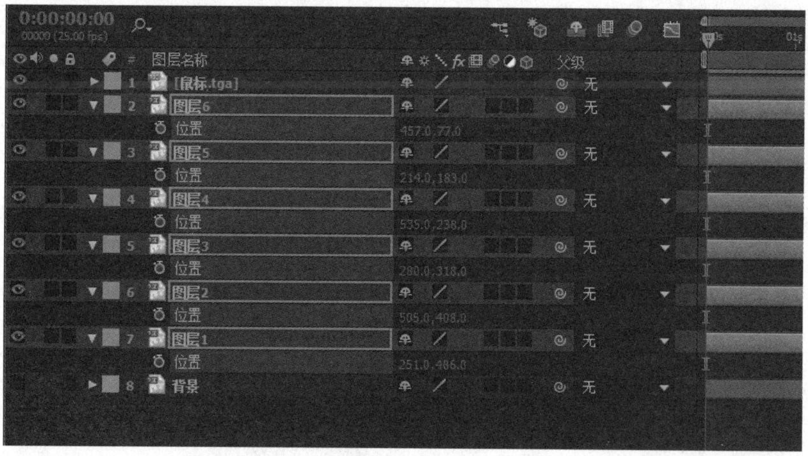

图4-98

06 将【时间指示器】移动至0:00:01:00位置，激活【位置】参数中的【时间变化秒表】按钮，如图4-99所示。

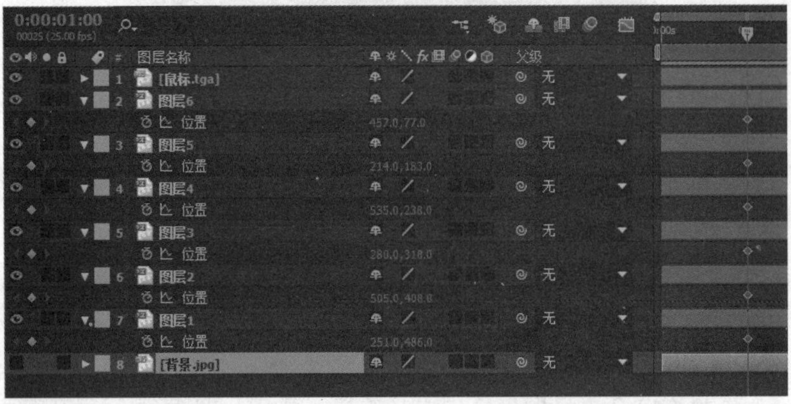

图4-99

07 将【时间指示器】移动至第0帧位置，将"图层1"至"图层6"全部选择，按住鼠标左键拖曳至【合成】窗口左侧，如图4-100所示。

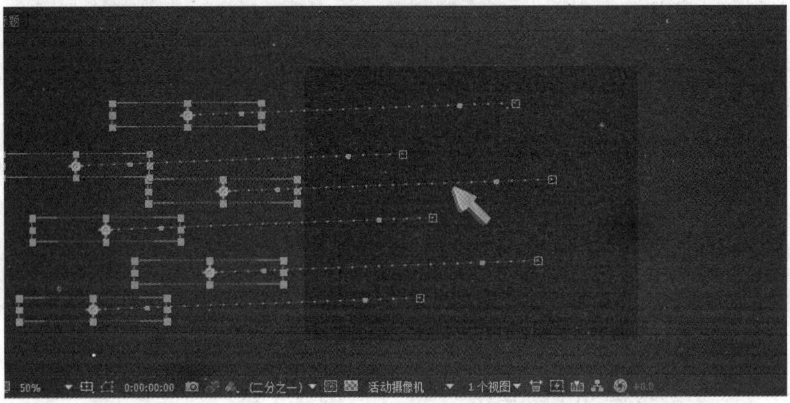

图4-100

08 执行【动画】|【关键帧辅助】|【序列图层】命令，在弹出的【序列图层】对话框中，勾选【重叠】复选框，设置【持续时间】并单击【确定】按钮(提示：【持续时间】的时间长度设置与合成的总时间长度有所区别，在本案例中，默认创建的合成总时间长度为0:00:10:00)，如图4-101所示。

图4-101

09 在【项目】面板中双击鼠标左键，导入"圆圈.psd"文件，在弹出的对话框中，将【导入种类】调整为【素材】，在【图层选项】中选择【图层1】，如图4-102所示。

图4-102

10 将【时间指示器】移动至0:00:01:16位置，调整"鼠标.tga"图层至合成最上端，展开图层中的【变换】属性组，将【位置】参数设置为438.0,346.0，并激活【位置】参数中的【时间变化秒表】按钮。选择"圆圈.psd"图层，展开图层中的【变换】属性组，将【缩放】参数设置为0，并激活【缩放】参数中的【时间变化秒表】按钮，如图4-103所示。

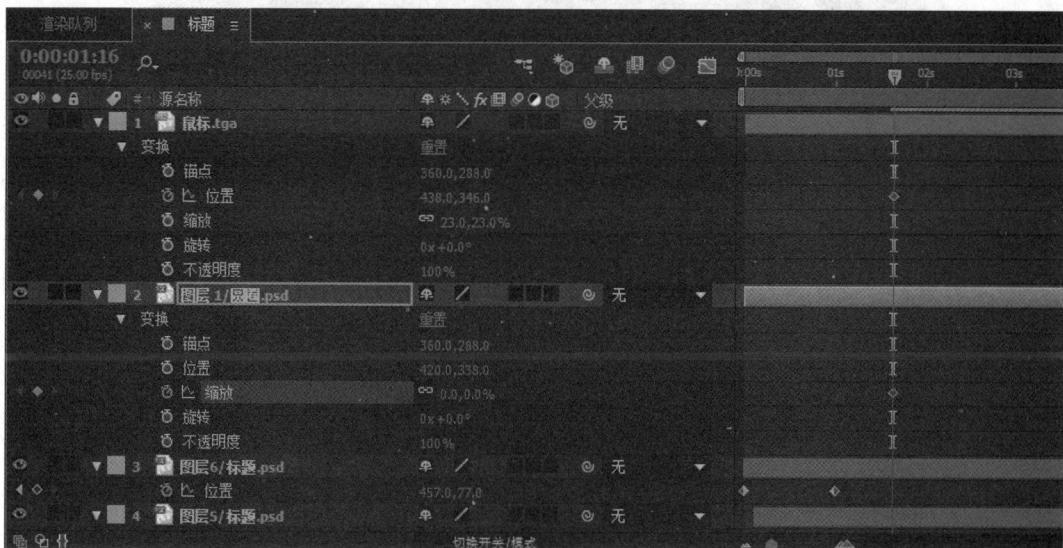

图4-103

11 将【时间指示器】移动至0:00:01:11位置，将"鼠标.tga"图层移动至【合成】窗口的右侧，如图4-104所示。

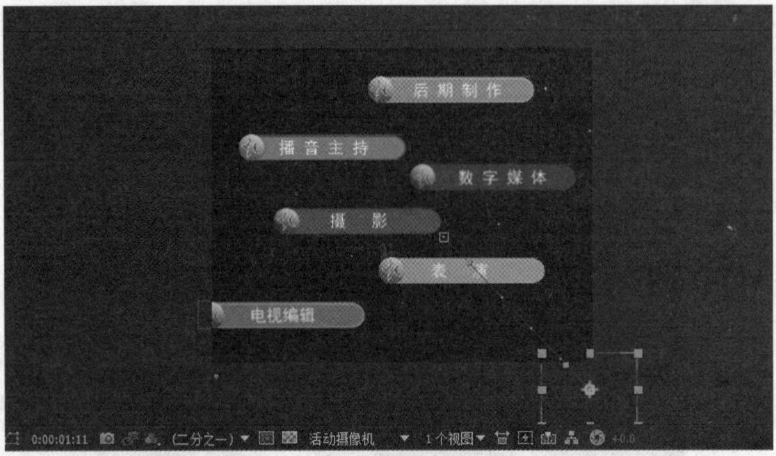

图4-104

12 将【时间指示器】移动至0:00:01:20位置，选择"圆圈.psd"图层，展开图层中的【变换】属性组，激活【不透明度】参数中的【时间变化秒表】按钮，如图4-105所示。

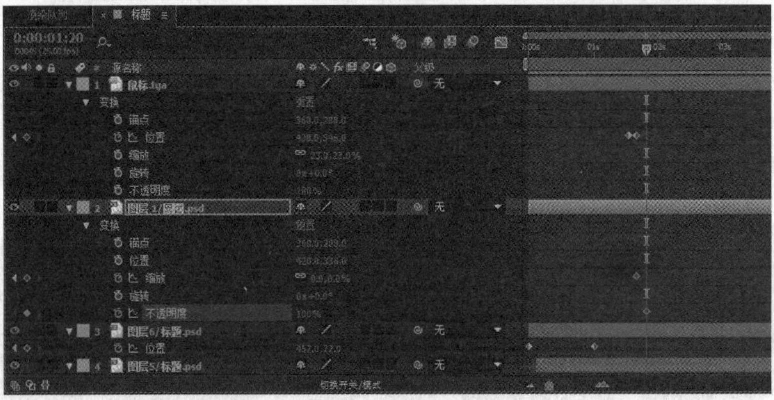

图4-105

13 将【时间指示器】移动至0:00:02:01位置，选择"圆圈.psd"图层，展开图层中的【变换】属性组，将【缩放】参数设置为475.0%，【不透明度】参数设置为0，如图4-106所示。

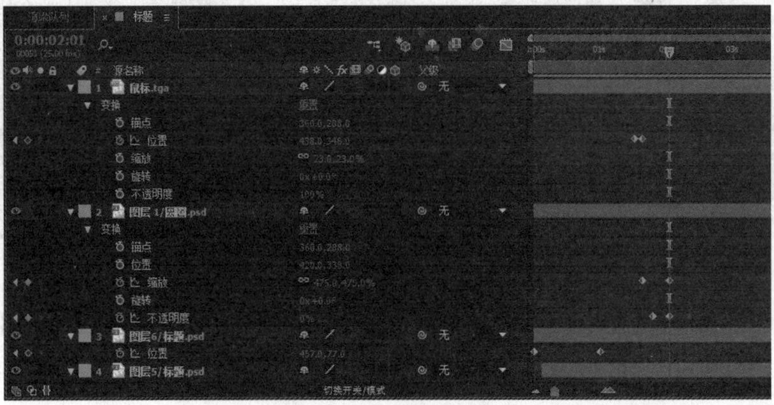

图4-106

14 选择"背景"图层，执行【编辑】|【清除】命令，如图4-107所示。

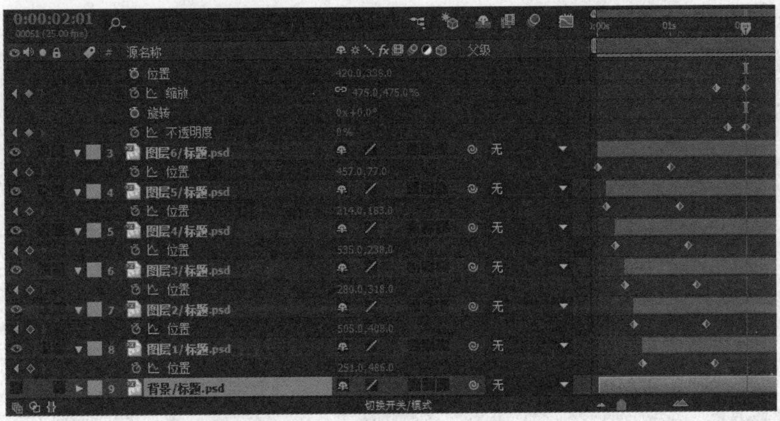

图4-107

15 双击【项目】面板，导入"版子.psd"文件，将【导入种类】修改为【合成-保持图层大小】，如图4-108所示。

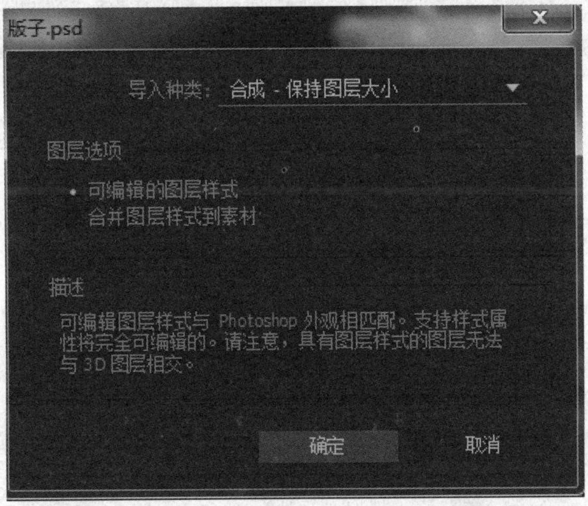

图4-108

16 双击【项目】面板中的"版子"合成，进入合成的编辑面板，如图4-109所示。

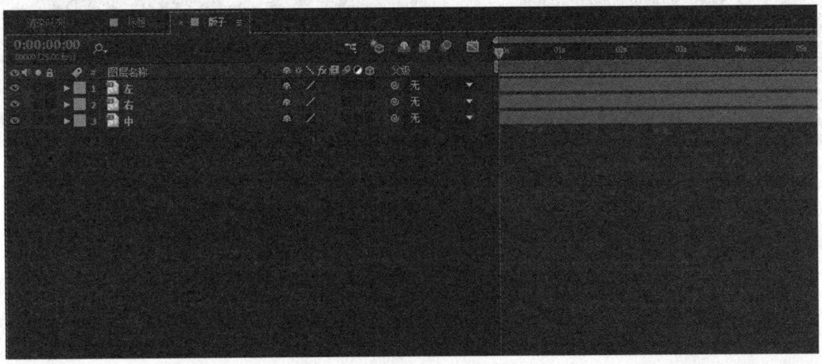

图4-109

17 将【时间指示器】移动至第0帧位置，选择"中"图层，激活【位置】参数中的【时间变化秒表】按钮，并将"中"图层移动至【合成】窗口的下端位置，如图4-110所示。

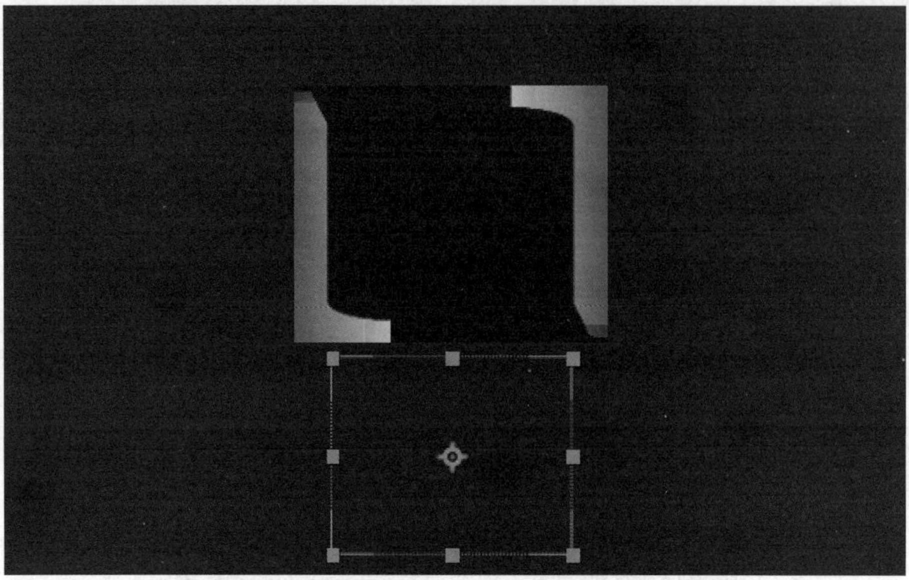

图4-110

18 将【时间指示器】移动至0:00:00:08位置，选择"中"图层，将【位置】参数调整为363.0,306.0。将"左"、"右"图层的入点时间调整至0:00:00:08位置，并激活【位置】参数中的【时间变化秒表】按钮，将"左"、"右"图层分别移动至【合成】窗口的两侧，如图4-111所示。

图4-111

19 将【时间指示器】移动至0:00:00:13位置，选择"左"图层，将【位置】参数调整为111.0,281.0；选择"右"图层，将【位置】参数调整为607.0,281.0，如图4-112所示。

图4-112

20 新建合成。执行【合成】|【新建合成】命令，在【合成设置】面板中，将合成大小调整为720×576像素，修改合成名称，像素长宽比为方形像素，合成长度为5秒，如图4-113所示。

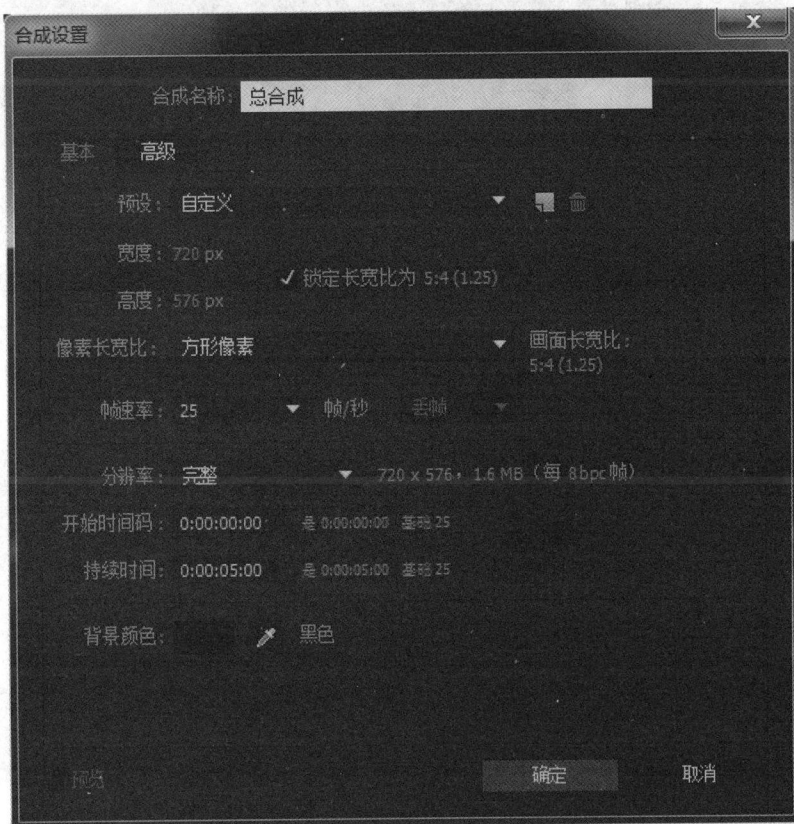

图4-113

21 将"版子"合成和"标题"合成拖曳至"总合成"中，如图4-114所示。

图4-114

22 将【时间指示器】移动至0:00:02:01位置，选择"版子"合成，将合成入点调整至0:00:02:01位置，如图4-115所示。

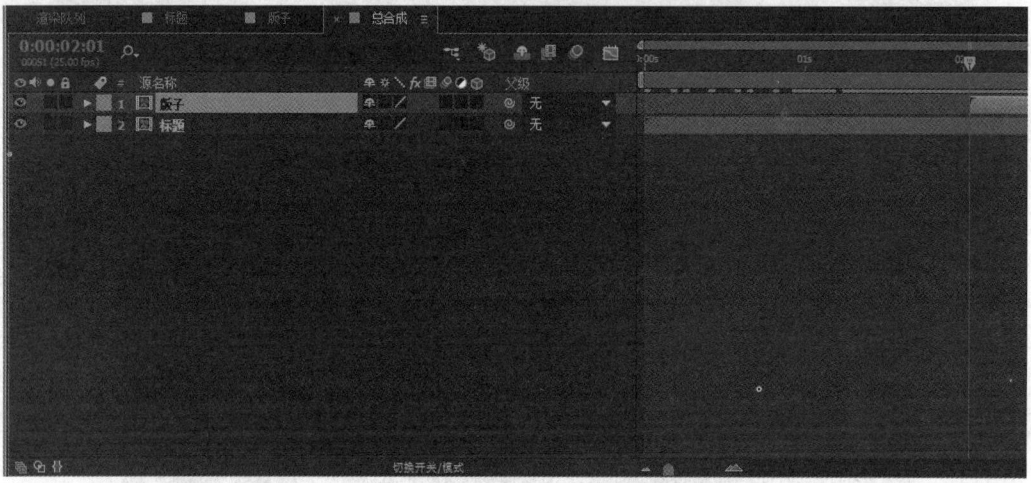

图4-115

23 双击【项目】面板，导入"背景.jpg"文件，并将文件拖曳至"总合成"中图层的最底端位置，如图4-116所示。

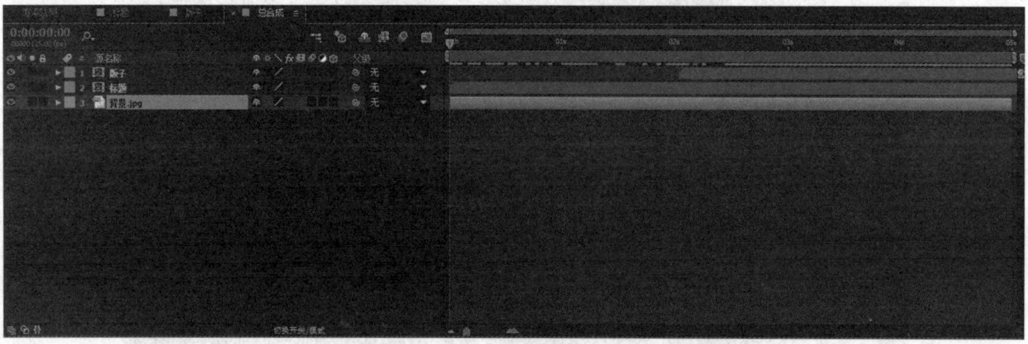

图4-116

至此，本案例制作完成，我们可以通过【播放】来观察动画效果。

第5章

| 创建蒙版动画

　　由于不是所有的素材都带有Alpha通道信息，蒙版在影视合成中得到了广泛的应用。使用蒙版可以使图像中的某些部分局部显示或隐藏，用户可以使用矢量绘图工具进行蒙版的绘制。在本章中，将详细介绍基础的形状工具和钢笔工具的使用方法，使用户可以绘制出任何形状的图形，同时可以将矢量绘图工具应用到图层上作为蒙版使用。

5.1 创建矢量图形

矢量图形由矢量的数学对象定义的直线和曲线组成，其根据图像的几何特征对图像进行描述。After Effects中的矢量图形元素包括蒙版路径、形状图层的形状和文本图层的文本。用户不仅可以使用矢量图像工具绘制出矢量形状，同时可以为这些形状制作动画效果。

▋5.1.1 形状工具

在After Effects中，使用形状工具不仅可以创建【形状图层】，同时也可以创建蒙版图形。形状工具包括【矩形工具】▪、【圆角矩形工具】▪、【椭圆工具】▪、【多边形工具】▪和【星形工具】★，其绘制方法基本相同，如图5-1所示。

图5-1

> **提示**
>
> 在形状工具右侧提供了两种模式，分别为【工具创建形状】▪和【工具创建蒙版】▪。在未选择任何图层的模式下，使用形状工具将自动创建【形状图层】；如果选择的图层为纯色图层或普通素材图层等，将为该图层自动创建图层【蒙版】效果；如果选择的图层为【形状图层】，可以通过两种模式自由选择为该图层继续添加形状或添加图层【蒙版】效果。

1. 矩形工具

使用【矩形工具】可以绘制任意大小的矩形，单击并拖动鼠标即可绘制图形。在未选择任何图层的模式下，将自动创建形状图层，如图5-2所示。

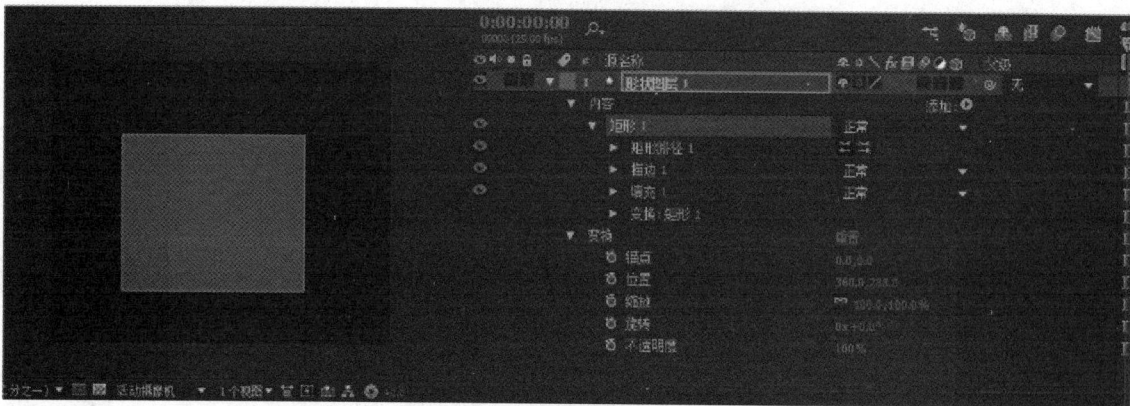

图5-2

用户可以通过按住Shift键拖动创建正方形。如果同时按住Alt+Shift键，将以鼠标落点为中心，创建正方形。

2. 圆角矩形工具

使用【圆角矩形工具】可以绘制任意大小的圆角矩形，单击并拖动鼠标即可绘制图形。在未选择任何图层的模式下，将自动创建形状图层，如图5-3所示。

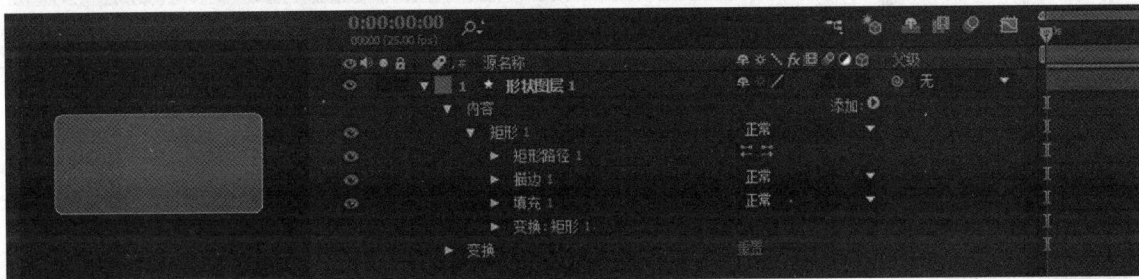

图5-3

在【矩形路径】选项中，【圆角】选项可以用来调节圆角的大小，数值越大圆角越明显。

3. 椭圆工具

使用【椭圆工具】可以绘制任意大小的椭圆和正圆，单击并拖动鼠标即可绘制图形。在未选择任何图层的模式下，将自动创建形状图层，如图5-4所示。

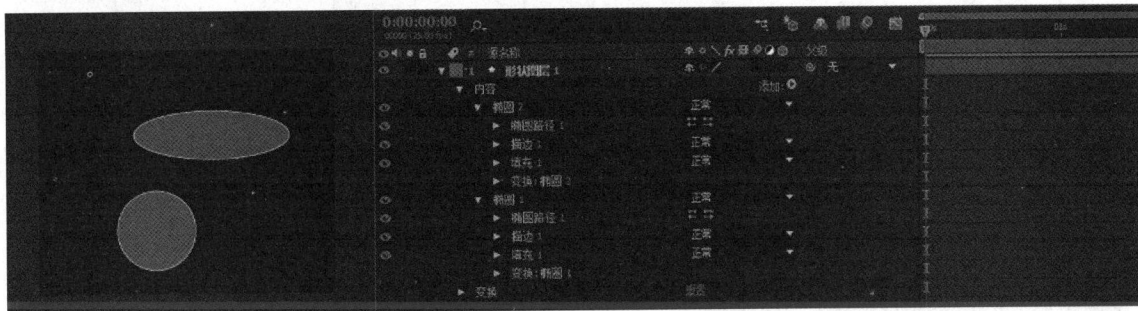

图5-4

用户可以通过按住Shift键拖动创建正圆。如果同时按住Alt+Shift键，将以鼠标落点为中心，创建正圆。

4. 多边形工具

使用【多边形工具】可以绘制任意边数的多边形，单击并拖动鼠标即可绘制图形。在未选择任何图层的模式下，将自动创建形状图层，如图5-5所示。

图5-5

5. 星形工具

使用【星形工具】可以绘制任意大小的星形，单击并拖动鼠标即可绘制图形。在未选择任何图层的模式下，将自动创建形状图层，如图5-6所示。

图5-6

5.1.2 钢笔工具

使用【钢笔工具】可以绘制出不规则的路径和蒙版。【钢笔工具】包含3个辅助工具，分别为【添加"顶点"工具】、【删除"顶点"工具】和【转换"顶点"工具】，如图5-7所示。

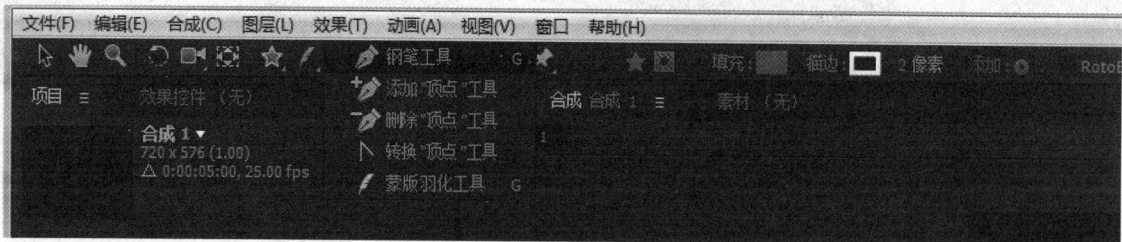

图5-7

1. 使用钢笔工具绘制形状路径

(1) 在工具栏中选择【钢笔工具】，在【合成】窗口中单击希望放置第一个顶点的位置。

(2) 单击放置下一个顶点的位置，完成直线路径的创建。要创建弯曲的路径，可以拖动手柄以创建曲线，如图5-8所示。

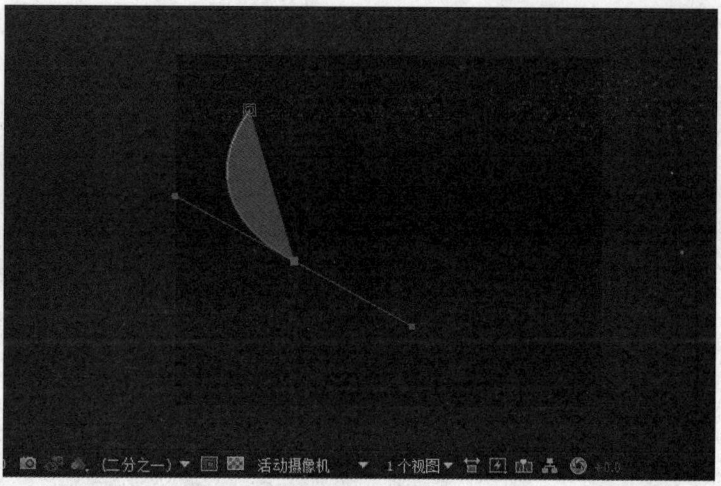

图5-8

提 示

最后添加的顶点将显示为一个纯色正方形，表示它处于选中状态。随着顶点的不断添加，以前添加的顶点将成为空的且被取消选择。

(3) 要闭合路径，可以将指针放置在第一个顶点上，并且在一个闭合的圆图标出现在指针旁边时，单击该顶点，或执行【图层】|【蒙版和形状路径】|【已关闭】命令闭合路径。

要使路径保持开放状态，可以激活一个不同的工具，或者按F2键以取消选择该路径。

在默认情况下，【旋转贝塞尔】 RotoBezier 处于非选择状态。创建【旋转贝塞尔】曲线路径类似于创建手动贝塞尔曲线路径，主要差别是顶点的方向线和路径段的弯度是自动计算的。

2. 调整路径形态

用户可以通过【添加顶点工具】、【删除顶点工具】和【转换顶点工具】调整路径的形态。

☆ 添加顶点工具：选择【添加顶点工具】，在路径中单击鼠标左键，即可在路径中添加顶点，如图5-9所示。

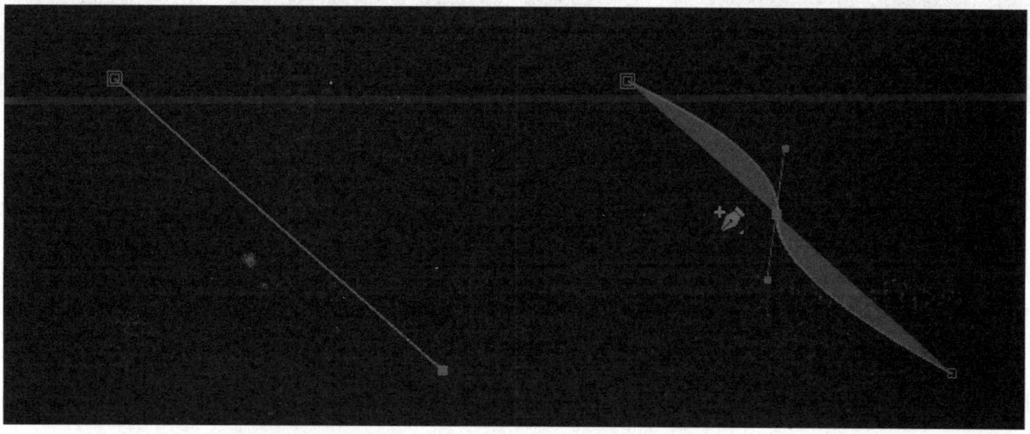

图5-9

☆ 删除顶点工具：选择【删除顶点工具】，单击路径中的节点，即可删除该节点，如图5-10所示。

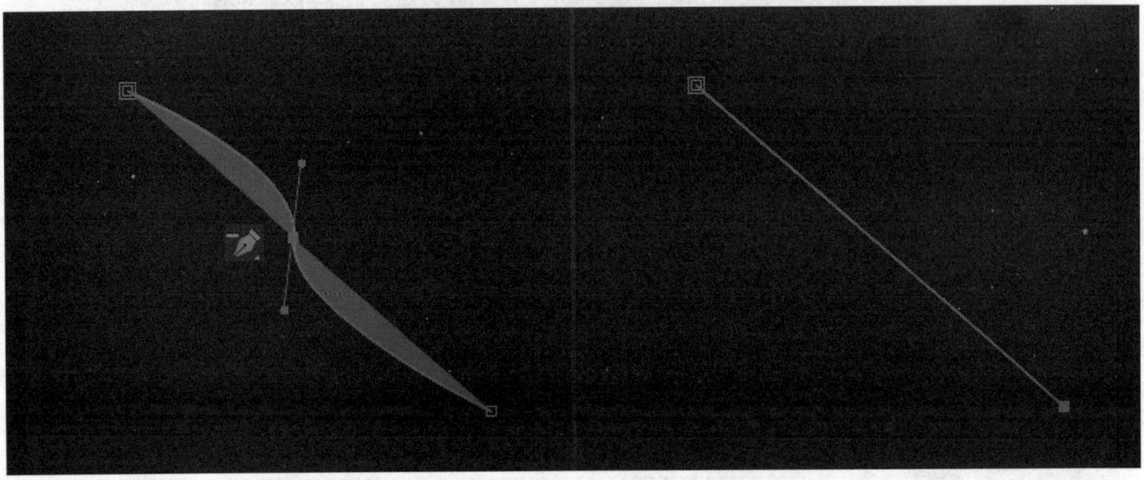

图5-10

☆ 转换顶点工具：选择【转换顶点工具】，单击并拖动控制手柄，可以改变曲线的形态，如图5-11所示。

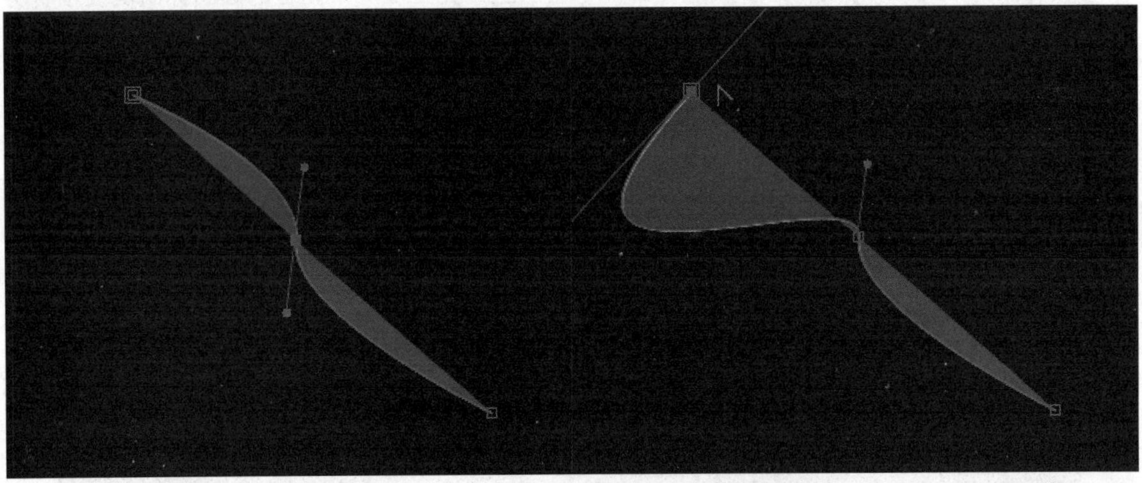

图5-11

5.1.3 形状组

当用户需要创建复杂的图形时，为了对多个形状统一进行管理和编辑，可以通过图层属性中的【添加】功能来完成。

选择已经创建的矢量图形，展开图形的属性，单击【添加】按钮，在弹出的对话框中选择【组(空)】命令，即可创建一个空白的图形组，如图5-12所示。

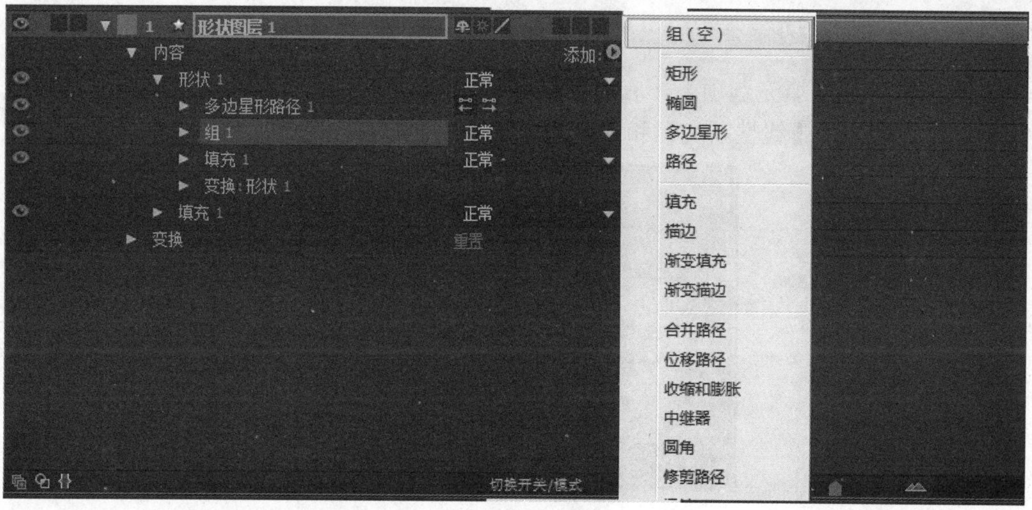

图5-12

创建完成空白组后，单击【添加】按钮，即可在空白组下完成新形状的添加。或选中已经创建完成的形状，按住鼠标左键拖曳到组下即可，如图5-13所示。

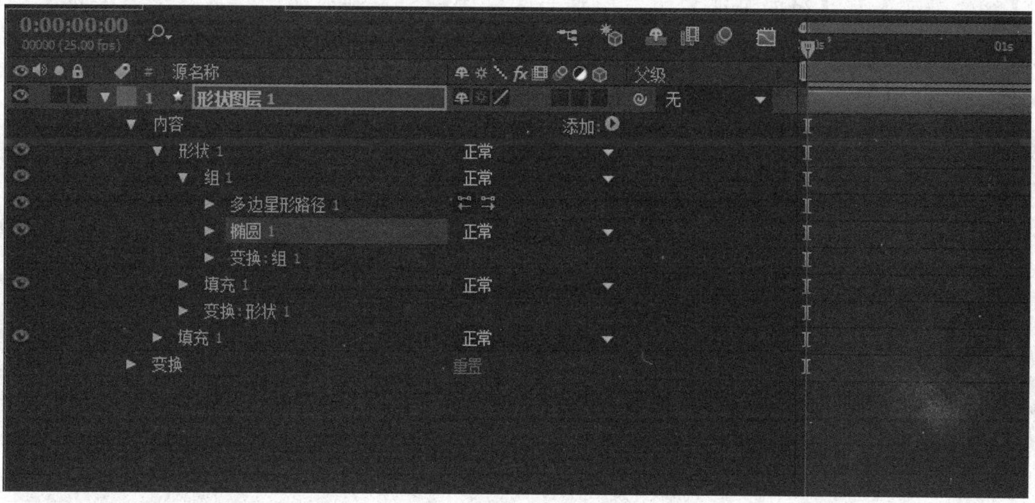

图5-13

提　示

用户也可以通过执行【图层】|【组合形状】命令，或使用快捷键Ctrl+G，选择相应的形状完成群组操作。处于组中的所有形状都受到组中【变换】属性参数的影响。

| 5.2　设置形状属性

在完成形状创建后，可以通过更改图形填充颜色、描边颜色以及路径变形等属性，进一步调节和美化形状图形。

5.2.1 填充和描边

单击工具栏中的【填充选项】，在弹出的【填充选项】对话框中可以设置填充的类型，包括【无】、【纯色】、【线性渐变】和【径向渐变】4种样式，如图5-14所示。

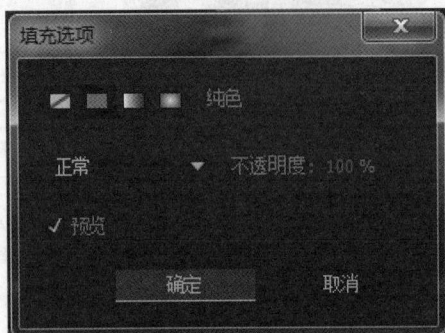

图5-14

在默认情况下，填充颜色为【纯色】模式，用户可以单击【填充颜色】选项■■，在弹出的【形状填充颜色】对话框中指定和修改填充颜色。当【填充选项】调整为【无】时，不产生填充效果。

【线性渐变】和【径向渐变】主要用来为图形内部填充渐变颜色，当【填充选项】调整为【线性渐变】或【径向渐变】时，图形会转换为默认的黑白渐变填充方式。用户可以在形状图层的【渐变填充1】中，控制渐变填充的具体参数，如图5-15所示。

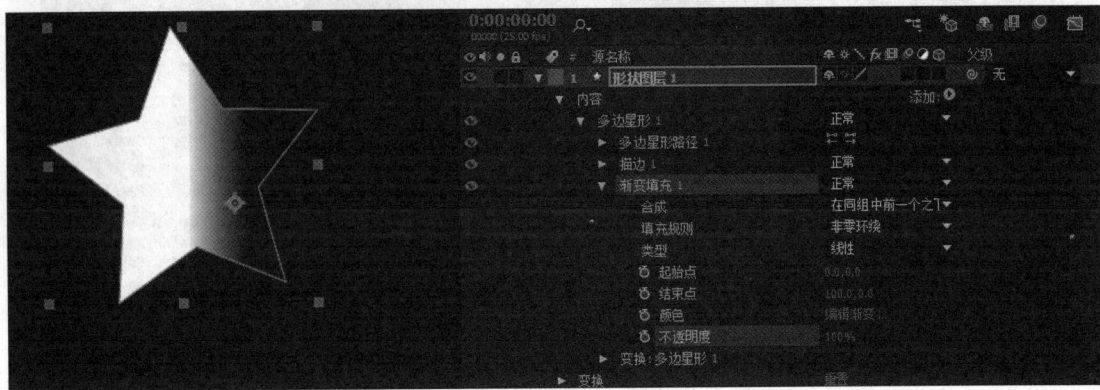

图5-15

☆ 类型：用于设置渐变填充的类型，分为线性和径向两种。

☆ 起始点：用于设置渐变颜色一端的起始位置。

☆ 结束点：用于设置渐变颜色一端的结束位置。

☆ 颜色：单击【渐变编辑】选项，在弹出的【渐变编辑器】中，可以设置渐变的颜色。渐变条下方用于设置渐变的颜色，用户可以在渐变条上单击以添加颜色。渐变条上方用于设置颜色的不透明度。

单击工具栏中的【描边选项】，在弹出的【描边选项】对话框中，可以设置描边的类型。描边类型的设置和填充设置基本相同，用户可以通过【描边宽度】选项调整描边的宽度。

5.2.2 设置路径形状

用户可以在【时间轴】面板中，选择形状图层，单击【添加】按钮来设置路径变形效果，如图5-16所示。

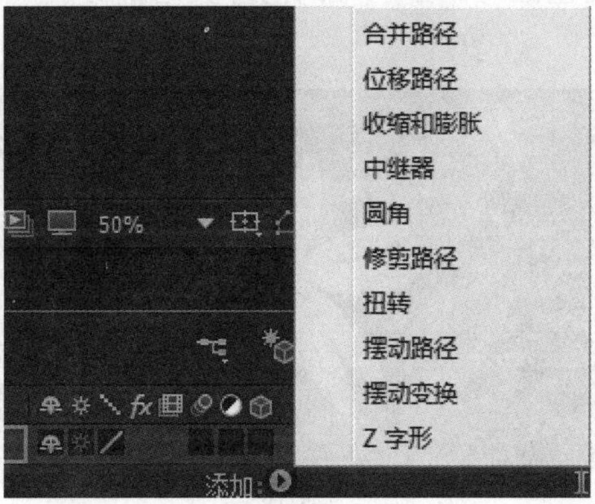

图5-16

☆ 合并路径：当在一个图形组中添加了多个形状后，可以将图形组中的所有形状进行合并，从而形成一个新的路径对象。在【合并路径】选项中，可以设置4种不同的模式，分别为【相加】、【相减】、【相交】和【排除交集】，如图5-17所示。

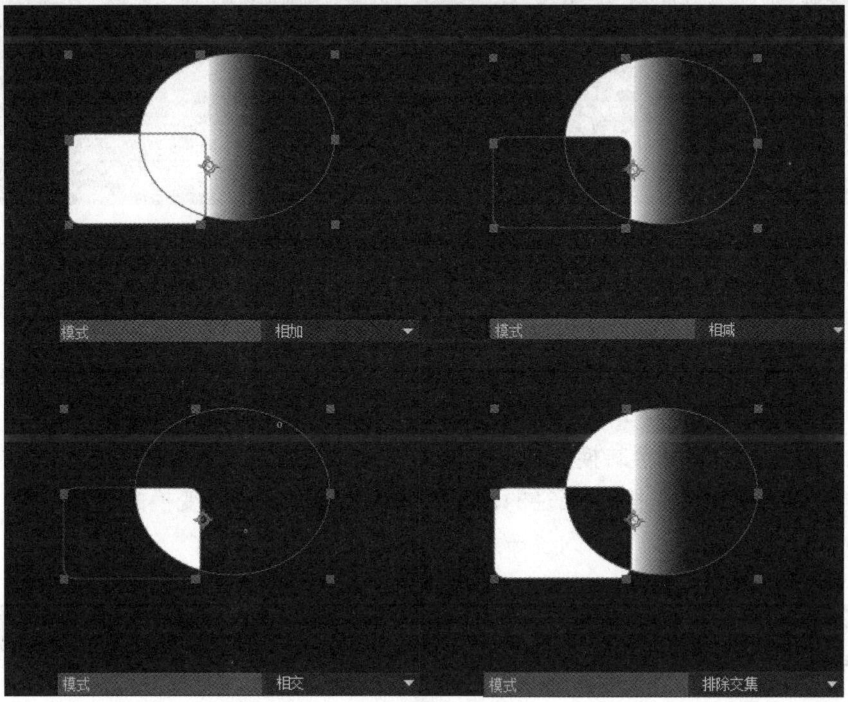

图5-17

☆ 位移路径：通过使路径与原始路径发生位移来扩展或收缩形状。对于闭合路径，【数量】值为正将扩展形状；【数量】值为负将收缩形状。【线段连接】属性指定位移路径段汇集在一起时路径的外观。【斜面连接】产生方形连接，【斜接连接】产生尖角连接，【圆角连接】产生圆滑过渡连接。【尖角限制】用于确定哪些情况下使用【斜面连接】而不是【斜接连接】。如果【尖角限制】为1，则产生【斜面连接】。

☆ 收缩和膨胀：增大数量值时，形状中的向外突起部分往内凹陷，向内凹陷部分向外突出，如图5-18所示。

图5-18

☆ 中继器：对于选定形状进行复制操作，可以指定复制对象的变换属性和个数，如图5-19所示。

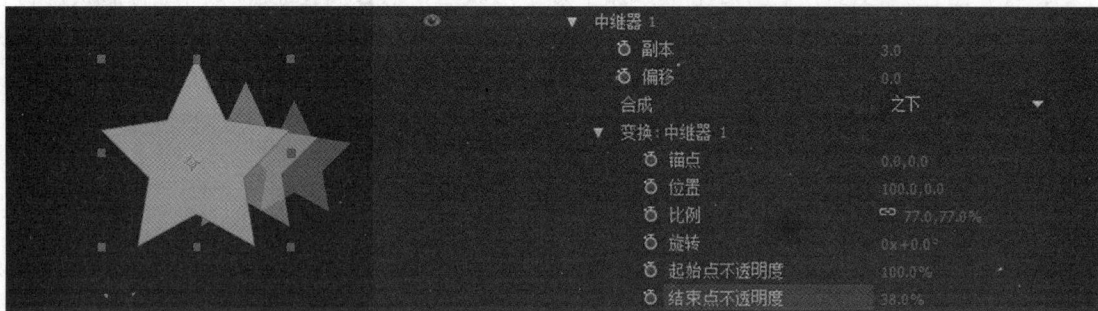

图5-19

☆ 圆角：用于设置圆角的大小，数值越大，圆角效果越明显。

☆ 修剪路径：用于调整路径的显示百分比，可用于制作路径生长动画。

☆ 扭转：以形状中心为圆心对形状进行扭曲操作，中心的旋转幅度比边缘的旋转幅度大。输入正值将顺时针扭转；输入负值将逆时针扭转。

☆ 摆动路径：通过将路径转换为一系列大小不等的锯齿状，随机分布(摆动)路径。

☆ 摆动变换：随机分布(摆动)路径的位置、锚点、缩放和旋转变换的任意组合。

☆ Z字形：将路径转换为一系列统一大小的锯齿状尖峰和凹谷。

5.3 创建与设置蒙版

在进行项目合成时，当素材本身不含有Alpha通道时，可以通过蒙版来创建透明区域。蒙版是用矢量图形工具在图层上进行绘制，只用来控制图层的透明区域和不透明区域的显示。每个图层可以添加多个图层蒙版，用户还可以对蒙版的具体参数进行设置，以得到更好的效果。

5.3.1 创建蒙版

创建蒙版的方式主要分为以下几种。

1. 使用形状工具创建图层蒙版

使用形状工具创建图层蒙版时，需要在【时间轴】面板中选择创建蒙版的图层，在工具栏中，选择形状工具进行拖曳绘制即可，如图5-20所示。

图5-20

> **提 示**
>
> 选中需要创建蒙版的图层，在形状工具中双击鼠标左键，可以在当前图层中创建一个最大的蒙版。

2. 使用钢笔工具创建图层蒙版

使用【钢笔工具】可以创建出任意形状的蒙版，但【钢笔工具】所绘制的路径必须为闭合状态。使用【钢笔工具】创建图层蒙版时，需要在【时间轴】面板中选择创建蒙版的图层，绘制出一个闭合的路径即可，如图5-21所示。

图5-21

3. 自动跟踪创建图层蒙版

当创建的蒙版比较复杂时，为了提高工作效率，可以使用自动创建图层蒙版的方法。在【时间轴】面板中选择需要添加蒙版的图层，执行【图层】|【自动追踪】命令，在弹出的【自动追踪】对话框中设置参数即可。该命令将根据图层的Alpha通道、红、绿、蓝和亮度信息来自动生成蒙版，如图5-22所示。

图5-22

在【自动追踪】对话框中，主要包括以下选项。

☆ 当前帧：只对当前帧进行自动追踪。

☆ 工作区：对整个工作区进行自动追踪，适用于动画图层。

☆ 通道：用于设置追踪的通道类型，包括【Alpha】、【红色】、【绿色】、【蓝色】和【明亮度】。当启用【反转】复选框时，将反转蒙版的方向。

☆ 模糊：启用该复选框，将模糊自动追踪前的像素，可以使自动追踪的结果更加平滑。

☆ 容差：用于设置判断误差和界限的范围。

☆ 最小区域：设置蒙版的最小区域值。

☆ 阈值：设置蒙版的阈值范围。高于该阈值的区域为不透明区域，低于该阈值的区域为透明区域。

☆ 圆角值：用于设置蒙版的转折处的圆滑程度。

☆ 应用到新图层：启用该选项，将把自动跟踪创建的蒙版保存到一个新的图层中。

☆ 预览：启用该选项，可以预览设置的结果。

4. 新建蒙版

在【时间轴】面板中选择需要创建蒙版的图层，执行【图层】|【蒙版】|【新建蒙版】命令，此时将创建出一个与图层大小相等的矩形遮罩，如图5-23所示。

图5-23

5. 从第三方软件创建蒙版

用户可以从Illustrator、Photoshop 或 Fireworks 复制路径，并将其作为蒙版路径或形状路径，粘贴到After Effects中。

01 在 Illustrator、Photoshop或Fireworks 中，选择某个完整路径，然后执行【编辑】|【复制】命令。

02 在After Effects中，执行以下任一操作来定义【粘贴】操作的目标：

　☆ 要创建新蒙版，请选择一个图层。

　☆ 要替换现有的蒙版路径或形状路径，选择其"路径"属性即可。

03 执行【编辑】|【粘贴】命令，如图5-24所示。

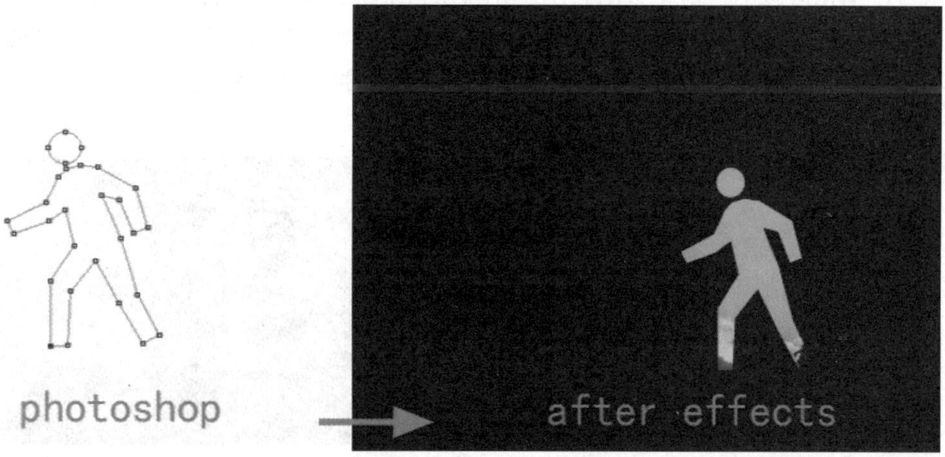

图5-24

5.3.2 编辑蒙版

创建完蒙版之后，在【时间轴】面板中选择被添加蒙版的图层，展开图层属性组，将会显示【蒙版】选项组。用户可以通过设置其属性，来调整蒙版的效果。

1. 蒙版路径

用于设置蒙版的路径范围和形状。单击【蒙版路径】右侧的【形状】选项，将弹出【蒙版形状】对话框，如图5-25所示。

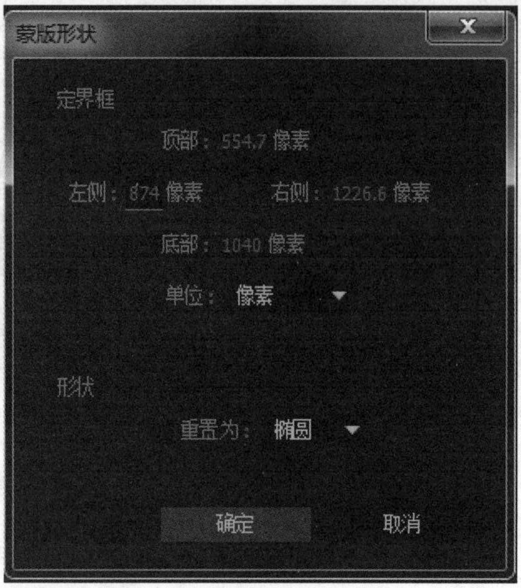

图5-25

在【定界框】选项组中，可以设置蒙版形状的尺寸；在【形状】选项组中，启用【重置为】复选框，可以将选定的蒙版形状替换为椭圆或矩形。

2. 蒙版羽化

用于设置遮罩边缘的羽化效果，这样可以对遮罩边缘进行虚化处理。羽化值越大，虚化范围越宽；羽化值越小，虚化范围越小。在默认情况下，羽化值为0，蒙版边缘不产生任何过渡效果，用户可以单击【蒙版羽化】右侧输入具体数值，如图5-26所示。此外，用户还可以通过选择工具栏中的【蒙版羽化工具】 ，在蒙版路径上单击并拖动，手动创建蒙版羽化效果，如图5-27所示。

图5-26

图5-27

3. 蒙版不透明度

　　用于设置蒙版的不透明程度。在默认情况下，为图层添加蒙版后，蒙版中的图像为100%显示，蒙版外的图像完全不显示。用户可以单击【蒙版不透明度】，在右侧输入具体数值，数值越小，蒙版内的图像显示越不明显，当数值为0时，蒙版内的图像完全不可见，如图5-28所示。

蒙版不透明度 100%　　　　蒙版不透明度 50%　　　　蒙版不透明度 0%

图5-28

4. 蒙版扩展

　　调整蒙版的扩展程度。正值为扩展蒙版的区域，数值越大，扩展区域越多；负值为收缩蒙版的区域，数值越大，收缩的区域越多，如图5-29所示。

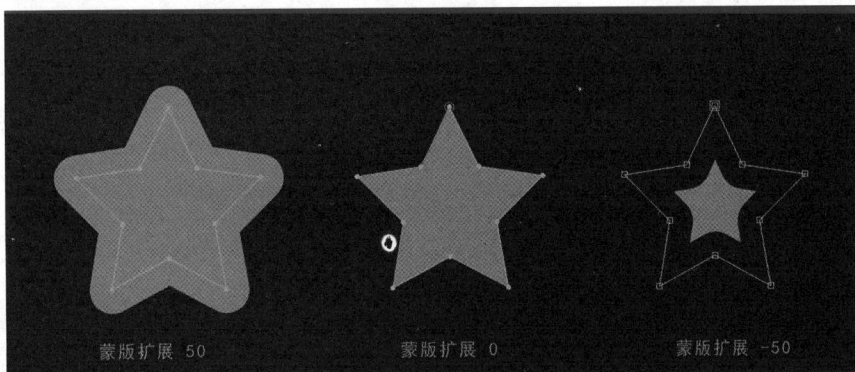

蒙版扩展 50　　　　蒙版扩展 0　　　　蒙版扩展 -50

图5-29

5.3.3　蒙版叠加模式

当一个图层中具有多个蒙版时，可以通过选择叠加模式来使蒙版之间产生叠加运算效果。在【时间轴】面板中，单击蒙版名称右侧的下拉按钮，在其下拉列表中选择相应的模式，即可调整蒙版的叠加模式，如图5-30所示。

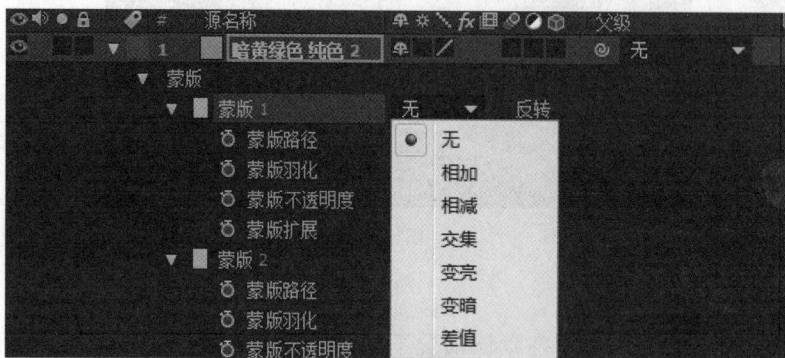

图5-30

☆ 无：选中该选项，蒙版路径将只作为路径使用，不产生任何蒙版效果，如图5-31所示。

图5-31

☆ 相加：选中该选项，当前图层的蒙版区域将进行相加处理，如图5-32所示。

图5-32

☆ 相减：选中该选项，当前图层的蒙版区域将进行相减处理，如图5-33所示。

图5-33

☆ 交集：选中该选项，只显示当前蒙版与其他蒙版的重叠部分，其他部分将被隐藏，如图5-34所示。

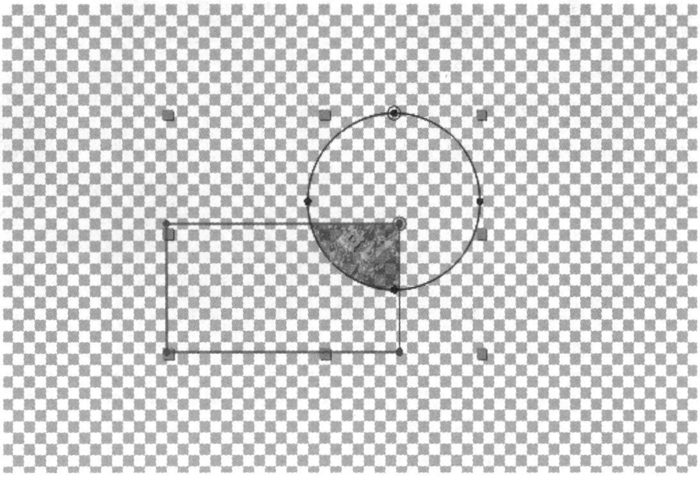

图5-34

☆ 变亮：选中该选项，对于可视区域，变亮模式与相加模式相同，对于蒙版重叠处的不透明度采用不透明度较高的值，如图5-35所示。

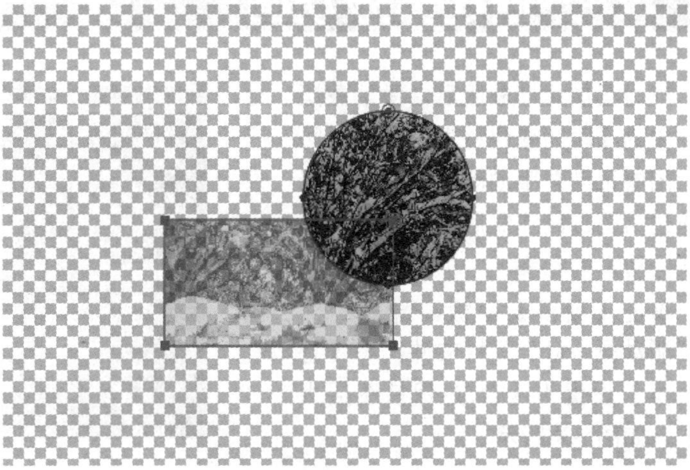

图5-35

☆ 变暗：选中该选项，对于可视区域，变暗模式与交集模式相同，对于蒙版重叠处的不透明度采用不透明度较低的值，如图5-36所示。

图5-36

☆ 差值：选中该选项，先将当前蒙版与其他蒙版进行并集运算，然后再将当前蒙版与其他蒙版组合结果的相交部分进行相减处理，如图5-37所示。

图5-37

5.4 创建蒙版动画

当为图层添加蒙版后，激活蒙版参数中的【时间变化秒表】按钮，可以为图层记录蒙版动画效果。我们经常通过为图层制作蒙版动画效果，突出某些重点的元素。

01 双击【项目】面板，导入"添加蒙版动画.psd"素材文件，将【导入种类】设置为【合成-保持图层大小】，如图5-38所示。

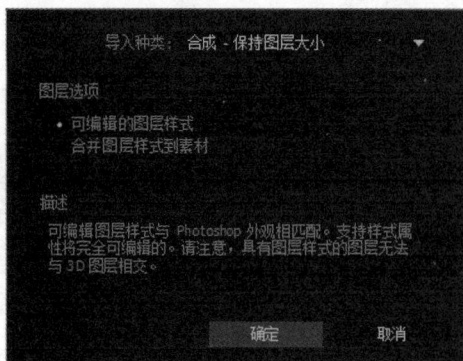

图5-38

02 双击【项目】面板中的"添加蒙版动画"合成，进入合成编辑面板，观察【合成】窗口效果，如图5-39所示。

图5-39

03 选中需要创建蒙版的"图层1"，使用【矩形工具】为图层绘制蒙版，如图5-40所示。

图5-40

04 在【蒙版1】选项中，激活【蒙版路径】属性的【时间变化秒表】按钮，创建关键帧，如图5-41所示。

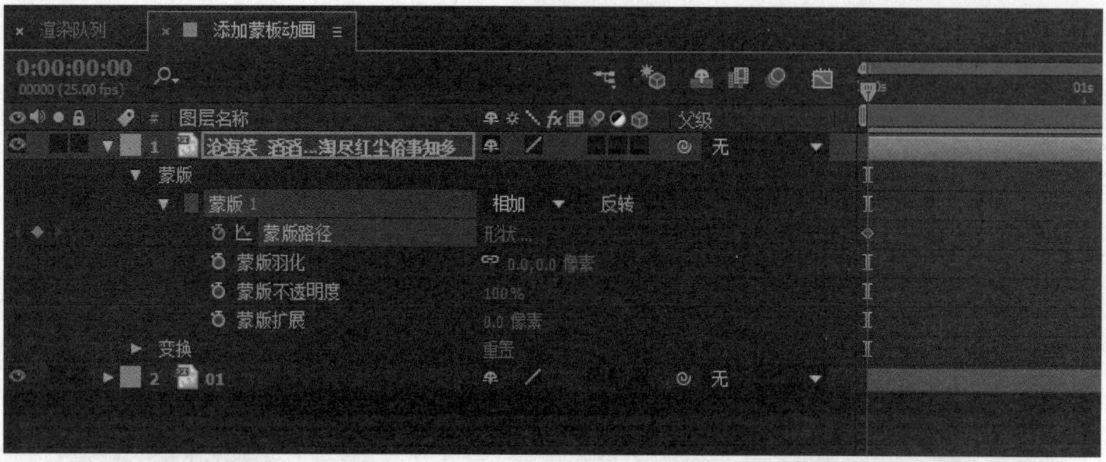

图5-41

05 将【时间指示器】移动至0:00:09:00位置。执行【图层】|【蒙版和形状路径】|【自由变换点】命令，在【合成】窗口中调整蒙版的大小，如图5-42所示。

图5-42

06 将【蒙版羽化】值调整为30.0,30.0像素，使图层产生边缘柔化的效果，预览动画，如图5-43所示。

图5-43

5.5 跟踪遮罩

跟踪遮罩是以一个图层的Alpha信息或亮度信息用于影响另一个图层的显示状态。使用跟踪遮罩时，被跟踪的图层需要设置在跟踪图层的上一层，当应用跟踪蒙版后，跟踪图层处于非显示状态。

5.5.1 应用Alpha遮罩

选择底层的图层，执行【图层】|【跟踪遮罩】|【Alpha遮罩】命令，上一层图层的Alpha信息将作为底层图层的蒙版，如图5-44所示。

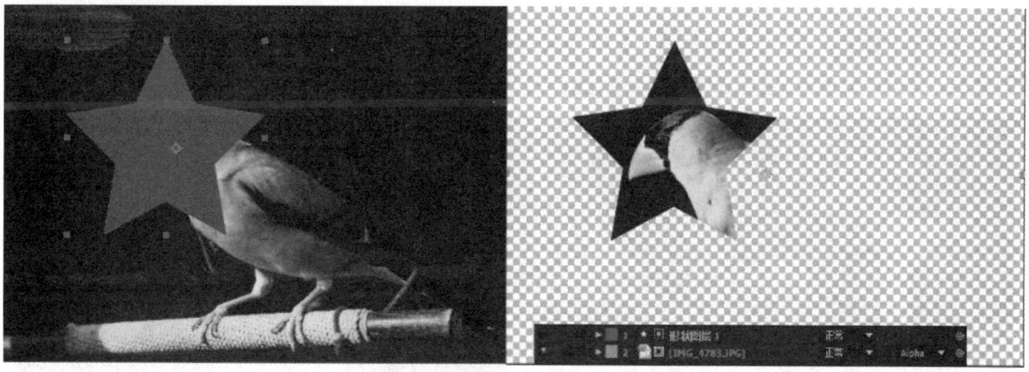

图5-44

选择底层的图层，执行【图层】|【跟踪遮罩】|【Alpha反转遮罩】命令，上一层图层的Alpha信息将反转并作为底层图层的蒙版，如图5-45所示。

图5-45

5.5.2　应用亮度遮罩

应用亮度遮罩时，当颜色值为纯白时，底层图层将被100%显示；当颜色值为纯黑时，底层图层将变成透明，【亮度反转遮罩】与其相反。

选择底层的图层，执行【图层】|【跟踪遮罩】|【亮度遮罩】命令，上一层图层的亮度信息将作为底层图层的蒙版，如图5-46所示。

图5-46

选择底层的图层，执行【图层】|【跟踪遮罩】|【亮度反转遮罩】命令，将反转上一层图层的亮度信息，将作为底层图层的蒙版，如图5-47所示。

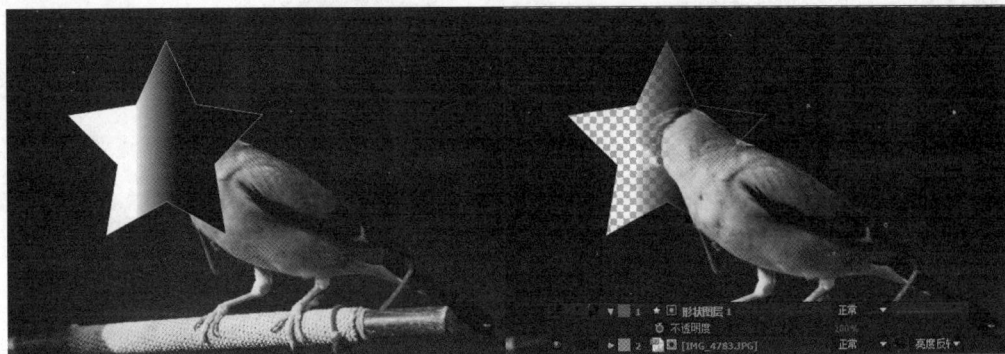

图5-47

| 5.6 真实的水面（案例）

本案例效果是运用After Effects中的矢量图形工具创建矢量形状，同时利用合成嵌套和跟踪遮罩来模拟真实的水面效果，如图5-48所示。

图5-48

操作步骤：

01 新建合成。执行【合成】|【新建合成】命令，在【合成设置】面板中设定合成大小，调整合成设置。将合成大小调整为720×576像素，修改合成名称，像素长宽比为方形像素，合成长度为10秒，如图5-49所示。

02 双击【项目】面板，导入素材"鸟.jpg"文件，将素材拖动到"真实的水面"合成中，将"鸟.jpg"图层的【位置】参数设置为360.0,282.0，如图5-50所示。

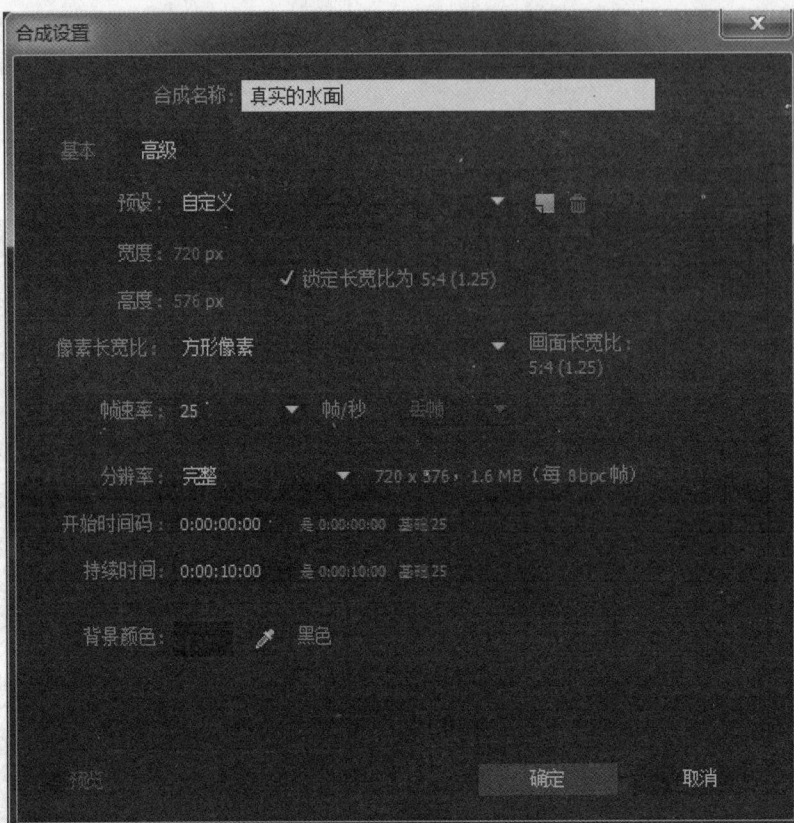

图5-49

图5-50

03 选择"鸟.jpg"图层，执行【编辑】|【重复】命令，选中复制的图层，单击鼠标右键，执行【重命名】命令，修改其名称为"倒影"，如图5-51所示。

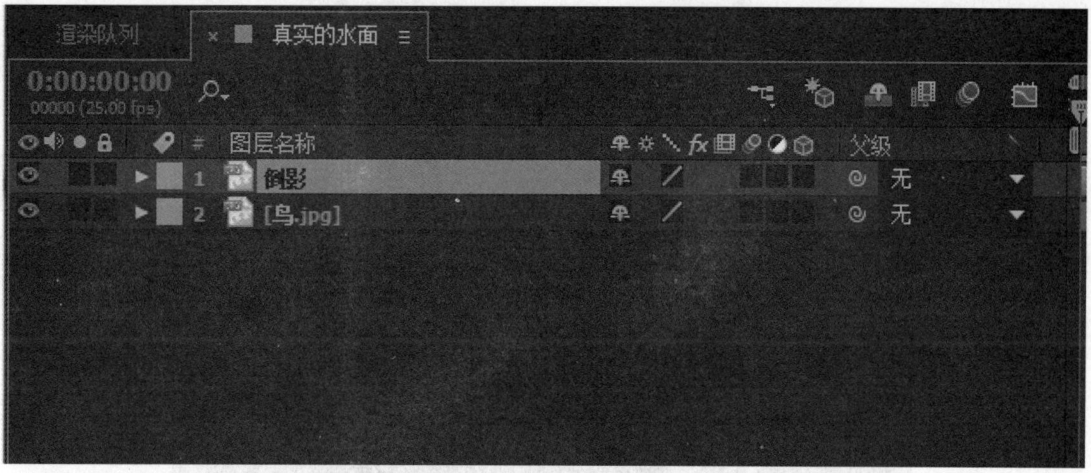

图5-51

04 选择"倒影"图层，将该图层放置于"鸟.jpg"图层下方，取消"倒影"图层的【缩放】属性中的【约束比例】选项，并将【缩放】参数设置为100.0,-100.0%，将【位置】参数设置为360.0,451.0，如图5-52所示。

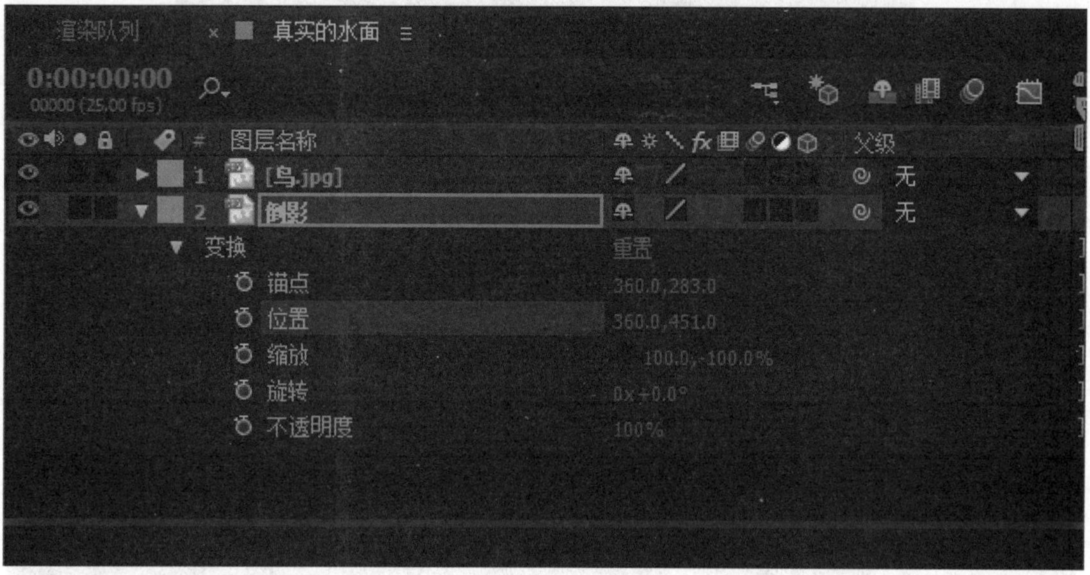

图5-52

05 新建合成。执行【合成】|【新建合成】命令，在【合成设置】面板中设定合成大小，调整合成设置。将合成大小调整为720×576像素，修改合成名称，设置像素长宽比为方形像素，合成长度为10秒，如图5-53所示。

06 选择【矩形工具】，拖曳鼠标左键创建形状图层，如图5-54所示。

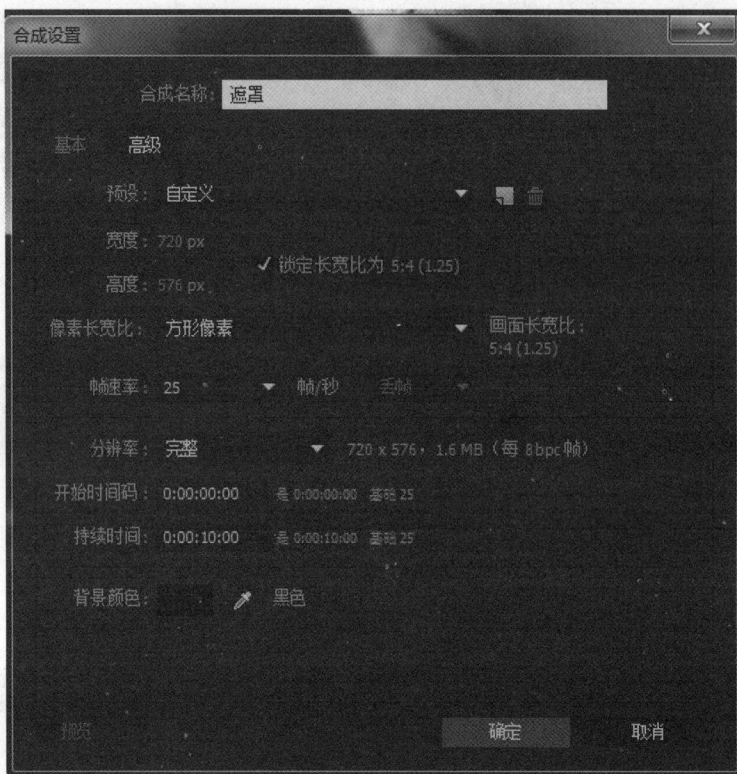

图5-53

图5-54

07 选择"形状图层1",执行【编辑】|【重复】命令,创建"形状图层2"。将"形状图层2"【位置】调整至"形状图层1"下方,如图5-55所示。

图5-55

08 依照上述方式，复制"形状图层3-9"，并调整其至合适位置，如图5-56所示。

图5-56

09 将"遮罩"合成拖曳至"真实的水面"合成中，并放置于"倒影"图层的上一层位置。将【位置】参数设置为360.0,288.0。激活■按钮，如图5-57所示。

10 将【时间指示器】移动至0:00:00:00位置，选择"遮罩"图层，展开图层中的【变换】属性组，激活"遮罩"图层【位置】参数中的【时间变化秒表】按钮，如图5-58所示。

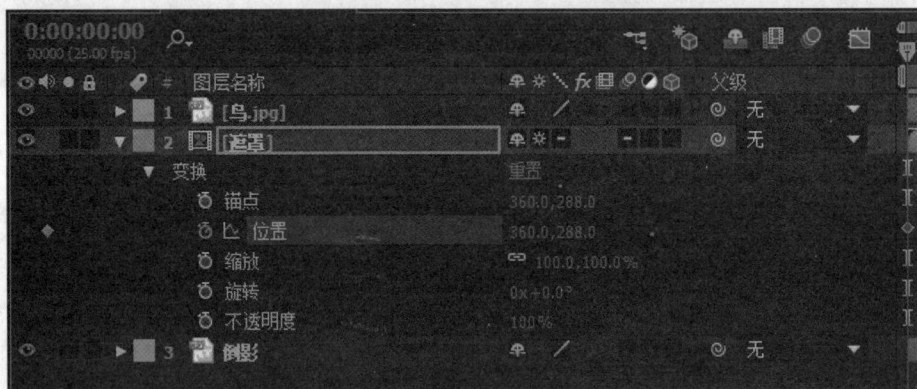

图5-57

图5-58

11 将【时间指示器】移动至0:00:09:00位置，选择"遮罩"图层，展开图层中的【变换】属性组，将【位置】参数设置为360.0,234.0，如图5-59所示。

图5-59

12 选择"倒影"图层，执行【图层】|【跟踪遮罩】|【Alpha遮罩】命令，观察【合成】窗口中

的效果，如图5-60所示。

图5-60

13 选择"倒影"图层，执行【编辑】|【重复】命令，创建"倒影2"图层。将"倒影2"图层放置于"倒影"图层下方，如图5-61所示。

图5-61

14 选择"倒影2"图层，展开图层中的【变换】属性组，将【位置】参数设置为360.0,442.0，如图5-62所示。

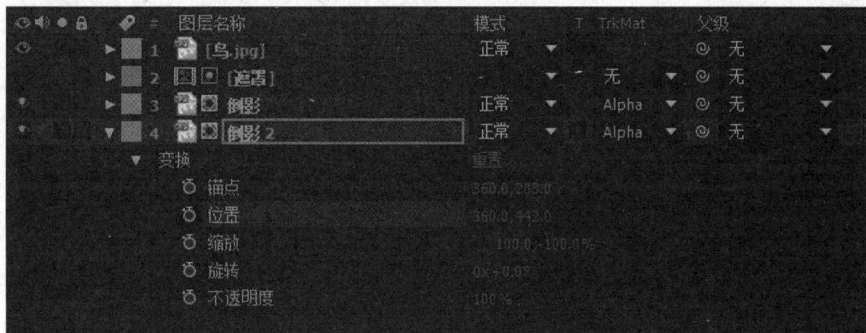

图5-62

15 在【时间轴】面板中的空白区域单击鼠标右键，在弹出的菜单中选择【新建】|【调整图层】命令，创建调整图层，如图5-63所示。

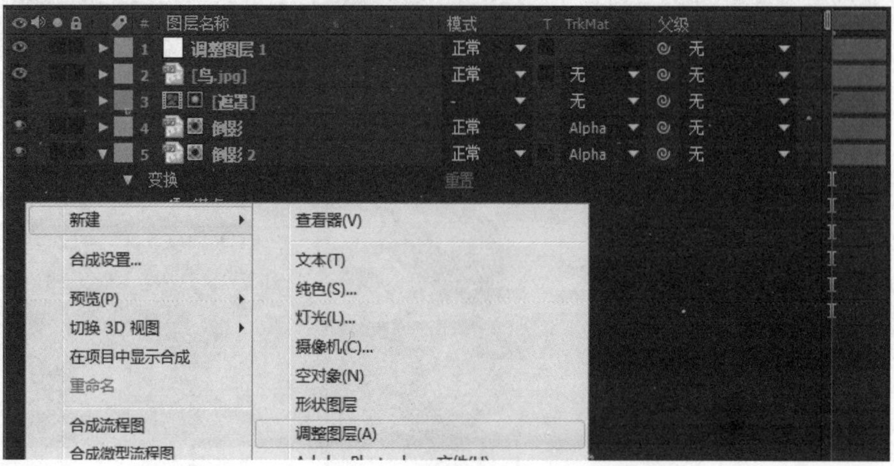

图5-63

16 选择"调整图层1"，执行【效果】|【模糊和锐化】|【高斯模糊】命令，将【模糊度】数值调整为2，如图5-64所示。

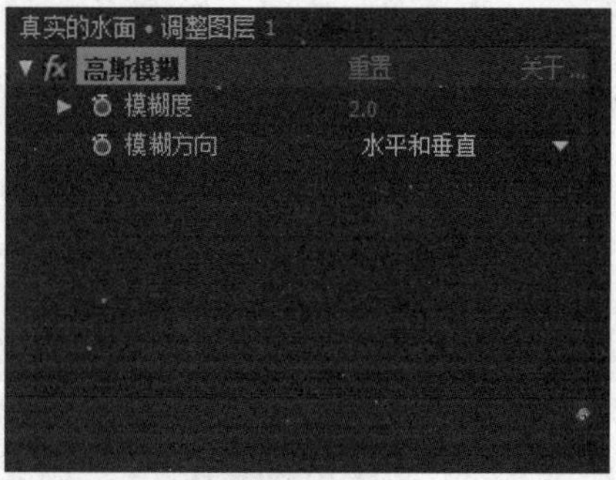

图5-64

17 将"调整图层1"放置于"遮罩"图层的上一层位置，如图5-65所示。

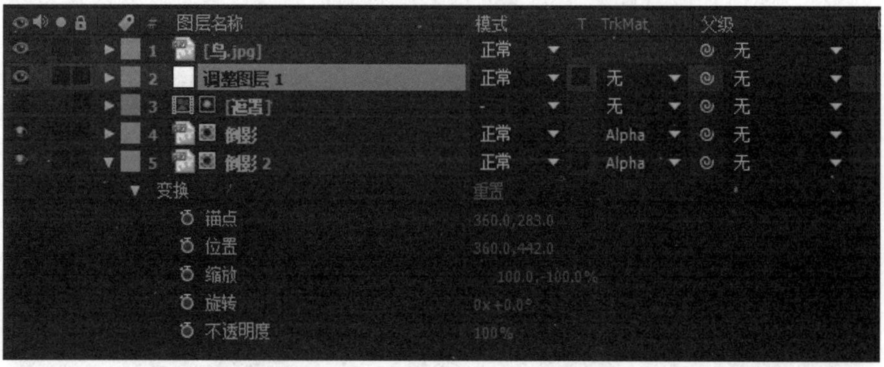

图5-65

至此，本案例制作完成，我们可以通过【播放】来观察动画效果。

5.7 燃烧的画面（案例）

本案例效果是运用跟踪遮罩命令，通过图层的Alpha通道信息指定其他图层的显示范围来完成效果的制作，如图5-66所示。

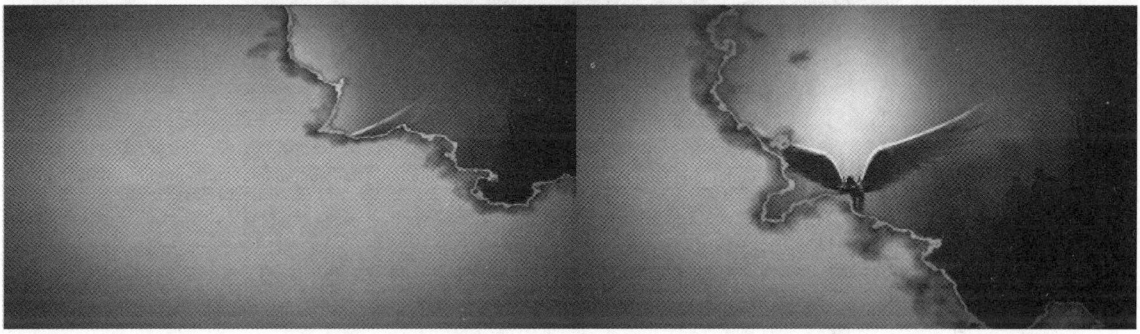

图5-66

操作步骤：

01 双击【项目】面板，导入"燃烧"序列素材，勾选【JPEG序列】复选框，如图5-67所示。

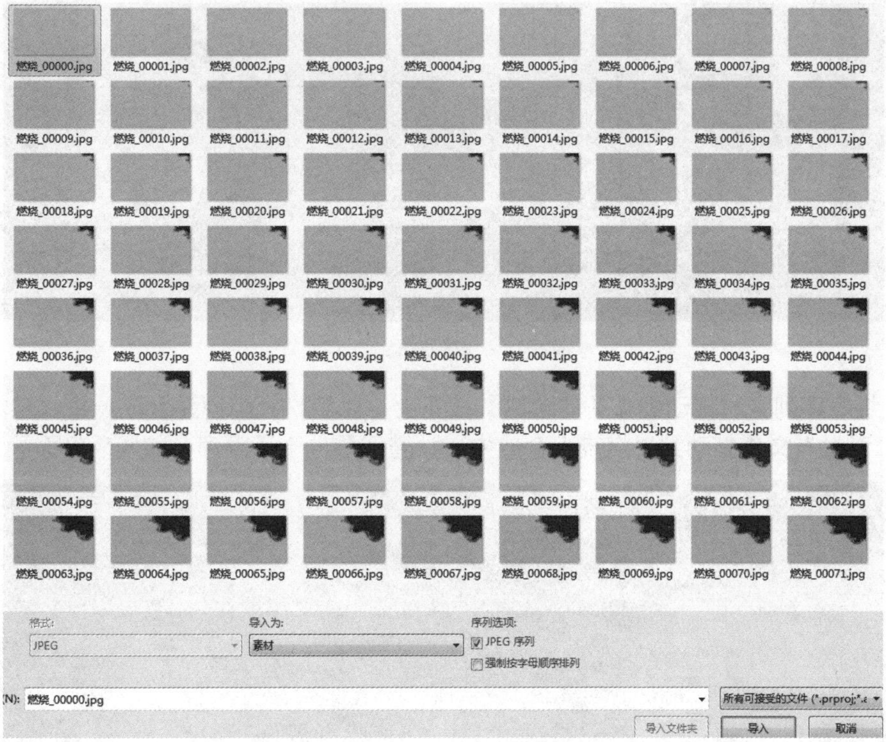

图5-67

02 双击【项目】面板，导入"燃烧通道"序列素材，勾选【Targa序列】复选框，在【解释素材】对话框中，选择【直接-无遮罩】，单击【确定】按钮完成导入，如图5-68所示。

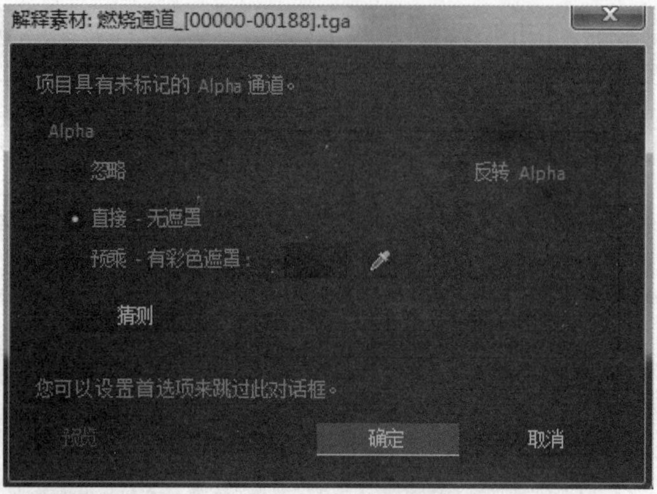

图5-68

03 双击【项目】面板，导入"素材.jpg"文件，如图5-69所示。

图5-69

04 将"燃烧"序列素材拖动到【新建合成】按钮上，以素材大小创建合成。将"燃烧通道"素材文件和"素材"文件拖动到"燃烧"合成中，调整图层的上下顺序，如图5-70所示。

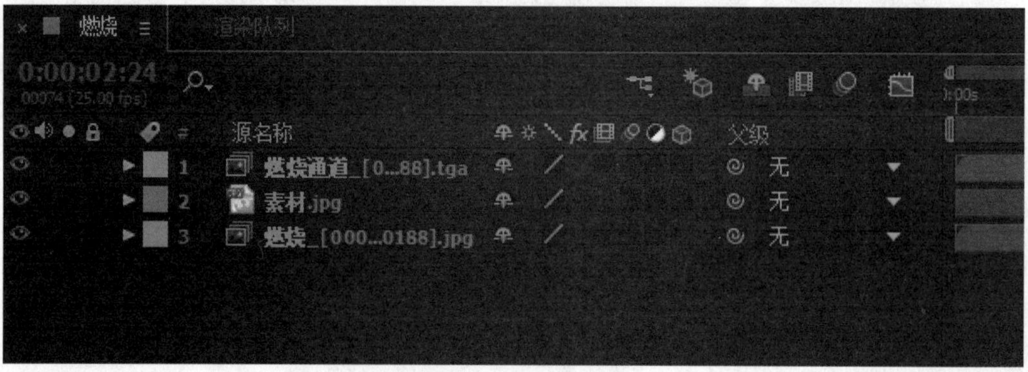

图5-70

05 选择"素材"图层,执行【图层】|【跟踪遮罩】|【Alpha遮罩】命令,如图5-71所示。

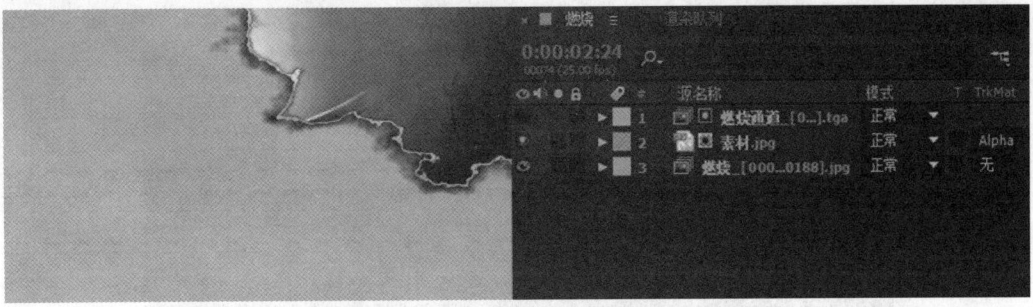

图5-71

06 选择"燃烧"图层,执行【效果】|【风格化】|【发光】命令,在【效果控件】面板中,调整【发光】属性。将【发光阈值】参数调整为95%,【发光半径】参数调整为100.0,【发光强度】调整为7.0,【发光操作】调整为【滤色】,【颜色A】调整为黄色,如图5-72所示。

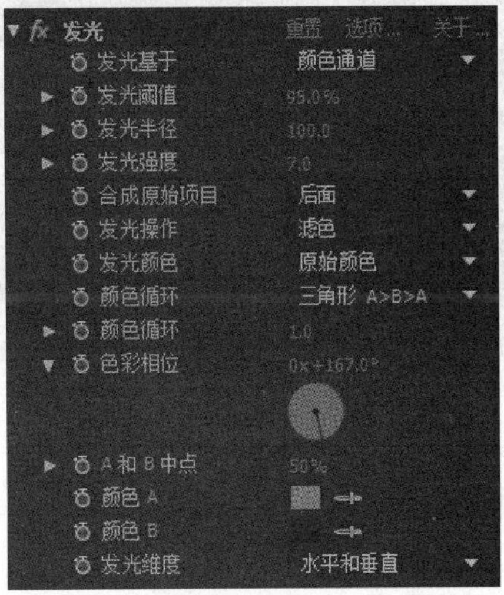

图5-72

07 选择"燃烧"图层,执行【效果】|【颜色校正】|【更改为颜色】命令,在【效果控件】面板中,调整【更改为颜色】属性。将【自】调整为红色,【至】调整为橘黄色,【亮度】参数调整为90%,如图5-73所示。

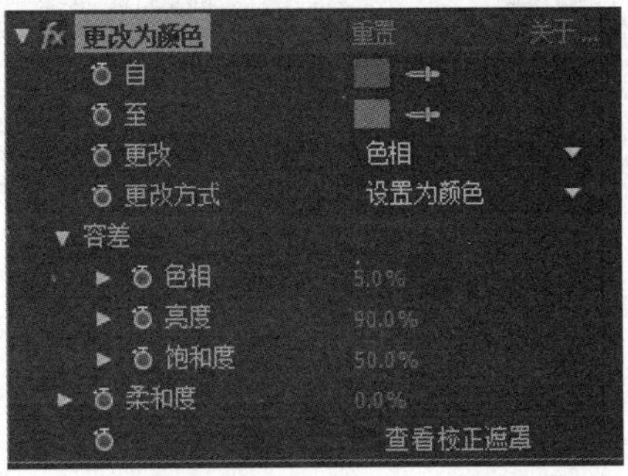

图5-73

08 在【时间轴】面板的空白区域单击鼠标右键，执行【新建】|【纯色】命令，在【纯色设置】面板中将颜色调整为黑色，单击【确定】按钮完成创建，如图5-74所示。

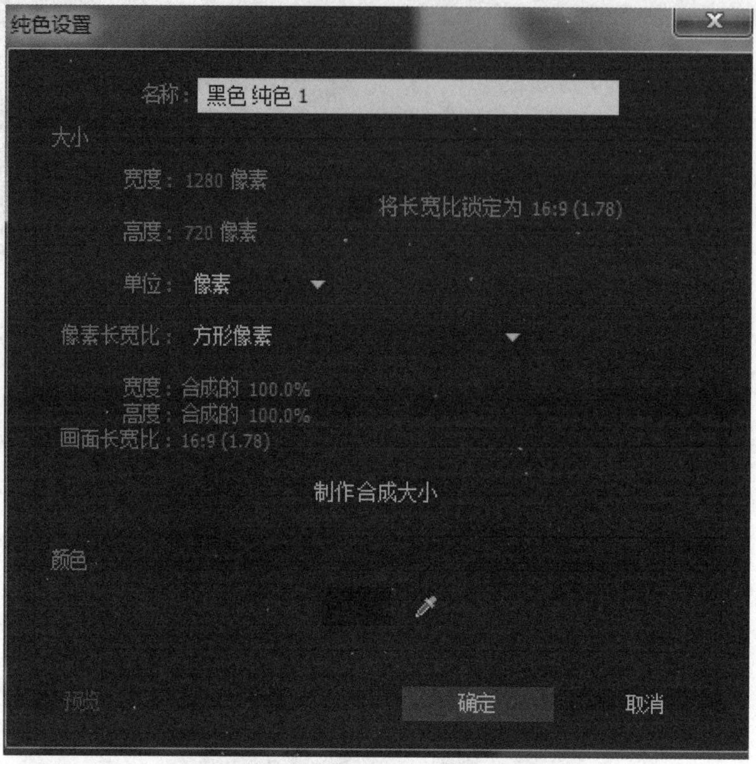

图5-74

09 选择"黑色 纯色1"图层，双击【椭圆工具】创建蒙版。在"蒙版1"属性中，勾选【反转】复选框，将【蒙版羽化】参数调整为312.0,312.0，【蒙版不透明度】参数调整为70%，如图5-75所示。

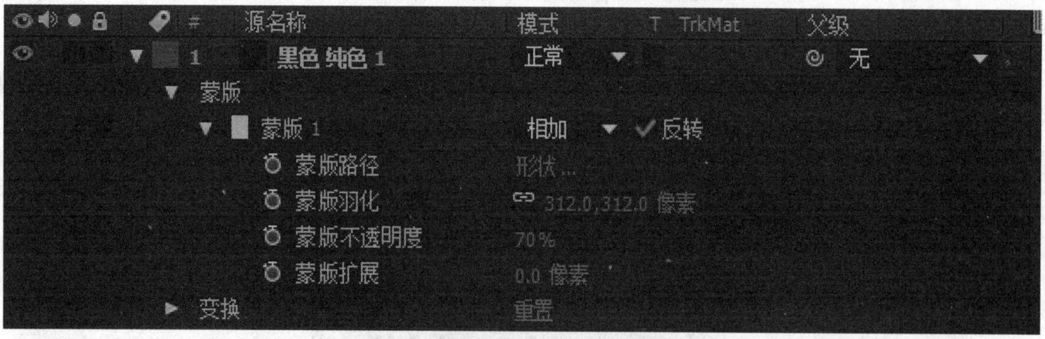

图5-75

至此，本案例制作完成，我们可以通过【播放】来观察动画效果。

第6章

文本动画

文字是记录信息的图像符号，在影视后期的制作中，文字不仅可以作为信息传达的媒介，同样也在画面中扮演着重要的设计元素。在After Effects中，用户可以通过【文本工具】创建各种类型的文字动画效果，通过设置文本属性优化文字效果。本章将详细介绍创建文本、编辑文本、文字动画、文本效果等基础知识和操作。

6.1 创建与编辑文本

6.1.1 创建文本

在After Effects中，可以通过以下方式创建文本。

1. 使用文本工具创建文本

在工具栏中，使用鼠标左键单击文本工具按钮，文本工具分为【横排文本工具】T和【直排文本工具】IT两种，在【合成】窗口中单击鼠标左键确定文字输入的位置，当出现文字光标后，即可输入文字，文本图层的名称也随着输入文字的内容而发生改变。

2. 使用文本命令创建文本

执行【图层】|【新建】|【文本】命令，或使用快捷键Ctrl+Shift+Alt+T创建文本图层，此时，文本光标将出现在【合成】窗口的中心位置，在【时间轴】面板中将出现文本图层，用户可以直接输入文字。

3. 双击文本工具创建文本

在工具栏中双击文本工具，在【合成】窗口中出现文字光标，直接输入文本即可。

4. 使用【时间轴】面板创建文本

在【时间轴】面板的空白区域单击鼠标右键，在弹出的菜单中执行【新建】|【文本】命令来新建文本图层，此时，文本光标将出现在【合成】窗口的中心位置，直接输入文本即可。

在After Effects中，文本分为点文本和段落文本两种，使用点文本输入的文本长度会随着字符的增加而变长，不会自动换行；段落文本是把文本的显示范围控制在一定的区域内，文本基于边界的位置而自动换行，可以通过调整边界的大小来控制文本的显示数量，如图6-1所示。

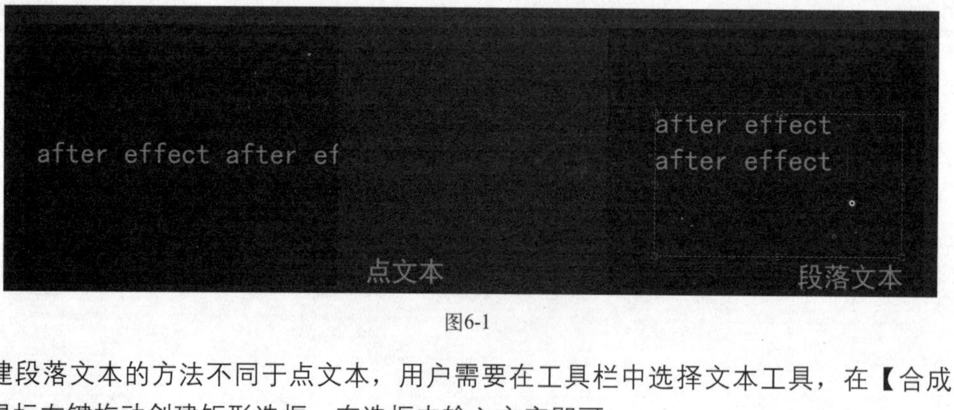

after effect after ef

after effect
after effect

点文本　　　　　　　　　　　　　　段落文本

图6-1

创建段落文本的方法不同于点文本，用户需要在工具栏中选择文本工具，在【合成】窗口中按住鼠标左键拖动创建矩形选框，在选框内输入文字即可。

> **提示**
>
> 当用户需要在点文本和段落文本之间进行转换时，需要在【时间轴】面板中选择文本图层，在工具栏中选择文本工具，在【合成】窗口中单击鼠标右键，在弹出的菜单中选择【转换为点文本】或【转换为段落文本】命令，如图6-2所示。

图6-2

6.1.2 编辑文本

创建文本后，可以根据合成需求来调整文本的大小、位置、颜色、内容和文本方向等属性。

1. 修改文字内容

在工具栏中选择文本工具，在【合成】窗口中单击需要修改的文本，按住鼠标左键拖动选择需要修改的文本范围，输入新文本即可完成修改内容的操作，如图6-3所示。

图6-3

> **提 示**
>
> 用户也可以在【时间轴】面板中双击文本图层，此时文本图层为全部选择状态，用户可以直接输入文本，完成内容的全部替换。

2. 更改文本方向

文本的方向是由输入文本时所选取的文本工具来决定的。当选择【横排文本工具】输入文本时，文本从左到右排列，多行横排文本上从往下排列；当选择【直排文本工具】输入文本时，文本从上到下排列，多行直排文本从右往左排列，如图6-4所示。

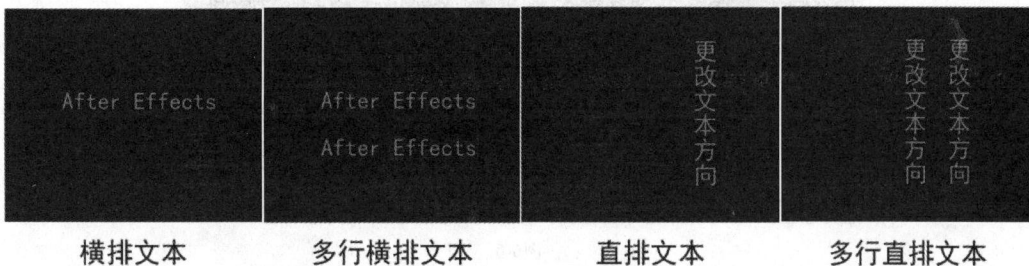

| 横排文本 | 多行横排文本 | 直排文本 | 多行直排文本 |

图6-4

如果用户需要更改文本的方向，先选中需要修改方向的文本图层，使用文本工具，在【合成】窗口中单击鼠标右键，在弹出的菜单中选择【水平】或【垂直】命令，如图6-5所示。

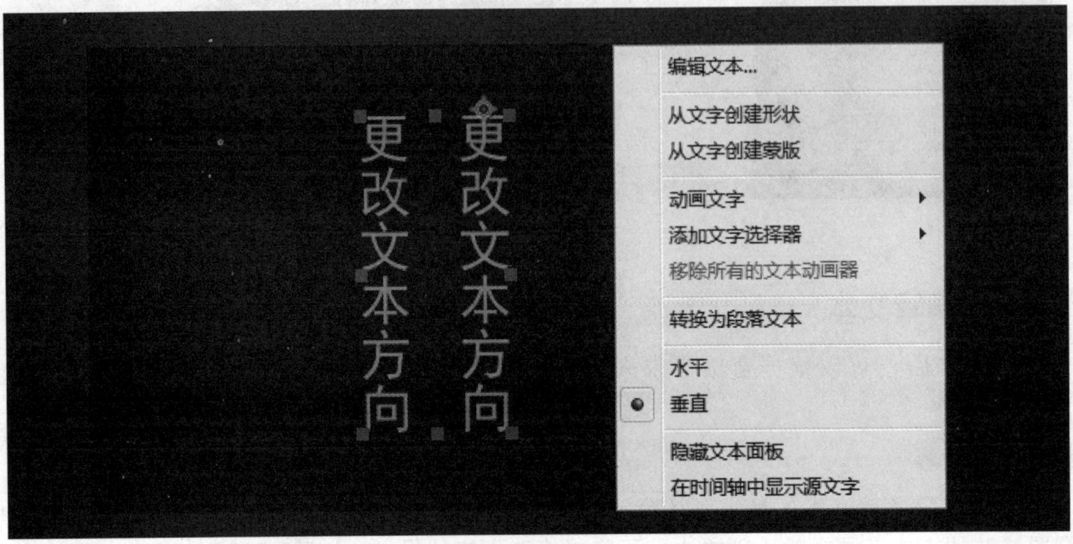

图6-5

3. 将来自 Photoshop 的文本转换为可编辑文本

将来自 Photoshop 的文本转换为可编辑文本，可以使来自Photoshop的文本图层保持其样式并且在 After Effects 中仍然是可编辑的。

01 双击【项目】面板，导入"文本转换.psd"素材文件，将【导入种类】设置为【合成】，如图6-6所示。

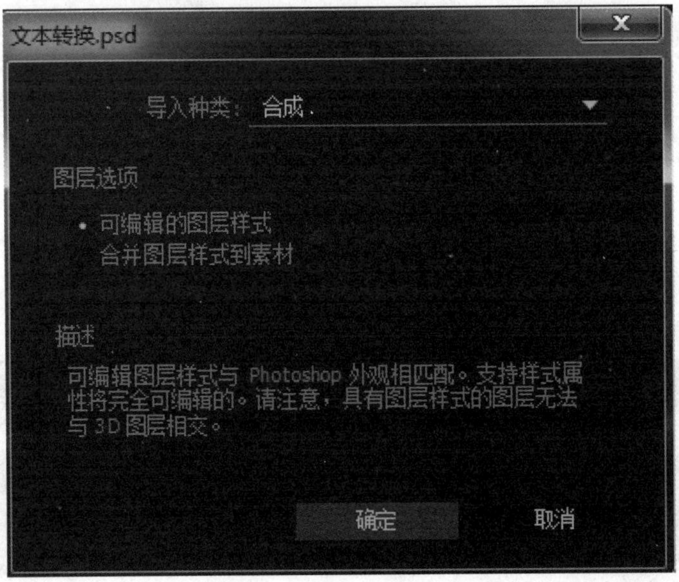

图6-6

02 双击"文本转换"合成，进入合成编辑面板，如图6-7所示。

将Photoshop的文本转换为可编辑文本

图6-7

03 在【时间轴】面板中选择文本图层，执行【图层】|【转换为可编辑文字】命令完成转换，如图6-8所示。

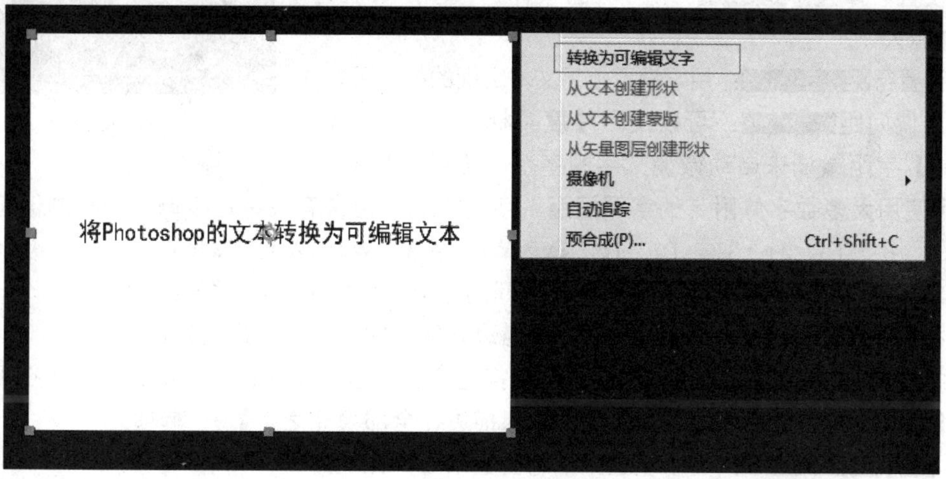

将Photoshop的文本转换为可编辑文本

转换为可编辑文字
从文本创建形状
从文本创建蒙版
从矢量图层创建形状
摄像机
自动追踪
预合成(P)...   Ctrl+Shift+C

图6-8

4. 调整段落文本边界大小

在【时间轴】面板中双击文本图层，激活文本的编辑状态，在【合成】窗口中将鼠标移动至文本边界位置四周的控制点上，当鼠标变为双向箭头时，按住鼠标左键进行拖动。

> **提 示**
>
> 按住Shift键进行拖动时，可保持边界的比例不变。

6.2 设置文本格式

用户可以通过【字符】面板，修改文本的字体、颜色、行间距等属性。同时还可以通过【段落】面板，设置文本的对齐方式、缩进等。

6.2.1 字符面板

如果选择了文本，在【字符】面板中的设置将仅影响选定文本。如果没有选择任何文本图层，在【字符】面板中的编辑设置将成为新建文本的默认参数。【字符】面板主要包括以下选项，如图6-9所示。

☆ 设置字体系列 CGuYinPRC：用于设置文本的字体。

☆ 设置字体样式 ：用于设置字体的样式。

☆ 吸管工具 ：单击【吸管工具】可以吸取当前界面上的任意颜色，用于填充颜色或描边颜色的指定。

☆ 填充/描边颜色 ：单击色块，在弹出的【文本颜色】对话框中，可以设置文本的颜色。

☆ 设置为黑色/白色 ：单击色块，可以快速地将文本颜色设置为纯黑或纯白色。

☆ 设置字体大小 172 像素：用于设置字体的大小，数值越大，字体越大。

☆ 设置行距 自动：用于设置上下文本之间的行间距。

☆ 字偶间距 度量标准：可以使用【度量标准】字距微调或【视觉】字距微调来自动微调文字的字距。【度量标准】字偶间距使用大多数字体附带的字偶间距。字距微调对包含有关特定字母的间距的信息。其中包括：LA、P.、To、Tr、Ta、Tu、Te、Ty、Wa、WA、We、Wo、Ya和Yo。

图6-9

☆ 字符间距 0：用于设置字符之间的距离，数值越大，字符相距越大。

☆ 描边宽度 1 像素：用于设置文本的描边宽度，数值越大，描边越宽。

☆ 描边方式 在填充上描边：用于设置文本的描边方式，包括【在描边上填充】、【在填充上描边】、【全部填充在全部描边之上】和【全部描边在全部填充之上】4个选项。

☆ 垂直缩放 100 %：用于设置文本的垂直缩放的比例。

☆ 水平缩放 100 %：用于设置文本的水平缩放的比例。

☆ 设置基线偏移 0 像素：正值将横排文本移到基线上面，将直排文本移到基线右侧；负值将文本移到基线下面或左侧。

☆ 设置比例间距 0 %：用于指定文本的比例间距，比例间距将字符周围的空间缩减指定的百分比值。字符本身不会被拉伸或挤压。

☆ 仿粗体 T：设置文本为粗体。

☆ 仿斜体 T：设置文本为斜体。

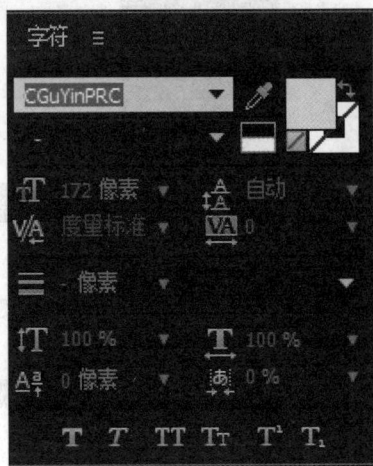

☆ 全部大写字母**TT**：将选中的字母全部转换为大写。

☆ 小型大写字母**Tr**：将所有的文本都转换为大写，但对于小写的字母使用较小的尺寸进行显示。

☆ 上标**T¹**：将选中的文本转换为上标。

☆ 下标**T₁**：将选中的文本转换为下标。

6.2.2　字体安装

在【设置字体系列】选项中，可以设置文本的字体，After Effects中显示的字体是系统中自带的字体。为了满足设计的需求，有时候用户需要自己手动安装一些特殊字体。

01 选择需要安装的字体，如图6-10所示。

图6-10

02 使用快捷键Ctrl+C复制字体，打开"C：\Windows\Fonts"文件夹，使用快捷键Ctrl+V粘贴字体即可。重新启动After Effects，新的字体将显示在【设置字体系列】的下拉列表当中。

6.2.3　段落面板

当用户创建了段落文本后，可以通过【段落】面板来设置文本的对齐方式、缩进方式等。【段落】面板主要包括以下选项，如图6-11所示。

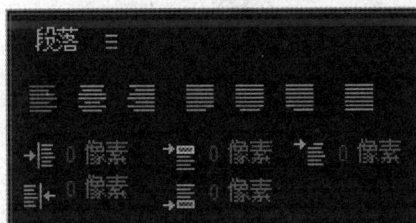

图6-11

☆ 左对齐文本■：将文本左对齐。

☆ 居中对齐文本■：将文本居中对齐。

☆ 右对齐文本■：将文本右对齐。

☆ 最后一行左对齐▇：将段落中的最后一行左对齐。

☆ 最后一行居中对齐▇：将段落中的最后一行居中对齐。

☆ 最后一行右对齐▇：将段落中的最后一行右对齐。

☆ 两端对齐▇：将段落中的最后一行两端分散对齐。

☆ 缩进左边距▇：从段落左侧开始缩进文本。

☆ 段前添加空格▇：在段落前添加空格，用于设置段落前的间距。

☆ 首行缩进▇：缩放首行文本。

☆ 缩进右边距▇：从段落右侧开始缩进文本。

☆ 段后添加空格▇：在段落后添加空格，用于设置段落后的间距。

| 6.3 文本动画

After Effects中的文本图层与其他图层一样，不仅可以利用图层本身的【变换】属性组制作动画效果，同时可以通过内置的文本动画控制器制作单独文字动画或整个文本图层的动画，这就使用户有了更多的选择，可以制作丰富多彩的文字动画效果。

6.3.1 源文本动画

在【时间轴】面板中，选择文本图层，展开【文本】选项组，通过选择【源文本】选项，可以制作源文本动画。通过【源文本】选项，用户可以直接编辑文本内容、字体、大小、颜色等属性，并将这些变换记录下来。

制作源文本动画的操作步骤如下。

01 执行【图层】|【新建】|【文本】命令，在【时间轴】面板中创建文本图层，并输入文字"源文本动画"，如图6-12所示。

图6-12

02 在【时间轴】面板中选择"源文本动画"图层，展开【文本】选项组，激活【源文本】属性的【时间变化秒表】按钮，创建关键帧，如图6-13所示。

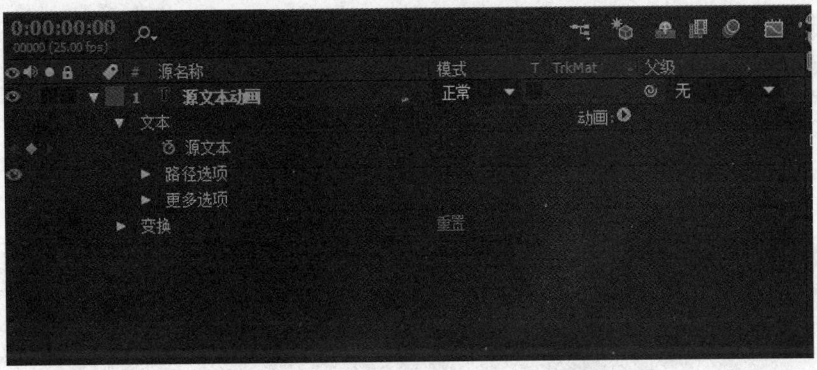

图6-13

03 使用文字工具选择"源"文字，将【时间指示器】移动至0:00:01:00位置，修改文字的大小和颜色，如图6-14所示。

图6-14

04 使用相同方法制作其他文字的动画效果，调整文本的整体位置属性，如图6-15所示。

图6-15

▌6.3.2　路径动画

在【时间轴】面板中，选择文本图层，展开【路径选项】选项组，通过【路径选项】选项，可以制作路径动画。

当文本图层中只有文字时，【路径选项】显示为【无】，只有为文本图层添加蒙版后，才可以指定当前蒙版作为文字的路径来使用，如图6-16所示。

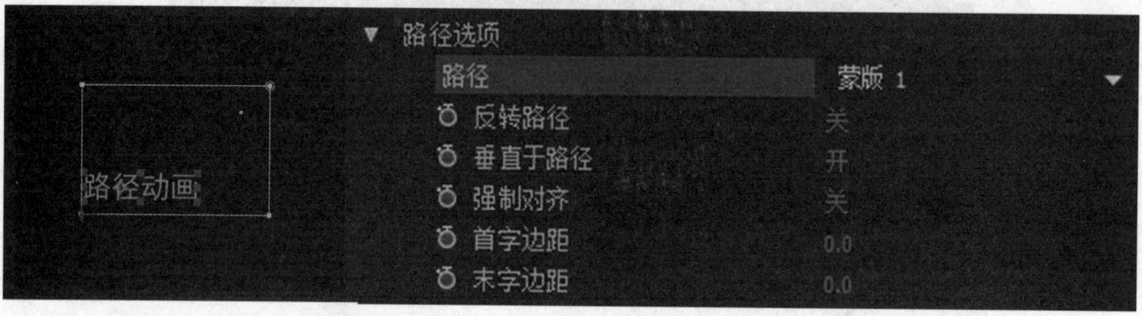

图6-16

☆ 反转路径：用于设置路径上文字的反转效果。当启用反转路径后，所有文字将反转。

☆ 垂直于路径：用于设置文字是否垂直于路径。

☆ 强制对齐：将第一个字符和路径的起点强制对齐，将最后一个字符和路径的结束点对齐。中间的字符均匀地排列在路径中。

☆ 首字边距：用于设置第一个字符相对于路径起点的位置。

☆ 末字边距：用于设置最后一个字符相对于路径结束点的位置。

制作路径动画的操作步骤如下。

01 执行【图层】|【新建】|【文本】命令，在【时间轴】面板中创建文本图层，并输入文字"路径动画"，如图6-17所示。

图6-17

02 选择文本图层，使用【钢笔工具】在【合成】窗口中绘制任意路径，如图6-18所示。

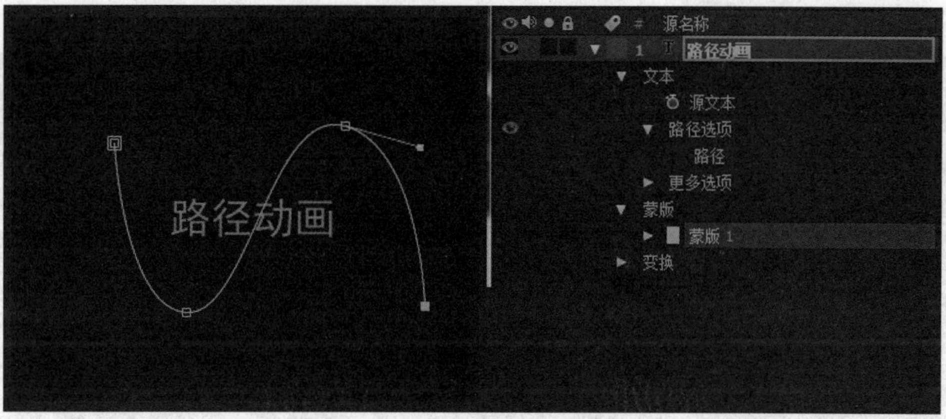

图6-18

03 在【时间轴】面板中选择"路径动画"图层,展开【路径选项】选项组,将路径指定为"蒙版1",如图6-19所示。

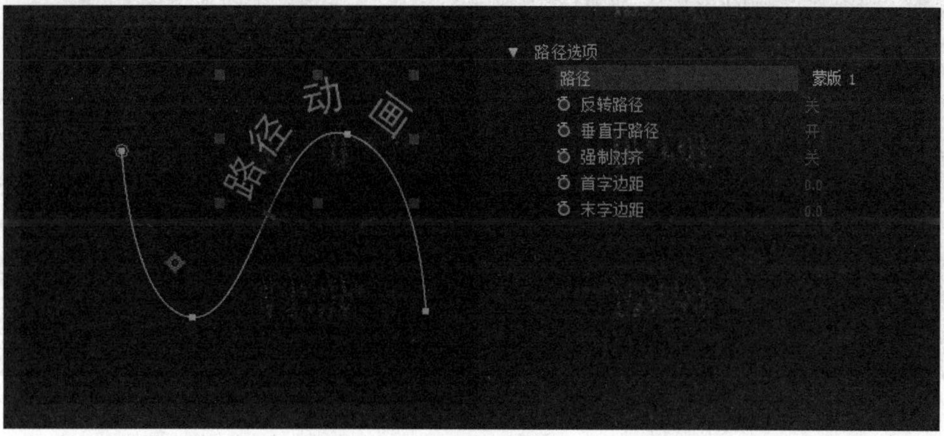

图6-19

04 将【时间指示器】移动至0:00:00:00位置,激活【首字边距】属性的【时间变化秒表】按钮,将数值调整为-994.0,如图6-20所示。

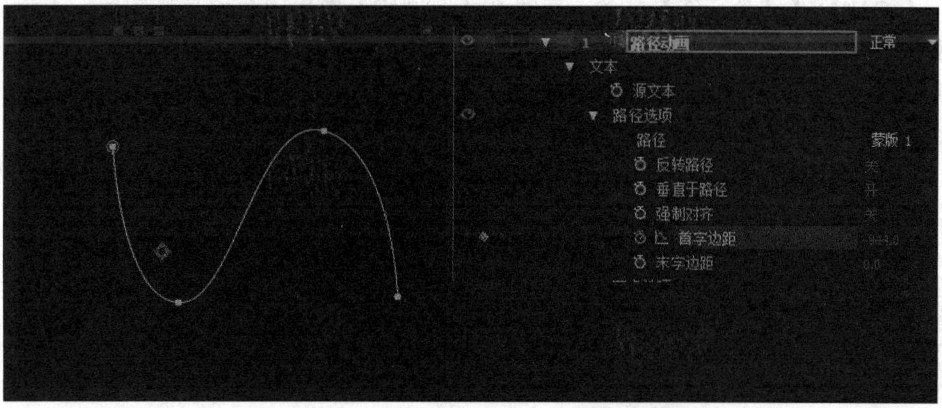

图6-20

05 将【时间指示器】移动至0:00:04:00位置，将【首字边距】数值调整为664.0，如图6-21所示。

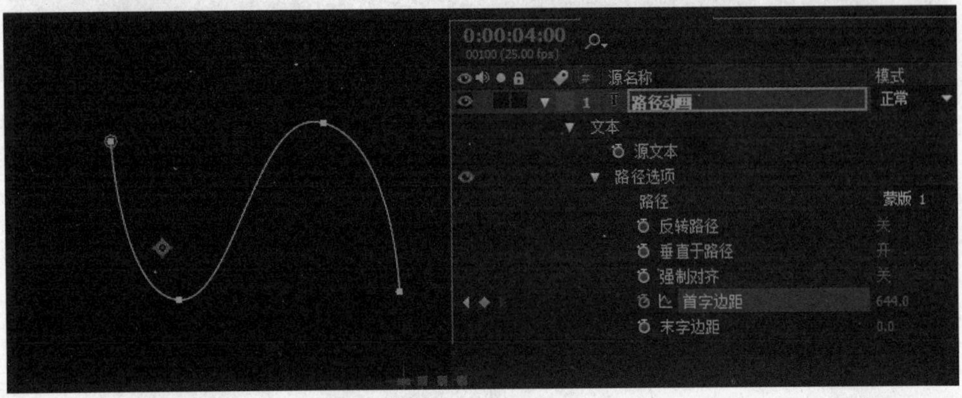

图6-21

06 通过【播放】来观察动画效果，如图6-22所示。

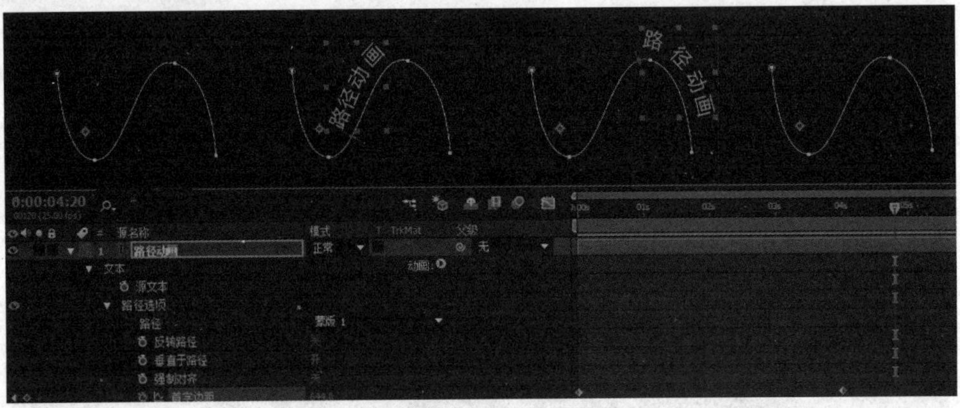

图6-22

6.3.3 动画控制器

在After Effects中，可以通过动画控制器，为文本快速地制作出复杂的动画效果。用户可以通过执行【动画】|【动画文本】命令，或是在【时间轴】面板中选择文本图层，单击【动画】按钮 动画: 制作文本动画，如图6-23所示。当为文本添加动画效果后，每个动画效果都会生成一个新的属性组，在属性组中可以包含一个或多个动画效果。

在动画控制器中，主要包括以下选项。

☆ 启用逐字3D化：通过执行该命令，文本图层将转换为三维图层。具体内容在"三维空间"章节中有详细的介绍。

☆ 锚点：用于设置文本的锚点。

☆ 位置：用于设置文本的显示位置。

☆ 缩放：用于设置文本的缩放尺寸。

☆ 倾斜：用于设置文本的倾斜度，数值越大，倾斜效果越明显。

☆ 旋转：用于设置文本的旋转圈数和角度。

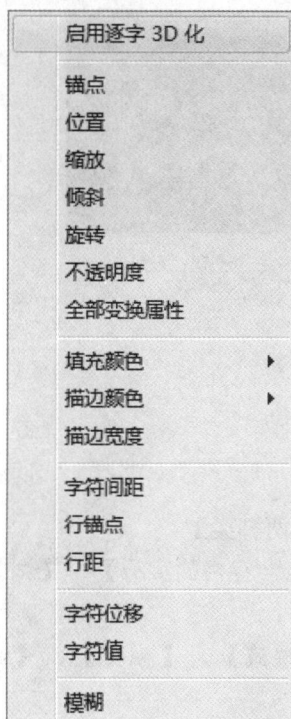

图6-23

☆ 不透明度：用于设置文本的不透明度。

☆ 全部变换属性：用于将所有的变换属性全部添加到动画控制器中。

☆ 填充颜色：用于设置文本的填充颜色，包括【RGB】、【色相】、【饱和度】、【亮度】和【不透明度】5个选项。

☆ 描边颜色：用于设置描边的颜色，包括【RGB】、【色相】、【饱和度】、【亮度】和【不透明度】5个选项。

☆ 描边宽度：用于设置描边的宽度。

☆ 字符间距：用于设置字符间距类型和字符间距大小。

☆ 行锚点：用于设置每行文本中的跟踪对齐方式。

☆ 行距：用于设置每行文字的行距变化。

☆ 字符位移：用于设置字符的偏移量，按照统一的字符编码标准为选择的字符进行偏移处理。

☆ 字符值：用于设置新的字符，按照字符编码标准将字符统一替换。

☆ 模糊：用于文本的模糊效果制作，可分别设置水平和垂直方向上的模糊效果。

6.3.4　范围选择器

当用户为文本图层添加动画效果后，在每个动画效果中都包含了一个范围选择器，用户可以分别添加多个动画效果，这样每个动画效果都包含一个独立的范围选择器，也可以在一个范围选择器中添加多个动画效果，如图6-24所示。

图6-24

在基础范围选择器中，通过【起始】、【结束】、【偏移】选项，来控制选择器影响的范围，如图6-25所示。

图6-25

主要包括以下选项。

☆ 起始：用于设置选择器的有效起始位置。

☆ 结束：用于设置选择器的有效结束位置。

☆ 偏移：用于设置选择器的整体偏移量。

在高级范围选择器中，主要包括以下选项。

☆ 单位：用于设置选择器的单位，分为【百分比】和【索引】两种类型。

☆ 依据：用于设置选择器的依据模式，分为【字符】、【不包含空格的字符】、【词】和【行】4种模式。

☆ 模式：用于设置选择器的混合模式，包括【相加】、【相减】、【相交】、【最小值】、【最大值】和【差值】6种模式。

☆ 数量：用于设置动画效果控制文本的程度，默认为100%，0表示动画效果不产生任何作用。

☆ 形状：用于设置选择器有效范围内字符排列的过渡方式，包括【正方形】、【上斜坡】、【下斜坡】、【三角形】、【圆形】和【平滑】6种方式。

☆ 平滑度：用于设置产生平滑过渡的效果，只有在【形状】类型设置为【正方形】时，该选项才存在。

☆ 缓和高：用于设置从完全选择状态进入部分选择状态的更改速度。

☆ 缓和低：用于设置从部分选择状态进入完全排除状态的更改速度。

☆ 随机排序：用于设置有效范围添加在其他区域的随机性。

制作范围选择器动画的操作步骤如下。

01 执行【图层】|【新建】|【文本】命令，在【时间轴】面板中创建文本图层，并输入文字"范围选择器动画"，如图6-26所示。

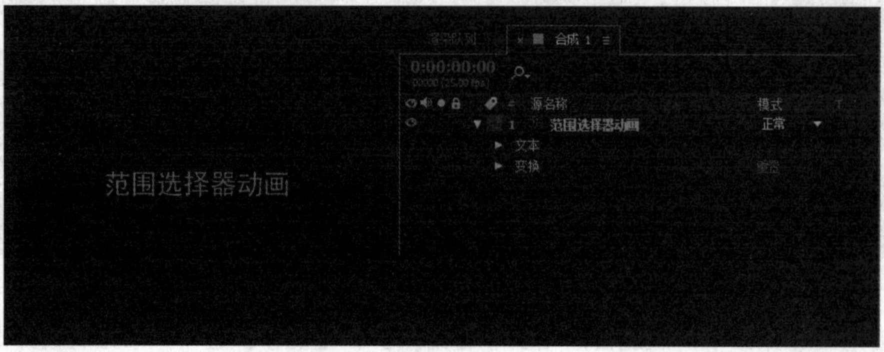

图6-26

02 选择"范围选择器动画"图层，展开【文本】属性，单击【动画】按钮，并在弹出的选项中选择【缩放】命令，如图6-27所示。

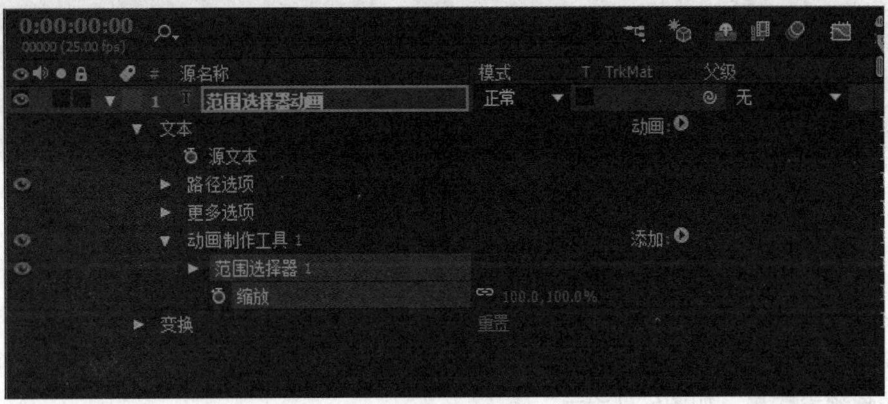

图6-27

03 将【缩放】参数调整为200.0,200.0%，展开【范围选择器1】，将【结束】属性参数调整为14%，将【时间指示器】移动至0:00:00:00位置，激活【偏移】属性的【时间变化秒表】按钮，将数值调整为-14%，如图6-28所示。

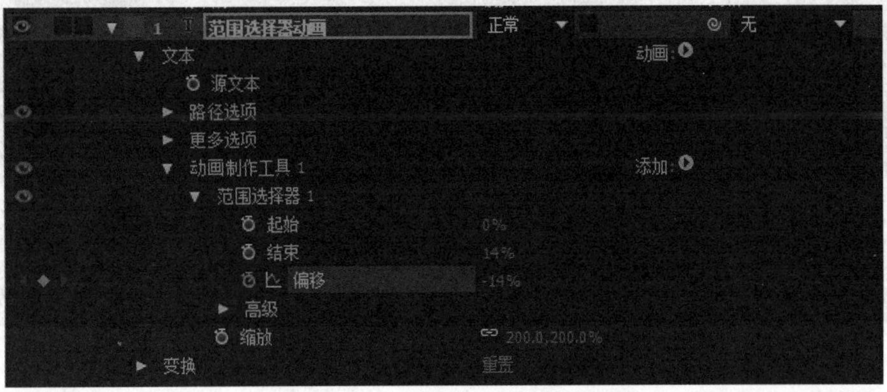

图6-28

04 将【时间指示器】移动至0:00:02:00位置，调整【偏移】属性参数为100%，如图6-29所示。

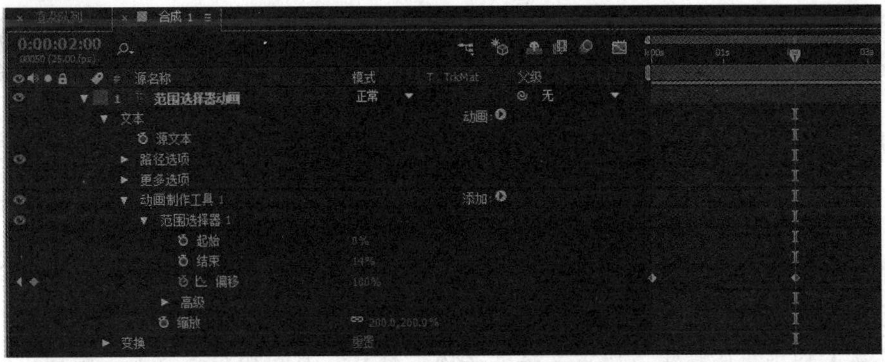

图6-29

05 通过【播放】来观察动画效果，如图6-30所示。

图6-30

6.3.5 文本动画预设

在After Effects中，系统预设了多种文本动画效果，用户可以通过直接添加动画预设快速地创建文本动画。在【效果和预设】面板中，展开【动画预设】选项，在【Text】子选项中，提供了大量的动画预设效果，如图6-31所示。

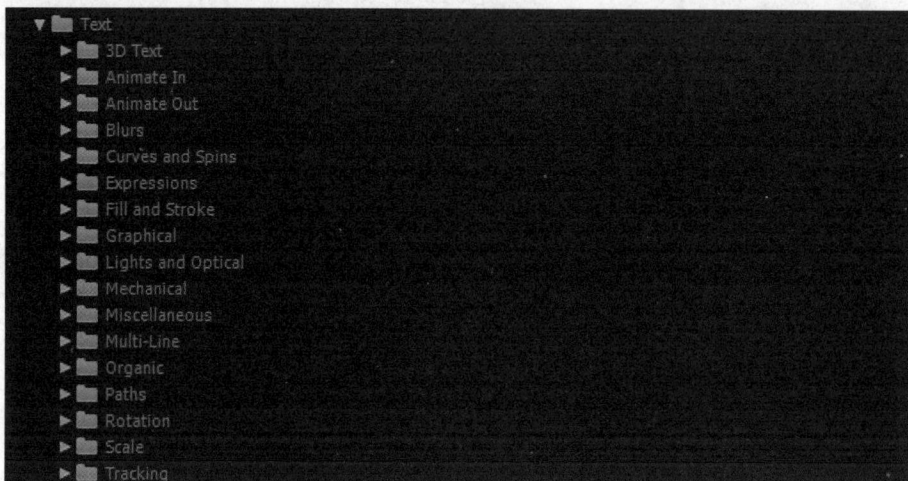

图6-31

为文本添加动画预设效果，需要选择指定的文本图层，将动画预设直接拖动到被选择的文本图层上即可。

6.4 添加文本效果

除了使用文本工具创建文本图层外，用户还可以为普通图层添加文字效果来创建文字。

6.4.1 基本文字效果

【基本文字】效果主要用来创建基础文字，用户首先需要在【时间轴】面板中创建纯色图层，在已经创建好的图层上单击鼠标右键，执行【效果】|【过时】|【基本文字】命令，在弹出的【基本文字】对话框中，可以设置文字的字体、样式、方向和对齐方式。用户可以直接输入文字内容，单击【确定】按钮完成效果创建，如图6-32所示。

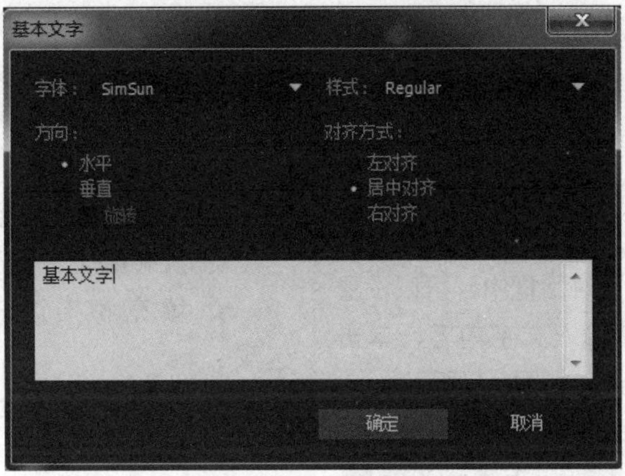

图6-32

在【基本文字】效果中，主要包括以下参数，如图6-33所示。

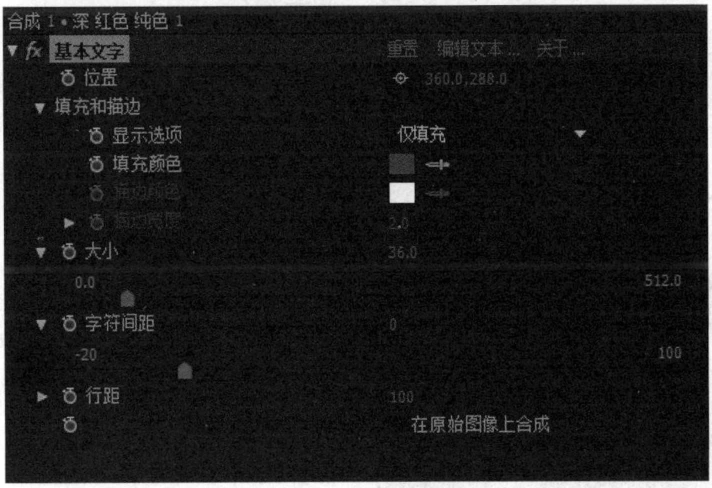

图6-33

☆ 位置：用于设置文字效果的位置。

☆ 显示选项：用于设置文字效果的填充和描边的显示方式，分为【仅填充】、【仅描边】、【在描边上填充】和【在填充上描边】4种选项。

☆ 填充颜色：用于设置填充的颜色，单击色块会弹出【填充颜色】对话框，还可以使用【吸管工具】直接选取颜色。

☆ 描边颜色：用于设置描边的颜色，单击色块会弹出【描边颜色】对话框，还可以使用【吸管工具】直接选取颜色。

☆ 描边宽度：用于设置描边的宽度。

☆ 大小：用于设置文字的大小。

☆ 字符间距：用于设置字符的间距大小。

☆ 行距：用于设置文字的行距大小。

☆ 在原始图像上合成：勾选此复选框，文字效果将与原始图层一起显示。

6.4.2 路径文本效果

【路径文本】效果主要用来创建路径文本动画效果。用户首先需要在【时间轴】面板中创建纯色图层，在已经创建好的图层上单击鼠标右键，执行【效果】|【过时】|【路径文本】命令，在弹出的【路径文本】对话框中，可以设置文字的字体和样式，直接输入文字内容，单击【确定】按钮完成效果创建，如图6-34所示。

图6-34

在【路径文本】效果中，主要包括以下参数，如图6-35所示。

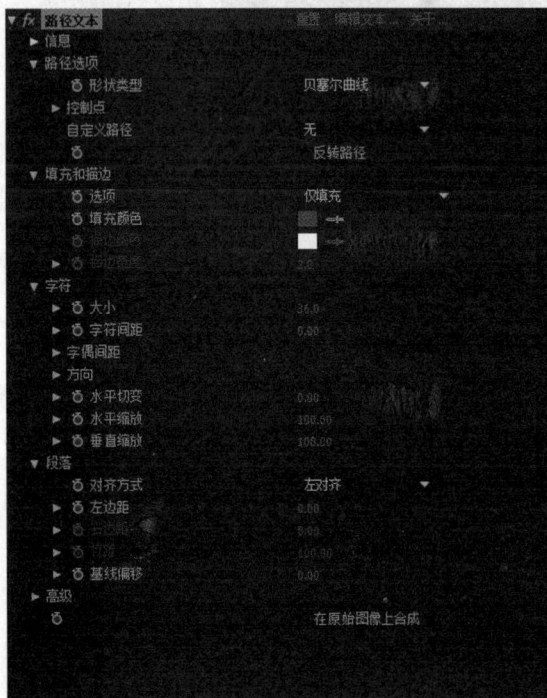

图6-35

☆ 形状类型：用于设置路径的形状，包括【贝塞尔曲线】、【圆形】、【循环】和【线】4种类型。

☆ 自定义路径：用于手动定义路径，图层上如果已经创建路径，可直接指定。

☆ 反转路径：用于制作路径反转效果。

☆ 填充和描边：用于设置填充和描边选项。

☆ 字符：用于设置文字的大小、字符间距、字偶间距、方向、水平切变、水平缩放和垂直缩放等。

☆ 段落：用于设置段落的对齐方式和边距等参数。

☆ 高级：用于设置路径文字的高级属性，如文字的淡化时间、抖动模式等。

☆ 在原始图像上合成：勾选此复选框，路径文本效果将与原始图层一起显示。

6.4.3 编号效果

【编号】效果主要用来创建数字编号效果，用户首先需要在【时间轴】面板中创建纯色图层，在已经创建好的图层上单击鼠标右键，执行【效果】|【文本】|【编号】命令，在弹出的【编号】对话框中，可以设置字体、样式、方向和对齐方式，单击【确定】按钮完成效果创建，如图6-36所示。

图6-36

在【编号】效果中，主要包括以下参数，如图6-37所示。

图6-37

☆ 类型：用于设置编号的类型，包括【数目】、【时间码】、【时间】、【数字日期】、【十六进制的】等10种类型。

☆ 随机值：勾选此复选框，数字将随机变化。

☆ 数值/位移/随机最大：用于设置数字随机变化的最大范围。

☆ 小数位数：用于设置小数点后的位数。

☆ 当前时间/日期：勾选此复选框，将显示为当前系统的时间和日期。

☆ 填充和描边：用来设置填充和描边选项。

☆ 大小：用于设置文字的大小。

☆ 字符间距：用于设置文字的间距大小。

☆ 比例间距：默认为勾选状态，文字间距将为均匀的状态。

☆ 在原始图像上合成：勾选此复选框，编号效果将与原始图层一起显示。

制作编号效果动画的操作步骤如下。

01 执行【图层】|【新建】|【纯色】命令，在【时间轴】面板中创建纯色图层。选择该纯色图层，执行【效果】|【文本】|【编号】命令，在弹出的【编号】对话框中，可以设置字体、样式、方向和对齐方式，单击【确定】按钮完成效果的创建，如图6-38所示。

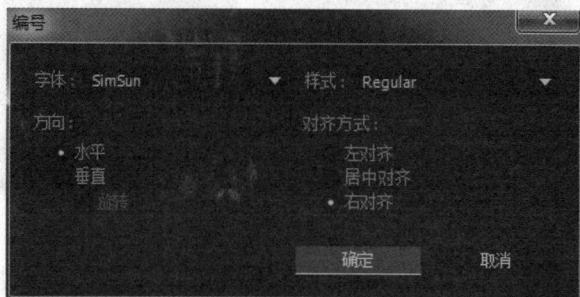

图6-38

02 进入编号效果设置面板,将【数值/位移/随机最大】设置为3.00,【小数位数】设置为0,【位置】设置为403.0,288.0,【填充颜色】设置为白色,【大小】设置为325.0。将【时间指示器】移动至0:00:00:00位置,激活【数值/位移/随机最大】属性的【时间变化秒表】按钮,如图6-39所示。

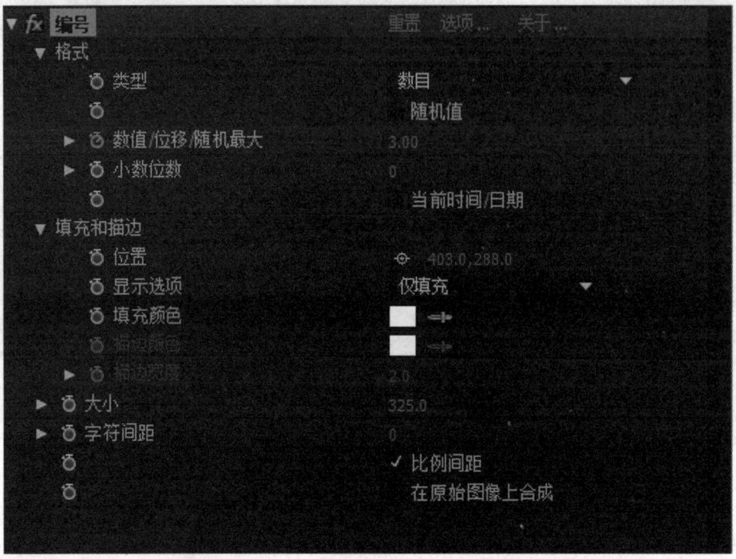

图6-39

03 将【时间指示器】移动至0:00:01:00位置,将【数值/位移/随机最大】属性参数调整为2,如图6-40所示。

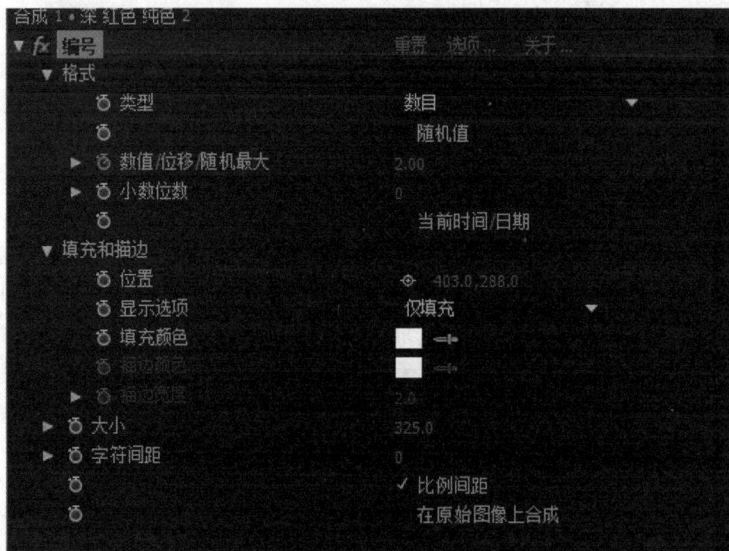

图6-40

04 将【时间指示器】移动至0:00:02:00位置,将【数值/位移/随机最大】属性参数调整为1,如图6-41所示。

图6-41

05 通过【播放】来观察动画效果，如图6-42所示。

图6-42

6.4.4 时间码效果

　　【时间码】效果主要用来创建时间码变化效果，用户首先需要在【时间轴】面板中创建纯色图层，在已经创建好的图层上单击鼠标右键，执行【效果】|【文本】|【时间码】命令，如图6-43所示。

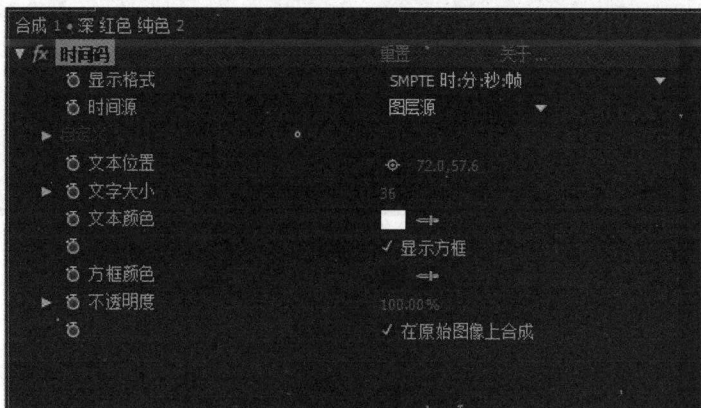

图6-43

在【时间码】效果中，主要包括以下参数。

☆ 显示格式：用于设置时间码显示的格式，包括【SMPTE时:分:秒:帧】、【帧编号】、【英尺+帧(35毫米)】和【英尺+帧(16毫米)】4种选项。

☆ 时间源：用于设置时间码显示的根据，包括【图层源】、【合成】和【自定义】3种方式。

☆ 文本位置：用于设置时间码显示的位置。

☆ 文字大小：用于设置时间码显示的大小。

☆ 文本颜色：用于设置时间码显示的颜色。

☆ 显示方框：用于设置时间码是否显示外框。

☆ 方框颜色：用于设置时间码外框的颜色。

☆ 不透明度：用于设置时间码的不透明度信息。

☆ 在原始图像上合成：默认为勾选状态，时间码效果将与原始图层一起显示。

6.5　制作冰冻文字效果(案例)

本案例是通过创建文本图层，设置文本图层样式，利用图层的叠加方式来模拟冰冻文字的效果。本案例是对蒙版、文本、添加基础效果的综合性运用，如图6-44所示。

图6-44

操作步骤：

01 新建合成。执行【合成】|【新建合成】命令，在【合成设置】面板中设定合成大小，调整合成设置。将合成大小调整为1920×1080像素，修改合成名称，设置像素长宽比为方形像素，合成长度为10秒，如图6-45所示。

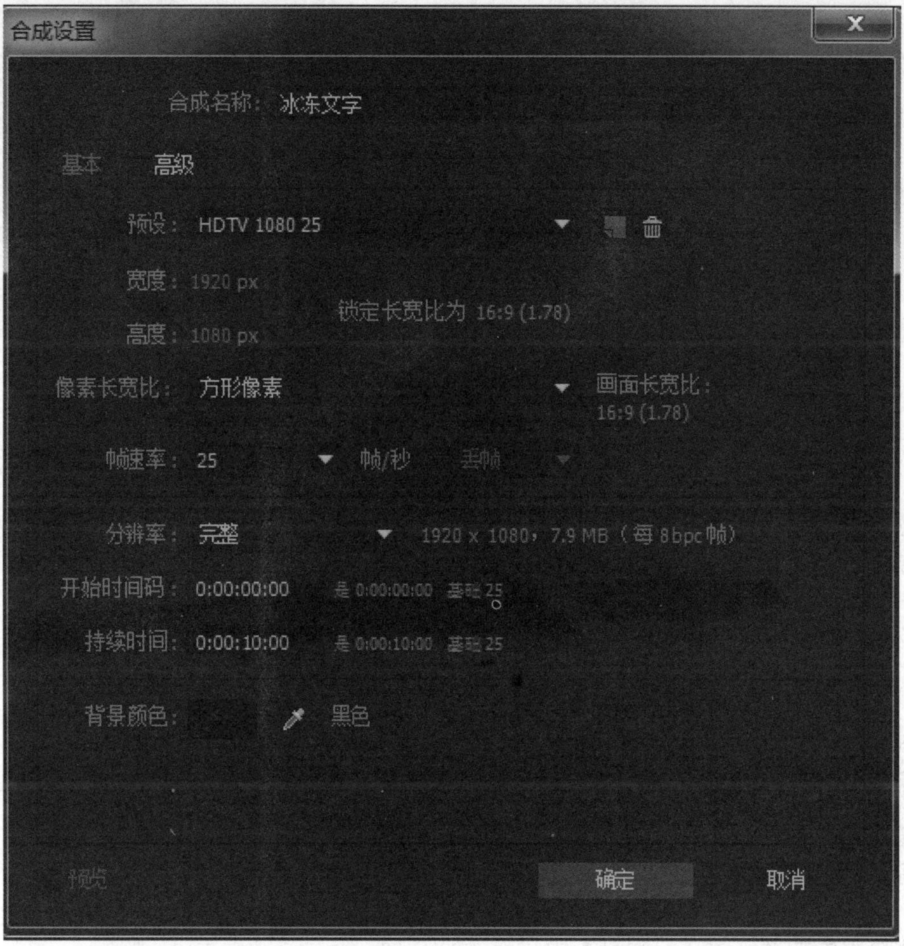

图6-45

02 在【时间轴】面板中单击鼠标右键，执行【新建】|【文本】命令，输入文本名称为"FROZEN"，将【字体系列】设置为"IDDragonLi"，【字体大小】设置为577像素，【位置】属性参数设置为360.0,832.0，如图6-46所示。

图6-46

03 在【时间轴】面板的空白区域单击鼠标右键，执行【新建】|【纯色】命令，在【纯色】设置面板中修改纯色图层名称和颜色，如图6-47所示。

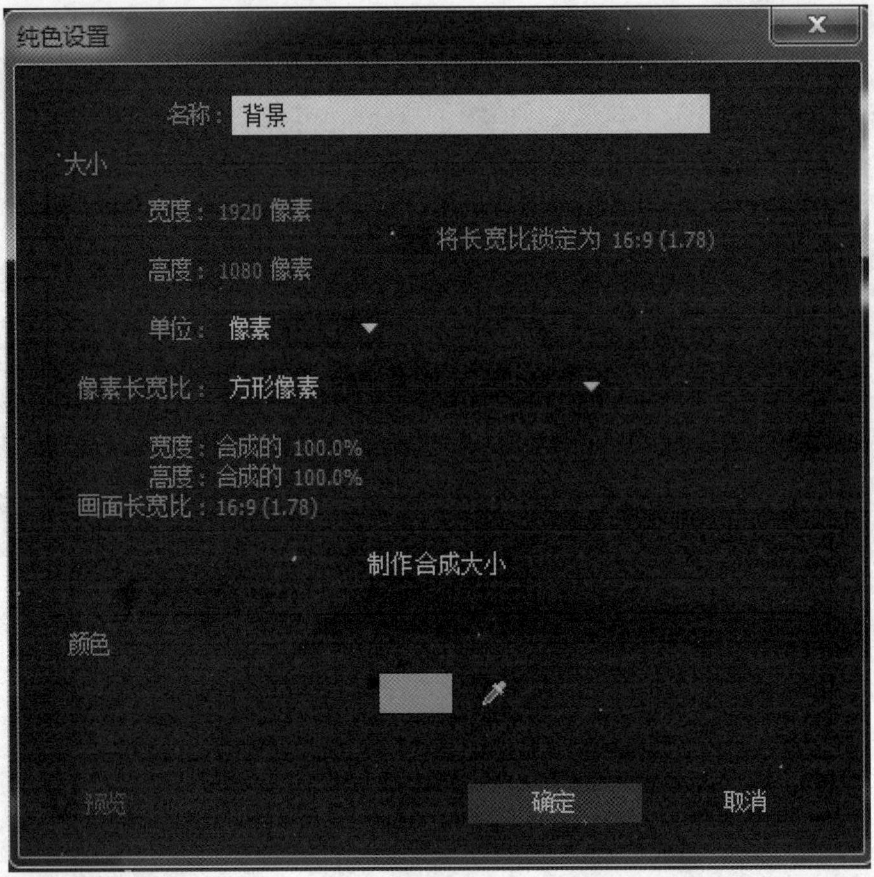

图6-47

04 将"背景"图层移动至【时间轴】面板最下端位置，如图6-48所示。

图6-48

05 选择文本图层，单击鼠标右键，执行【图层样式】|【斜面和浮雕】命令，在【斜面和浮雕】选项中，将【大小】属性参数设置为14.0，【阴影模式】设置为【滤色】，【阴影颜色】设置为白色，将"FROZEN"图层的叠加模式改为【柔光】，如图6-49所示。

图6-49

06 选择"FROZEN"图层，执行【编辑】|【重复】命令，复制出一个新的图层，如图6-50所示。

图6-50

07 选择"FROZEN"图层，执行【图层样式】|【外发光】命令，在【外发光】选项中，将【混合模式】调整为【线性加深】，【不透明度】属性参数设置为40%，【颜色】设置为灰蓝色调，【大小】属性参数设置为33.0，如图6-51所示。

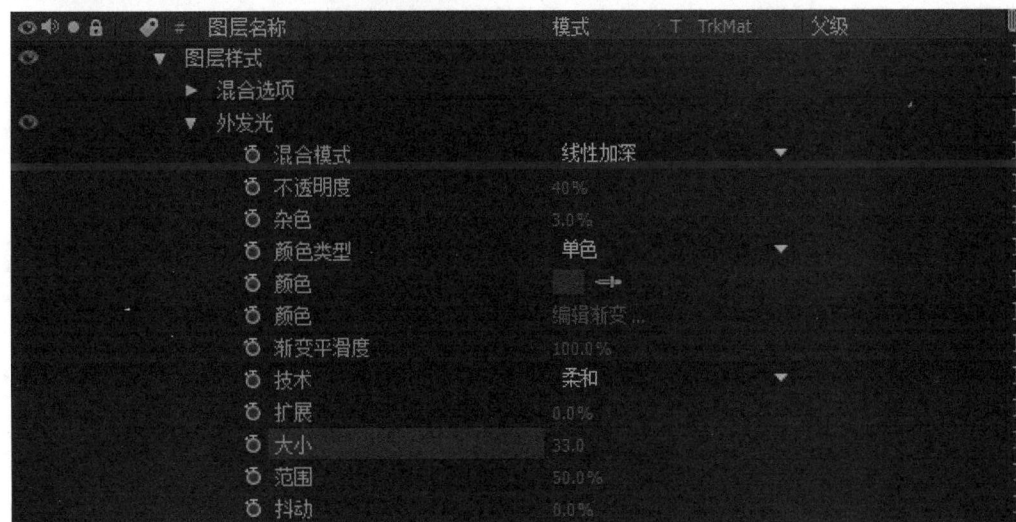

图6-51

08 选择 "FROZEN2" 图层，使用【钢笔工具】在【合成】窗口中绘制闭合路径，用于模拟文字反光效果。将【蒙版羽化】值设置为39.0,39.0像素，如图6-52所示。

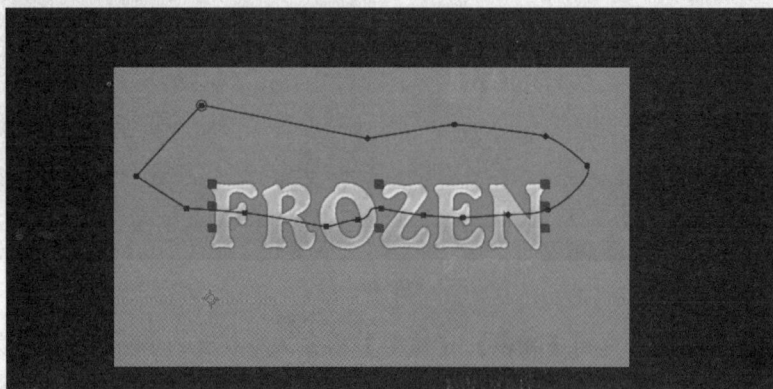

图6-52

09 选择 "FROZEN2" 图层，执行【编辑】|【重复】命令，复制出一个新的图层，如图6-53所示。

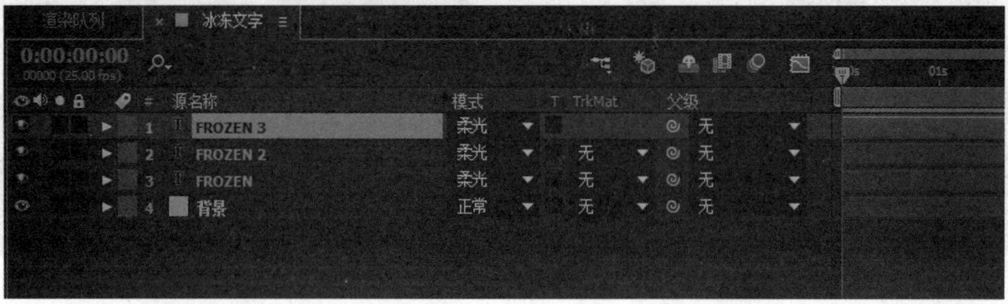

图6-53

10 选择 "FROZEN3" 图层，将图层混合模式调整为【冷光预乘】，将图层【不透明度】属性参数设置为80%，在【图层样式】选项中，调整【斜面和浮雕】的参数设置，将【样式】修改为【外斜面】，【深度】设置为153%，【大小】设置为12.0，如图6-54所示。

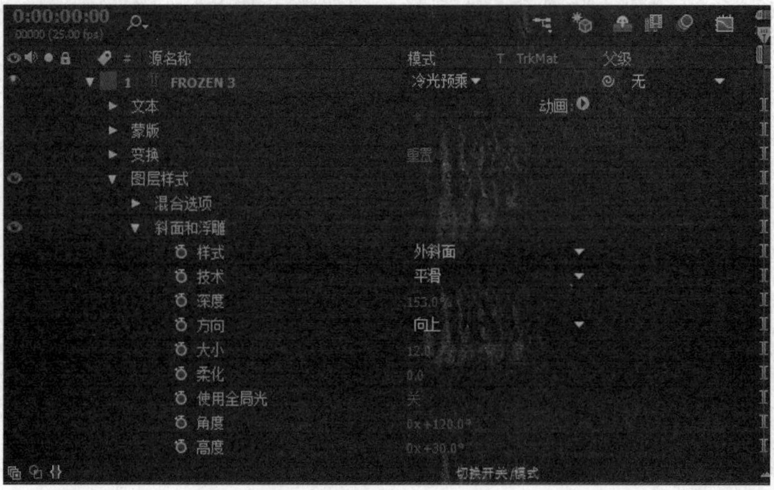

图6-54

11 选择"FROZEN3"图层，将【时间指示器】移动至0:00:01:00位置，激活【蒙版扩展】属性的【时间变化秒表】按钮，将【蒙版扩展】属性参数调整为-138.0像素，如图6-55所示。

图6-55

12 选择"FROZEN3"图层，将【时间指示器】移动至0:00:09:00位置，将【蒙版扩展】属性参数调整为132.0像素，如图6-56所示。

图6-56

13 选择"背景"图层，单击鼠标右键，执行【效果】|【生成】|【梯度渐变】命令，设置【起始颜色】、【结束颜色】，将【渐变散射】属性参数设置为5.2，如图6-57所示。

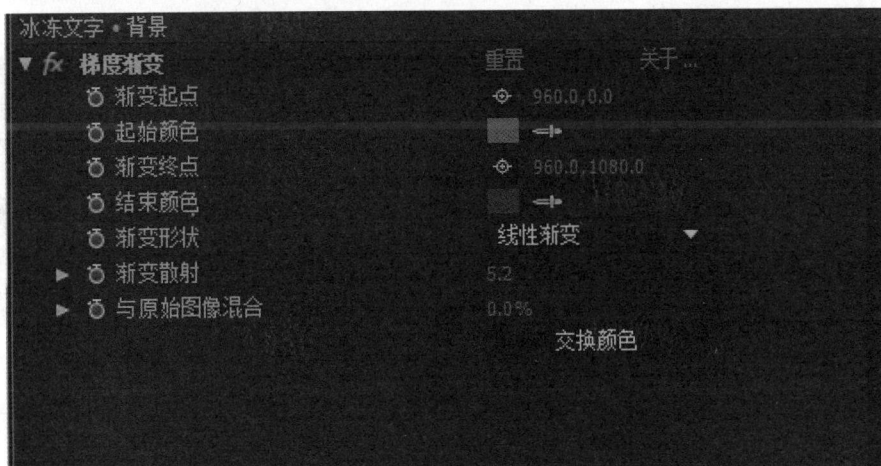

图6-57

14 选择"背景"图层,单击鼠标右键,执行【效果】|【杂色和颗粒】|【分形杂色】命令,设置【分形类型】为【线程】,【杂色类型】为【线性】,勾选【反转】复选框,【对比度】设置为250.0,【亮度】设置为-19.0,【溢出】设置为【剪切】,【复杂度】设置为10.0,【子缩放】设置为58.7,【不透明度】设置为51.0%,【混合模式】设置为【相加】,如图6-58所示。

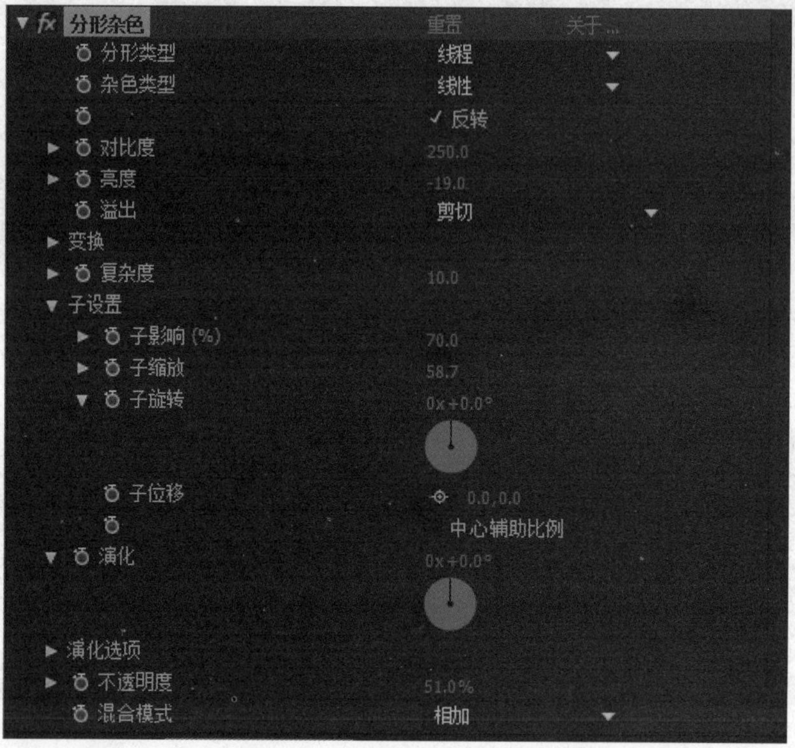

图6-58

15 选择"背景"图层,将【时间指示器】移动至0:00:00:00位置,激活【演化】属性的【时间变化秒表】按钮,如图6-59所示。

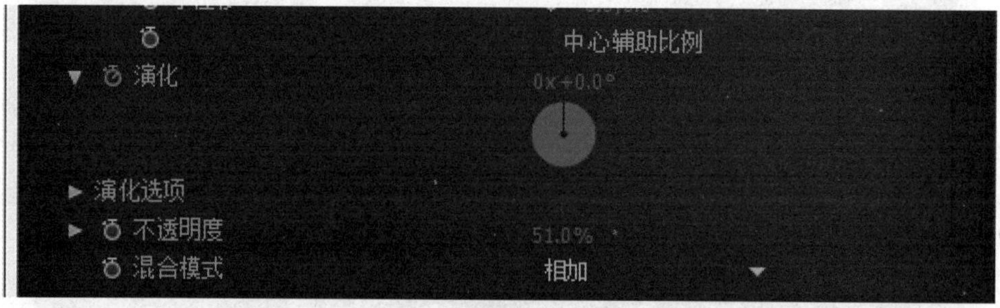

图6-59

16 将【时间指示器】移动至0:00:09:00位置,将【演化】属性参数设置为3×+0.0°,如图6-60所示。

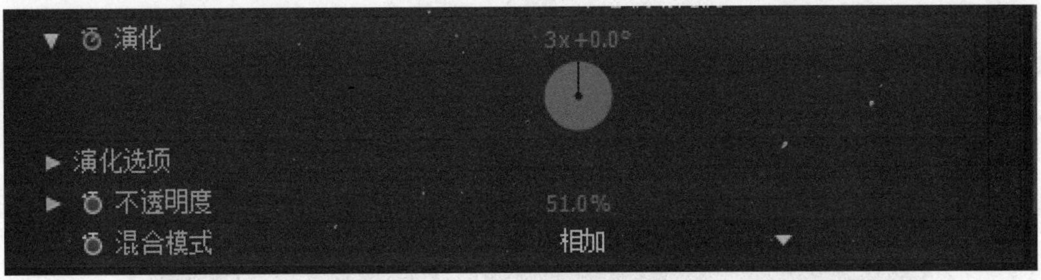

图6-60

17 双击【项目】面板，导入"纹路.jpg"文件，将"纹路.jpg"放置在"背景"图层之上，如图6-61所示。

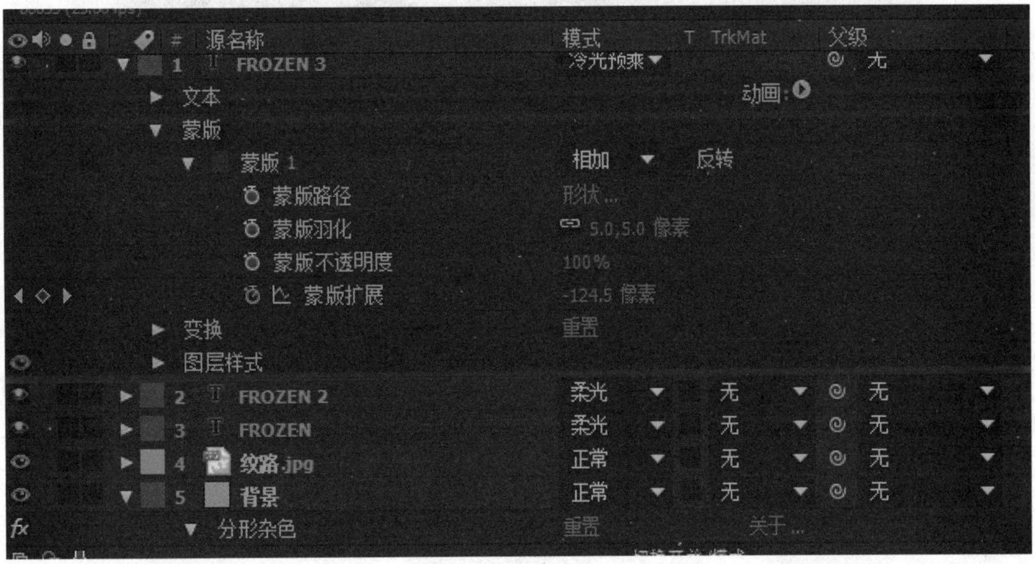

图6-61

18 选择"纹路.jpg"图层，将图层叠加模式调整为【强光】，图层【不透明度】属性参数设置为30%，【缩放】属性参数设置为114.0,114.0%，如图6-62所示。

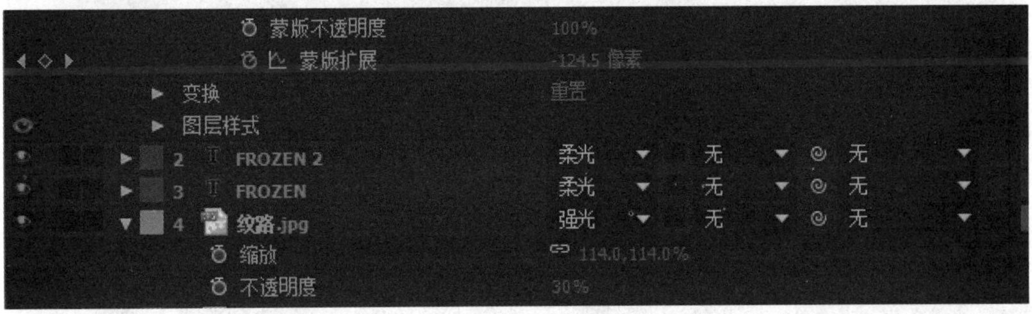

图6-62

19 在【时间轴】面板的空白区域单击鼠标右键，执行【新建】|【纯色】命令，将颜色设置为

黑色，如图6-63所示。

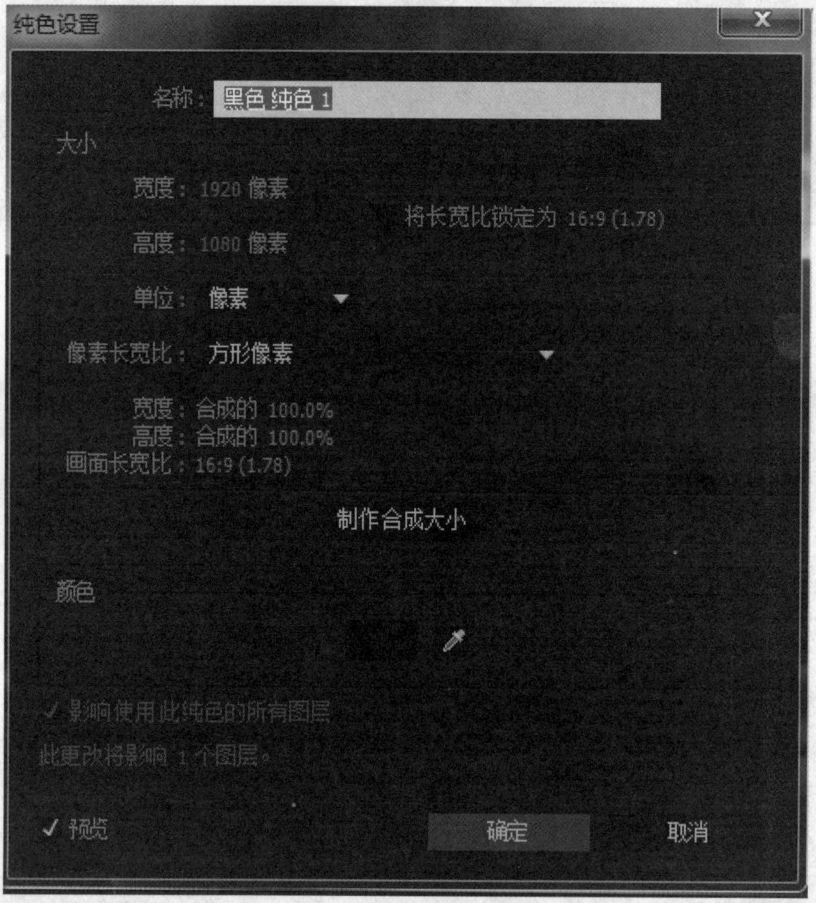

图6-63

20 选择【黑色 纯色1】图层，双击工具栏中的【椭圆工具】命令，创建最大化的椭圆蒙版。勾选【蒙版反转】复选框，如图6-64所示。

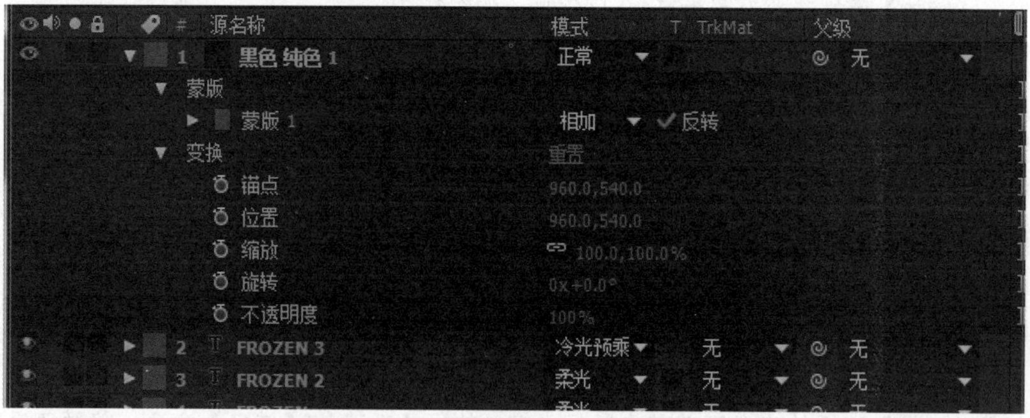

图6-64

21 将【蒙版羽化】属性参数调整为369.0,369.0%，如图6-65所示。

图6-65

22 在【时间轴】面板的空白区域单击鼠标右键，执行【新建】|【调整图层】命令，如图6-66所示。

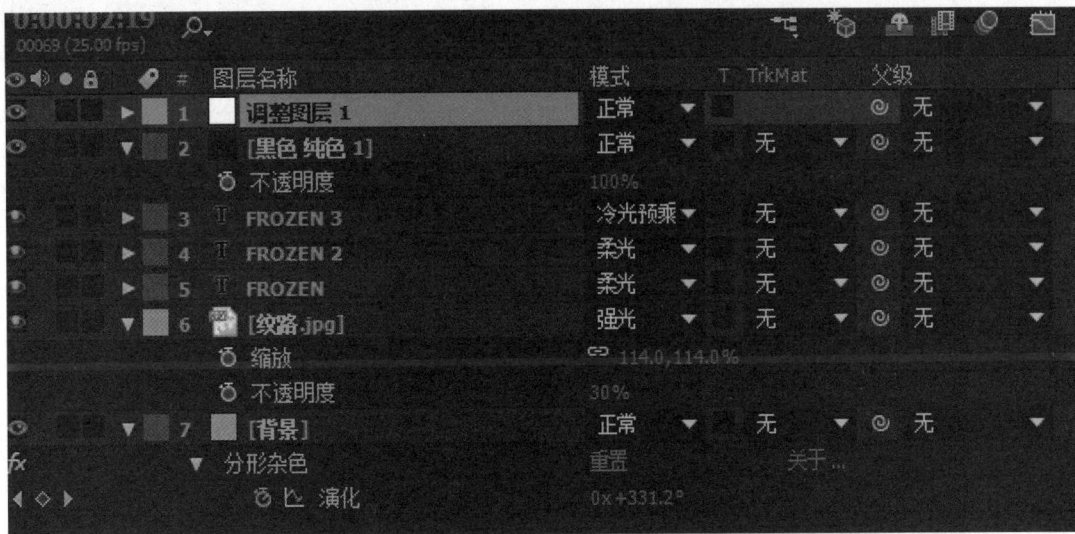

图6-66

23 选择"调整图层1"，单击鼠标右键，执行【效果】|【模拟】|【CC Snowfall】命令，设置相应的选项参数，如图6-67所示。

图6-67

至此，本案例制作完成，我们可以通过【播放】来观察动画效果。

6.6　制作文字动画效果（案例）

本案例是通过创建文本图层，利用文本图层动画属性制作动画效果，配合内置效果完成，如图6-68所示。

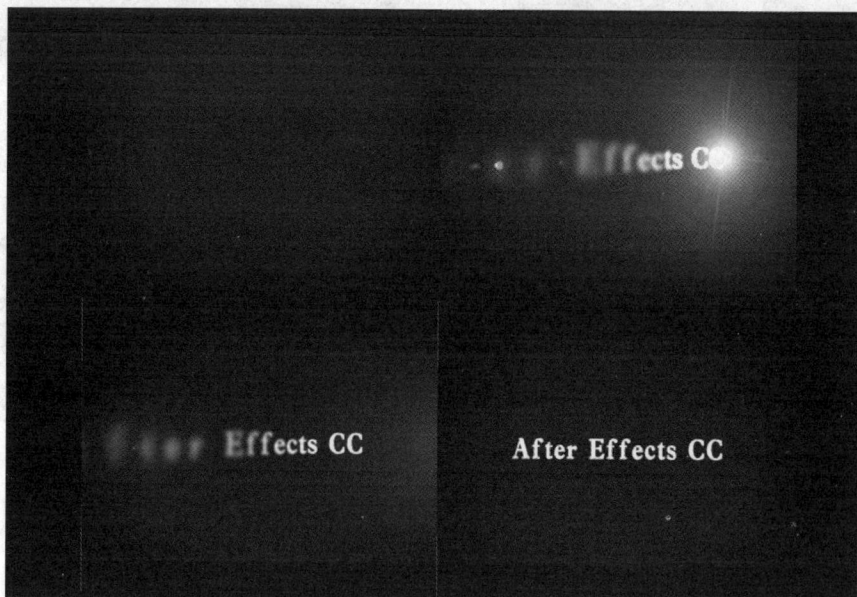

图6-68

操作步骤:

01 新建合成。执行【合成】|【新建合成】命令,在【合成设置】面板中选择【预设】为【PAL D1/DV】,修改合成名称为"文字动画效果",设置合成长度为4秒,如图6-69所示。

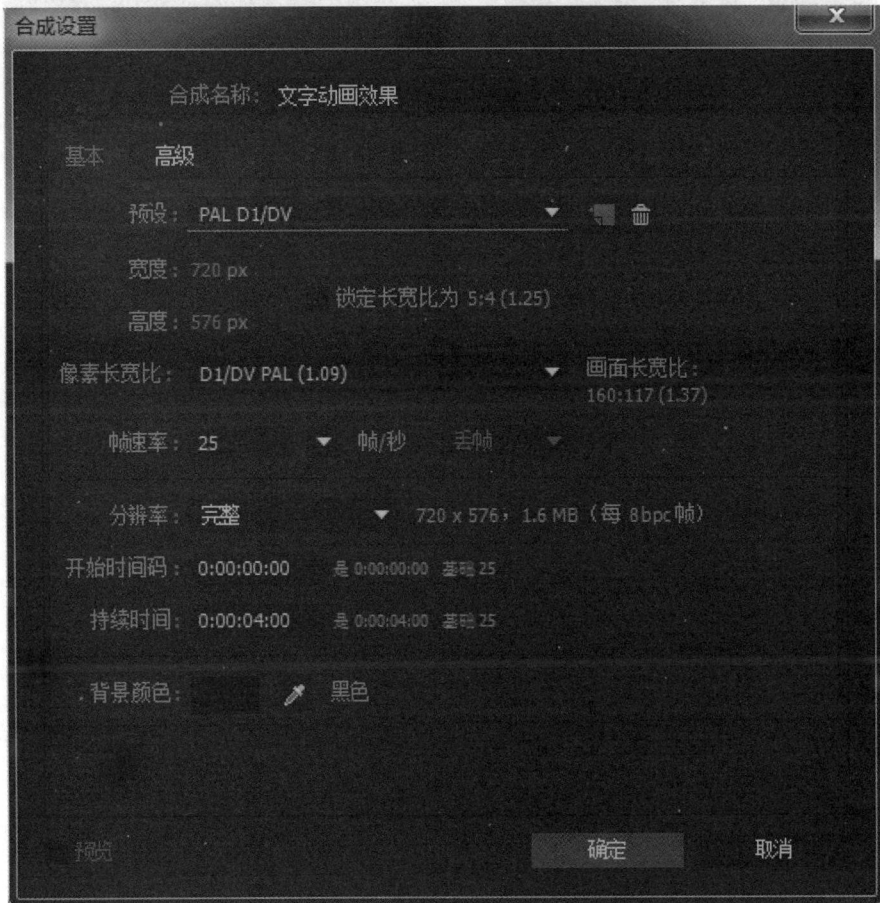

图6-69

02 使用文字工具在【合成】窗口中单击,输入文字After Effects CC,使用鼠标调整文字位置,如图6-70所示。

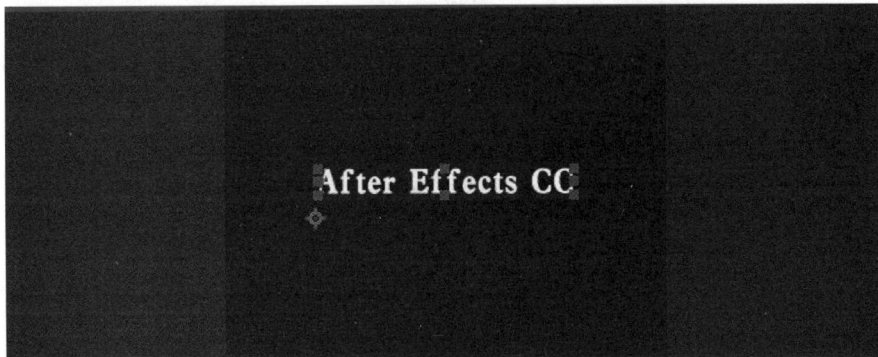

图6-70

03 在【时间轴】面板中选择文本图层，展开图层属性，单击【动画】按钮，添加【缩放】控制，如图6-71所示。

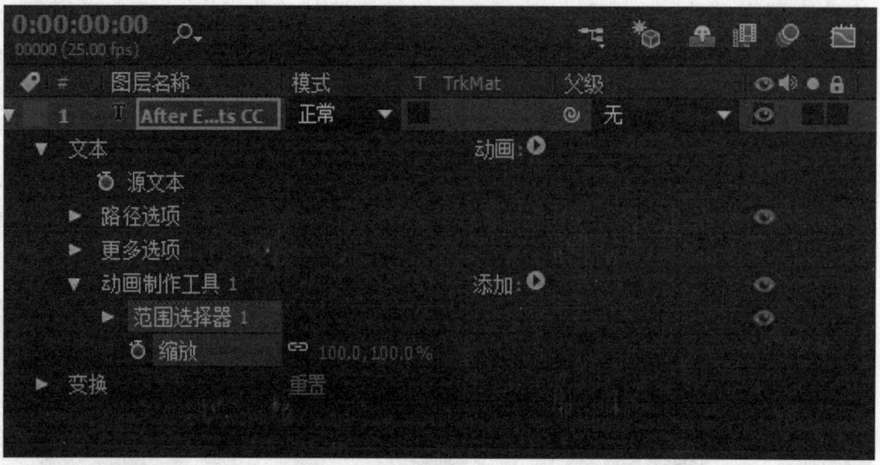

图6-71

04 在"动画制作工具1"中，单击【添加】按钮，继续添加【属性】子选项中的【不透明度】和【模糊】控制，如图6-72所示。

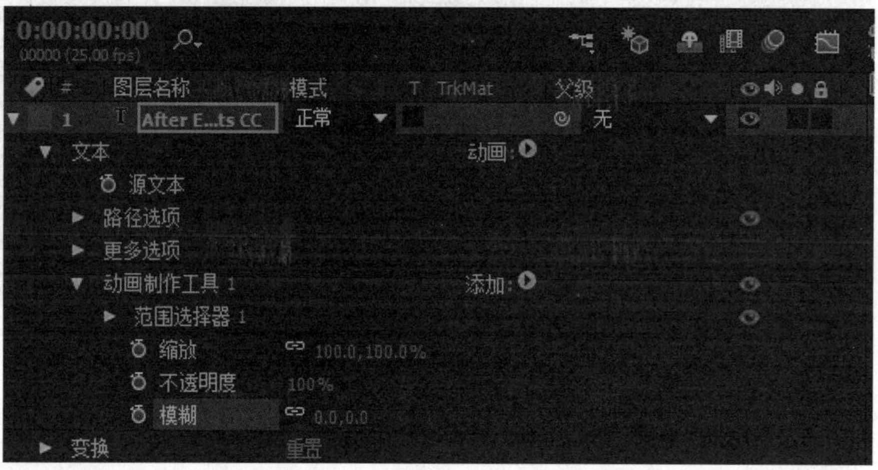

图6-72

05 展开【更多选项】，将【锚点分组】设置为【行】，【分组和对齐】参数调整为0.0,-50.0%，如图6-73所示。

图6-73

06 在"动画制作工具1"中，将【缩放】参数调整为316.0,316.0%，【不透明度】参数调整为

0,【模糊】参数调整为100.0,100.0,如图6-74所示。

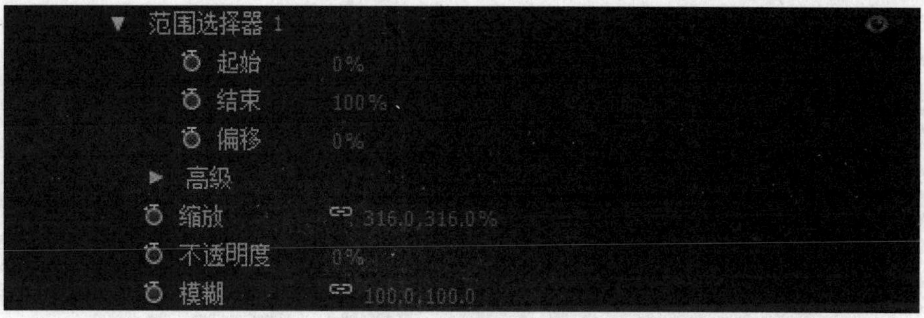

图6-74

07 将【时间指示器】移动至0:00:00:00位置,激活"范围选择器1"中【偏移】属性的【时间变化秒表】按钮,并将【偏移】参数调整为100%,如图6-75所示。

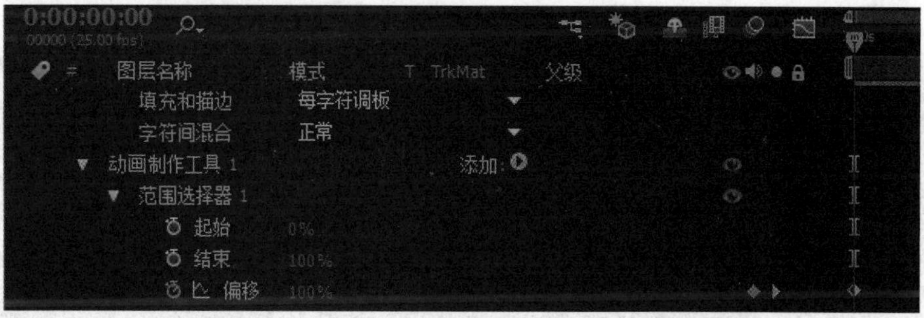

图6-75

08 将【时间指示器】移动至0:00:01:15位置,在"范围选择器1"中将【偏移】参数调整为-100%,如图6-76所示。

图6-76

09 展开【高级】属性,将【形状】类型改为【下斜坡】,并将【缓解低】参数调整为90%,如图6-77所示。

图6-77

10 在【时间轴】面板的空白区域单击鼠标右键，执行【新建】|【纯色】命令，新建纯色图层，将颜色调整为深红色，并拖曳至合成中最下方位置，如图6-78所示。

图6-78

11 在【时间轴】面板的空白区域单击鼠标右键，执行【新建】|【纯色】命令，新建纯色图层，将颜色调整为黑色，修改名称为"遮罩"，并拖曳至"深红色 纯色"图层之上，如图6-79所示。

图6-79

12 选择"遮罩"图层，双击【椭圆工具】，创建遮罩。展开"遮罩"图层属性，将"蒙版1"中的【蒙版羽化】参数调整为208.0，并勾选【反转】复选框，如图6-80所示。

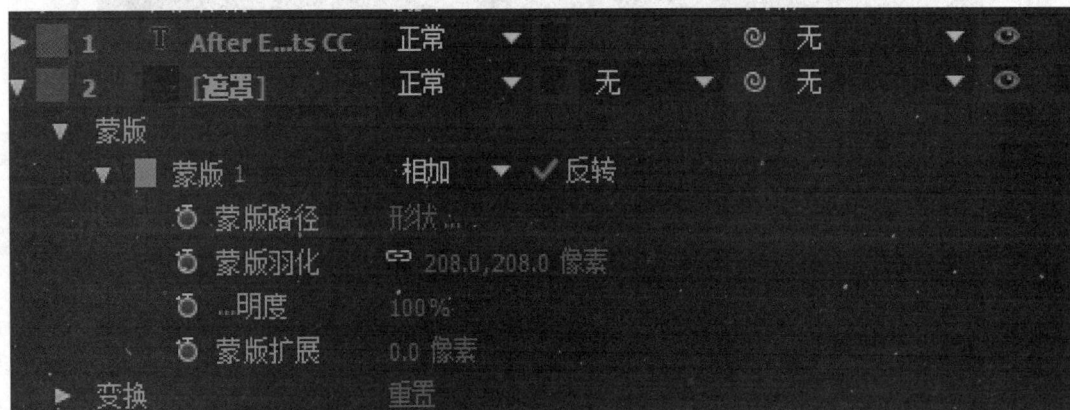

图6-80

13 在【时间轴】面板的空白区域单击鼠标右键，执行【新建】|【纯色】命令，新建纯色图

层，将颜色调整为黑色，修改名称为"光"并拖曳至合成最上端位置，如图6-81所示。

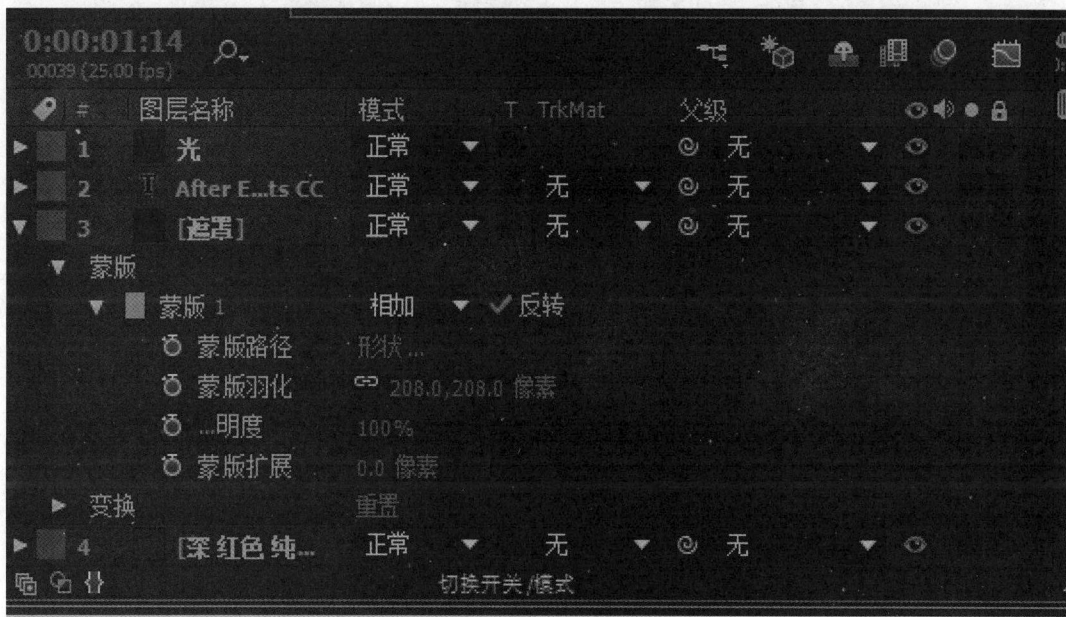

图6-81

14 选择"光"图层，执行【效果】|【生成】|【镜头光晕】命令，将图层混合模式调整为【相加】，如图6-82所示。

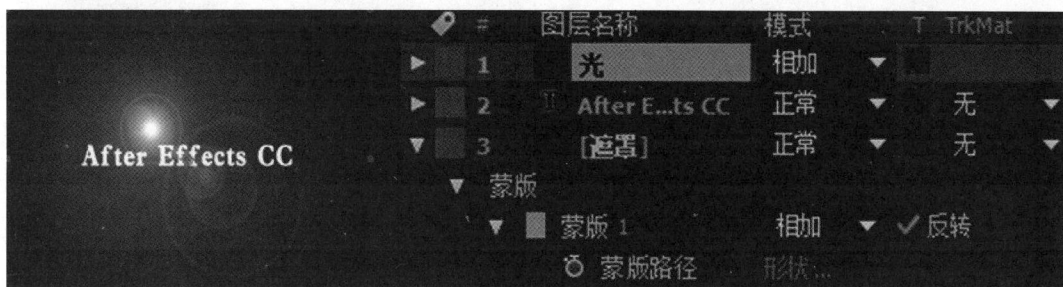

图6-82

15 在【效果控件】面板中，调整【镜头光晕】效果属性，将【镜头类型】改为【105毫米定焦】。将【时间指示器】移动至0:00:00:00位置，激活【光晕中心】属性的【时间变化秒表】按钮，并将【光晕中心】参数调整为-640.0,278.0，如图6-83所示。

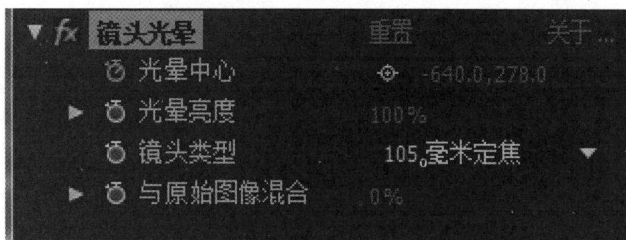

图6-83

16 将【时间指示器】移动至0:00:01:06位置，将【光晕中心】参数调整为1330.0,278.0，如图6-84所示。

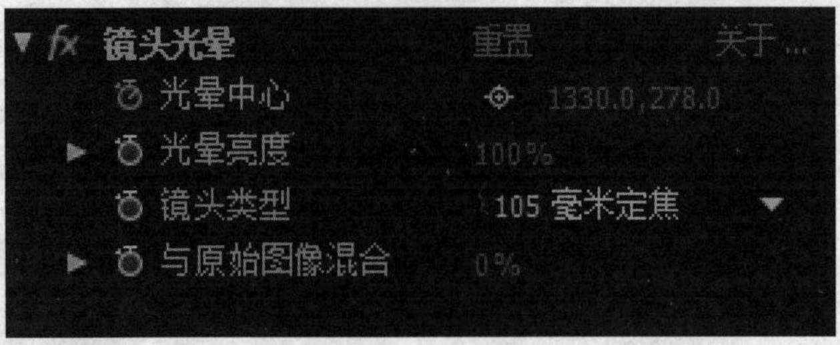

图6-84

至此，本案例制作完成，我们可以通过【播放】来观察动画效果。

第7章

创建三维空间动画

After Effects不同于传统意义上的三维图形制作软件，但依然可以让用户多角度地对于场景中的物体进行观察和操作。After Effects可以将二维的图层转换为三维图层，按照X轴、Y轴和Z轴的关系，创建出三维空间的效果。三维图层本身也具备了接受阴影、投射阴影的选项。除此之外，为了使用户能够创建一个更加真实的三维空间，软件本身还提供了摄像机、灯光和光线追踪的功能。在本章中，将详细介绍三维空间创建的基础知识和操作。

| 7.1 三维空间   🔍 ➡

三维是指在平面二维系中又加入了一个方向向量构成的空间系。"维"是一种度量单位，在三维空间中表示方向，通过X轴、Y轴、Z轴共同确立了一个三维物体。其中，X表示左右空间，Y表示上下空间，Z表示前后空间，这样就形成了人的视觉立体感。After Effects中的三维图层并不能独立创建，而是需要通过普通的二维图层进行转换。在After Effects中，除了音频图层以外的所有图层均能转换为三维图层。

▌7.1.1 创建三维图层 ──────────────────○

在After Effects中，将一个普通的图层转换为三维图层的方法比较简单，只需要在【时间轴】面板中，选中将要转换的图层，在【图层】菜单栏中选择【3D图层】命令，或者直接单击该图层右侧的图标⬡下方即可。此时，图层的变换属性中均加入了Z轴的参数信息，此外，还新添加了一个【材质选项】属性，如图7-1所示。

图7-1

> **提 示**
>
> 如果在【时间轴】面板里没有显示"三维"图标⬡，可以单击 ▊切换开关/模式▊ 控制菜单或按F4键，即可显示"三维"图标⬡。

▌7.1.2 启用逐字3D化 ──────────────────○

After Effects中的启用逐字3D化选项，是针对文字图层而专门设置的。After Effects中的文字图层转换为三维图层的方式有两种。一种是通过传统的在【时间轴】面板中单击"三维"图标

🔷转换完成。这种转换为三维图层的方式，是将整个文字图层作为一个整体进行转换。第二种方式是将文字图层中的每一个文字作为独立对象进行转换。

当用户想要将文字图层的每一个文字转换为独立的三维对象时，则需要在【时间轴】面板中，选中文字层，单击【文本】属性右侧的【动画】动画⊙小三角按钮，在弹出的菜单中选择【启用逐字3D化】命令，即可将文字转换为独立的三维对象。此时，"三维"图标显示的是两个重叠的立方体，与普通的三维图层图标有所区别，如图7-2所示。

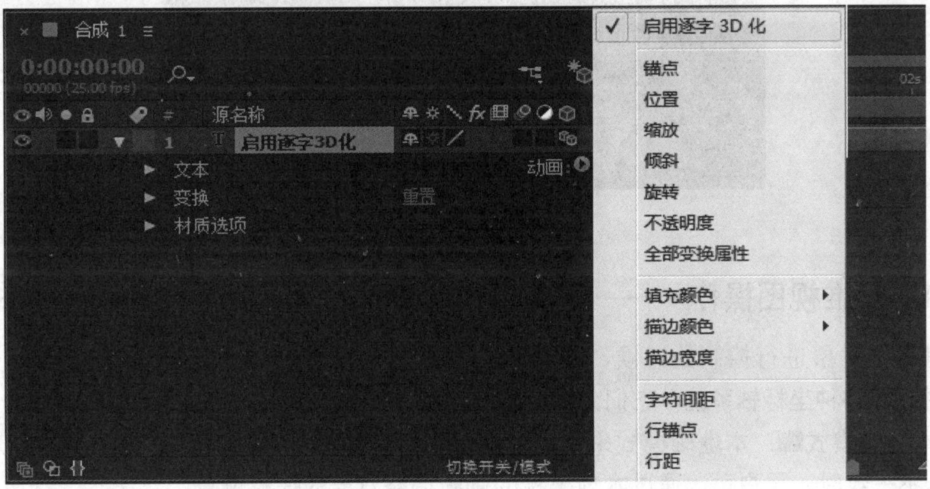

图7-2

7.1.3 三维视图

在没有创建摄像机图层之前，【合成】窗口中显示的图像效果并不会发生改变，为了更好地观察三维图层在空间中的效果，After Effects可以通过调整视图选项和多窗口编辑的模式来实现。

1. 视图选项

在【合成】窗口中，单击窗口底部的【3D视图弹出式菜单】选项，在弹出的下拉菜单中可以调整用户的观察角度。

在下拉菜单中，After Effects一共为用户提供了【活动摄像机】、【正面】、【左侧】、【顶部】、【背面】、【右侧】、【底部】、【自定义视图1】、【自定义视图2】和【自定义视图3】10个选项。其中，当用户选中【自定义视图1】、【自定义视图2】或【自定义视图3】选项时，视图将会按照软件默认的3个不同角度进行显示。

2. 多视图编辑

在三维空间中，多视图的编辑操作是经常使用到的。用户可以通过多个视图的观察来确立三维图层在空间中的位置。在【合成】窗口底部的多视图编辑选项中，单击【1个视图】选项，在弹出的下拉菜单中为用户提供了8个选项，用户可以通过单击任意视图选项来切换不同的视图观察模式。

在默认情况下，多视图中的每一个视图的角度方向都是默认的，当用户需要对某一个单独的视图角度进行调整时，可以用鼠标单击需要更改的视图，单击【合成】窗口底部的视图布局下拉菜单，选中相应的角度即可，用户也可以使用摄像机工具进行调整，如图7-3所示。

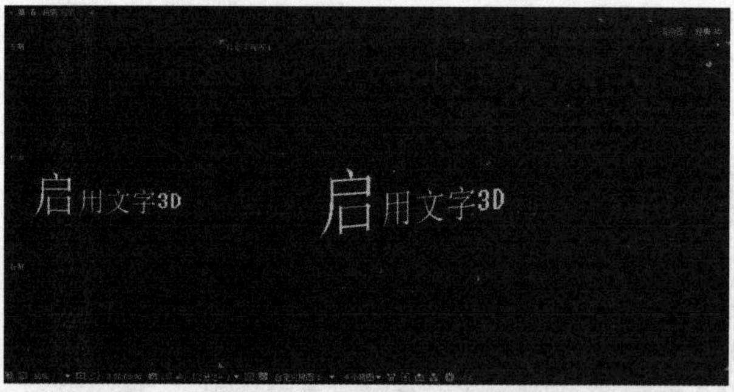

图7-3

7.1.4 三维视图操作

在对三维对象进行控制的时候，当需要根据某一轴向对物体的属性进行改变时，在After Effects中提供了3种坐标轴系统，它们分别是本地轴模式、世界轴模式和视图轴模式。

☆ 本地轴模式█：本地轴模式采用的是图层自身作为坐标系对齐的依据，当选择对象与世界轴坐标不一致时，用户可以通过本地坐标的轴向调整对象的摆放位置。

☆ 世界轴模式█：它对齐于合成空间中的绝对坐标系，不管怎么旋转三维图层，它的坐标轴始终是固定的，X轴始终沿着水平方向延伸，Y轴始终沿着垂直方向延伸，而Z轴始终沿着纵深方向延伸。

☆ 视图轴模式█：它对齐于用户选择观看的视图的轴向。例如在自定义视图中，对一个三维图层进行了旋转操作，并且后来还对该三维图层进行了各种变换操作，但它的轴向最终还是垂直对应于用户的视图。

> 提 示
>
> 如果想要显示三维空间的三维坐标系，用户可以通过单击【合成】窗口中的█图标，在弹出的下拉菜单中单击3D参考轴选项，设置三维参考坐标一直处于显示状态，如图7-4所示。

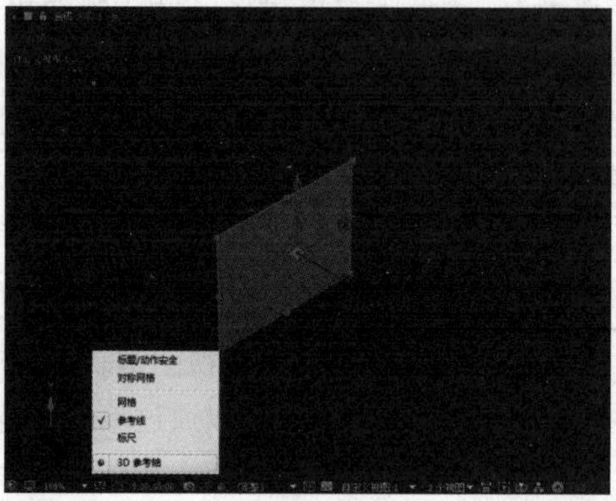

图7-4

7.2 三维图层的属性设置

当二维图层转换为三维图层后,在【变换】属性的【锚点】、【位置】、【缩放】和【方向】属性中,加入了Z轴参数,并同时加入了X轴、Y轴、Z轴旋转参数的属性设置。Z轴参数的设定,能够确立图层在空间中纵深方向上的位置。

7.2.1 设置锚点

图层的旋转、位移和缩放,是基于一个点来操作的,这个点就是锚点,用户可以通过快捷键A来快速开始锚点参数的设置。除了通过更改【锚点】参数,调整中心点的位置,还可以通过工具栏中的【向后平移(锚点)工具】▦来实现。

选择工具栏中的【向后平移(锚点)工具】▦,将鼠标放置在3D轴控件上,用户可以单独地对某一轴向(X轴、Y轴、Z轴)进行移动,也可以将鼠标放置在3D轴控件的中心位置,对3个轴向同时进行调整,被调整的对象本身的显示位置并不会发生改变,如图7-5所示。

图7-5

7.2.2 设置位置与缩放

在【时间轴】面板中,展开【变换】属性,在【位置】属性中,通过改变Z轴参数,能够调整对象在三维空间中纵深方向上的位置。其中,绿色箭头代表Y轴,红色箭头代表X轴,蓝色箭头代表Z轴,如图7-6所示。

图7-6

在【缩放】属性中，同样加入了Z轴的参数设置，但是由于After Effects中的三维图层是由二维图层转换而来，在默认情况下，图层本身是不具有厚度的。所以，在【缩放】属性中调整Z轴的参数，图像本身在厚度上并没有发生任何改变，如图7-7所示。

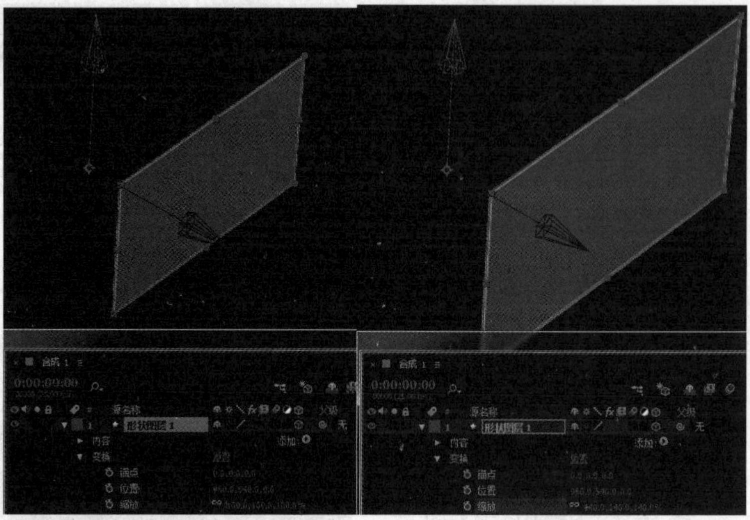

图7-7

7.2.3　设置方向与旋转

在【方向】属性中，可以分别对X轴、Y轴、Z轴方向进行旋转。在【旋转】属性中，X轴、Y轴、Z轴的旋转参数加入了圈数的设置，用户可以直接通过设定圈数来快速完成大角度的图像旋转操作。以上两种方式均可以完成三维对象不同方向上角度的调整，如图7-8所示。

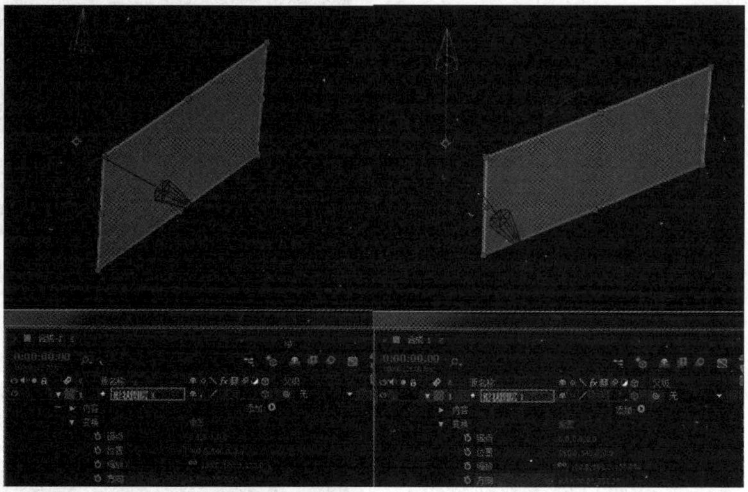

图7-8

提　示

由于【旋转】属性中的圈数参数是以360°为一圈，在默认情况下，用户需要通过关键帧动画的方式才能查看旋转效果。

7.2.4　三维图层的材质属性

当二维图层转换为三维图层后，除了为图层的基础属性增加了Z轴的参数信息，同时添加了一个新的【材质属性】。【材质属性】的调整，是为了三维图层如何配合灯光系统而专门设置的，如图7-9所示。

图7-9

☆ 投影：决定三维图层是否投射阴影，包括3种类型。在默认情况下是关，表示图层不投射阴影。开表示投射阴影，仅表示只显示阴影，原始图层被隐藏。用户可以通过单击鼠标的方式进行投影效果的切换，如图7-10所示。

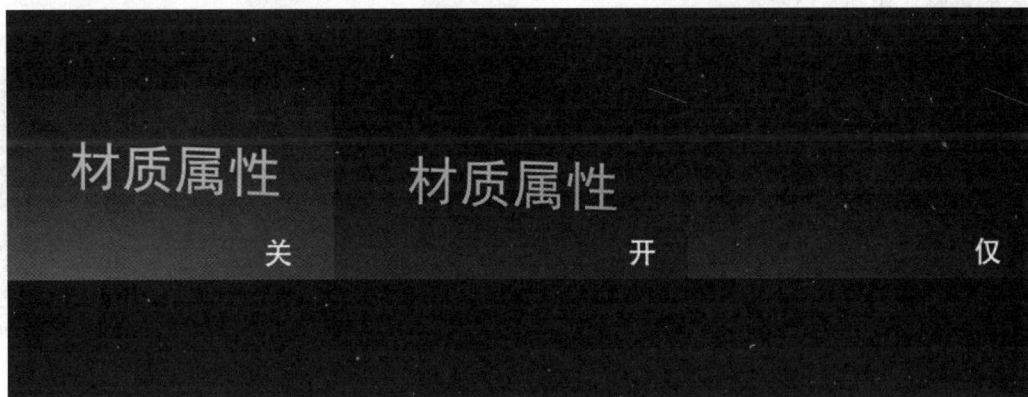

图7-10

☆ 透光率：设置图层经过光照后的透明程度，用于表现半透明图层在灯光下的照射效果，主要体现在投影上。透光率默认情况下为0，代表投影颜色不受到图层本身颜色的影响，透光率越高，影响越大。当透光率设置为100%时，阴影颜色受到图层本身影响为最大，如图7-11所示。

图7-11

☆ 接受阴影：设置图层本身是否接受其他图层阴影的投射影响，共有开、仅、关3种模式。开表示接受其他图层的投影影响，仅表示只显示受影响的部分，关表示不受到其他图层的投影影响。在默认情况下为开，如图7-12所示。

图7-12

☆ 接受灯光：设置图层是否接受灯光的影响。开表示图层接受灯光的影响，图层的受光面会受到灯光强度、角度及灯光颜色等参数的影响。关表示图层只显示自身的默认材质，不受灯光照射的影响，如图7-13所示。

图7-13

☆ 环境：设置图层受环境光影响的程度。此参数在三维空间中设置有环境光的时候才产生效果。在模式情况下为100%，表示受到环境光的影响最大；当参数为0的时候，不会受到环境光的影响。当环境光颜色调整为绿色时，如图7-14所示。

图7-14

☆ 漫射：设置漫反射的程度，在默认情况下为50%。数值越大，反射光线的能力越强。漫射的效果最突出体现在图层本身的颜色亮度上。当数值为0时将不反射光线，如图7-15所示。

图7-15

☆ 镜面强度：调整图层镜面反射的强度，默认参数为50%。数值越大，反射强度越高，如图7-16所示。

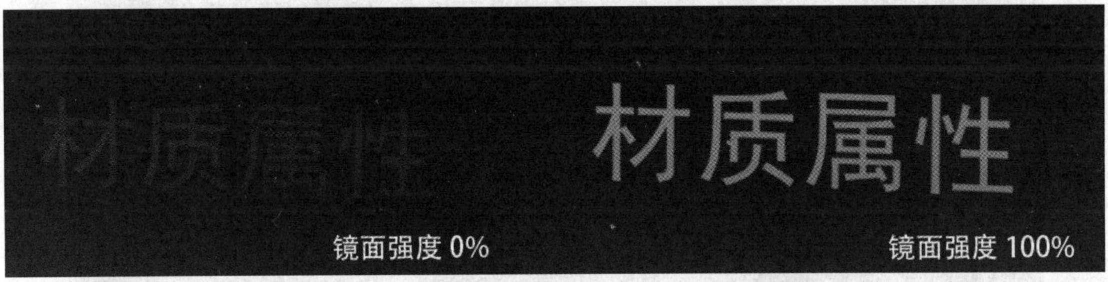

图7-16

☆ 镜面反光度：设置图层镜面反射的区域，默认参数为5%，其数值越小，镜面反射的区域就越大，如图7-17所示。

图7-17

☆ 金属质感：设置镜面反射光的颜色，默认参数为100%，表示反射光接近于图层本身的颜色；当参数为0时，反射光颜色越接近于灯光的颜色，如图7-18所示。

图7-18

7.3 摄像机 🔍 ➡

创建的摄像机图层，可以更好地模拟三维空间效果，增加三维空间的真实性，也使用户可以非常方便地从任意角度去观察场景中的三维效果。

7.3.1 新建摄像机 ───────────────○

当用户需要为合成添加摄像机时，可以用鼠标左键单击【图层】菜单，在弹出的下拉菜单中执行【新建】|【摄像机】命令。用户也可以在【时间轴】面板中的空白区域单击鼠标右键，在弹出的菜单中执行【新建】|【摄像机】命令，来完成摄像机图层的创建，如图7-19所示。

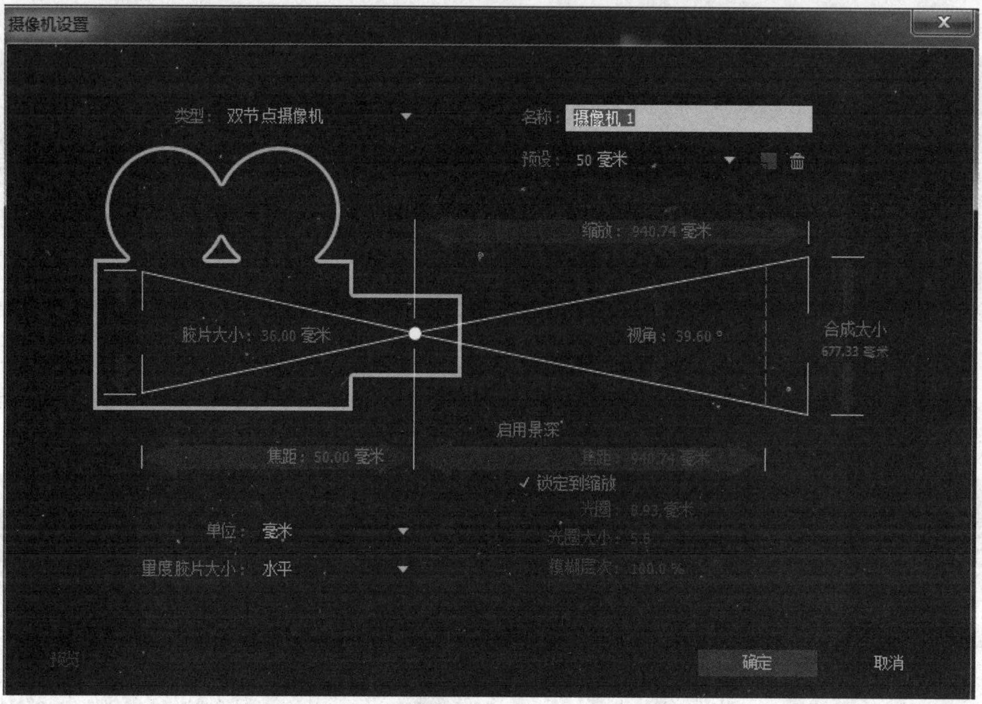

图7-19

在【摄像机设置】面板中，默认为50毫米摄像机。用户可以自定义摄像机的一些基本参数，也可以使用软件预设的摄像机。在【摄像机设置】面板中，主要包括以下选项。

☆ 类型：用于设置摄像机的类型。在软件中，摄像机分为单节点摄像机和双节点摄像机。双节点摄像机具有目标点参数，摄像机拍摄角度由目标点决定。单节点摄像机无目标点，由摄像机本身位置参数和角度决定拍摄方向。

☆ 名称：指摄像机的名字，第一个摄像机图层默认命名为"摄像机1"。用户可以根据需要自由定义摄像机的名称。

☆ 预设：在预设中，软件提供了9种常用的摄像机设置参数。用户可以根据需要直接选择使用，如图7-20所示为不同的镜头对场景中物体的显示效果。

图7-20

☆ 缩放：用于设置摄像机到被拍摄对象之间的距离，数值越小，摄像机的视野越大。

☆ 视角：用于设置摄像机视角的大小，角度越大拍摄的视野越宽，越接近于广角镜头的效果。角度越小，视野越窄，越接近于长焦镜头的效果。

☆ 胶片大小：通过胶片看到的图像的实际大小，用于定义胶片的尺寸。数值越大，胶片尺寸越大。

☆ 焦距：镜头到焦点的距离，镜头焦距的大小决定了被拍摄物体显示的大小。在默认设置下，修改焦距参数会导致缩放、视角等参数的变化。

☆ 启用景深：开启【启用景深】复选框，可以对光圈、光圈大小、模糊层次参数进行设置，用于模拟图像的聚焦范围。在范围内的被拍摄对象清晰可见，范围外的对象产生模糊效果，距离越远，模糊程度越高。

☆ 锁定到缩放：在默认情况下为勾选状态。启用该复选框，可以使焦点距离与变焦值匹配。

☆ 光圈：用于设置镜头孔径的大小。光圈数值越大，景深之外的区域模糊程度也就越大。

☆ 光圈大小：用于设置焦距与光圈的比例。

☆ 模糊层次：用于控制景深的模糊程度，数值越大模糊程度越高。当数值为0时，不产生任何模糊效果。

☆ 单位：用于设定摄像机参数的单位，包括像素、英寸和毫米3个选项。

☆ 量度胶片大小：用于衡量胶片大小的尺寸，包括水平方向、垂直方向和对角线方向3个选项。

在【摄像机设置】面板中，用户可以对摄像机以上的属性进行调整，单击【确定】按钮，即可完成摄像机图层的创建，如图7-21所示。

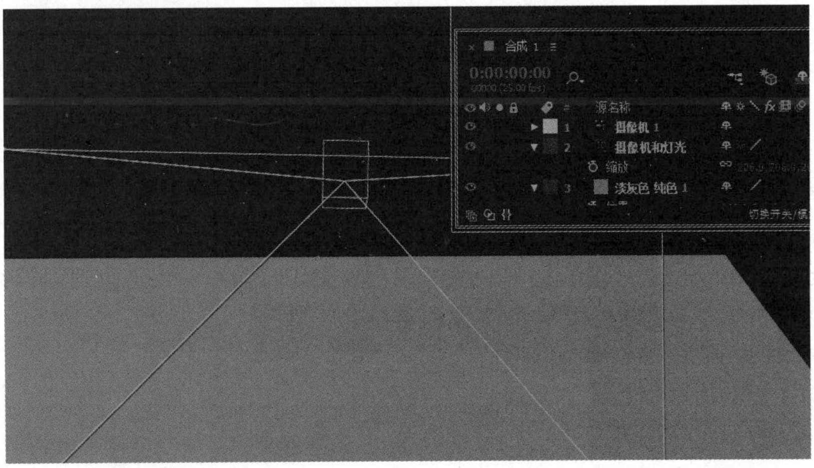

图7-21

7.3.2 设置摄像机属性

摄像机图层作为图层的一种，可以通过【变换】属性调整摄像机的位置、方向和旋转。用户还可以通过设置【摄像机选项】调整摄像机的属性，如图7-22所示。

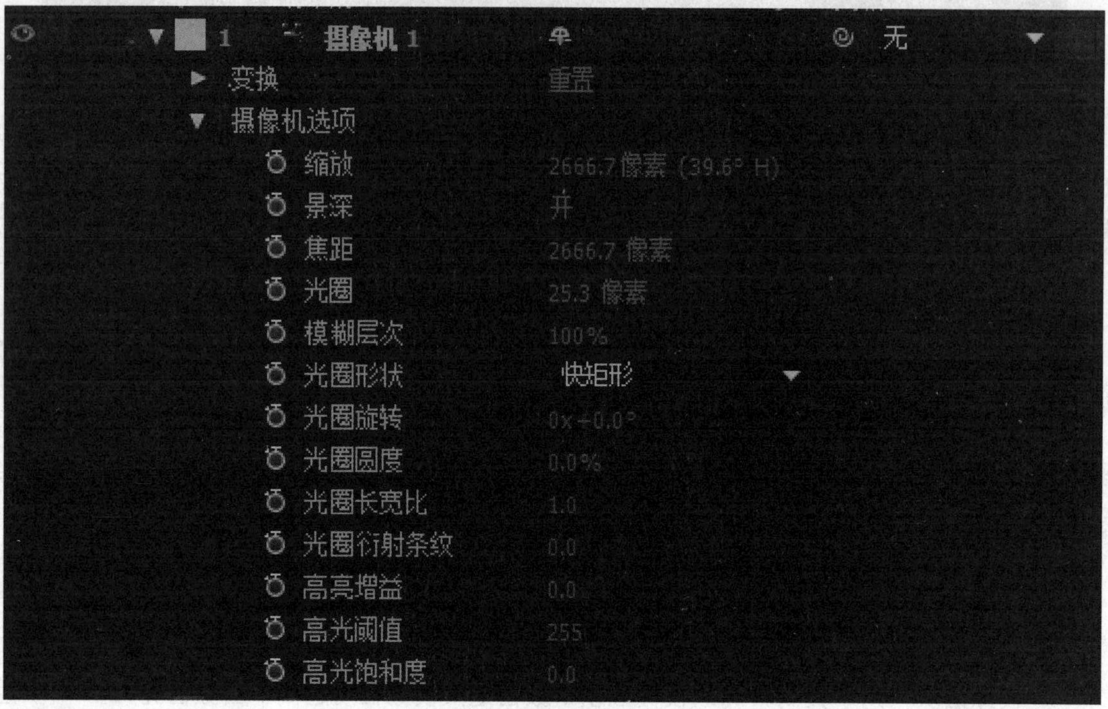

图7-22

与摄像机镜头模糊和形状有关的摄像机属性包括"光圈形状"、"光圈旋转"、"光圈圆度"、"光圈长宽比"、"光圈衍射条纹"、"高亮增益"、"高光阈值"和"高光饱和度"。下面介绍主要参数。

☆ 缩放：用于设置摄像机到被拍摄对象之间的距离，数值越小，摄像机的视野越大。

☆ 景深：单击该选项，能够启用或关闭景深功能。

☆ 焦距：镜头到焦点的距离，镜头焦距的大小决定了被拍摄物体显示的大小。数值越小，越接近于广角的效果。

☆ 光圈：用于设置镜头孔径的大小。光圈数值越大，景深之外的区域模糊程度也就越大。

☆ 模糊层次：用于控制景深的模糊程度，数值越大模糊程度越高。当数值为0时，不产生任何模糊效果。

☆ 光圈形状：用于设置光圈的显示形状，包括矩形、三角形、十边形等9种形状。

☆ 光圈旋转：用于设置光圈旋转的度数和圈数。

☆ 光圈圆度：用于设置光圈的圆度值。

☆ 光圈长宽比：该选项用于设置光圈的长宽比例。

7.3.3 调整摄像机角度

在使用真实的摄像机进行拍摄时，经常会使用到一些运动镜头来增加画面的动感，常见的运动镜头有推、拉、摇、移，摄像机图层同样可以通过工具栏中的摄像机移动工具进行模拟。

在工具栏中，单击【统一摄像机工具】 📷，在弹出的下拉列表中是常用的摄像机移动工具。用户也可以通过按住键盘上的C键循环切换来激活各种摄像机工具，如图7-23所示。

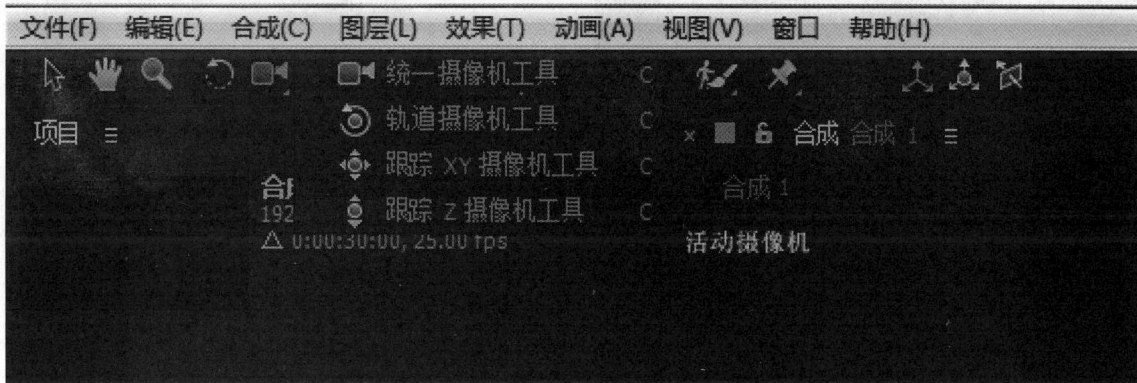

图7-23

☆ 轨道摄像机工具：通过围绕目标点移动来旋转 3D视图或摄像机。

☆ 跟踪XY摄像机工具：水平或垂直调整 3D视图或摄像机。

☆ 跟踪Z摄像机工具：沿直线将3D视图或摄像机调整到目标点。如果用户使用的是正视图，该工具将调整视图的缩放。

☆ 统一摄像机工具：在各种摄像机工具之间切换的最简便方法是选择【统一摄像机工具】，然后使用三键鼠标上的按钮，来实现轨道摄像机工具、跟踪XY摄像机工具和跟踪Z摄像机工具的功能。

7.4 灯光

灯光层的创建，可以配合三维图层的材质属性，影响三维图层的表面颜色。用户可以为三维图层添加灯光照明效果，模拟更加真实的自然环境。

7.4.1 创建灯光

当用户需要为合成添加灯光照明时，可以用鼠标左键单击【图层】菜单，在弹出的下拉菜单中执行【新建】|【灯光】命令。用户也可以在【时间轴】面板中的空白区域单击鼠标右键，在弹出的菜单中执行【新建】|【灯光】命令，来完成灯光图层的创建，如图7-24所示。

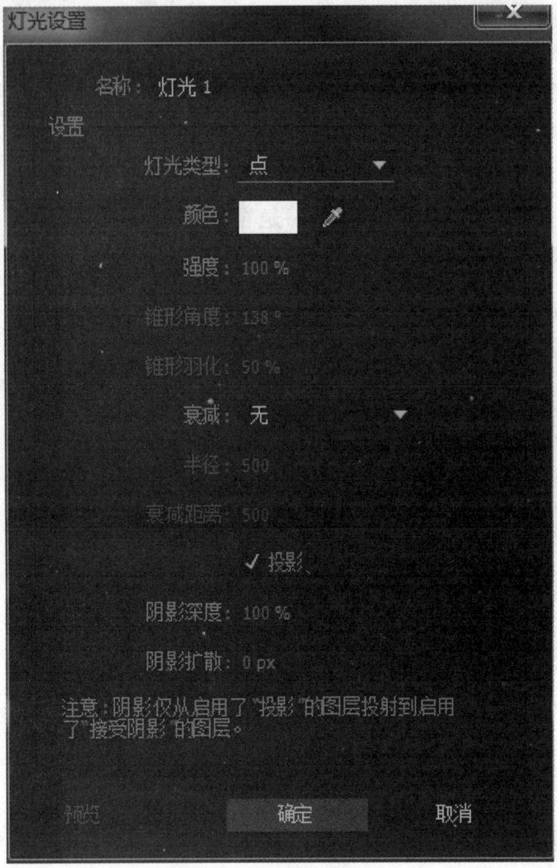

灯光设置

名称：灯光1

设置

灯光类型： 点

颜色：

强度：100 %

锥形角度：138°

锥形羽化：50 %

衰减： 无

半径：500

衰减距离：500

✓ 投影

阴影深度：100 %

阴影扩散：0 px

注意：阴影仅从启用了"投影"的图层投射到启用了"接受阴影"的图层。

预览　　　　确定　　　取消

图7-24

下面以聚光灯为例，介绍灯光的主要参数。

☆ 名称：设置灯光的名字，第一个灯光图层默认名为"灯光1"，以后创建的灯光图层顺序号依次递增。

☆ 灯光类型：设置灯光类型，包括平行光、聚光灯、点光源和环境光4个选项。

★ 平行光：平行光可以理解为太阳光，光照范围无限，可照亮场景中的任何地方且光照强度无衰减，可产生阴影，并且具有方向性，如图7-25所示。

★ 聚光灯：圆锥形发射光线，根据圆锥的角度确定照射范围，可通过圆锥角度调整范围，这种光容易生成有光区域和无光区域，同样具有阴影和方向性，如图7-26所示。

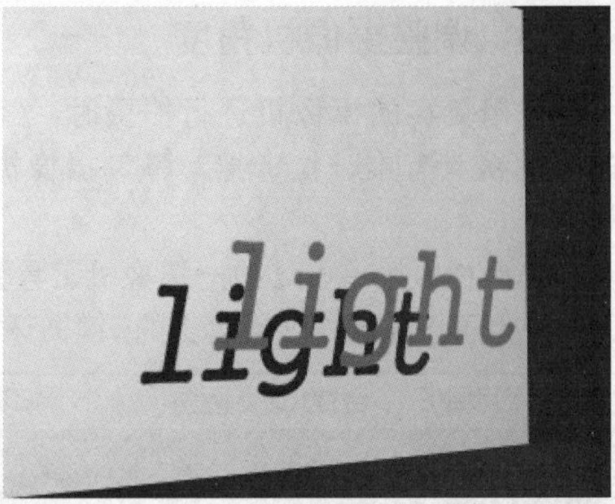

图7-25

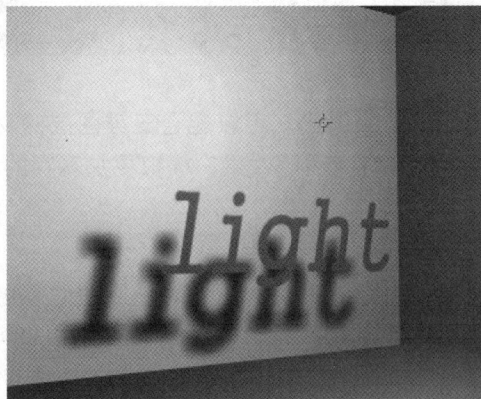

图7-26

★ 点光源：点光源从一个点向四周360°发射光线，类似于没有灯罩的灯泡照射效果，随着对象与光源距离的不同，受到的照射程度也不同，如图7-27所示。

图7-27

★ 环境光：没有发射点，没有方向性，

也不会产生阴影，通过它可以调整整个画面的亮度，影响环境色，通常和其他灯光配合使用，如图7-28所示。

图7-28

☆ 颜色：用于设置灯光的颜色，单击色块可以在颜色框里选择所需颜色。

☆ 强度：用于设置光照的强度。值越高，光照越强，设置为负值可产生吸光效果，当场景里有其他灯光时，可通过此功能降低光照强度。

☆ 锥形角度：用于设置圆锥的角度，当灯光为聚光灯时此项激活，相当于聚光灯的灯罩，可以控制光照范围。

☆ 锥形羽化：用于设置聚光光照的边缘柔化，一般与锥形角度参数配合使用，为聚光灯照射区域和不照射区域的边界设置柔和的过渡效果。羽化值越大，边缘越柔和。

☆ 衰减：用于设置除环境光以外的灯光衰减，包括无、平滑和反向平方限制三种选项。其中，无表示灯光在发射过程中，不产生任何衰减。平滑表示从衰减距离开始平滑线性衰减至无任何照明效果。反向平方限制表示从衰减位置开始按照比例减少，直至无任何照明效果。

☆ 半径：用于设置光照衰减的半径。在指定距离内，灯光不产生任何衰减。

☆ 衰减距离：用于设置光照衰减的距离。

☆ 投影：用于设置灯光是否投射阴影。需要注意的是，只有被灯光照射的三维层的材质属性中的投射阴影选项同时打开时才可以产生投影。

☆ 阴影深度：用于设置阴影的浓度。

☆ 阴影扩散：用于设置阴影边缘的羽化程度，阴影扩散值越高，边缘越柔和。

7.4.2 灯光属性

在创建完灯光图层后，用户可以在【时间轴】面板中选择创建的灯光层，在【灯光选项】中调节灯光的属性。【灯光选项】中的属性与创建灯光面板中的属性基本一致，如图7-29所示。

图7-29

| 7.5 制作动态旋转相册（案例）

　　动态旋转相册效果是运用After Effects中的三维图层，通过设置位置和旋转属性参数，来实现素材的反转运动效果。在本案例中，除了制作图片的旋转效果之外，还为图片添加了倒影和运动模糊的效果。

操作步骤：

01 新建合成。执行【合成】|【新建合成】命令，在【合成设置】面板中设定合成大小，调整合成设置。将合成大小调整为640×480像素，设置像素长宽比为方形像素，合成长度为8秒，背景颜色为蓝色，如图7-30所示。

图7-30

02 双击【项目】面板，导入所有图片素材，将"风景1"素材拖动到合成项目1中的【时间轴】面板，如图7-31所示。

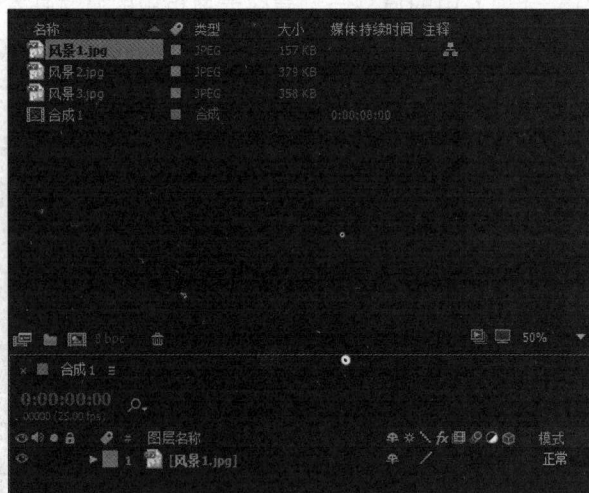

图7-31

03 在【时间轴】面板中选中"风景1"图层，展开【变换】选项，将【缩放】属性设置为30%，同时复制该图层，如图7-32所示。

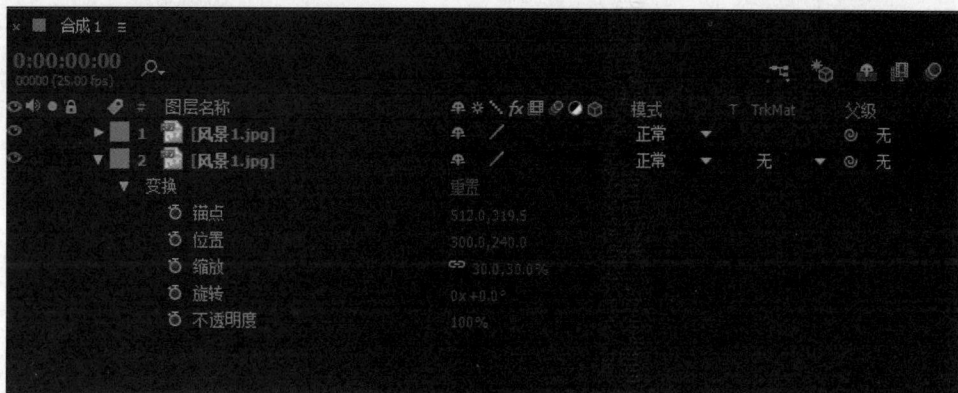

图7-32

04 选中复制的图层，单击鼠标右键，选择【重命名】命令，将其名称改为"风景1倒影"，并调节其【缩放】属性，取消【约束比例】选项，将Y轴的比例参数调整为-30%，如图7-33所示。

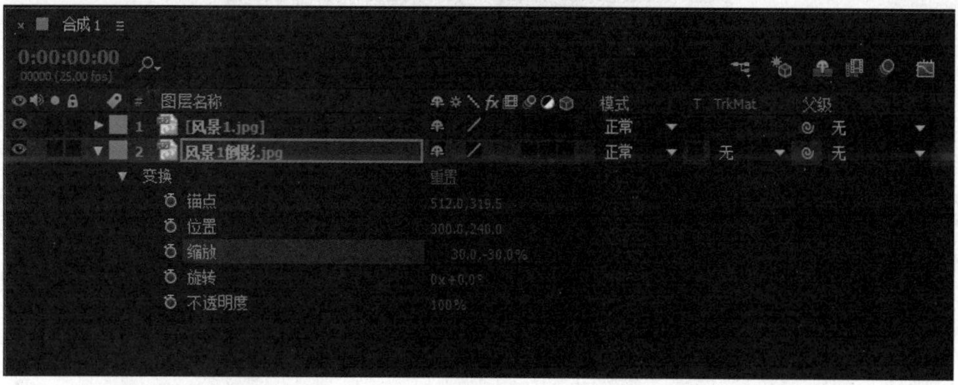

图7-33

05 调整"风景1倒影"图层的位置，在【合成】窗口中移动该图层，使其位于原始图层下方连接处，并修改其【不透明度】属性为35%，如图7-34所示。

图7-34

06 选择"风景1倒影"图层，使用【矩形工具】绘制矩形遮罩。调整【蒙版羽化】为140像素，如图7-35所示。

图7-35

07 选中"风景1"和"风景1倒影"图层，执行【图层】|【预合成】命令，修改合成名称，单击【确定】按钮，如图7-36所示。

图7-36

08 单击图层1中的【3D图层】方框，启用3D图层功能。使用相同的方法，制作"风景2"图片，如图7-37所示。

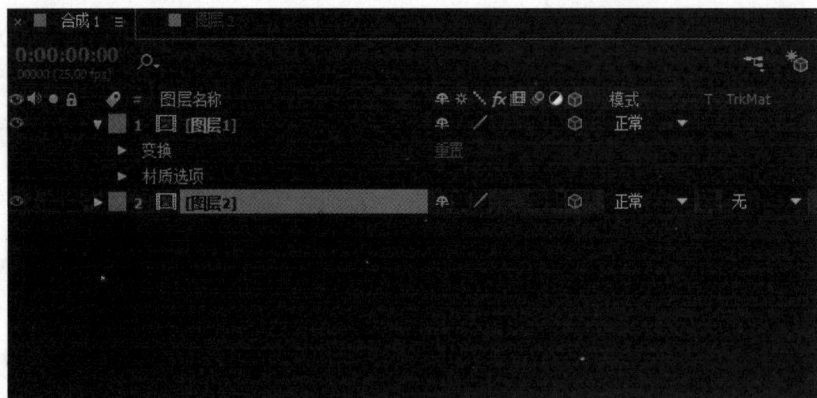

图7-37

09 选中"图层2"图层，在【时间轴】面板中单击【父级】选项，在下拉菜单中选择"图层1"，创建父级关系，如图7-38所示。

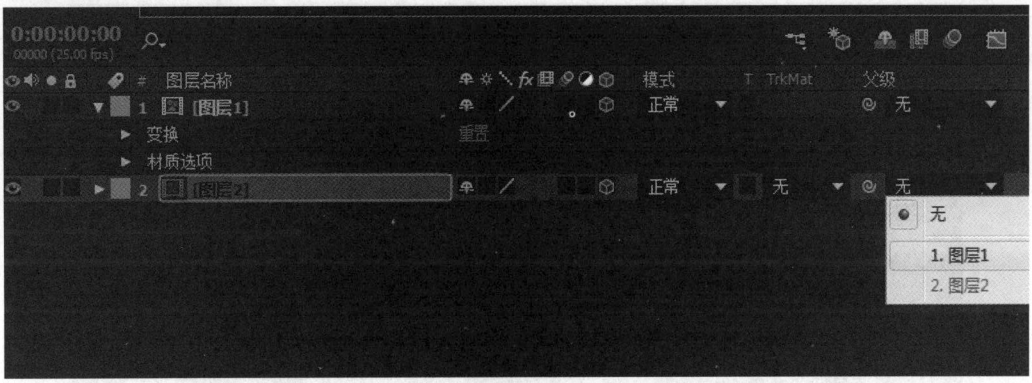

图7-38

10 首先制作移动效果。选择"图层1"，将【时间指示器】移动至第0帧位置，激活【位置】属性中的【时间变化秒表】按钮，将"图层1"拖动至【合成】窗口左侧，如图7-39所示。

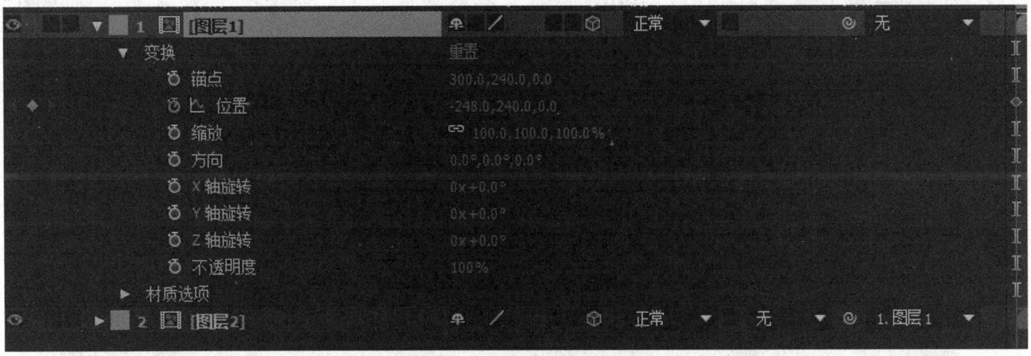

图7-39

11 将【时间指示器】移动至0:00:01:00位置处，将"图层1"调整至【合成】窗口中间位置，如图7-40所示。

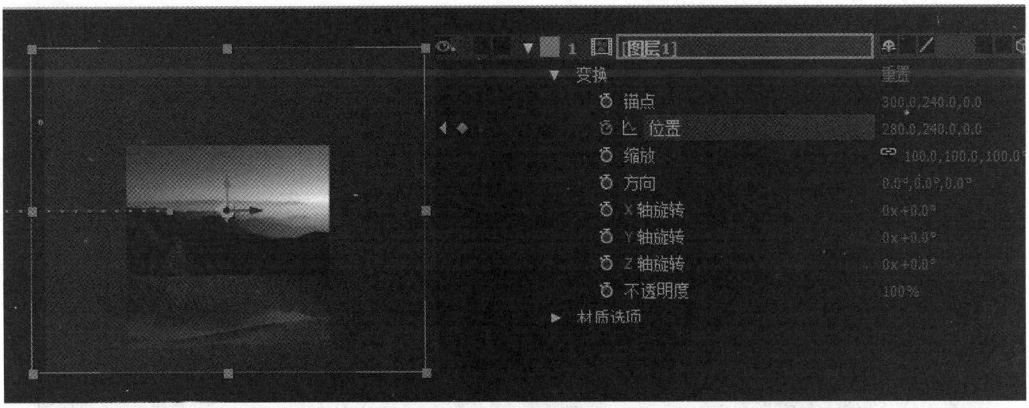

图7-40

12 将【时间指示器】移动至0:00:04:00位置处，在【位置】属性上添加空白关键帧，如图7-41所示。

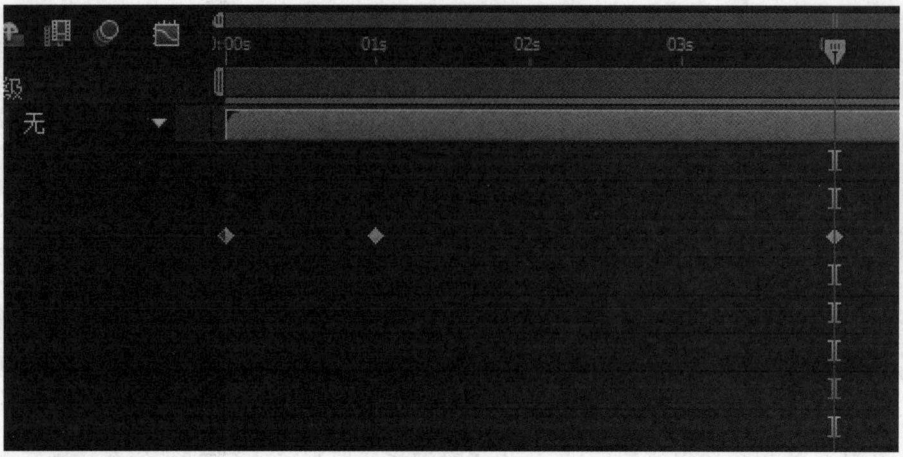

图7-41

13 将【时间指示器】移动至0:00:05:00位置处，调整"图层1"的【位置】属性，将"图层1"移动至【合成】窗口右侧，如图7-42所示。

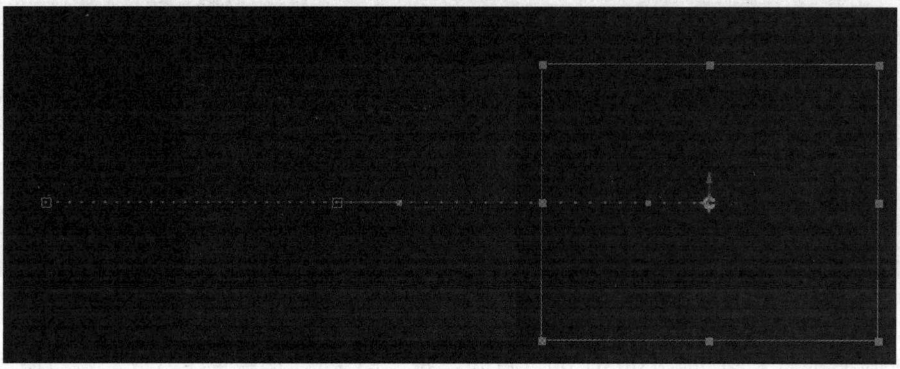

图7-42

14 制作旋转效果。选择"图层1"图层，将【时间指示器】移动至0:00:01:13位置处，单击【Y轴旋转】左侧的【时间变化秒表】按钮，记录当前位置的旋转属性，如图7-43所示。

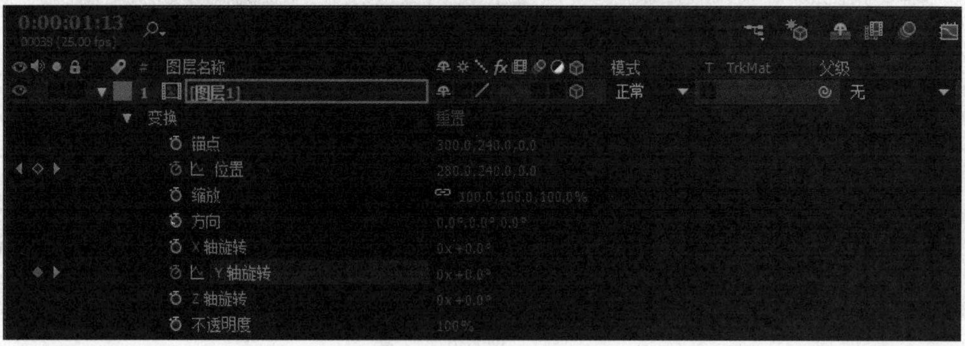

图7-43

15 将【时间指示器】移动至0:00:02:13位置处，将【Y轴旋转】参数调整为90°，如图7-44所示。

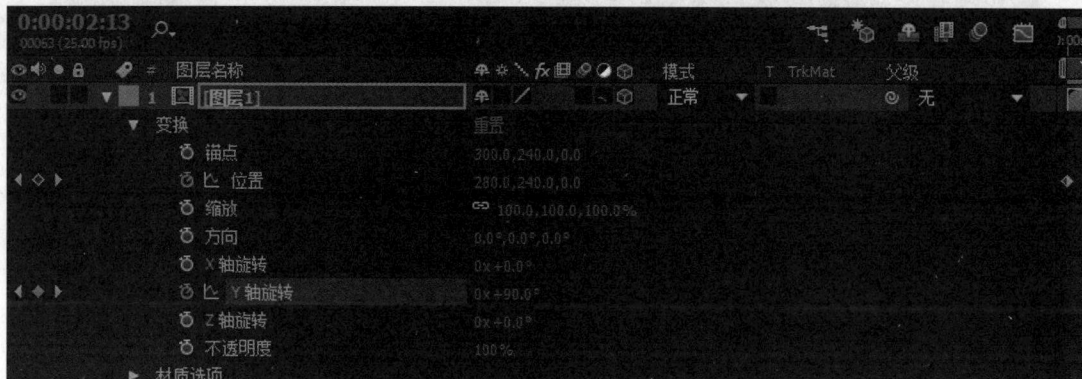

图7-44

16 将【时间指示器】移动至0:00:03:13位置处，将【Y轴旋转】参数调整为0°，如图7-45所示。

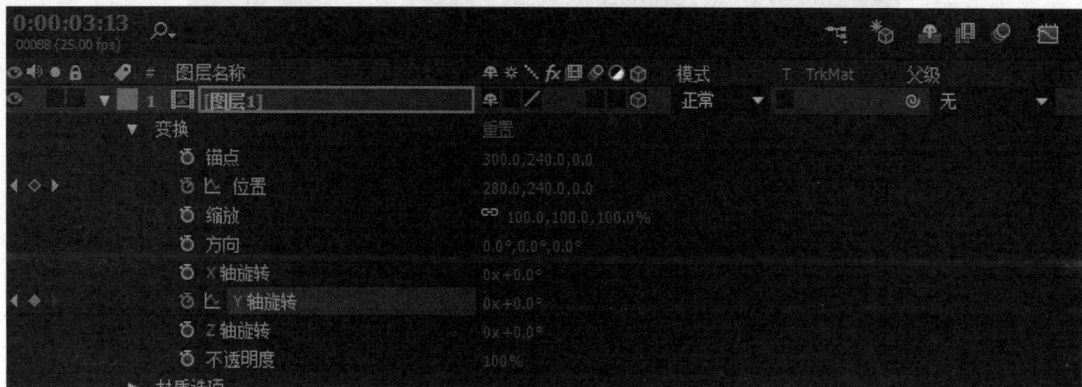

图7-45

17 将【时间指示器】移动至0:00:02:13位置处，单击【不透明度】左侧的【时间变化秒表】按钮，如图7-46所示。

图7-46

18 将【时间指示器】移动至0:00:02:14位置处，将【不透明度】属性调整为0，如图7-47所示。

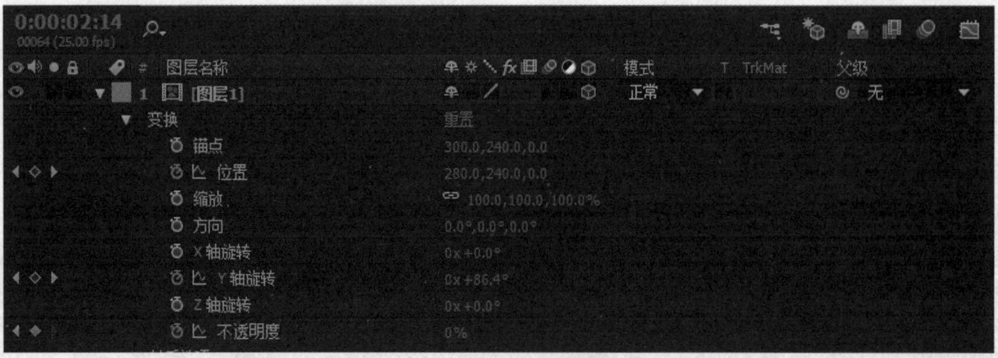

图7-47

19 选择"图层2"图层,将【时间指示器】移动至0:00:02:13位置处,按下Alt+(键设置该图层的入点位置,如图7-48所示。

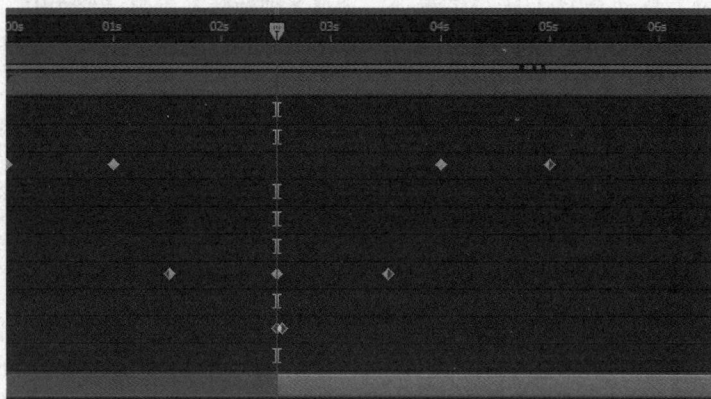

图7-48

20 选择"图层1"与"图层2",在【时间轴】面板中选择开启【运动模糊】方框,同时激活【运动模糊】总控制器,如图7-49所示。

图7-49

至此,三维旋转照片效果制作完成。我们可以通过【播放】来观察动画效果。

7.6 创建真实的三维空间动画（案例）

创建真实的三维空间动画效果是通过设置图层的空间位置关系，配合摄像机图层的运动，来模拟真实的三维空间，如图7-50所示。

图7-50

操作步骤：

01 新建合成。执行【合成】|【新建合成】命令，在【合成设置】面板中，将合成大小调整为640×480像素，设置像素长宽比为方形像素，合成长度为10秒，如图7-51所示。

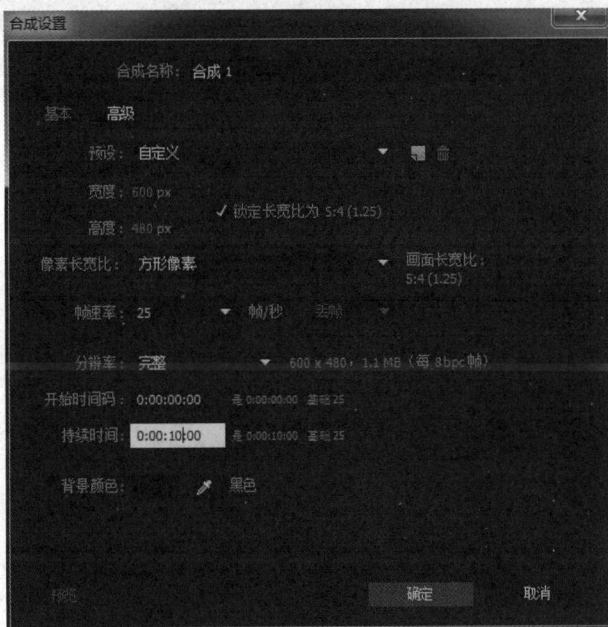

图7-51

02 双击【项目】面板，导入所有图片素材，将素材拖动到合成项目1中的【时间轴】面板，如图7-52所示。

图7-52

03 在【时间轴】面板中选中所有图层，选中图层中的【3D图层】方框，启用3D图层功能，如图7-53所示。

图7-53

04 在【时间轴】面板中单击鼠标右键，执行【新建】|【摄像机】命令，在【摄像机设置】面板中将类型调整为双节点摄像机，同时将【预设】选项调整为50毫米摄像机，如图7-54所示。

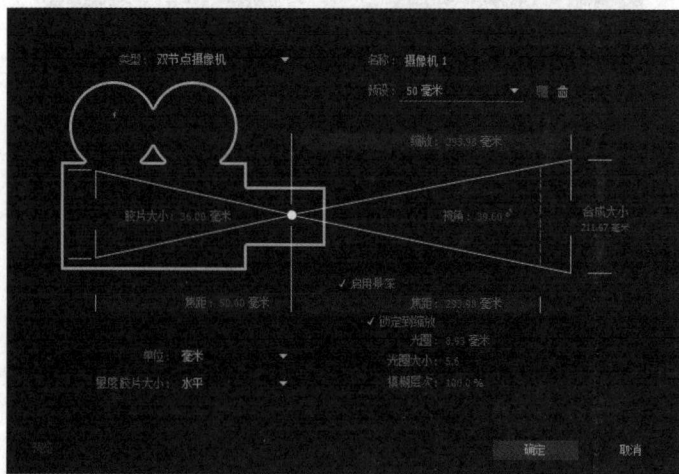

图7-54

05 在【时间轴】面板中选中所有图层，依次调节各图层Z轴的参数信息。将"天空"图层Z轴参数调整为7630，"楼体"图层Z轴参数调整为6000，"草地"图层Z轴参数调整为5067，如图7-55所示。

图7-55

06 在【时间轴】面板中选中"草地"图层，调整【缩放】属性，将【缩放】值调整为592%，如图7-56所示。

图7-56

07 在【时间轴】面板中选中"楼体"图层，调整【缩放】属性，将【缩放】值调整为358%，如图7-57所示。

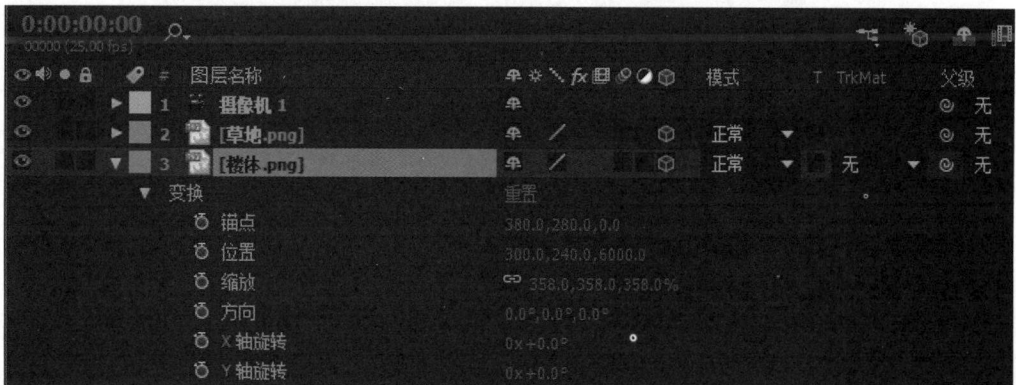

图7-57

08 在【时间轴】面板中选中"天空"图层,调整【缩放】属性,将【缩放】值调整为1007%,如图7-58所示。

图7-58

09 在【时间轴】面板中选中【摄像机】图层,调整【目标点】属性,将【目标点】Z轴参数调整为7648,如图7-59所示。

图7-59

10 选择【摄像机】图层,将【时间指示器】移动至第0帧位置,激活【位置】属性中的【时间变化秒表】按钮,调整【摄像机】的【位置】属性为230,290,-833.3,如图7-60所示。

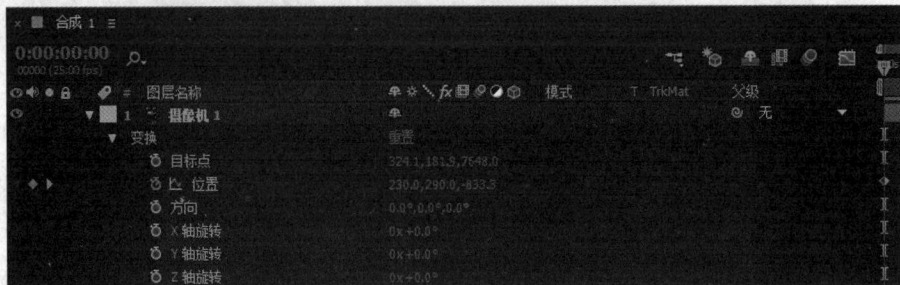

图7-60

11 将【时间指示器】移动至0:00:02:00位置处，调整【摄像机】的【位置】属性为324.1,181.9,-833.3，如图7-61所示。

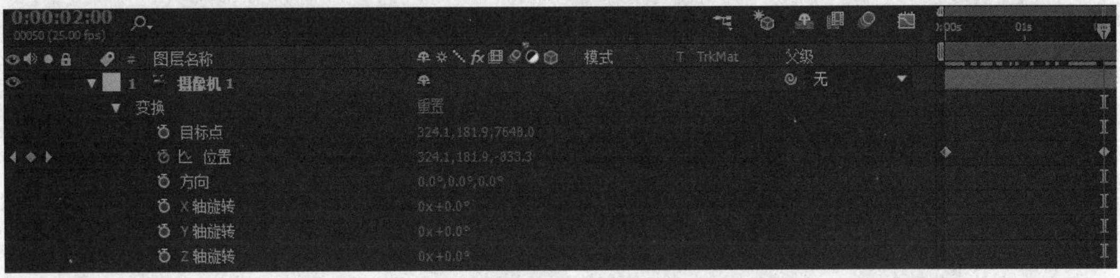

图7-61

12 将【时间指示器】移动至0:00:04:00位置处，在当前位置为【摄像机】图层添加一个【位置】关键帧，如图7-62所示。

图7-62

13 将【时间指示器】移动至0:00:07:00位置处，调整【摄像机】的【位置】属性为324.1,131.9,-480.3，如图7-63所示。

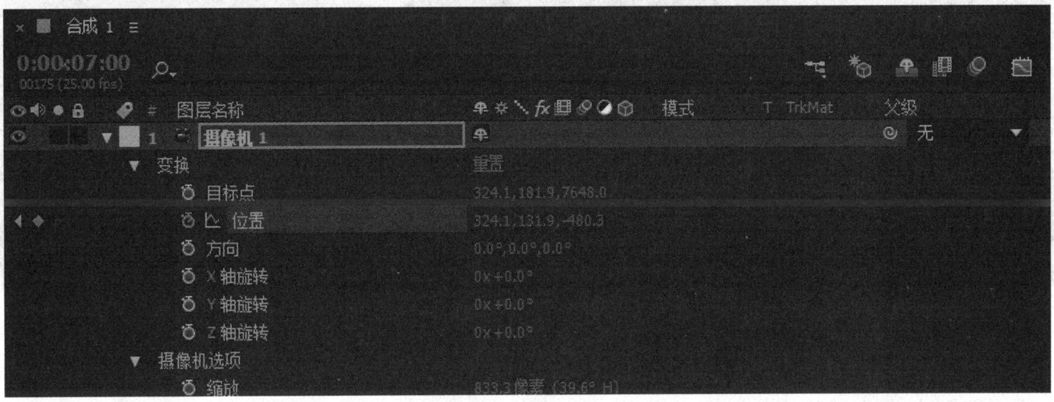

图7-63

14 选择【摄像机】图层，将【时间指示器】移动至第0帧位置，在【摄像机选项】中，激活【光圈】属性中的【时间变化秒表】按钮，调整【光圈】大小为238.3像素，如图7-64所示。

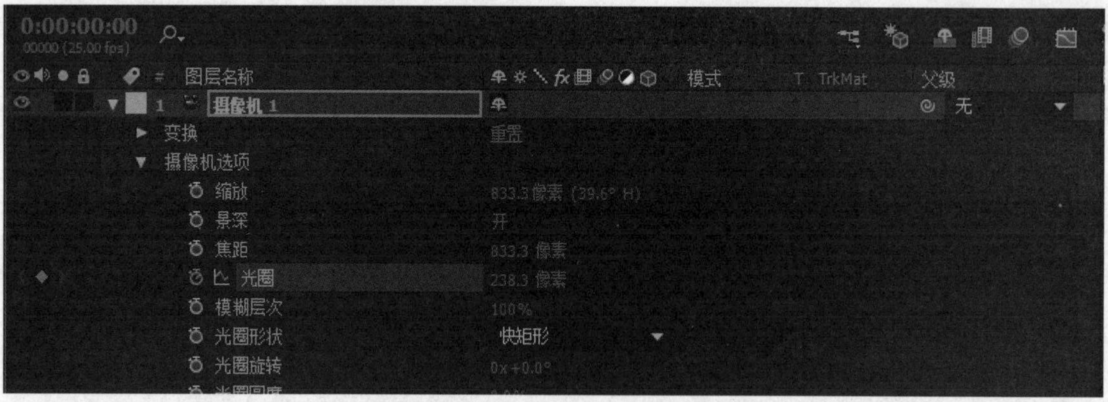

图7-64

15 选择【摄像机】图层，将【时间指示器】移动至第0帧位置，在【摄像机选项】中，调整【焦距】大小为5638.3像素，使前景产生模糊效果，如图7-65所示。

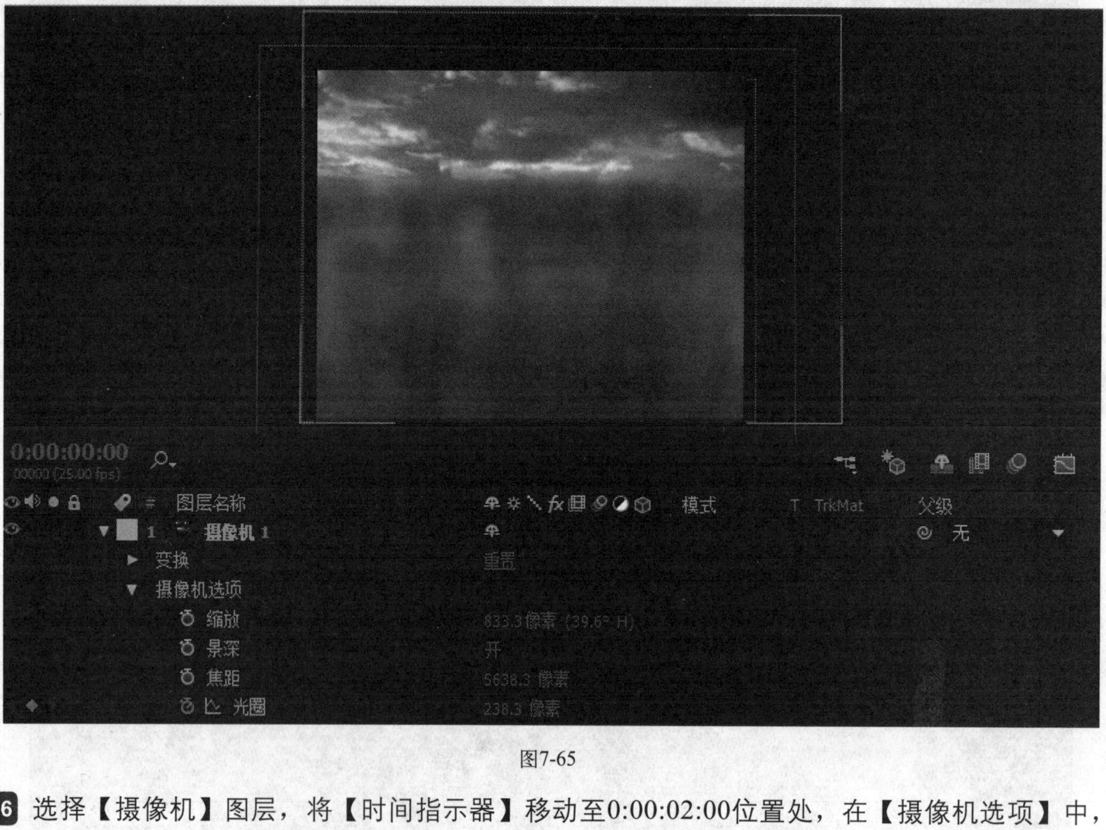

图7-65

16 选择【摄像机】图层，将【时间指示器】移动至0:00:02:00位置处，在【摄像机选项】中，调整【光圈】大小为18像素，使前景模糊效果逐渐减弱，如图7-66所示。

图7-66

17 在【时间轴】面板中单击鼠标右键，执行【新建】|【纯色】命令，在【纯色设置】面板中将颜色调整为纯白色，如图7-67所示。

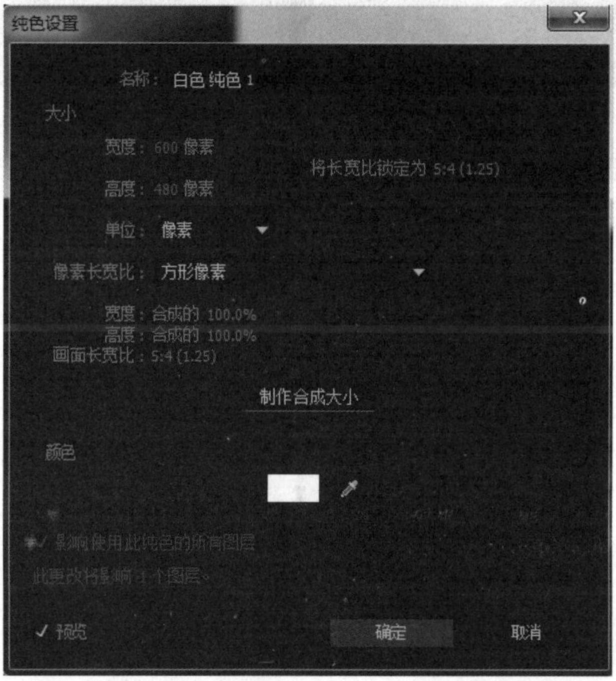

图7-67

18 将【时间指示器】移动至0:00:06:00位置处，选中纯色图层，使用【键将纯色层的入点对齐到0:00:06:00位置处，并将其【不透明度】属性调整为0，如图7-68所示。

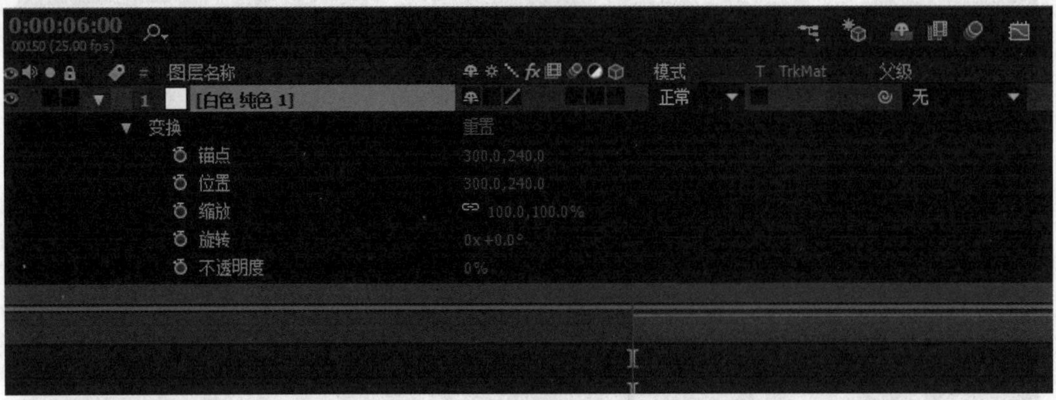

图7-68

19 将【时间指示器】移动至0:00:07:00位置处，选中纯色图层，将其【不透明度】属性调整为100%，如图7-69所示。

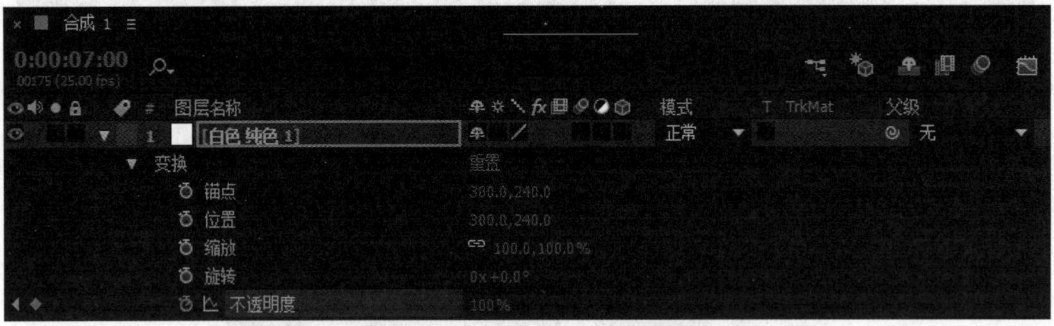

图7-69

至此，三维空间摄像机动画制作完成，可以通过【播放】来观察动画效果。

第8章

色彩调节与校正

　　随着影视后期产业的不断发展，传统的影视调色技术已经渐渐被数字调色技术所取代。数字调色技术主要分为校色和调色。由于在前期拍摄时候的一些问题，视频有时会出现一些偏色情况，这就需要校色来帮助视频恢复原来的色彩。调色可用来达到一些特殊的艺术效果，在影视后期制作中，调色阶段尤为重要。调色能够从形式上更好地配合画面内容的表达。画面是一部影片最重要的基本元素，画面的颜色效果会直接影响到影片的内容。在本章中，将详细介绍色彩的基础知识以及调色特效的使用。

| 8.1 色彩基础   🔍 ➡

■8.1.1 色彩 ──────────────────────────○

　　色彩是人眼看到光后的一种感觉。这种感觉是人眼所接受到光的折射和心理状况相结合后的产物。光线进入到眼睛后传输至大脑，大脑会对这种刺激产生一种感觉定义，这就是色的意思。随后人脑对刺激程度给出一个强度的变化，而这种变化正是人们对光的理解。下面介绍色彩的相关名词。

1. 三原色

　　在色彩中，我们把最基础的3种颜色称为三原色。这3种颜色为红、黄、蓝。强烈、鲜明、纯正是这3种颜色的最显著特征，并且这3种颜色是不可调配得出的。三原色相互按比例调配后可以得到多种不同色相的其他颜色。如图8-1所示，左边为色光三原色，右边为颜料三原色。

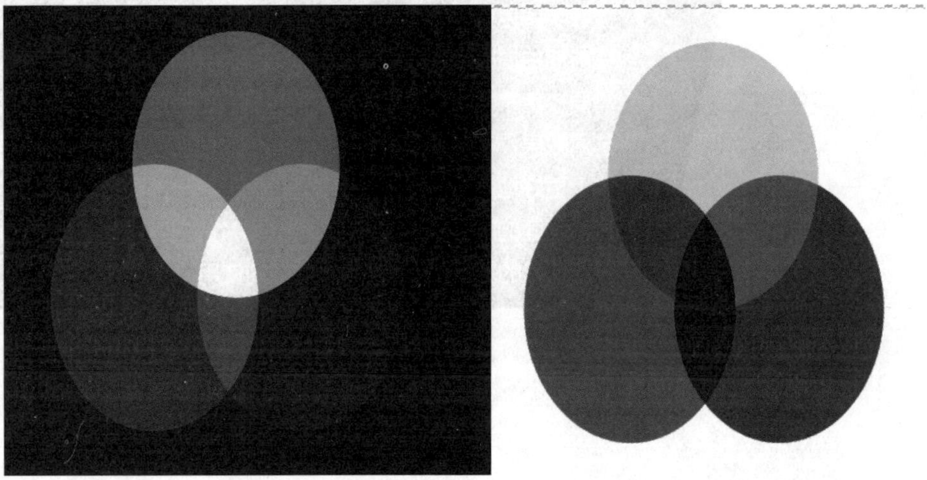

图8-1

2. 间色

　　由两个不同的原色相互混合所得出的色彩就是间色，如黄与蓝混合后得绿，蓝与红混合后得紫。

3. 复色

　　将不同的两个间色(如紫和绿，绿和橙)或相对应的间色 (如黄和紫)相互混合后得出的颜色就是复色。

■8.1.2 色彩三要素 ──────────────────────○

　　通常所说的色彩三要素由色彩的饱和度(纯度)、明度和色调(色相)三部分组成。在日常生活中，人眼所接触到的任何彩色光包含以上3种综合效果。这3种特性要素就是色彩的三要素。

1. 明度

我们常说的明度是颜色中亮度和暗度的总和。计算明度的方法是根据颜色中灰度所占有的比例来决定的。在测试比例时，黑色表示为0，白色表示为10，在0～10之间以相同比例分割成9个阶段。在色彩上则可分为无色和有色，但要注意，无色仍然存在着明度变化。作为有色，每一种色都有各自的亮度和暗度，并在测试卡上对应相关的位置。处于高位置的颜色明度变化不是很明显，对其他颜色的影响也很细微，不太容易进行辨别。灰度测试卡如图8-2所示。

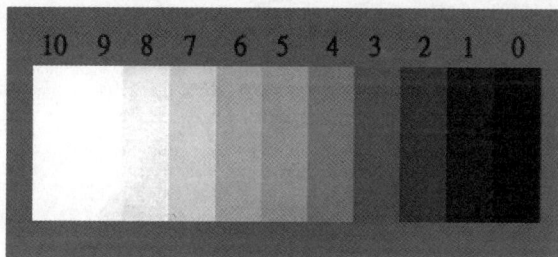

图8-2

2. 色相

色彩的呈现原理是基于光的物理反射至视觉神经所形成的一种感觉。由于光波不同，其长短差别就会形成不同的颜色。而这里所说的色相，就是各种不同颜色的差别。在诸多波长中，红色最长，紫色最短，当我们把红、橙、黄、绿、蓝、紫和它们之间所对应的中间色，如红橙、黄橙、黄绿、蓝绿、蓝紫、红紫共12种颜色称为色相环。在色相环上都是高纯度的色，通常被称为纯色。色环上的颜色排列是根据人的视觉及感觉为基准进行排列的。这种方法还可以详细分辨出更多的颜色。以色环中心为基点，相隔180°位置的两种颜色被称为互补色，如图8-3所示。

图8-3

3. 饱和度

通常情况下，一般使用彩度表示颜色的鲜艳程度，并且对应不同的数值进行区分。每一种色彩都有其对应的彩度值，而无彩色的彩度值会用0来表示。一般我们用颜色中所含灰色的程度来区别色彩的纯度高低。决定彩度值的因素有很多，通常不同色相是彩度值的最明显差异表现。在相同色相的情况下，不同的明度又会导致明显的彩度的变化，如图8-4所示。

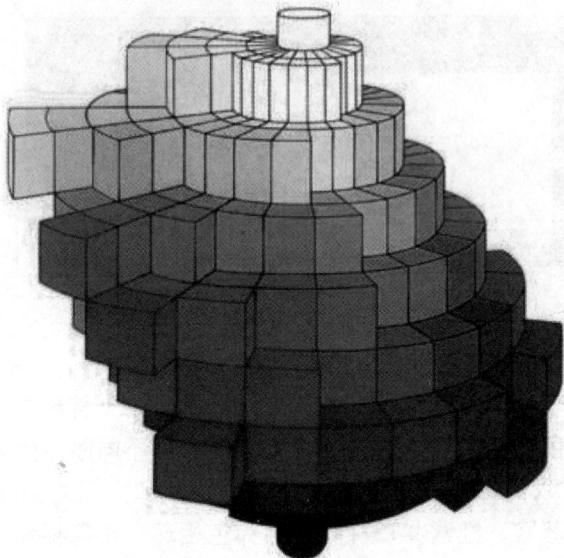

图8-4

8.1.3 色彩三要素的应用空间

通常，合理运用颜色可以表现出不同的效果，如利用色彩表现前后空间感，我们就可以通过明度、纯度、色相、冷暖和形状等因素来表达。

(1) 利用色彩明度来进行空间表达时应注意，高明度颜色在空间上有靠前的感觉，而低明度颜色则在空间上有靠后的感觉。

(2) 冷暖颜色对比时应注意，偏暖的颜色空间上会带来靠前的感觉，而偏冷的颜色在空间上会带来靠后的感觉。

(3) 利用颜色纯度进行对比时应注意，纯度高的颜色会带来靠前的感觉，纯度低的颜色则会带来靠后的感觉。

(4) 从画面来讲，色彩统一完整就会有靠前的感觉，而色彩零碎、边缘模糊就会有靠后的感觉。

(5) 从透视关系来说，大面积的色彩表现会带来靠前的感觉，而小面积的色彩表现则会有靠后的感觉。

(6) 从形状结构来说，规则有型的图案形状会带来靠前的感觉，而不规则凌乱的图形则会有靠后的感觉。

| 8.2 基础调色滤镜

在【颜色校正】滤镜特效中，提供了【色阶】、【曲线】、【色相/饱和度】效果，这是最基础的调色滤镜特效，也是用户必须要掌握的。

8.2.1 色阶

通常使用色阶来表现图像的亮度级别和强弱分布，即色彩分布指数。而在数字图像处理软件中，一般多指灰度的分辨率，又称为幅度分辨率或灰度分辨率。在After Effects中，我们可以通过【色阶】特效增加图像的明暗对比度，如图8-5所示。

图8-5

执行【效果】|【颜色校正】|【色阶】命令，在【效果控件】面板中展开其特效参数，如图8-6所示。

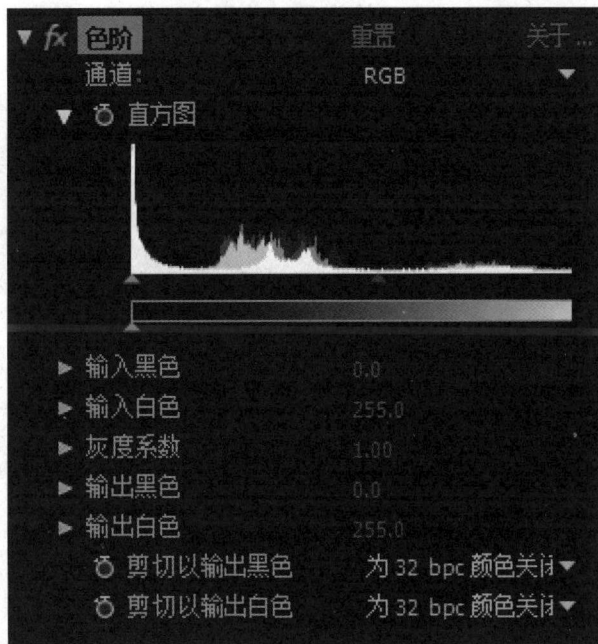

图8-6

在【色阶】面板中，可以看到After Effects一共为用户提供了【通道】、【直方图】、【输入黑色】、【输入白色】、【灰度系数】、【输出黑色】、【输出白色】、【剪切以输出黑色】和【剪切以输出白色】9个操控项。

☆ 通道：在这一选项中，软件提供了RGB、红色、绿色、蓝色和Alpha 5种可选通道，用户可以根据自身需求来选择通道，从而进行单独通道的调节。

☆ 直方图：用户可以在这一界面直观地看到所选图像的颜色分布情况，如图像的高光区域、阴影区域以及中间区域的亮度情况。通过对不同部分进行调整来改变图像整体的色彩平衡和色调范围。用户可以通过拖曳滑块进行颜色调整，将暗淡的图像调整为明亮的效果。

☆ 输入黑色：用户可以在这一选项中控制调整图像中所添加黑色的所占比例。

☆ 输入白色：用户可以在这一选项中控制调整图像中所添加白色的所占比例。

☆ 灰度系数：用户可以在这一选项中控制调整图像中灰度的参数值。当灰度系数越大时，图像中黑白对比差异越小，整体图像呈现一片灰色；而当灰度系数越小时，图像中黑白对比差异越大，图像呈现强烈的对比。

☆ 输出黑色：用户可以在这一选项中调整整体图像由深到浅的可见度，数值越高，表明图像越亮，最后图像整体变成白色。

☆ 输出白色：用户可以在这一选项中调整整体图像由浅到深的可见度，数值越低，整体图像越暗，直至最后图像整体变成黑色。

☆ 剪切以输出黑色：用户可以在这一选项中调整图像中黑色的输出方式。

☆ 剪切以输出白色：用户可以在这一选项中调整图像中白色的输出方式。

在【颜色校正】效果中，还提供了【色阶(单独控件)】特效，该特效是通过对每一个色彩通道的色阶进行单独调整，来设置整体画面的效果，使用方法跟【色阶】特效基本一致，如图8-7所示。

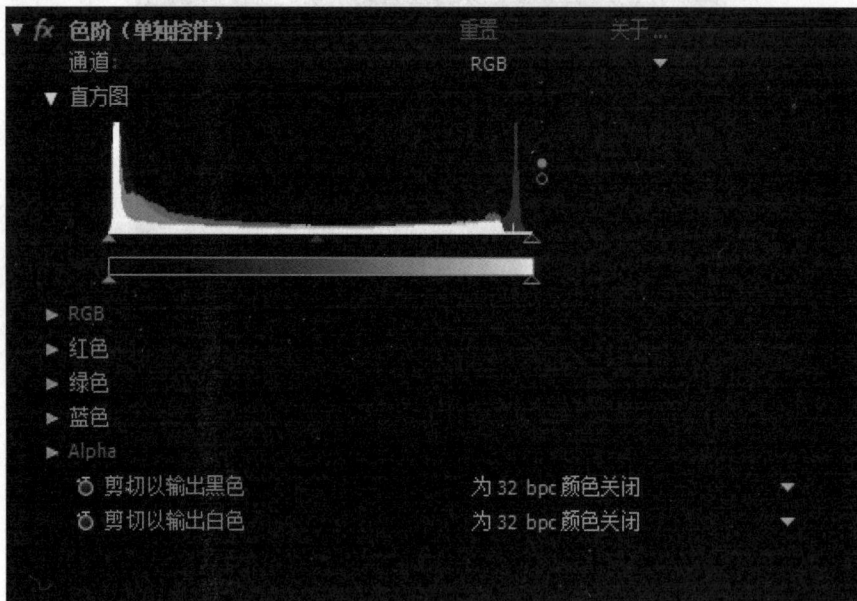

图8-7

8.2.2 曲线

在After Effects中，用户可以通过曲线控制来完成对图像色彩的精确调整。用户可以使用这一功能对图像整体或者单独通道进行调整。在颜色精确调整中，用户可以为暗淡的图像赋予新的活力，如图8-8所示。

图8-8

执行【效果】|【颜色校正】|【曲线】命令，在【效果控件】面板中展开特效参数。曲线左下角的端点代表图像中的暗部区域，右上角的端点代表图像中的高光区域。往上移动点会使图像变亮，往下移动点会使图像变暗，使用S形曲线会增加图像的明暗对比度，如图8-9所示。

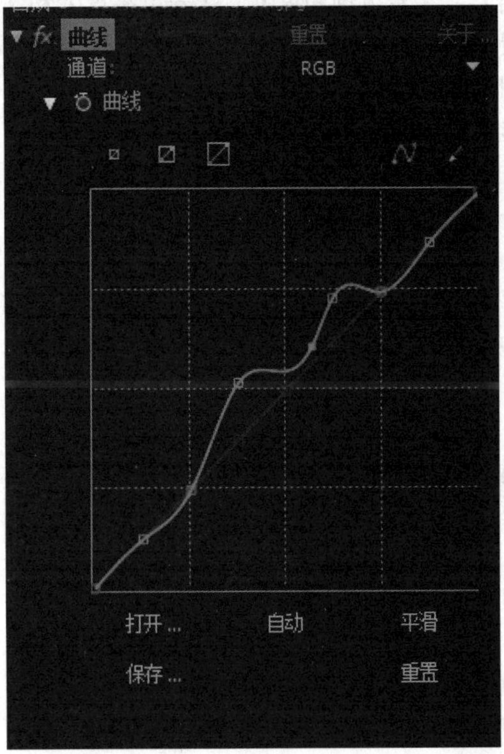

图8-9

在【曲线】面板中，After Effects提供了【通道】、【视窗大小】、【曲线工具】、【铅笔工具】、【打开】、【自动】、【平滑】、【保存】和【重置】9个操控项。

☆ 通道：在这一选项中，软件提供了RGB、红色、绿色、蓝色和Alpha 5种可选通道。用户可以根据自身需求来选择通道，从而根据不同的要求进行调节。

☆ 视窗大小：用户可以通过这组按键根据自己的需求去设定曲线图的大小。

☆ 曲线工具：用户可以通过这一按钮对曲线增加或者删减节点，通过设定不同节点，用户可以更加精确地对图像进行调控。

☆ 铅笔工具：用户可以通过这一按钮对曲线进行自定义绘画。

☆ 打开：用户可以通过这一选项导入之前设定的曲线文件。

☆ 自动：用户可以通过这一选项对图像进行自动曲线设定，软件会根据自身设定好的参数对目标图像做出对比和校正。

☆ 平滑：用户可以通过这一选项对已修改的参数做出缓和处理，使得画面中修改的效果更加平滑。

☆ 保存：用户可以通过这一选项对设定好的曲线进行保存。

☆ 重置：用户可以通过这一按钮对已修改参数进行还原设置，把所有参数还原到未修改前的数值。

■■ 8.2.3　色相/饱和度

在After Effects中，用户可以通过【色相/饱和度】特效来完成对图像的色彩调节，如图8-10所示。

图8-10

执行【效果】|【颜色校正】|【色相/饱和度】命令，在【效果控件】面板中展开特效参数，如图8-11所示。

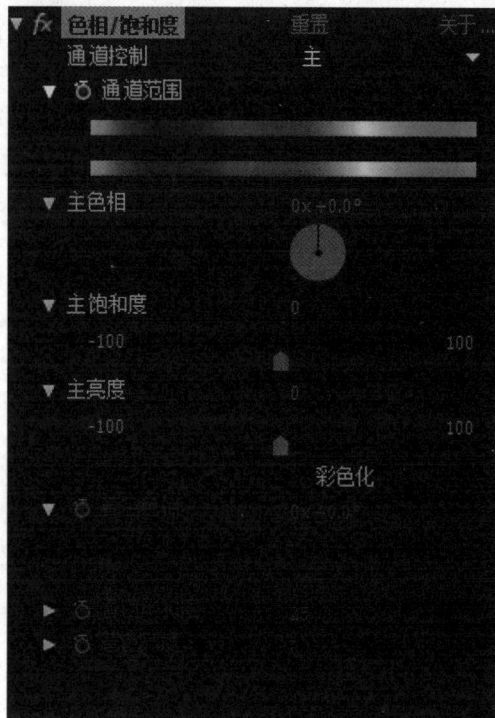

图8-11

在【色相/饱和度】面板中，After Effects提供了【通道控制】、【通道范围】、【主色相】、【主饱和度】、【主亮度】、【着色色相】、【着色饱和度】、【着色亮度】和【重置】9个操控项。需要注意的是，【着色色相】、【着色饱和度】、【着色亮度】这3个选项需要用户勾选【彩色化】复选框后才可以进行调节。【彩色化】选项可以让用户只对单一色彩进行调整。

☆ 通道控制：在这一选项中，软件提供了主、红色、黄色、绿色、青色、蓝色、洋红7种可选通道。用户可以根据自身需求来进行选择，从而根据不同的要求进行调节。

☆ 通道范围：用户在这一选项中可以对图形的颜色进行最大限度的自主选择，并用简单直观的方式展现给用户。

☆ 主色相：用户可以在这里调节图像的颜色，并可以根据数值进行详细调控。

☆ 主饱和度：用户可以在这里调节图像的整体饱和度，调整范围是-100~100。当主饱和度为-100时，图像变为黑白图像。

☆ 主亮度：用户可以在这里调节图像的整体亮度，调整范围是-100～100。

☆ 着色色相：用户可以自主选择所需要的单一色相进行调整和修改。

☆ 着色饱和度：用户可以根据自身需求对所选颜色的饱和度进行调整，调整范围是0～100。

☆ 着色亮度：用户可以根据自身需求对所选色相亮度进行调整，调整范围是-100～100。

☆ 重置：用户可以通过这一按钮对已修改参数进行还原设置，把所有参数还原到未修改前的数值。

8.3 常用滤镜

8.3.1 自动颜色、自动色阶、自动对比度

1. 自动颜色

用户可以通过【自动颜色】特效对目标图像自动校正匹配颜色，省去了用户手动调整的步骤，节约了用户时间。【自动颜色】特效可以对图像中的阴影、中间色调和高光进行分析，然后自动调节图像中的对比度和颜色，如图8-12所示。

图8-12

执行【效果】|【颜色校正】|【自动颜色】命令，在【效果控件】面板中展开特效参数，如图8-13所示。

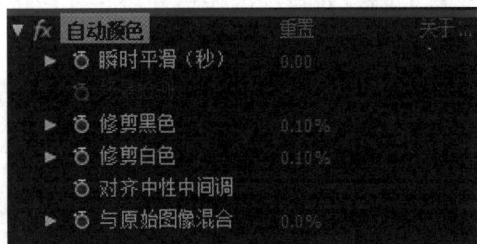

图8-13

在【自动颜色】面板中，After Effects提供了【瞬时平滑】、【场景检测】、【修剪黑色】、【修剪白色】、【对齐中性中间调】、【与原始图像混合】和【重置】和7个操控项。

☆ 瞬时平滑：指定围绕当前帧的持续时间。

☆ 场景检测：默认为非选择状态，将忽略不同场景中的帧。

☆ 修剪黑色：用户可以通过这一选项对图像中的黑色所占比例进行调整，调整范围是0%～10%。

☆ 修剪白色：用户可以通过这一选项对图像中的白色所占比例进行调整，调整范围是0%～10%。

☆ 对齐中性中间调：默认为非选择状态，勾选该参数，将确定一个接近中性色彩的平均值，使图像整体色彩保持平衡。

☆ 与原始图像混合：用户可以通过这一选项对修改后和未修改的图像进行混合，调整范围是0%～100%。

☆ 重置：用户可以通过这一按钮对已修改参数进行还原设置，把所有参数还原到未修改前的数值。

2. 自动色阶

用户可以通过【自动色阶】特效对目标图像自动校正匹配色阶调整，省去了用户手动调整的步骤，节约了用户时间。【自动色阶】特效可以按比例来分布中间色阶，并自动设置高光和阴影。

执行【效果】|【颜色校正】|【自动色阶】命令，在【效果控件】面板中展开特效参数，如图8-14所示。

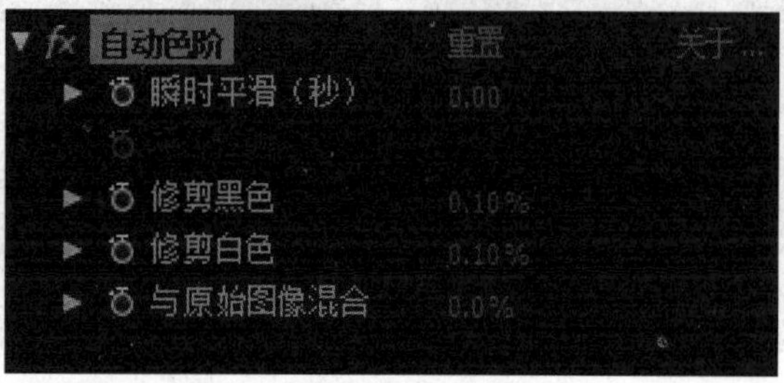

图8-14

3. 自动对比度

用户可以通过【自动对比度】特效对目标图像自动校正匹配色彩对比度和颜色混合度，省去了用户手动调整的步骤，节约了用户时间，如图8-15所示。

图8-15

执行【效果】|【颜色校正】|【自动对比度】命令，在【效果控件】面板中展开特效参数，如图8-16所示。

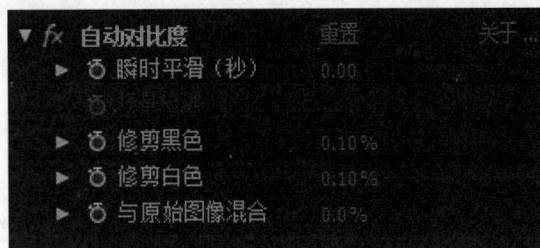

图8-16

8.3.2 亮度和对比度

用户可以通过【亮度和对比度】特效来完成对图像亮度和对比度的调节。其中，亮度是指图像的明亮程度，而对比度则是图像中黑色与白色的分布比值，即颜色的层次变化。比值越大，层次变化就越多，色彩表现就越丰富。【亮度和对比度】特效能够同时调整画面的暗部、中间调和亮部区域，但只能针对颜色通道进行调整，如图8-17所示。

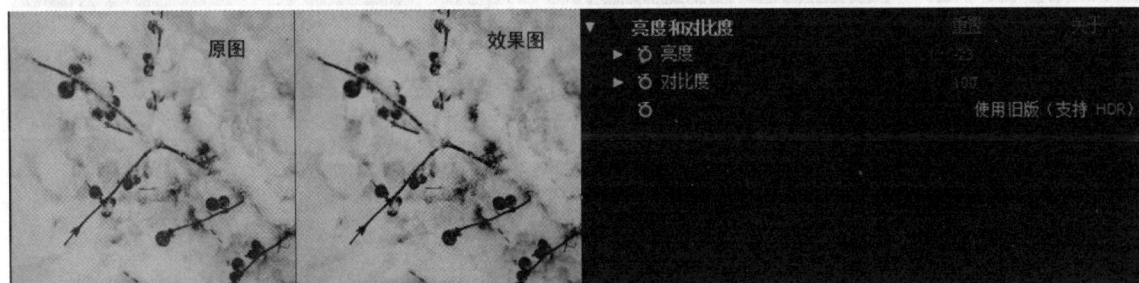

图8-17

执行【效果】|【颜色校正】|【亮度和对比度】命令，在【效果控件】面板中展开特效参数，如图8-18所示。

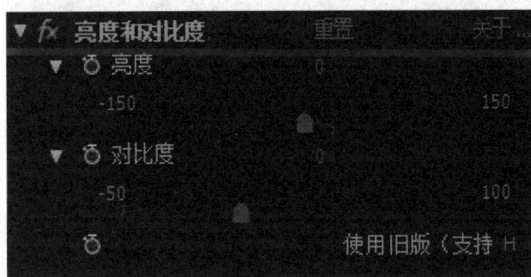

图8-18

在【亮度和对比度】面板中，After Effects提供了【亮度】、【对比度】和【重置】3个操控项。

☆ 亮度：用户可以通过这一选项修改目标图像的整体亮度。

☆ 对比度：用户可以通过这一选项修改目标图像的对比度，通过此项的调整使得图像色彩更加艳丽丰富。

☆ 重置：用户可以通过这一选项对已修改参数进行还原设置，会把所有参数还原到未修改前的数值。

8.3.3 色光

用户可以通过【色光】特效对图像取样颜色进行转变，可以使用新的渐变颜色对图像进行上色处理，例如彩虹、霓虹灯彩色光的特效，如图8-19所示。

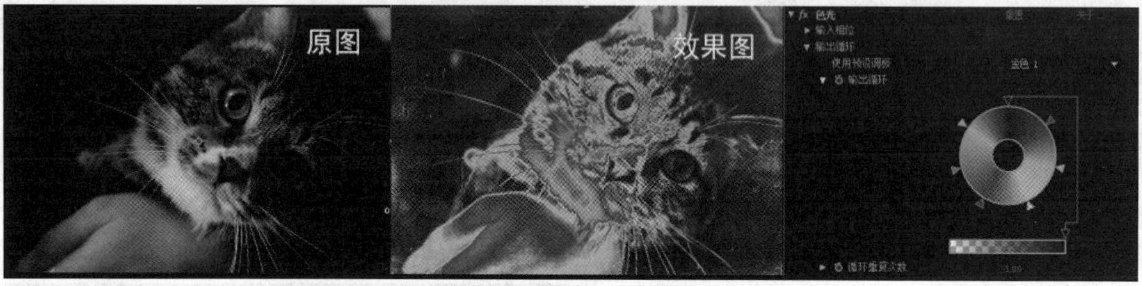

图8-19

执行【效果】|【颜色校正】|【色光】命令，在【效果控件】面板中展开特效参数，如图8-20所示。

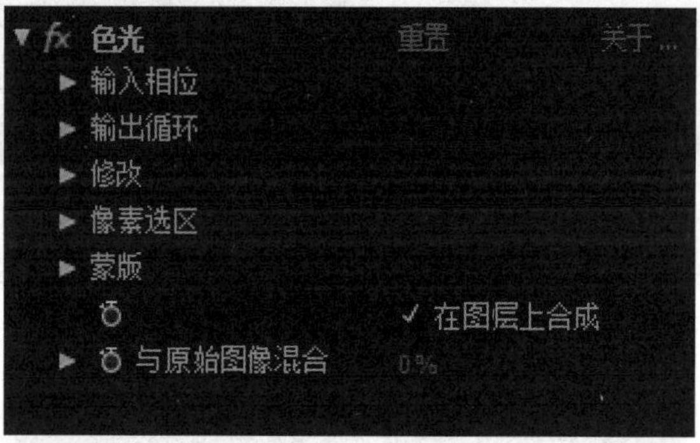

图8-20

在【色光】面板中，提供了【输入相位】、【输出循环】、【修改】、【像素选区】、【蒙版】、【与原始图像混合】、【重置】和【在图层上合成】8个操控项。

☆ 输入相位：用户可以通过这一选项对图像颜色进行调节，其中包括5个可调节选项。【获取相位自】用于选择哪一类元素产生彩光，提供了10种可选模式。【添加相位】用于更改图像颜色的来源位置和信息。【添加相位自】指定用于添加色彩的通道，提供了10种可选模式。【添加模式】指定彩光的添加模式，这一选项提供了4种可供选择的模式。【相移】可以通过参数调整来改变图像的颜色。

☆ 输出循环：用户可以通过这一选项对图像颜色进行自定义设置，包括相位、颜色、风格等。在这一选项下，系统提供了4个可调节选项。【使用预设调板】可以进行图像风格选择，一共提供了24种可选风格。【输出循环】可以进行自定义颜色的设置，【循环重复次数】可以对循环次数进行更改，范围是0～64。【插值调板】复选框默认为勾选状态，显示主要颜色之间的过渡状态。

☆ 修改：用户可以通过这一选项进行图像颜色参数的更改。在这一选项下，系统提供了3个可调节选项。在【修改】参数中，用户可以对图像中的不同通道进行调整，分别提供了14个可选通道。【修改Alpha】可以对图像中的Alpha通道进行变更。【更改空像素】代表是否对空像素进行更改。

☆ 像素选区：用户可以通过这一功能进行图像中色彩影响范围的调整。在这一选项下系统提供了4个可调节选项。【匹配颜色】可以对颜色进行匹配。【匹配容差】可以对颜色容差进行调整，容差越大，图像颜色范围越广；容差越小，图像颜色范围越小，范围是0～1。【匹配柔和度】可以对图像中的柔和度进行调整，柔和度会随着数值的增大而增大，范围是0～1。【匹配模式】用于设置颜色匹配的模式。

☆ 蒙版：用户可以通过这一选项对图像进行蒙版的添加，其中提供了3个可调节选项。【蒙版图层】可以更改蒙版图层。【蒙版模式】用于设置蒙版的计算方式，系统一共提供了5种混合模式。

☆ 在图层上合成：用户可以在这一选项中设置蒙版和原始图层同时显示。

☆ 与原始图像混合：用户可以在这一选项中完成自定义特效与原图像的混合程度，范围是0%～100%。

☆ 重置：用户可以通过这一选项对已修改参数进行还原设置，把所有参数还原到未修改前的数值。

8.3.4 更改颜色

用户可以通过【更改颜色】特效来完成对图像颜色的转变，也可以将画面中的某个特定颜色置换成另一种颜色，如图8-21所示。

图8-21

执行【效果】|【颜色校正】|【更改颜色】命令，在【效果控件】面板中展开特效参数，如图8-22所示。

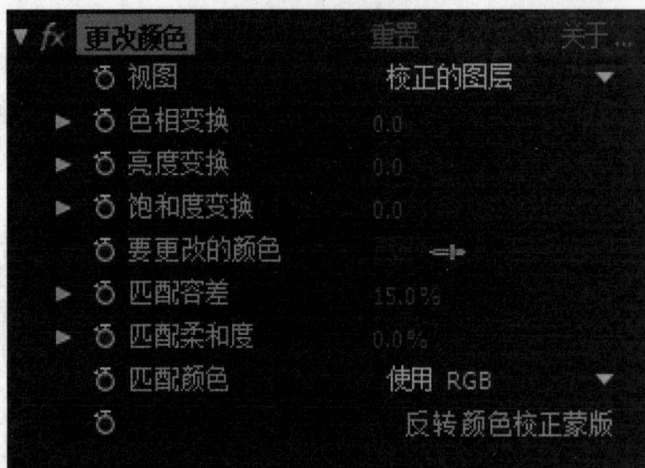

图8-22

在【更改颜色】面板中，提供了【视图】、【色相变换】、【亮度变换】、【饱和度变换】、【要更改的颜色】、【匹配容差】、【匹配柔和度】、【匹配颜色】、【反转颜色校正蒙版】和【重置】10个操控项。

☆ 视图：设置查看图像的方式。【校正的图层】用来观察颜色校正后的显示效果。【颜色校正蒙版】用来观察蒙版效果，也就是图像中被改变的区域。

☆ 色相变换：用户可以通过这一选项来完成对图像色相的调整，范围是-180～180。

☆ 亮度变换：用户可以通过这一选项来完成对图像亮度的调整，范围是-100～100。

☆ 饱和度变换：用户可以通过这一选项来完成对图像饱和度的调整，范围是-100～100。

☆ 要更改的颜色：用户可以通过这一选项来指定替换的颜色。

☆ 匹配容差：用户可以通过这一选项来完成对图像颜色容差度的匹配，范围是0%～100%。

☆ 匹配柔和度：用户可以通过这一选项来完成对图像色彩柔和度的调节，范围是0%～100%。

☆ 匹配颜色：用户可以通过这一选项对颜色进行匹配模式设置，其中提供了3种可调节模式。

☆ 反转颜色校正蒙版：用户可以通过这一选项对蒙版进行反转，从而反转颜色校正的范围。

☆ 重置：用户可以通过这一选项对已修改参数进行还原设置，把所有参数还原到未修改前的数值。

8.3.5　三色调

用户可以通过【三色调】特效来完成对图像中高光、中间调和阴影颜色的转变，如图8-23所示。

图8-23

执行【效果】|【颜色校正】|【三色调】命令，在【效果控件】面板中展开特效参数，如图8-24所示。

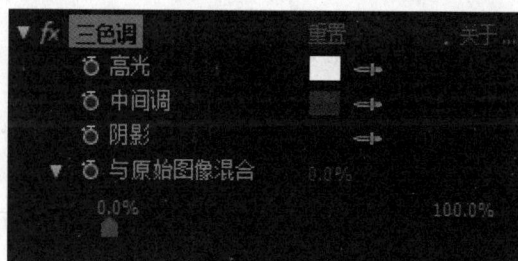

图8-24

在【三色调】面板中，提供了【高光】、【中间调】、【阴影】、【与原始图像混合】和【重置】5个操控项。

☆ 高光：用户可以通过这一选项完成对图像中高光区域的颜色更改。

☆ 中间调：用户可以通过这一选项完成对图像中间调区域的颜色更改。

☆ 阴影：用户可以通过这一选项完成对图像中阴影区域的颜色更改。

☆ 与原始图像混合：用户可以通过这一选项调节修改后的特效与原始图像的混合程度，范围是0%～100%。

☆ 重置：用户可以通过这一选项对已修改参数进行还原设置，把所有参数还原到未修改前的数值。

8.3.6 照片滤镜

用户可以通过【照片滤镜】特效为图像加入一个滤镜，以达到图像色调统一的目的，如图8-25所示。

图8-25

执行【效果】|【颜色校正】|【照片滤镜】命令，在【效果控件】面板中展开特效参数，如图8-26所示。

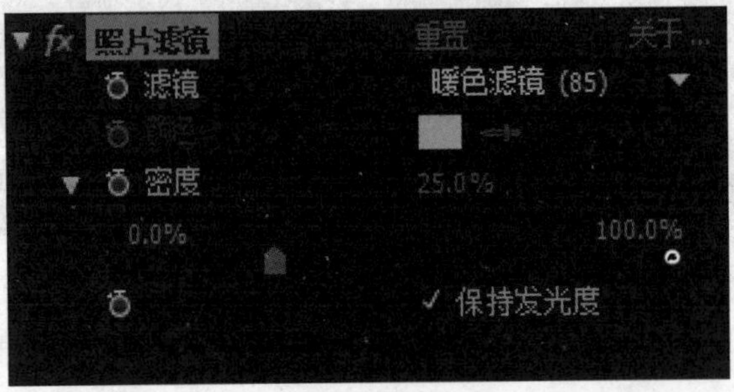

图8-26

在【照片滤镜】面板中提供了【滤镜】、【颜色】、【密度】、【保持发光度】和【重置】5个操控项。

☆ 滤镜：用户可以通过这一选项对图像添加所需要的颜色滤镜，共21种可供用户选择。

☆ 颜色：用户可以通过这一选项来设置所选滤镜的颜色。需要注意的是，【颜色】只有在【滤镜】选择为【自定义】时才可以激活变更。

☆ 密度：用户可以通过这一选项更改颜色的附着强度，颜色强度会随着此项数值的增大而增大，调整范围是0%～100%。

☆ 保持发光度：用户可以通过这一选项对图像的整体亮度进行调控，可以在改变颜色的情况下仍旧保持原有的明暗关系。

☆ 重置：用户可以通过这一选项对已修改参数进行还原设置，会把所有参数还原到未修改前的数值。

8.3.7 颜色平衡

用户可以通过【颜色平衡】特效来完成对图像色彩平衡的调节，以达到想要的平衡效果，如图8-27所示。

图8-27

执行【效果】|【颜色校正】|【颜色平衡】命令，在【效果控件】面板中展开特效参数，如图8-28所示。

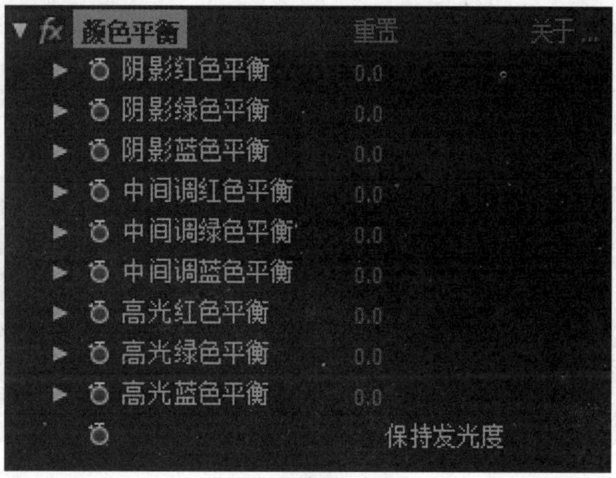

图8-28

在【颜色平衡】面板中提供了【阴影红色平衡】、【阴影绿色平衡】、【阴影蓝色平衡】、【中间调红色平衡】、【中间调绿色平衡】、【中间调蓝色平衡】、【高光红色平衡】、【高光绿色平衡】、【高光蓝色平衡】、【保持发光度】和【重置】11个操控项。

☆ 阴影红色平衡：用户可以通过这一选项来设定阴影区域的红色平衡数值，范围是-100～100。

☆ 阴影绿色平衡：用户可以通过这一选项来设定阴影区域的绿色平衡数值，范围是-100～100。

☆ 阴影蓝色平衡：用户可以通过这一选项来设定阴影区域的蓝色平衡数值，范围是-100～100。

☆ 中间调红色平衡：用户可以通过这一选项来设定中间调区域的红色平衡数值，范围是-100～100。

☆ 中间调绿色平衡：用户可以通过这一选项来设定中间调区域的绿色平衡数值，范围是-100～100。

☆ 中间调蓝色平衡：用户可以通过这一选项来设定中间调区域的蓝色平衡数值，范围是-100～100。

☆ 高光红色平衡：用户可以通过这一选项来设定高光区域的红色平衡数值，范围是-100～100。

☆ 高光绿色平衡：用户可以通过这一选项来设定高光区域的绿色平衡数值，范围是-100～100。

☆ 高光蓝色平衡：用户可以通过这一选项来设定高光区域的蓝色平衡数值，范围是-100～100。

☆ 保持亮度：用户可以通过这一选项来更改是否保持原图像的亮度数值。

☆ 重置：用户可以通过这一选项对已修改参数进行还原设置，把所有参数还原到未修改前的数值。

8.3.8 颜色平衡(HLS)

【颜色平衡(HLS)】特效是通过调整【色相】、【亮度】、【饱和度】参数来控制图像的色彩平衡，如图8-29所示。

图8-29

执行【效果】|【颜色校正】|【颜色平衡(HLS)】命令，在【效果控件】面板中展开特效参数，如图8-30所示。

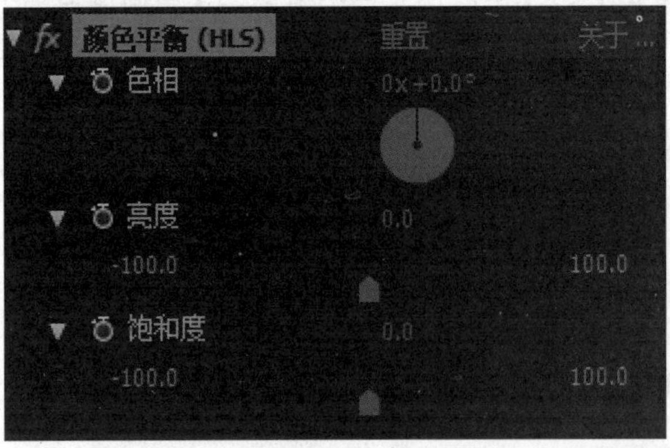

图8-30

在【颜色平衡(HLS)】面板中提供了【色相】、【亮度】、【饱和度】和【重置】4个操控项。

☆ 色相：用户可以通过这一选项对图像的色相进行整体更改。

☆ 亮度：用户可以通过这一选项对图像的亮度进行整体更改，范围是-100～100。

☆ 饱和度：用户可以通过这一选项对图像整体饱和度进行更改，范围是-100～100。

☆ 重置：用户可以通过这一选项对已修改参数进行还原设置，把所有参数还原到未修改前的数值。

8.3.9 曝光度

用户可以通过【曝光度】特效来调节画面的曝光程度，如图8-31所示。

执行【效果】|【颜色校正】|【曝光度】命令，在【效果控件】面板中展开特效参数，如图8-32所示。

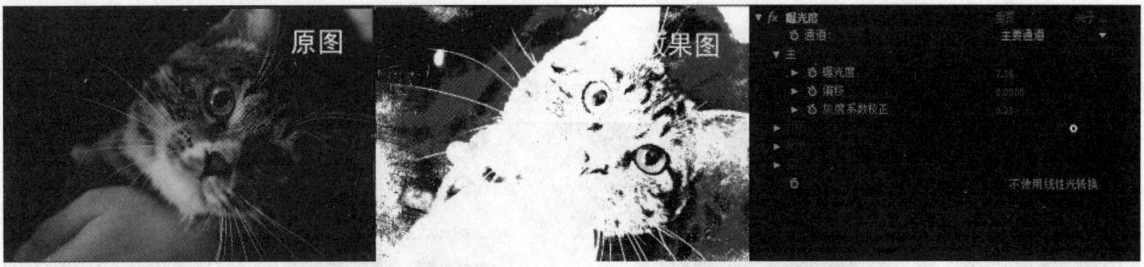

图8-31

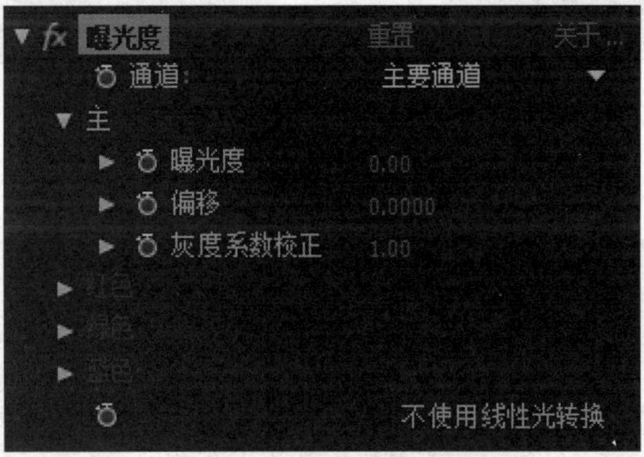

图8-32

在【曝光度】面板中提供了【通道】、【主】、【红色】、【绿色】、【蓝色】、【不使用线性光转换】和【重置】7个操控项。

☆ 通道：用户可以通过这一选项对图像通道类型进行设定，分为【主要通道】和【单个通道】两种。用户可以通过【主要通道】来实现整体调节，也可以通过【单个通道】进行个体调节。

☆ 主：用户可以通过这一选项对图像进行整体调整，其中包含【曝光度】、【偏移】和【灰度系数校正】3个选项。【曝光度】用来对图像曝光进行数值调整，范围是-4～4。【偏移】设定图像的颜色偏移程度，范围是-0.5～0.5。【灰度系数校正】设定图像的灰度系数数值的改变，范围是0.1～10。

☆ 红色：用户可以通过这一选项对图像的【红色曝光度】、【红色偏移】和【红色灰度系数校正】进行自行调整。

☆ 绿色：用户可以通过这一选项对图像的【绿色曝光度】、【绿色偏移】和【绿色灰度系数校正】进行自行调整。

☆ 蓝色：用户可以通过这一选项对图像的【蓝色曝光度】、【蓝色偏移】和【蓝色灰度系数校正】进行自行调整。

☆ 不使用线性光转换：用户可以通过这一选项来设定是否使用线性光转换。

☆ 重置：用户可以通过这一选项对已修改参数进行还原设置，把所有参数还原到未修改前的数值。

8.3.10 通道混合器

用户可以通过【通道混合器】特效来完成对图像通道信息的更改，如图8-33所示。

图8-33

执行【效果】|【颜色校正】|【通道混合器】命令，在【效果控件】面板中展开特效参数，如图8-34所示。

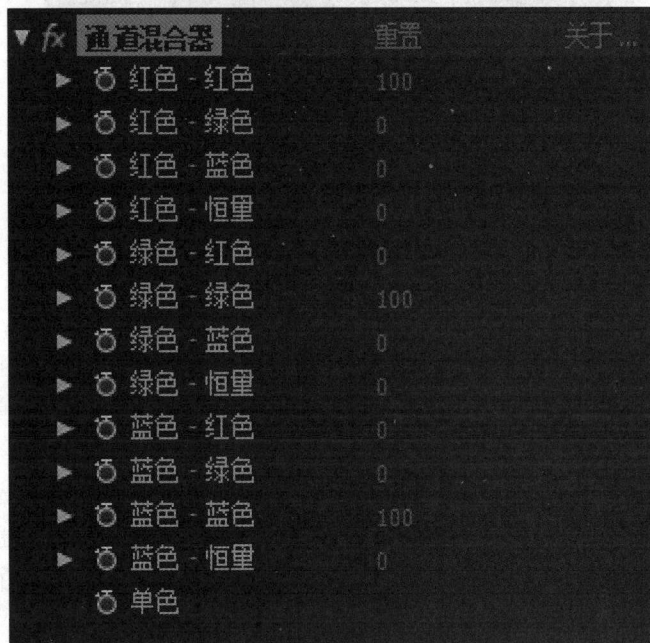

图8-34

【通道混合器】是对红、绿、蓝3个通道单独进行调节，通过调整通道的对比度来完成。其中每一项的范围都是-200~200，用户可以自行根据需要进行色彩调整。

8.3.11 色调均化

用户可以通过【色调均化】特效来降低图像的颜色反差，使得图像亮度和色彩达到平均效果，如图8-35所示。

图8-35

执行【效果】|【颜色校正】|【色调均化】命令，在【效果控件】面板中展开特效参数，如图8-36所示。

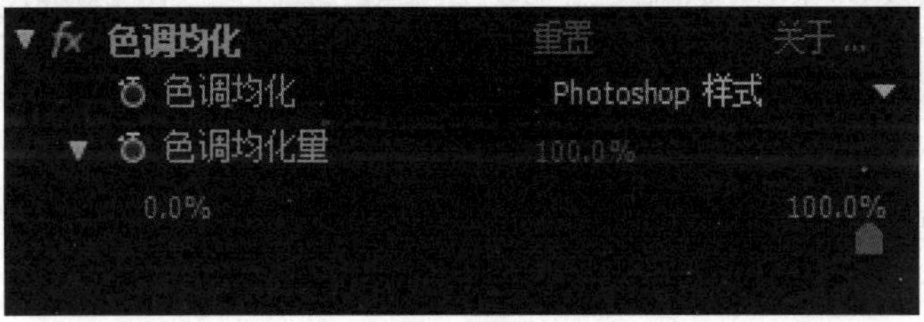

图8-36

在【色调均化】面板中提供了【色调均化】、【色调均化量】和【重置】3个操控项。

☆ 色调均化：用户可以通过这一选项调节图像均化模式，共有3种样式可供调节，分别为【RGB】、【亮度】和【Photoshop样式】。用户可以通过【RGB】进行图像红绿蓝3种色彩的调节，可以通过【亮度】来完成对图像明暗的调节，可以通过【Photoshop样式】来完成对图像的综合调节。

☆ 色调均化量：用户可以通过这一选项来设定图像均化的比重，范围是0%～100%。

☆ 重置：用户可以通过这一选项对已修改参数进行还原设置，把所有参数还原到未修改前的数值。

8.3.12 黑色和白色

用户可以通过【黑色和白色】特效来完成对图像对应颜色的调节，可以将图片通过调节转化成黑白或者单色效果，如图8-37所示。

图8-37

执行【效果】|【颜色校正】|【黑色和白色】命令，在【效果控件】面板中展开特效参数，如图8-38所示。

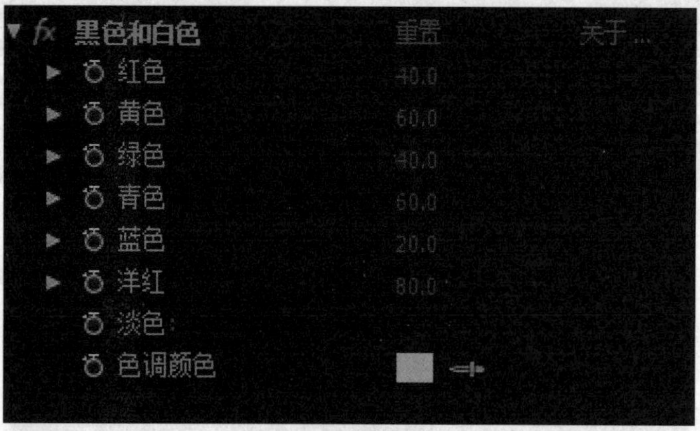

图8-38

在【黑色和白色】面板中提供了【红色】、【黄色】、【绿色】、【青色】、【蓝色】、【洋红】、【淡色】、【色调颜色】和【重置】9个操控项。

【红色】、【黄色】、【绿色】、【青色】、【蓝色】、【洋红】这一系列选项可完成对每个通道强度的调整，范围是-200~300。画面的亮度会随着数值的增大而变亮，反之则变暗。

☆ 淡色：用户可以通过这一选项对黑白照片添加单一色彩的调节。

☆ 色调颜色：用户可以通过这一选项来选择单一色彩的颜色。

☆ 重置：用户可以通过这一选项对已修改参数进行还原设置，把所有参数还原到未修改前的数值。

8.3.13 灰度系数/基值/增益

用户可以通过【灰度系数/基值/增益】特效来完成对图像的伽马值、基色值和增益值的调节，如图8-39所示。

图8-39

执行【效果】|【颜色校正】|【灰度系数/基值/增益】命令，在【效果控件】面板中展开滤镜特效参数，如图8-40所示。

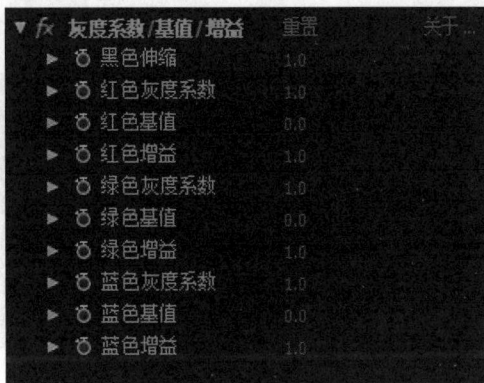

图8-40

在【灰度系数/基值/增益】面板中，After Effects提供了【黑色伸缩】、【红色灰度系数】、【红色基值】、【红色增益】、【绿色灰度系数】、【绿色基值】、【绿色增益】、【蓝色灰度系数】、【蓝色基值】、【蓝色增益】和【重置】11个操控项。

☆ 黑色伸缩：用户可以通过这一选项完成图像中黑色暗部的数值强度调整。

☆ 红色灰度系数：用户可以通过这一选项来调节图像中的红色灰度系数。

☆ 红色基值：用户可以通过这一选项设定图像中红色的最小输出值。

☆ 红色增益：用户可以通过这一选项设定图像中红色的最大输出值。

☆ 绿色灰度系数：用户可以通过这一选项来调节图像中的绿色灰度系数。

☆ 绿色基值：用户可以通过这一选项设定图像中绿色的最小输出值。

☆ 绿色增益：用户可以通过这一选项设定图像中绿色的最大输出值。

☆ 蓝色灰度系数：用户可以通过这一选项来调节图像中的蓝色灰度系数。

☆ 蓝色基值：用户可以通过这一选项设定图像中蓝色的最小输出值。

☆ 蓝色增益：用户可以通过这一选项设定图像中蓝色的最大输出值。

☆ 重置：用户可以通过这一选项对已修改参数进行还原设置，把所有参数还原到未修改前的数值。

8.3.14　自然饱和度

用户可以通过【自然饱和度】特效来完成对图像色彩饱和度的调节，软件会自动判断图像的饱和程度，避免产生局部过度饱和的情况，如图8-41所示。

图8-41

　　执行【效果】|【颜色校正】|【自然饱和度】命令，在【效果控件】面板中展开特效参数，如图8-42所示。

图8-42

　　【自然饱和度】面板中提供了【自然饱和度】、【饱和度】和【重置】3个操控项。

　　☆ 自然饱和度：用户可以通过这一选项更改图像的颜色饱和度，数值越大，颜色饱和度越高，反之则越小，当饱和度增加到一定程度，图像中的饱和度不再变化。

　　☆ 饱和度：用户可以通过这一选项增大或减小图像的饱和度。

　　☆ 重置：用户可以通过这一选项对已修改参数进行还原设置，把所有参数还原到未修改前的数值。

8.3.15　PS任意映射

　　用户可以通过【PS任意映射】特效来完成对图像色调亮度级别的调节。该选项基于Photoshop图像文件来实现目标图像的亮度调整，也可以新建一个亮度区域来调整目标图像，如图8-43所示。

图8-43

　　执行【效果】|【颜色校正】|【PS任意映射】命令，在【效果控件】面板中展开特效参数，如图8-44所示。

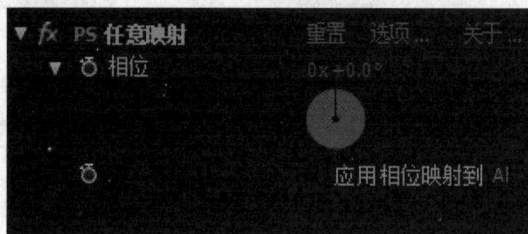

图8-44

【PS任意映射】面板中提供了【相位】、【应用相位映射到Alpha通道】和【重置】3个操控项。

☆ 相位：用于循环【PS任意映射】效果。

☆ 应用相位映射到Alpha通道：用户可以通过这一选项将外部的相位贴图应用到图层的Alpha通道。

☆ 重置：用户可以通过这一选项对已修改参数进行还原设置，把所有参数还原到未修改前的数值。

8.3.16 阴影/高光

可以通过【阴影/高光】特效来完成对图像曝光补偿的调整。在控制高光部分，用户可以调整高光区域的层次和颜色，而且这一调整不会影响图像的阴影部分。在阴影调控部分，用户可以根据自身需求更改阴影部分的曝光值。该选项可调节图像中由于灯光太过强烈而产生的灯光轮廓或者图像中阴影区域不清楚的部分，如图8-45所示。

图8-45

执行【效果】|【颜色校正】|【阴影/高光】命令，在【效果控件】面板中展开特效参数，如图8-46所示。

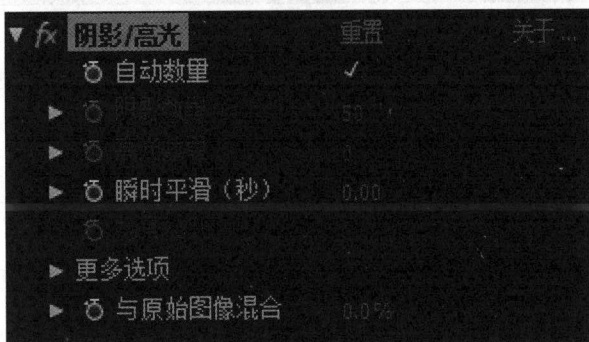

图8-46

在【阴影/高光】面板中提供了【自动数量】、【阴影数量】、【高光数量】、【瞬时平滑(秒)】、【场景检测】、【更多选项】、【与原始图像混合】和【重置】9个操控项。

☆ 自动数量：用户可以通过这一选项来决定是否使用系统自动设定的系数。需要注意的是，如果用户选择使用系统自动提供的参数，则不可以自行更改【阴影数量】、【高光数量】这两个参数选项。

☆ 阴影数量：用户可以通过这一选项决定阴影在图像中的所占比例，只对于图像的暗部进行调整。

☆ 高光数量：用户可以通过这一选项决定高光在图像中的所占比例，只对于图像的亮部进行调整。

☆ 瞬时平滑(秒)：用户可以通过这一选项更改图像的平滑程度。

☆ 场景检测：用户可以通过这一选项来检测所选场景。

☆ 更多选项：用户可以通过这一选项来更改更多的参数设置，包括【阴影色调宽度】、【阴影半径】、【高光色调宽度】、【高光半径】、【颜色校正】、【中间调对比度】、【修剪黑色】、【修剪白色】8种可调参数。

☆ 与原始图像混合：用户可以通过这一选项决定修改后的效果图与原图像的融合程度，范围从0%至100%。

☆ 重置：用户可以通过这一选项对已修改参数进行还原设置，会把所有参数还原到未修改前的数值。

8.3.17 更改为颜色

用户可以通过【更改为颜色】特效来完成对图像颜色的替换调整。这些调整包括图像色调、图像亮度以及图像饱和度等，如图8-47所示。

图8-47

执行【效果】|【颜色校正】|【更改为颜色】命令，在【效果控件】面板中展开特效参数，如图8-48所示。

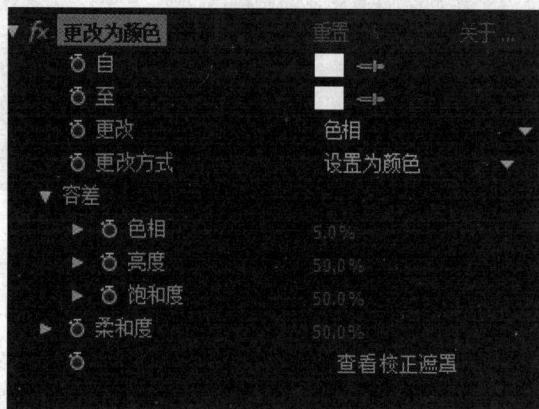

图8-48

在【更改为颜色】面板中提供了【自】、【至】、【更改】、【更改方式】、【容差】、【柔和度】、【查看校正遮罩】和【重置】8个操控项。

☆ 自：用户可以通过这一选项从图像中选择需要更改的色彩。

☆ 至：用户可以通过这一选项指定转换成的颜色。

☆ 更改：用户可以通过这一选项对颜色的更换样式进行选择，共有4种选项可供调节。

☆ 更换方式：用户可以通过这一选项完成对颜色替换方式的选择，共有两种模式可供调节。

☆ 容差：用户可以通过这一选项对颜色容差度进行调整，共有3种选项可供调节，【色相】范围是0%～100%，【亮度】范围是0%～100%，【饱和度】范围是0%～100%。

☆ 柔和度：用户可以通过这一选项完成对图像颜色更换区域的边缘柔和度数值的调整，使得图像过渡自然。

☆ 查看校正遮罩：用户可以通过这一选项查看图像颜色变换后的遮罩情况，可以详细地观察图像的颜色变化范围和程度。其中，白色部分为受特效影响区域，而黑色部分则表示不受特效影响区域。

☆ 重置：用户可以通过这一选项对已修改参数进行还原设置，把所有参数还原到未修改前的数值。

8.3.18　可选颜色

可以通过【可选颜色】特效来完成对图像中单一颜色的调整，如图8-49所示。

图8-49

执行【效果】|【颜色校正】|【可选颜色】命令，在【效果控件】面板中展开特效参数，如图8-50所示。

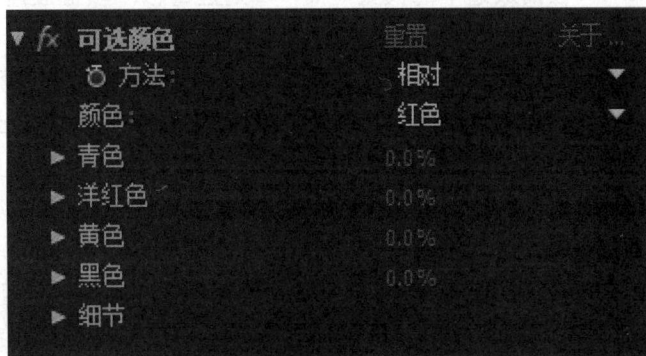

图8-50

【可选颜色】面板中提供了【方法】、【颜色】、【青色】、【洋红色】、【黄色】、【黑色】、【细节】和【重置】8个操控项。

☆ 方法：用户可以通过这一选项设定模式，分为【相对】和【绝对】两种模式。在【相对】模式下用户可以更改图像色彩的相对效果。在【绝对】模式下用户可以更改图像色彩的绝对效果。

☆ 颜色：用户可以通过这一选项对图像颜色进行选择，一共有9种可选项。

☆ 青色、洋红色、黄色、黑色：用户可以通过这一系列选项进行图像颜色调整，范围是-100%～100%。随着数值调整的变化，在-100%时会接近该色的对比色，而在100%时则会接近该色。

☆ 细节：用户可以通过这一选项进行图像颜色细节方面的设定。

☆ 重置：用户可以通过这一选项对已修改参数进行还原设置，把所有参数还原到未修改前的数值。

8.3.19 广播颜色

用户可以通过【广播颜色】特效来完成对图像像素颜色数值的调整，使得图像达到安全播放的级别，可以在电视机上精准显示。计算机和电视机采用不同的信号显示方式，我们需要进行调节，来匹配两者的适应度。

执行【效果】|【颜色校正】|【广播颜色】命令，在【效果控件】面板中展开特效参数，如图8-51所示。

图8-51

在【广播颜色】面板中提供了【广播区域设置】、【确保颜色安全的方式】、【最大信号振幅】和【重置】4个操控项。

☆ 广播区域设置：用户可以通过这一选项来选择广播模式，分为NTSC和PAL两种模式。NTSC模式是一种每秒29.97帧播放速率的模式，而PAL则是每秒25帧播放速率的模式。通常亚洲所使用的是PAL模式。

☆ 确保颜色安全的方式：用户可以通过这一选项来减少信号幅度，有4种选项可供调节，分别为【降低明亮度】、【降低饱和度】、【抠出不安全区域】和【抠出安全区域】。用户可以通过【降低明亮度】来改变图像的亮度，可以通过【降低饱和度】来更改图像的颜色饱和度，可以通过【抠出不安全区域】使得不安全的区域像素变得透明，可以通过【抠出安全区域】使得安全区域像素变得透明。

☆ 最大信号振幅：用户可以通过这一选项来设定信号幅度的数值，一般设置为110。

☆ 重置：用户可以通过这一选项对已修改参数进行还原设置，把所有参数还原到未修改前的数值。

8.4 制作金属文字效果（案例）

本案例效果是运用After Effects中的文本工具创建文本图层，通过【图层样式】使文字立体化，通过【曲线】特效完成金属文字效果的制作，如图8-52所示。

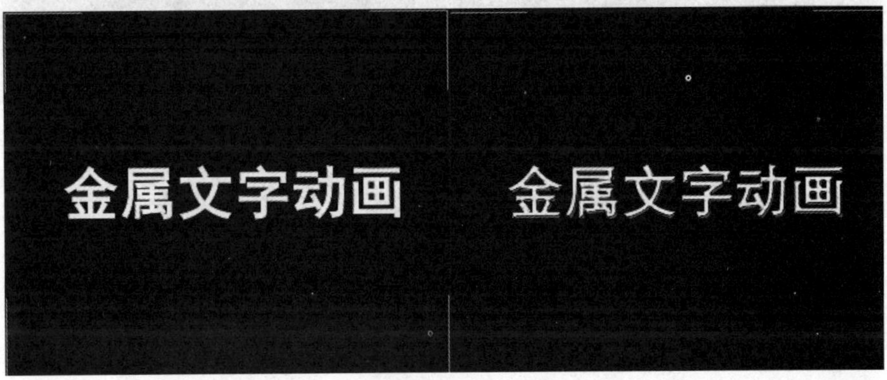

图8-52

操作步骤：

01 新建合成。执行【合成】|【新建合成】命令，在【合成设置】面板中设定合成大小，调整合成设置。将合成大小调整为720×576像素，修改合成名称，设置像素长宽比为方形像素，合成长度为10秒，如图8-53所示。

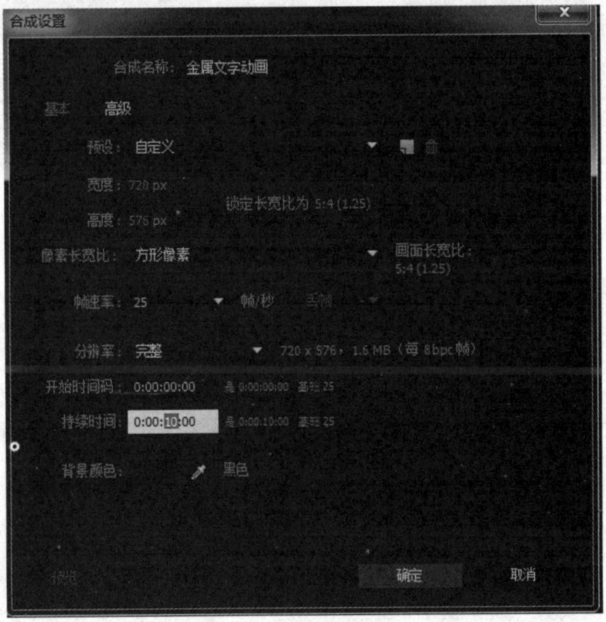

图8-53

02 在【时间轴】面板中单击鼠标右键，执行【新建】|【文本】命令，输入"金属文字动画"，将【字体系列】设置为【黑体】，【字体大小】设置为155像素，【字体颜色】设置为灰

色，将"金属文字动画"图层放置在【合成】窗口中心位置，如图8-54所示。

图8-54

03 在【时间轴】面板中选择"金属文字动画"图层，单击鼠标右键，执行【图层样式】|【斜面和浮雕】命令，如图8-55所示。

图8-55

04 展开【斜面和浮雕】属性，将【大小】属性参数设置为6，如图8-56所示。

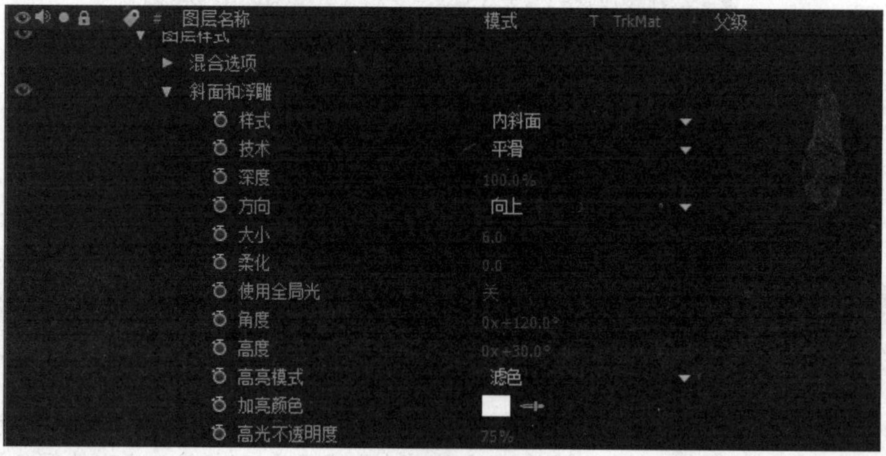

图8-56

05 在【时间轴】面板中单击鼠标右键，执行【新建】|【调整图层】命令，新建调整图层，如图8-57所示。

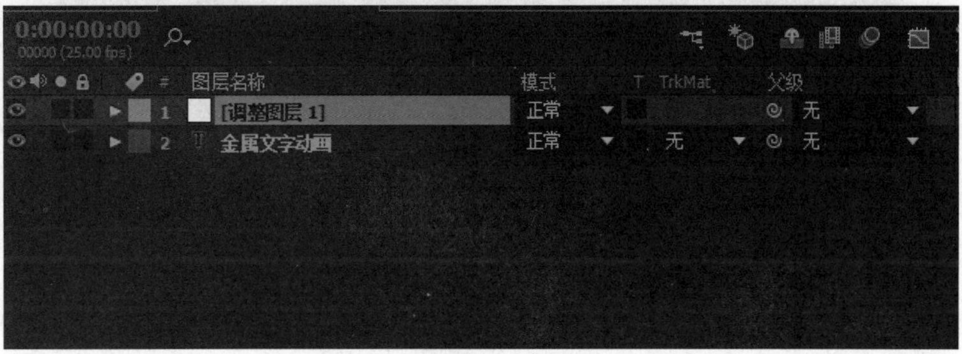

图8-57

06 在【时间轴】面板中选择"调整图层1"图层，执行【效果】|【颜色校正】|【曲线】命令，调整曲线形态，如图8-58所示。

图8-58

07 选择"调整图层1"图层，再次执行【效果】|【颜色校正】|【曲线】命令，调整曲线形态，如图8-59所示。

图8-59

08 在【曲线2】特效中，将【红色】通道往上调节，【蓝色】通道往下调节，如图8-60所示。

图8-60

09 将【时间指示器】移动至0:00:00:00位置，选择"金属文字动画"图层，展开图层中的【文本】属性组，添加【动画】|【不透明度】效果，将【不透明度】属性参数设置为0，如图8-61所示。

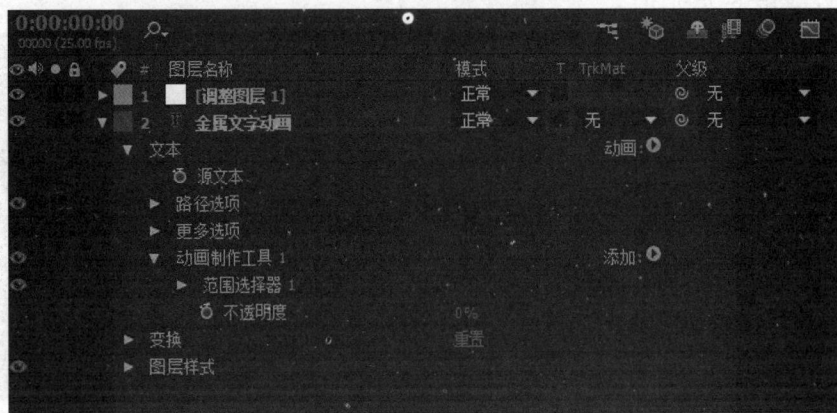

图8-61

10 展开【范围选择器1】属性，激活【起始】参数中的【时间变化秒表】按钮，如图8-62所示。

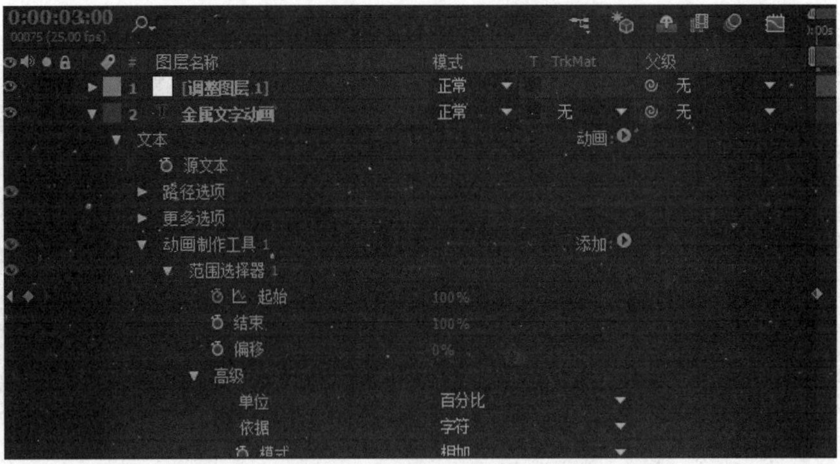

图8-62

11 将【时间指示器】移动至0:00:03:00位置，将【起始】参数设置为100%，如图8-63所示。

图8-63

12 展开【范围选择器1】属性，在【高级】子属性中将【平滑度】参数设置为0，如图8-64所示。

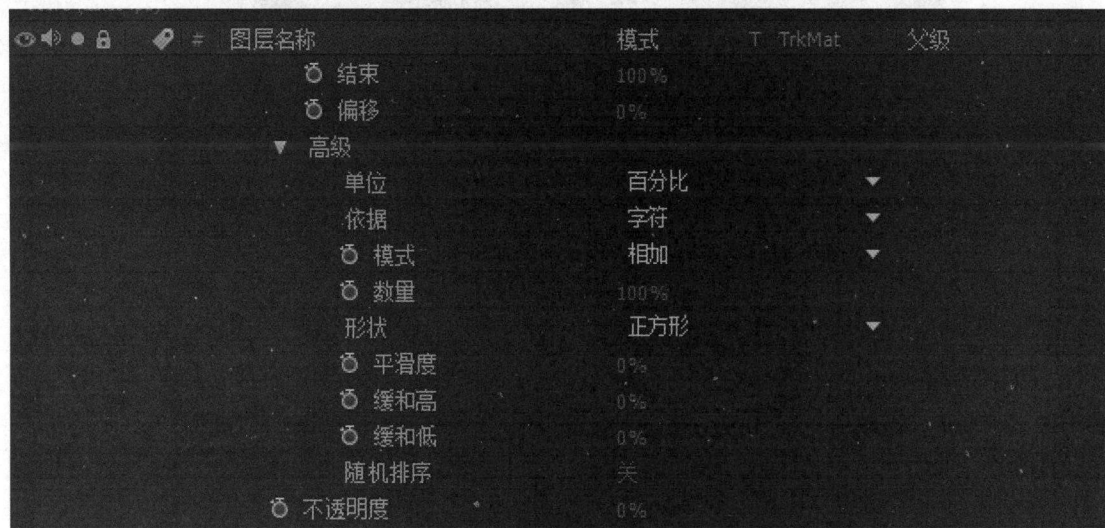

图8-64

至此，本案例制作完成，我们可以通过【播放】来观察动画效果。

8.5 制作阴天下雨效果（案例）

本案例是将晴天图片素材通过调色命令，首先模拟阴天效果，再通过内置效果的添加，模拟雨滴打落在镜头上的效果，如图8-65所示。

图8-65

操作步骤:

01 双击【项目】面板,导入"素材1.jpg"文件,以素材大小创建合成,如图8-66所示。

图8-66

02 在【时间轴】面板的空白区域单击鼠标右键,执行【新建】|【调整图层】命令,如图8-67所示。

图8-67

03 选择"调整图层1"图层,执行【效果】|【颜色校正】|【亮度和对比度】命令,在【效果控件】面板中,将【亮度】属性参数调整为-69,【对比度】属性参数调整为-61,如图8-68所示。

图8-68

04 选择"调整图层1"图层,执行【效果】|【颜色校正】|【色相/饱和度】命令,在【效果控件】面板中,将【主饱和度】属性参数调整为-31,如图8-69所示。

图8-69

05 选择"素材1"图层,执行【编辑】|【重复】命令,复制新图层,将复制的图层名称改为"雨点",如图8-70所示。

图8-70

06 选择"雨点"图层,执行【效果】|【模拟】|【CC Mr.Mercury】命令,拖动【时间指示器】观察动画效果,如图8-71所示。

图8-71

07 选择"雨点"图层,在【效果控件】面板中,调整【CC Mr.Mercury】属性参数,将【Radius X】参数调整为123.0,【Radius Y】参数调整为123.0,【Producer】参数调整为534.0,-142.0,【Velocity】参数调整为0,【Birth Rate】参数调整为0.4,【Longevity(sec)】参数调整为5.0,【Gravity】参数调整为0.2,【Resistance】参数调整为0.1,【Animation】选项设置为【Direction】,【Blob Birth Size】参数调整为0.31,【Blob Death Size】参数调整为0.29,【Light Intensity】参数调整为62,如图8-72所示。

08 选择"素材1"图层,执行【效果】|【模糊和锐化】|【快速模糊】命令,在【效果控件】面板中,将【模糊度】属性参数调整为3,勾选【重复边缘像素】复选框,如图8-73所示。

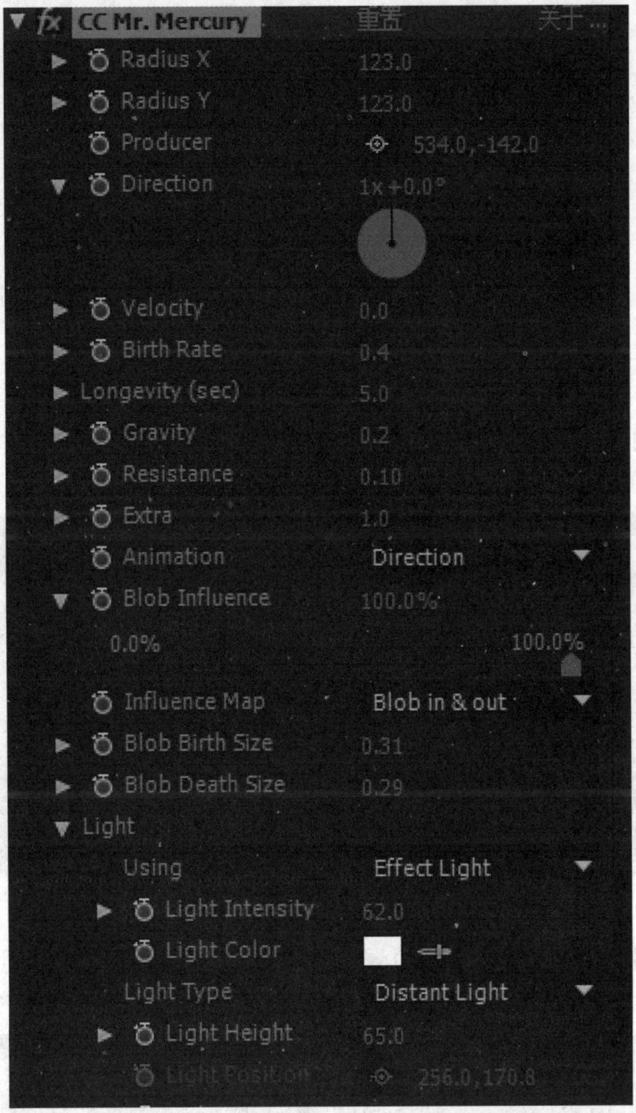

fx CC Mr. Mercury 重置 关于…
　▶ Radius X 123.0
　▶ Radius Y 123.0
　　Producer 534.0, -142.0
　▼ Direction 1x +0.0°

　▶ Velocity 0.0
　▶ Birth Rate 0.4
　▶ Longevity (sec) 5.0
　▶ Gravity 0.2
　▶ Resistance 0.10
　▶ Extra 1.0
　　Animation Direction
　▼ Blob Influence 100.0%
　　0.0% 100.0%
　　Influence Map Blob in & out
　▶ Blob Birth Size 0.31
　▶ Blob Death Size 0.29
　▼ Light
　　Using Effect Light
　▶ Light Intensity 62.0
　　Light Color
　　Light Type Distant Light
　▶ Light Height 65.0
　　Light Position 256.0, 170.8

图8-72

fx 快速模糊 重置 关于…
　▶ 模糊度 3.0
　　模糊方向 水平和垂直
　　✓ 重复边缘像素

图8-73

09 选择"雨点"图层，执行【效果】|【模糊和锐化】|【快速模糊】命令，在【效果控件】面板中，将【模糊度】属性参数调整为1，勾选【重复边缘像素】复选框，如图8-74所示。

图8-74

10 将【时间指示器】移动至0:00:03:00位置，激活"雨点"图层和"素材1"图层的【快速模糊】效果中【模糊度】属性的【时间变化秒表】按钮，如图8-75所示。

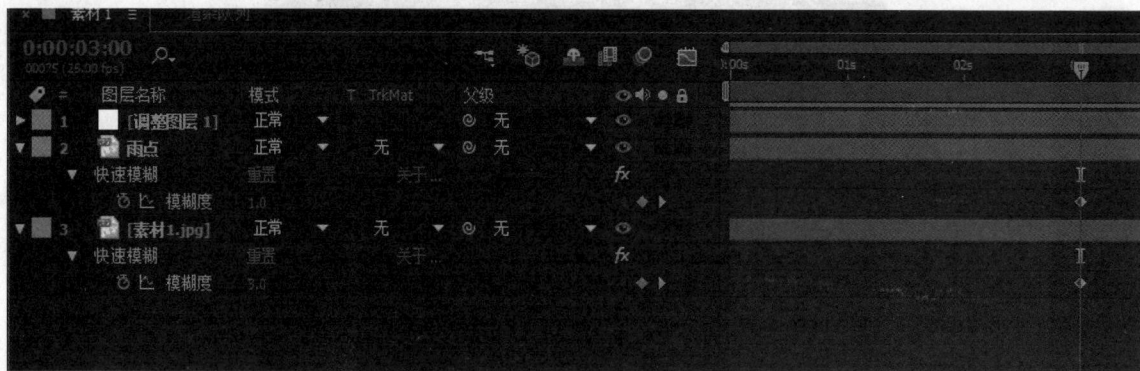

图8-75

11 将【时间指示器】移动至0:00:07:00位置，将"雨点"图层【快速模糊】效果中【模糊度】参数调整为3，将"素材1"图层【快速模糊】效果中【模糊度】参数调整为15，如图8-76所示。

图8-76

至此，本案例制作完成，我们可以通过【播放】来观察动画效果。

第9章

键控抠像

键控效果又被称为抠像特效，在影视制作领域，尤其是在科幻电影中，抠像技术被广泛采用。在After Effects CC中，提供了多种键控效果。本章主要对键控效果命令及使用注意问题进行介绍。

| 9.1 抠像技术

"抠像"一词是从早期电视制作中得来的，意思是吸取画面中的某一种颜色作为透明色，将它从画面中抠去，从而使背景透出来，在后期的制作中加入新的背景，形成特殊的图像合成效果。为了便于我们能够在后期制作中更干净地去除背景颜色，同时不影响主体的颜色表现，我们经常会选用蓝色或绿色作为背景，在很多魔幻题材影片的幕后制作花絮中，我们也经常会看到演员在绿色或蓝色的幕布面前表演。无论是"抠蓝"还是"抠绿"，为了使光线布置得尽可能均匀，我们往往会在摄影棚内进行拍摄，如图9-1所示。

图9-1

在After Effects中，键控效果是通过定义图像中的特定范围内的颜色或亮度等信息来实现背景的透明化处理。用户可以直接对一段视频或序列帧进行处理，这就极大地缩短了后期制作的时间，是一种非常有效的实用技术。

| 9.2 键控效果

用户可以在【时间轴】面板中选中需要添加键控效果的图层，执行【效果】|【键控】命令，该效果为用户提供了10种图像处理的类型，如图9-2所示。

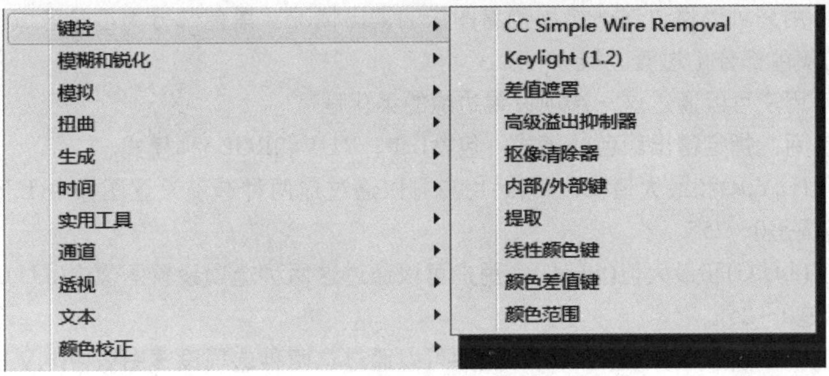
键控
模糊和锐化
模拟
扭曲
生成
时间
实用工具
通道
透视
文本
颜色校正
CC Simple Wire Removal
Keylight (1.2)
差值遮罩
高级溢出抑制器
抠像清除器
内部/外部键
提取
线性颜色键
颜色差值键
颜色范围

图9-2

9.2.1 颜色范围

用户可以通过【颜色范围】效果来完成对图像指定范围内的颜色的键出，一般用于抠除背景颜色相对复杂的图像。

在After Effects中，用户可以在【效果】菜单下找到【键控】，随后可以在展开的菜单中找到【颜色范围】效果，如图9-3所示。

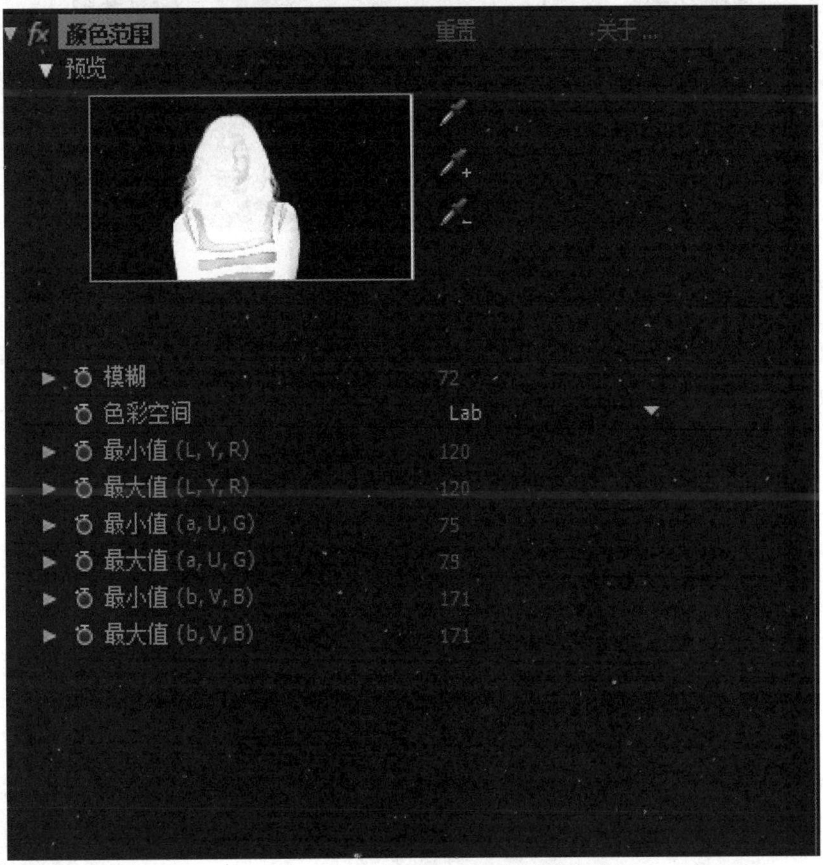
颜色范围
重置
关于...
预览
模糊
72
色彩空间
Lab
最小值 (L, Y, R)
120
最大值 (L, Y, R)
120
最小值 (a, U, G)
75
最大值 (a, U, G)
75
最小值 (b, V, B)
171
最大值 (b, V, B)
171

图9-3

☆ 预览：用户可以通过这一选项查看图像的键出情况。黑色部分为抠除区域，白色部分为保留区域，而灰色部分是过渡区域。

☆ 模糊：用户可以通过这一选项设置边缘的柔化程度。

☆ 色彩空间：指定键出颜色的模式，包括Lab、YUV和RGB3种模式。

☆ 最小值(L,Y,R)和最大值(L,Y,R)：用户可以通过这两种选项设置图像中(L,Y,R)的最大值和最小值，范围是0~255。

☆ 最小值(a,U,G)和最大值(a,U,G)：用户可以通过这两种选项设置图像中(a,U,G)的最大值和最小值，范围是0~255。

☆ 最小值(b,V,B)和最大值(b,V,B)：用户可以通过这两种选项设置图像中(b,V,B)的最大值和最小值，范围是0~255。

使用【颜色范围】抠像的操作步骤如下。

01 双击【项目】面板，导入"颜色范围.avi"文件，以导入素材大小创建合成，如图9-4所示。

图9-4

02 选择"颜色范围.avi"图层，执行【效果】|【键控】|【颜色范围】命令，设置【色彩空间】方式为【RGB】，使用【吸管工具】吸取键出颜色，使用 ✐ 吸取需要键出的剩余画面，调整【模糊】参数为99，如图9-5所示。

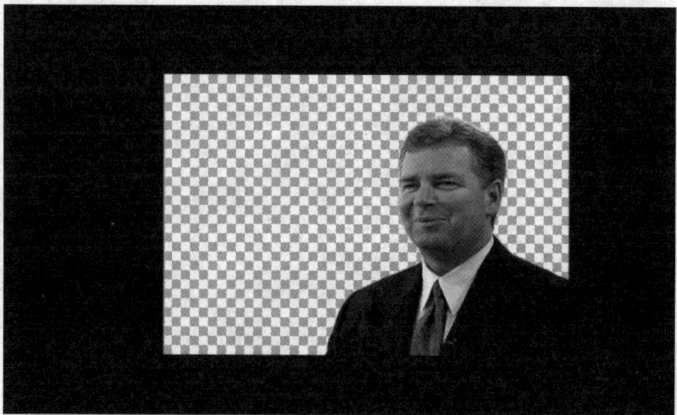

图9-5

9.2.2 颜色差值键

用户可以通过【颜色差值键】将图像划分为A、B两个蒙版来创建透明度信息。蒙版B用于指定键出颜色，蒙版A是键控色以外的遮罩区域。结合蒙版A和B就创建了 α 蒙版。

在After Effects中，用户可以在【效果】菜单下找到【键控】，随后可以在展开的菜单中找到【颜色差值键】效果，如图9-6所示。

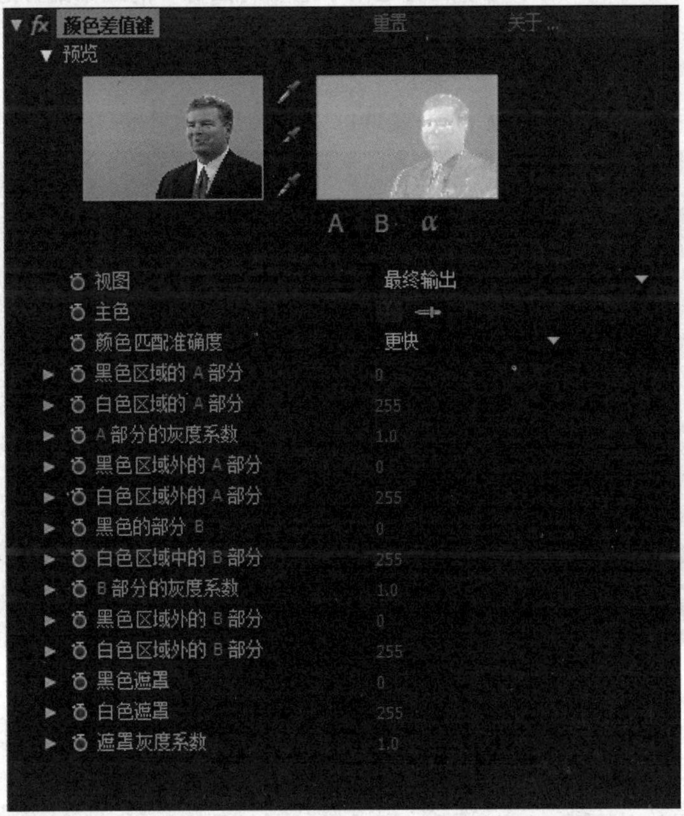

图9-6

☆ 视图：用户可以通过这一选项设定图像在面板中的显示样式，系统提供了9种可供选择的样式。

☆ 主色：用户可以通过这一选项对图像中需要移除的颜色进行设定，用户可以通过吸管工具 进行颜色的拾取，也可以通过颜色按钮 进行自定义设置。

☆ 颜色匹配准确度：用户可以通过这一选项对图像中颜色的精确度进行调整，系统提供了【更快】和【更精准】两种模式。

☆ 黑色区域的A部分：控制A通道中的透明区域。

☆ 白色区域的A部分：控制A通道中的不透明区域。

☆ A部分的灰度系数：用户可以通过这一选项对图像中的灰度值进行平衡调整。

☆ 黑色区域外的A部分：对图像中透明区域进行平衡调整。

☆ 白色区域外的A部分：对图像中不透明区域进行平衡调整。

☆ 黑色的部分B：控制B通道中的透明区域。

☆ 白色区域中的B部分：控制B通道中的不透明区域。

☆ B部分的灰度系数：对图像中的灰度值进行平衡调整。

☆ 黑色区域外的B部分：控制B通道中的透明区域。

☆ 白色区域外的B部分：控制B通道中的不透明区域。

☆ 黑色遮罩/白色遮罩：用户可以通过这两个选项对图像中的遮罩部分进行平衡调整。

☆ 遮罩灰度系数：对图像遮罩部分进行灰度系数调整。

使用【颜色差值键】抠像的操作步骤如下。

01 双击【项目】面板，导入"素材.jpg"文件，以导入素材大小创建合成，如图9-7所示。

图9-7

02 选择"素材.jpg"图层，执行【效果】|【键控】|【颜色差值键】命令。使用【吸管工具】 ✔️
设定键出颜色，如图9-8所示。

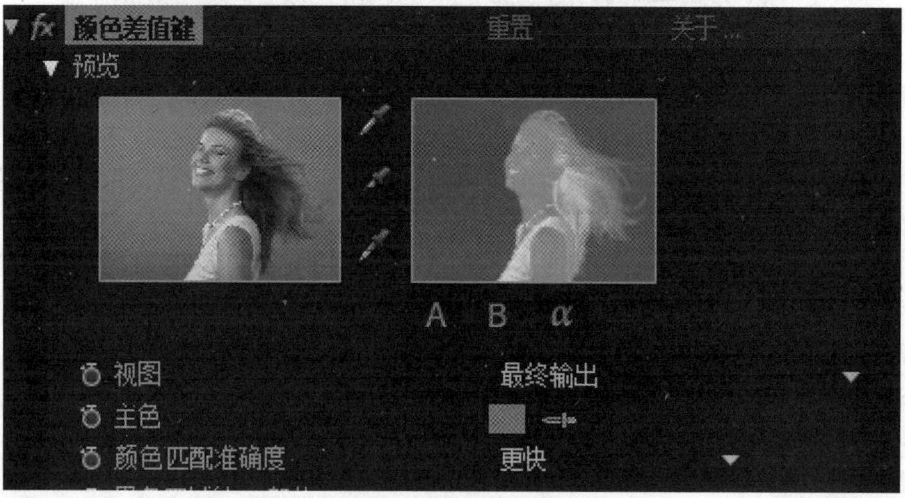

图9-8

03 选择"素材.jpg"图层，使用【吸管工具】■在 α 蒙版中单击需要设置为透明区域中的最亮的部分，如图9-9所示。

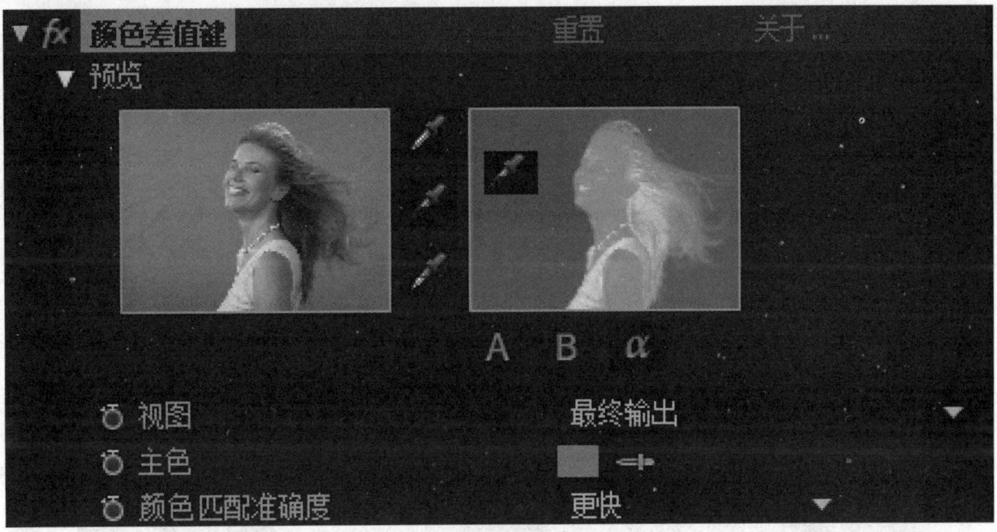

图9-9

04 选择"素材.jpg"图层，使用【吸管工具】■在 α 蒙版中单击需要设置为不透明区域中的最暗的部分(面板中的参数会自动进行调节)。使用【吸管工具】设定图像透明区域和不透明区域的操作可通过多次指定达到满意效果，如图9-10所示。

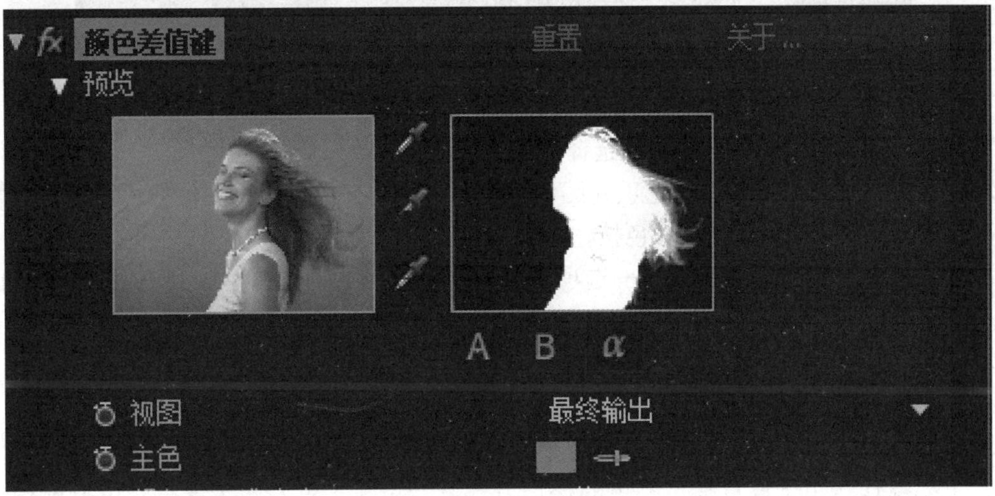

图9-10

9.2.3 线性颜色键

用户可以通过【线性颜色键】效果来对图像中的颜色进行抠除。【线性颜色键】将图像中的每个像素与指定的键出颜色进行比较，如果像素的颜色与键出颜色相同，则此像素将完全透明；如果此像素与键出颜色完全不同，则此像素将保持不透明度；如果此像素与键出颜色相似，则此像素将变为半透明。

在After Effects中，用户可以在【效果】菜单下找到【键控】，随后可以在展开的菜单中找到【线性颜色键】效果，如图9-11所示。

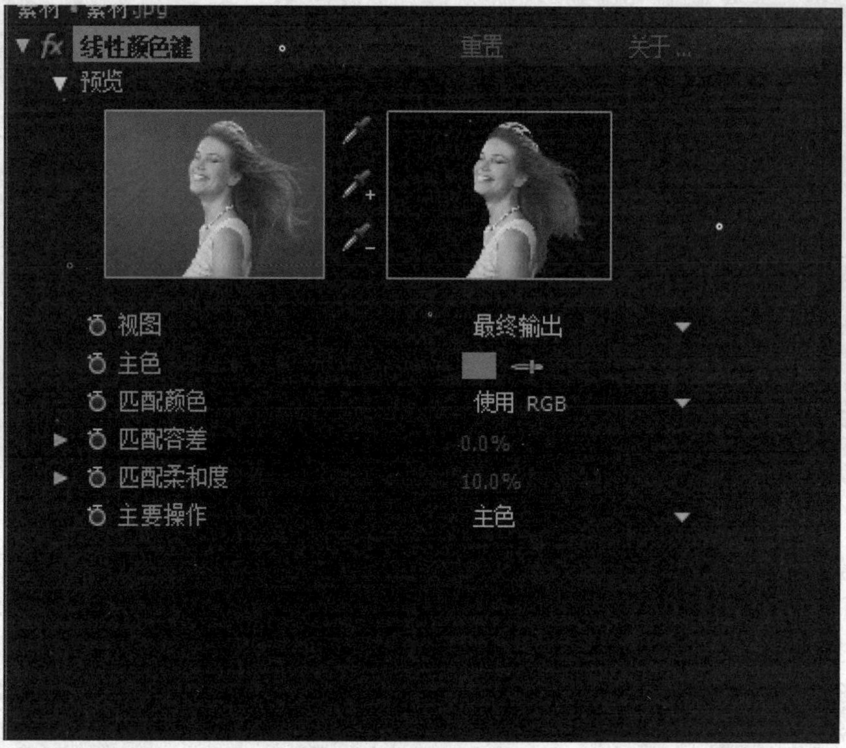

图9-11

☆ 视图：用户可以通过这一选项选择图像的查看方式。

☆ 主色：用户可以通过这一选项对图像中需要移除的颜色进行设定，并可以通过吸管工具进行颜色的拾取，也可以通过颜色按钮进行自定义设置。

☆ 匹配颜色：用户可以通过这一选项进行抠像颜色模式的选择，一共有3种模式可供用户选择，分别为【使用RGB】、【使用色相】和【使用色度】。

☆ 匹配容差：用户可以通过这一选项对键出颜色的范围进行调整，数值越大，被键出的范围越大。

☆ 匹配柔和度：用于设置透明区域与不透明区域的柔和度。

☆ 主要操作：用于设置指定颜色的操作方式，分为【主色】和【保持颜色】两种。【主色】为设置移除的色彩，而【保持颜色】则是设置保留的颜色。

使用【线性颜色键】抠像的操作步骤如下。

01 双击【项目】面板，导入"素材.jpg"文件，以导入素材大小创建合成，如图9-12所示。

02 选择"素材.jpg"图层，执行【效果】|【键控】|【线性颜色键】命令。使用【吸管工具】设定键出颜色，如图9-13所示。

图9-12

图9-13

03 在【效果控件】面板中，将【匹配容差】参数调整为6.0%，【匹配柔和度】参数调整为2.0%，如图9-14所示。

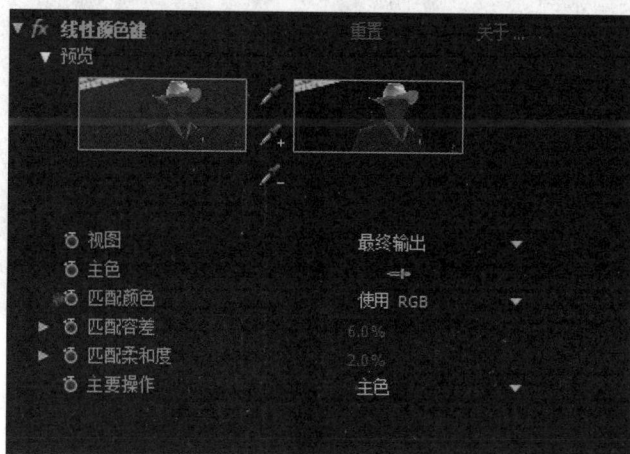

图9-14

04 选择"素材.jpg"图层,使用【钢笔工具】绘制蒙版,如图9-15所示。

图9-15

9.2.4 提取

【提取】效果是根据图像中的指定通道的信息进行像素抠除。【提取】效果一般用于图像中黑白反差较为明显、前景和背景反差较大的素材。

在After Effects中,用户可以在【效果】菜单下找到【键控】,随后可以在展开的菜单中找到【提取】效果,如图9-16所示。

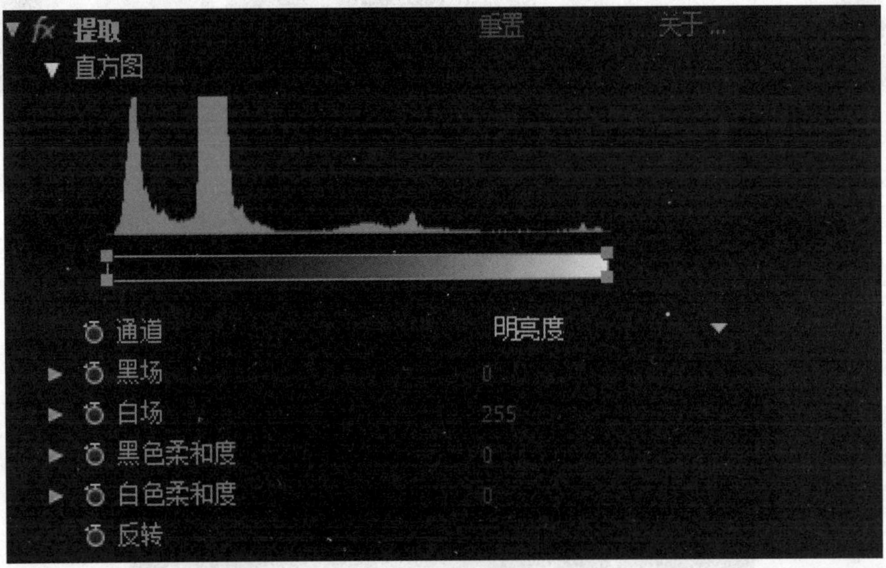

图9-16

☆ 通道:用户可以通过这一选项对图像中的通道进行选择,该项提供了【明亮度】、【红色】、【绿色】、【蓝色】和【Alpha】5种可调模式。

☆ 黑场:用户可以通过这一选项来调节图像中黑色所占的比例。

☆ 白场：用户可以通过这一选项来调节图像中白色所占的比例。

☆ 黑色柔和度：用户可以通过这一选项来调节图像中暗色区域的柔和度数值。

☆ 白色柔和度：用户可以通过这一选项来调节图像中亮色区域的柔和度数值。

☆ 反转：反转透明区域。

使用【提取】抠像的操作步骤如下。

01 双击【项目】面板，导入"素材.jpg"文件，以导入素材大小创建合成，如图9-17所示。

图9-17

02 选择"素材.jpg"图层，执行【效果】|【键控】|【提取】命令，在【效果控件】面板中，将【黑场】参数调整为115，勾选【反转】复选框，如图9-18所示。

图9-18

9.2.5 内部/外部键

在After Effects中，用户可以通过【内部/外部键】效果来完成图像的抠除。使用【内部/外部键】效果，需要创建蒙版来定义图像的边缘内部和外部，通过自动计算，来设置抠除区域的效果。

用户可以在【效果】菜单下找到【键控】，随后可以在展开的菜单中找到【内部/外部键】效果，如图9-19所示。

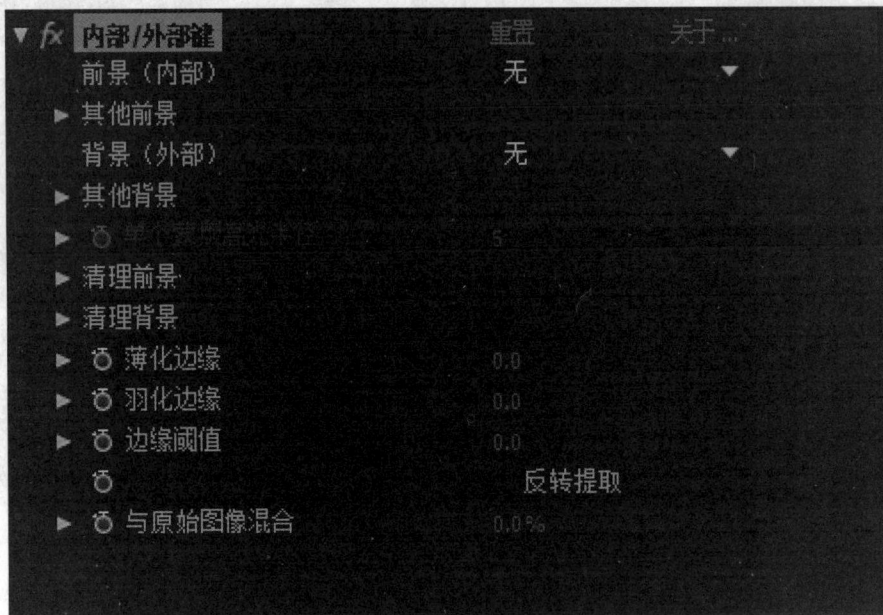

图9-19

☆ 前景(内部)：用户可以通过这一选项对图像前景进行设定，在这一选项内的素材将作为整体图像的前景使用。

☆ 其他前景：用户可以通过这一选项对图像添加10个不同的前景。

☆ 背景(外部)：用户可以通过这一选项对图像进行背景的设定，在这一选项内的素材将作为整体图像的背景使用。

☆ 其他背景：用户可以通过这一选项对图像添加10个不同的背景。

☆ 单个蒙版高光半径：用户可以通过这一选项对图像蒙版中的高光半径进行设定。

☆ 清理前景/清理背景：用于清除图像的前景和背景。

☆ 薄化边缘：用户可以通过这一选项对图像边缘的厚度进行设定。

☆ 羽化边缘：用户可以通过这一选项对图像边缘进行羽化。

☆ 边缘阈值：用户可以通过这一选项对图像边缘容差值大小进行设定。

☆ 反转提取：用户可以通过这一选项对前景和背景进行反转。

☆ 与原始图像混合：用户可以通过这一选项对效果和原始图像的混合数值进行调整，当数值为100%时则会只显示原始图像。

使用【内部/外部键】抠像的操作步骤如下。

01 双击【项目】面板，导入"素材.jpg"文件，以导入素材大小创建合成，如图9-20所示。

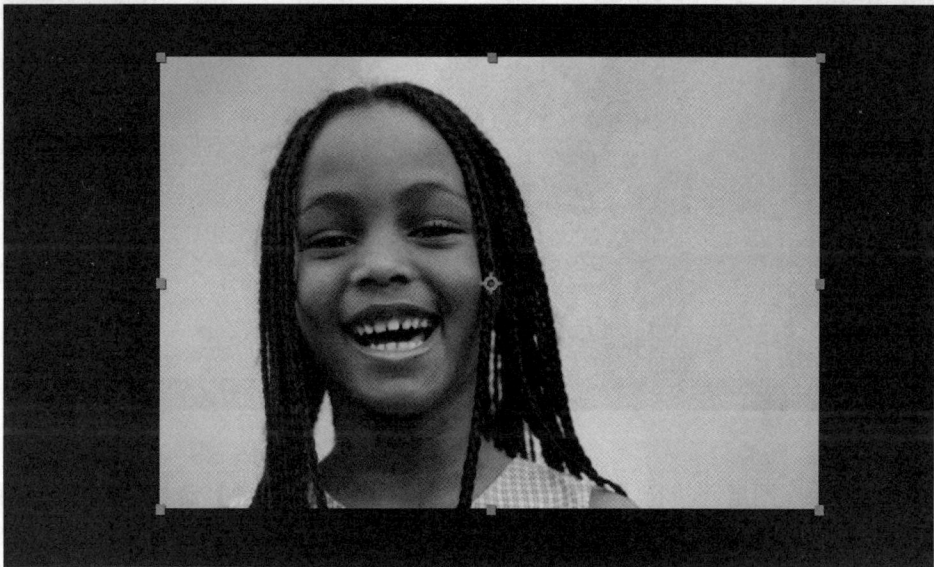

图9-20

02 使用【钢笔工具】在【合成】窗口中绘制封闭蒙版(前景)，将"蒙版1"模式调整为【无】，如图9-21所示。

图9-21

03 使用【钢笔工具】在【合成】窗口中绘制封闭蒙版(背景)，将"蒙版2"模式调整为【无】，如图9-22所示。

图9-22

04 选择"素材.jpg"图层,执行【效果】|【键控】|【内部/外部键】命令,在【效果控件】面板中,将【前景(内部)】设置为"蒙版1",将【背景(外部)】设置为"蒙版2",【薄化边缘】参数设置为0.1,如图9-23所示。

图9-23

9.2.6 差值遮罩

　　【差值遮罩】效果是将两张图像进行对比,两张图像相同位置和颜色的像素将被键出。

　　在After Effects中,用户可以在【效果】菜单下找到【键控】,随后可以在展开的菜单中找到【差值遮罩】效果,如图9-24所示。

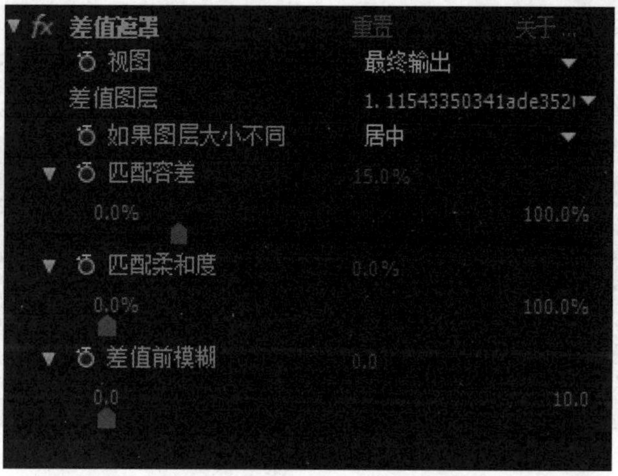

图9-24

☆ 视图：用户可以通过这一选项来设置图像的显示模式，包括【最终输出】、【仅限源】和【仅限遮罩】3种模式可供选择。

☆ 差值图层：用户可以通过这一选项设定抠像所参考的图层。

☆ 如果图层大小不同：用户可以通过这一选项对对比图层和原始图像的尺寸进行调整匹配，有【居中】和【伸缩以合适】两种模式可供用户选择。

☆ 匹配容差：用户可以通过这一选项对不同图像之间指定匹配容差的范围。

☆ 匹配柔和度：用户可以通过这一选项对容差值的柔和程度进行设定。

☆ 差值前模糊：用户可以通过这一选项对图像进行对比前的模糊处理。

使用【差值遮罩】抠像的操作步骤如下。

01 双击【项目】面板，导入"素材1.jpg"、"素材2.jpg"文件，以"素材1.jpg"素材大小创建合成，如图9-25所示。

图9-25

02 将"素材2.jpg"拖曳至"素材1"合成中，选择"素材1"图层，执行【效果】|【键控】|【差值遮罩】命令，在【效果控件】面板中，将【差值图层】选项设置为"素材2"，【匹配容差】参数调整为0，如图9-26所示。

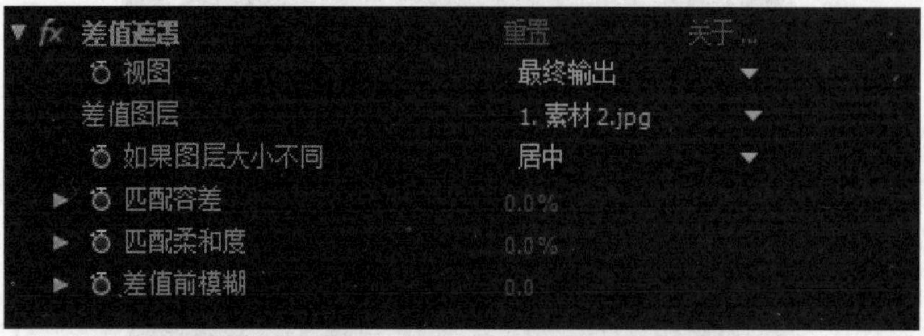

图9-26

03 在【时间轴】面板中，取消"素材2"图层的显示 ，如图9-27所示。

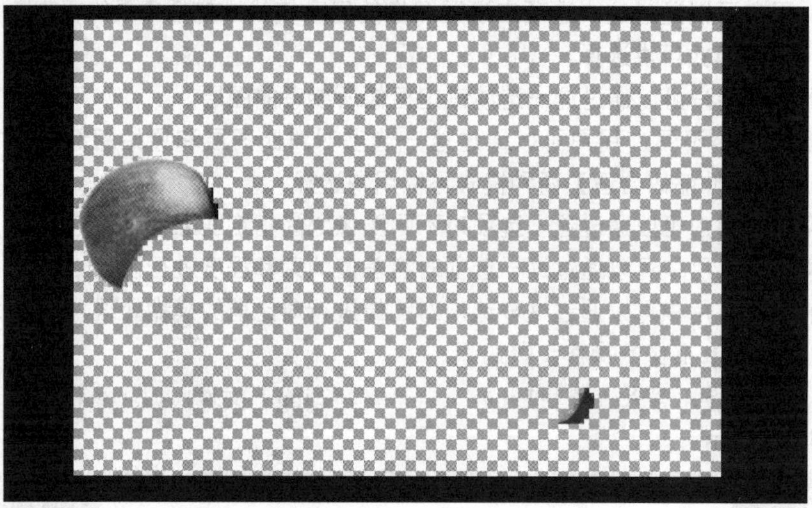

图9-27

9.2.7 高级溢出抑制器

【高级溢出抑制器】效果不是用来抠像，而是对抠像后素材边缘颜色的调整。

在After Effects中，用户可以在【效果】菜单下找到【键控】，随后可以在展开的菜单中找到【高级溢出抑制器】效果，如图9-28所示。

图9-28

☆ 方法：用户可以通过这一选项对图像抑制的方式进行选择，有【标准】和【极致】两种模式可供用户选择。

☆ 抑制：用户可以通过这一选项来控制图像边缘颜色抑制的百分比。

☆ 极致设置：用户可以通过这一选项来对图像所需抑制颜色进行详细的设定，包括【抠像颜色】的选择，以及【容差】、【降低饱和度】、【溢出范围】、【溢出颜色校正】和【亮度校正】数值的调整。

9.2.8　CC Simple Wire Removal

在影视制作中，为了达到"飞行"的效果，我们往往会通过在演员身上吊上钢丝绳来完成，也就是我们经常会听到的"吊威亚"。CC Simple Wire Removal(CC简单金属丝移除)效果主要是用于移除拍摄中的金属丝。具体参数如图9-29所示。

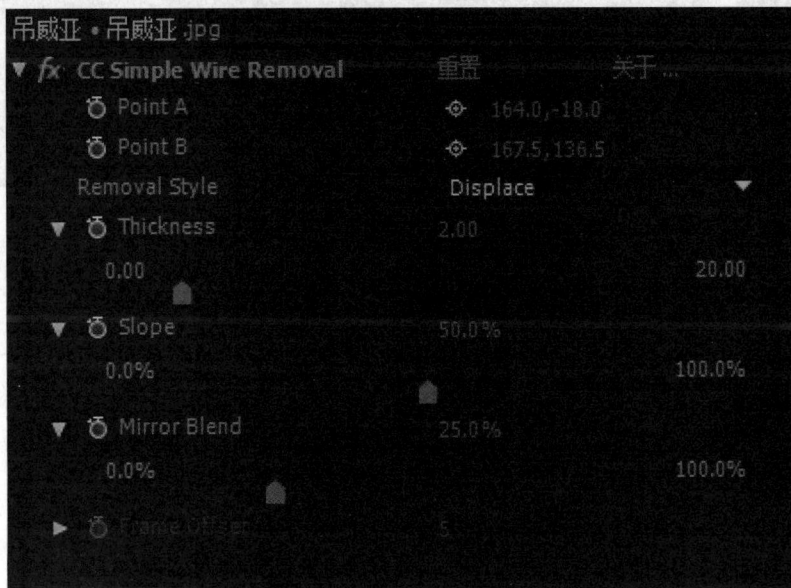

图9-29

☆ Point A：设置A点的位置。

☆ Point B：设置B点的位置，通过A点和B点位置共同定义需要擦除的线条。

☆ Removal Style：移除风格选项，移除风格一共有4个选项，默认选项为Displace(置换)，Displace与Displace Horizontal(水平置换)通过原图像中的像素信息，设置镜像混合的程度来进行金属丝的移除。Fade(衰减)选项只能通过设置厚度与倾斜参数进行调整。Frame Offset(帧偏移)是通过相邻帧的像素信息进行移除。

☆ Thickness：厚度选项，用于设置擦除线段的厚度。

☆ Slope：倾斜选项，用于设置擦除点之间的像素替换比率。数值越大移除效果越明显。

☆ Mirror Blend：镜像混合选项，用于设置镜像混合的程度。

☆ Frame Offset：帧偏移选项，设置帧偏移的量，数值调整范围为-120～120。

在使用CC Simple Wire Removal效果进行金属丝移除时，如果画面中有多条金属丝，用户需要多次添加CC Simple Wire Removal效果，重新设置移除选项，才能够完成画面清理效果，如图9-30所示。

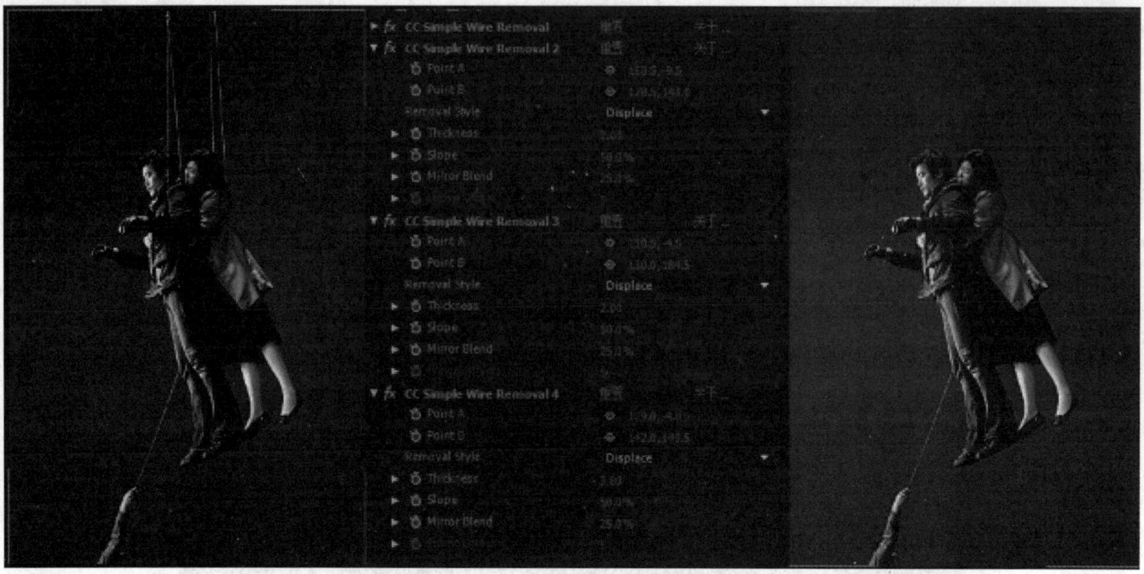

图9-30

9.2.9 Keylight(1.2)

对于较早的After Effects用户来说，Keylight(1.2)是针对After Effects平台的一款外置抠像插件，用户需要专门安装才可以使用。随着After Effects的版本升级，Keylight(1.2)被整合进来，用户可以直接调用。Keylight参数相对复杂，但非常擅长处理反射、半透明区域和头发，如图9-31所示。

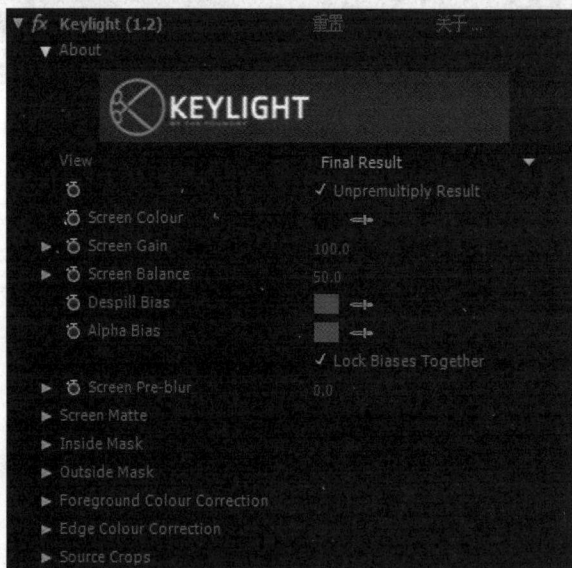

图9-31

☆ View：视图选项，用于设置图像在合成窗口中的显示方式，一共提供了11种显示方式。

☆ Screen Colour：屏幕颜色，用于设定需要键出的颜色。用户可以通过【吸管工具】直接对需要去除背景的图层颜色进行取样，如图9-32所示。

图9-32

☆ Screen Gain：屏幕增益，用于设定键出效果的强弱。数值越大，抠除的程度越大，如图9-33所示。

图9-33

☆ Screen Balance：屏幕平衡，用于控制色调的均衡程度。平衡值越大，屏幕颜色的饱和度越高，如图9-34所示。

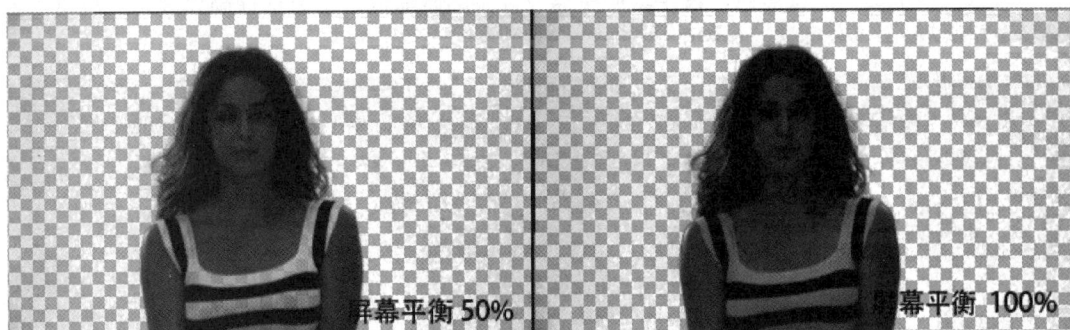

图9-34

☆ Despill Bias：反溢出偏差，用于控制前景边缘的颜色溢出。

☆ Alpha Bias：Alpha偏差，使Alpha通道向某一类颜色偏移。在多数情况下，不用单独调节。

★ Lock Biases Together：同时锁定偏差，勾选此选项代表【Despill Bias】和【Alpha Bias】处于链接状态。

☆ Screen Pre-blur：屏幕预模糊，在进行图像抠除之前先对画面进行模糊处理，数值越大，模糊程度越高。一般用于抑制画面的噪点，如图9-35所示。

图9-35

☆ Screen Matte：屏幕蒙版，用于调整蒙版参数，更为精确地控制颜色键出的范围，如图9-36所示。

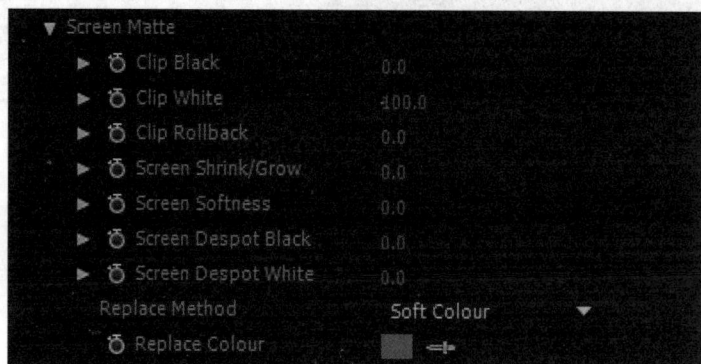

图9-36

★ Clip Black：消减黑色，设定蒙版中黑色像素的起点值，适当地提高该数值，可以增大背景图像的抠除区域，如图9-37所示。

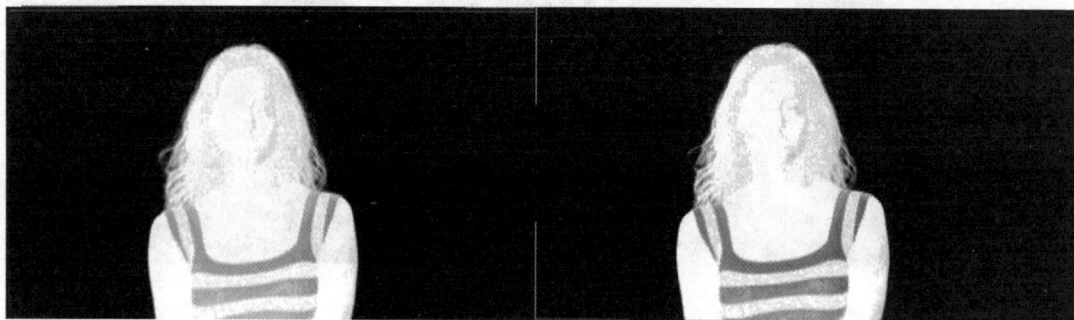

图9-37

★ Clip White：消减白色，设置蒙版中白色像素的起点值，适当地降低该数值，可以调整图像保留区域的范围，如图9-38所示。

图9-38

★ Clip Rollback：消减补偿，在使用消减黑色/白色对图像保留区域进行调整时，可以通过消减补偿恢复消减部分的图像，这对于找回保留区域的细节像素是非常有用的，如图9-39所示。

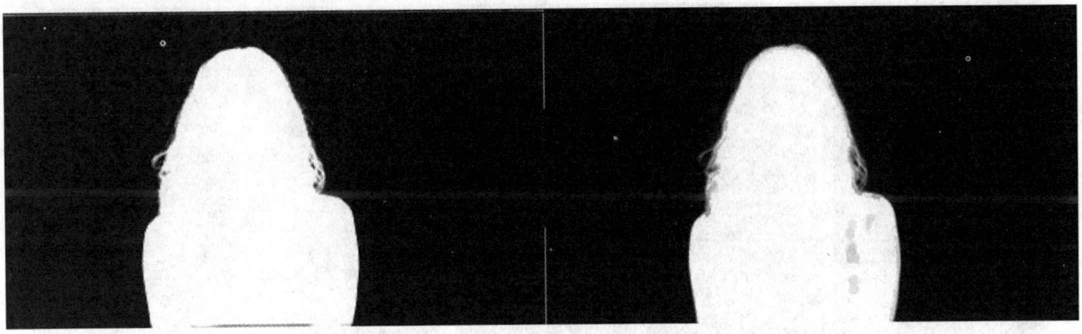

图9-39

★ Screen Shrink/Grow： 屏幕收缩/扩展，用来设置蒙版的范围。减小数值为收缩蒙版的范围，增大数值为扩大蒙版的范围。

★ Screen Softness：屏幕柔化，用来对蒙版进行模糊处理。数值越大，柔化效果越明显。

★ Screen Despot Black：屏幕黑点去除，当白色区域有少许黑点或者灰点的时候(即透明和半透明区域)，调节此参数可以去除那些黑点和灰点。

★ Screen Despot White： 屏幕白点去除，当黑色区域有少许白点或者灰点的时候(即不透明和半透明区域)，调节此参数可以去除那些白点和灰点。

★ Replace Method：替换方式，设置屏幕蒙版的替换方式，共有4种模式。

★ Replace Colour：替换颜色，用于设置透明及半透明区域的补救颜色。

☆ Inside Mask：内部蒙版，用于建立蒙版作为保留的区域。

★ Inside Mask：选择保留区域的蒙版。

★ Inside Mask Softness：设置蒙版的柔化程度。

★ Invert：反转蒙版的方向。

★ Replace Method：用于设置蒙版边缘的替换方式，共有4种模式。

★ Replace Colour： 用于设置替换的颜色。

★ Source Alpha：用于设置如何处理图像中的Alpha通道信息，共有3种模式。

☆ Outside Mask：外部蒙版，用于建立蒙版作为排除的区域。

★ Outside Mask： 选择排除区域的蒙版。

★ Outside Mask Softness： 设置蒙版的柔化程度。

★ Invert： 反转蒙版的方向。

☆ Foreground Colour Correction：前景颜色校正，用来调整前景的颜色，包括【饱和度】、【对比度】、【亮度】等。

☆ Edge Colour Correction：边缘颜色校正，用来调整蒙版边缘的颜色。

☆ Source Crops：用于画面的修剪，可通过选项中的参数裁剪画面。

使用Keylight(1.2)进行人物抠像的操作步骤如下。

01 双击【项目】面板，导入 "keylight" 文件夹中的序列文件，勾选Targa序列复选框，以导入素材大小创建合成，如图9-40所示。

图9-40

02 选择 "抠像素材" 图层，执行【效果】|【键控】|【keylight1.2】命令，在Screen Colour选项中使用【吸管工具】在视图背景中吸取颜色，如图9-41所示。

图9-41

03 将View选项设置为Screen Matte，查看键控通道，如图9-42所示。

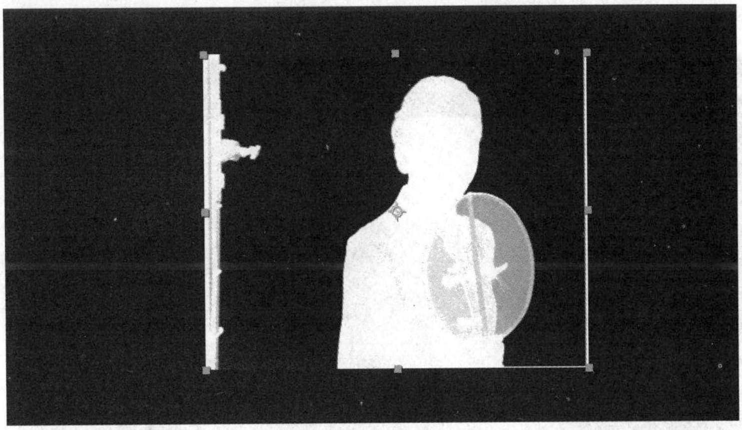

图9-42

04 图中白色的区域为保留区域，黑色的区域为键出区域，灰色的区域为半透明区域。调整Clip Black数值为23.0，将背景中灰色的区域去除，如图9-43所示。

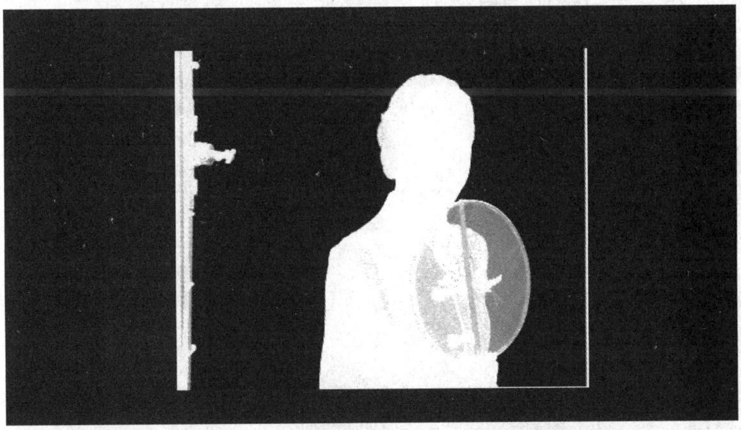

图9-43

05 调整Clip White数值为76.0，将人物身上灰色的区域去除，如图9-44所示。

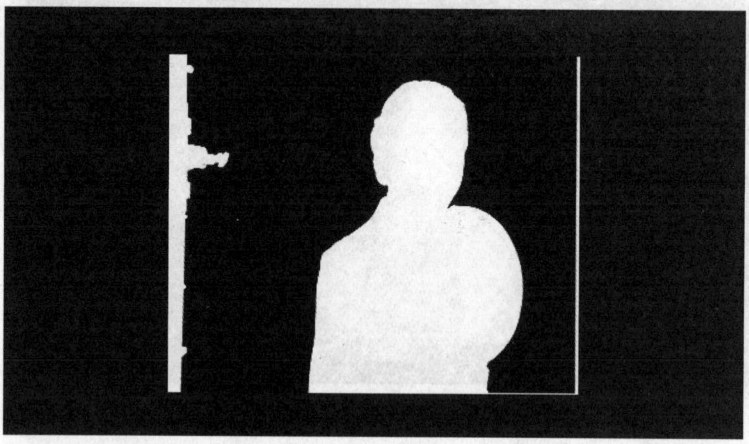

图9-44

06 将View选项设置为final Result，查看键控效果，如图9-45所示。

图9-45

07 对于边角的保留区域，使用蒙版工具绘制图层蒙版去除，如图9-46所示。

图9-46

第10章

运动跟踪与表达式

利用After Effects中的运动跟踪功能可以对动态素材中的指定像素进行跟踪处理，然后以跟踪的结果作为路径的依据来匹配源素材的运动或消除摄像机抖动。使用表达式，能够不用创建大量的关键帧就可以实现复杂的动画效果。在本章中，将详细介绍运动跟踪和表达式，内容涉及运动跟踪的流程和具体实现方法、表达式语言、表达式的添加和编辑等。

| 10.1 运动跟踪

通过运动跟踪，用户可以跟踪对象的运动，然后将该运动的跟踪数据应用于另一个对象，来创建图像和效果在其中跟随运动的合成。跟踪数据用来使被跟踪的图层动态化，以针对该图层中对象的运动进行补偿，还可以实现画面稳定的作用。

10.1.1 运动跟踪的作用

使用运动跟踪技术，可以降低影片拍摄的成本，例如制作汽车运动过程中燃烧的特效，我们可以追踪汽车的运动数据，将火焰燃烧的特效匹配动态素材的运动，在后期的制作中添加各种效果来完成，而不是去实拍真实汽车的燃烧。我们还可以将跟踪对象的位置链接到其他的属性，例如，在汽车行驶中，使立体声音频在屏幕上从左向右平移。对于手持式摄像机拍摄的相对摇晃的画面，也可以通过稳定素材使帧中的运动对象保持固定。

10.1.2 跟踪器面板

执行【窗口】|【跟踪器】命令，可以打开【跟踪器】面板。用户可以在【跟踪器】面板中设置、启动和应用运动跟踪，如图10-1所示。

图10-1

在【跟踪器】面板中，主要包括以下选项。

☆ 运动源：设置被跟踪的运动图层，被跟踪的运动图层可以是含有运动画面的素材或合成图层。

☆ 当前跟踪：被激活的跟踪器。

☆ 跟踪类型：用于设置跟踪的类型，主要包括【稳定】、【变换】、【平行边角定位】、【透视边角定位】和【原始】5种模式，跟踪点的数目根据5种模式有所区别，跟踪数据应用于目标的方式也有所不同。

★ 稳定：通过跟踪运动源的位置、旋转、缩放对被跟踪的源图层中的运动进行补偿。当跟踪位置时，此模式将创建一个跟踪点，并为源图层生成锚点关键帧。当跟踪旋转时，此模式将创建两个跟踪点并为源图层生成旋转关键帧。当跟踪缩放时，此模式将创建两个跟踪点并为源图层生成缩放关键帧。

★ 变换：跟踪位置、旋转或缩放以应用于另一个图层。当跟踪位置时，此模式在被跟踪图层上创建一个跟踪点并为目标设置位置关键帧。当跟踪旋转时，此模式在被跟踪图层上创建两个跟踪点并为目标设置旋转关键帧。当跟踪缩放时，此模式将创建两个跟踪点并为目标生成缩放关键帧。

★ 平行边角定位：跟踪倾斜和旋转，但透视边角定位不对其进行跟踪；平行线将保持平行，并且将保持相对距离。平行边角定位使用3个跟踪点，根据3个跟踪点来计算第4个点的位置。

★ 透视边角定位：跟踪被跟踪图层中的倾斜、旋转和透视变化。透视边角定位使用4个跟踪点，在【边角定位】效果属性组中同时为4个角点设置关键帧。

★ 原始：使用此模式，通过运动跟踪产生的数据不能直接使用【应用】按钮将跟踪数据应用到其他图层中，但是可以使用关键帧复制粘贴的方式或表达式应用跟踪数据。

☆ 位置：设置是否跟踪位置属性。

☆ 旋转：设置是否跟踪旋转属性。

☆ 缩放：设置是否跟踪缩放属性。

☆ 运动目标：用于显示应用跟踪数据的图层或效果控制点。

☆ 编辑目标：用于设置跟踪数据被应用的图层或效果控制点。

☆ 选项：在跟踪器选项中，可以设置跟踪的相关参数。单击该按钮，将弹出【动态跟踪器选项】对话框，如图10-2所示。

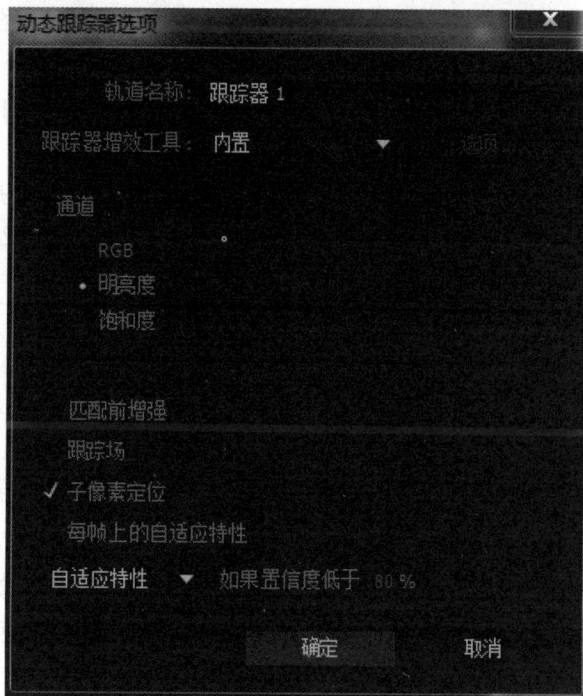

图10-2

☆ 分析：对源素材中的跟踪点进行逐帧分析。

☆ 向后分析1帧◀Ⅱ：通过返回上一帧来分析当前帧。

☆ 向后分析◀：从当前时间往前分析跟踪数据。

☆ 向前分析▶：从当前时间往后分析跟踪数据。

☆ 向前分析1帧Ⅱ▶：通过前进到下一帧来分析当前帧。

☆ 重置：删除当前所选跟踪器中的所有跟踪数据，恢复到默认状态下的特征区域、搜索区域和附着点。

☆ 应用：将跟踪数据添加到目标图层或效果控制点。

在【动态跟踪器选项】对话框中，主要包括以下选项。

☆ 轨道名称：用于设置跟踪器的名字。

☆ 跟踪器增效工具：选择跟踪器的插件，在默认情况下，此选项显示为【内置】。

☆ 通道：在特征区域内，用于比较图像数据的通道类型。在特征区域内，跟踪目标的色相信息对比比较明显时，可选用【RGB】通道；在特征区域内，跟踪目标的明度信息对比比较明显时，可选用【明亮度】通道；在特征区域内，跟踪目标的饱和度信息对比比较明显时，可选用【饱和度】通道。

☆ 匹配前增强：使用模糊的方式降低图像中的杂点或锐化图像的边缘位置，使跟踪数据更加准确。

☆ 跟踪场：跟踪隔行视频的两个场中的运动。

☆ 子像素定位：默认为勾选状态，将根据特征区域的像素的精确度生成关键帧，得到更加准确的跟踪数据。

☆ 每帧上的自适应特性：根据前一帧中的特性区域内的数据来判定当前帧搜索区域内搜索的图像数据。

☆ 如果置信度低于：用于设置在置信度属性值低于指定的百分比值时要执行的操作，包括【继续跟踪】、【停止跟踪】、【预测运动】和【自适应特性】。

10.1.3 运动跟踪流程

为了使运动跟踪能够得到更加准确的数据，被选择的跟踪目标必须具备明显的特征区域，拍摄对象的色相、明度和饱和度信息是尤为重要的，因为在After Effects中是将一个帧的图像数据与下一帧的图像数据进行对比来生成跟踪信息。被跟踪的区域在整个视频中需要保持形状，大小和颜色上的相似，同时有别于周围的区域。在整个视频中，要尽量保持跟踪区域的可见性。

1. 选择跟踪目标

在进行运动跟踪之前，首先需要确定素材中的跟踪目标，一个好的跟踪目标在整个视频中将保持可见性，同时与周围的图像在明度、色相、饱和度中的某一个或多个方面具有明显的区别。

2. 调整附加点位置

附加点是目标图层或滤镜控制点的放置点，在默认情况下，附加点位于特性区域的中心位置。用户可以移动附加点的位置，相对于跟踪目标的位置产生偏移，如图10-3所示。

图10-3

3. 调整特性区域和搜索区域

特性区域需要放置在被跟踪的目标点上，使其能够完全包括跟踪目标即可。

搜索区域的位置和大小是根据跟踪目标的运动方式来设置的。当被跟踪的目标的运动方式是缓慢的，搜索区域只要稍大于特性区域即可；当被跟踪的目标的运动方式比较快，搜索区域需要设置得足够大以满足帧于帧之间跟踪目标的最大位置和方向上的改变。

4. 分析和应用跟踪数据

在【跟踪器】面板中通过【分析】选项执行运动跟踪，得到跟踪数据。在进行运动跟踪时，有时候会因为素材或搜索区域的设置问题使跟踪效果不够理想，这时候就需要重新设置进行再次【分析】。在跟踪数据无误的情况下，可以在【跟踪器】面板中将跟踪数据应用于目标图层。

10.1.4 时间轴面板中的运动跟踪属性

在【跟踪器】面板中单击【跟踪运动】或【稳定运动】时，会在【时间轴】面板中为源图层添加一个新的【跟踪器】。在【跟踪器】中可以包括一个或多个跟踪点，每个跟踪点在跟踪完成后将产生相应的跟踪关键帧，如图10-4所示。

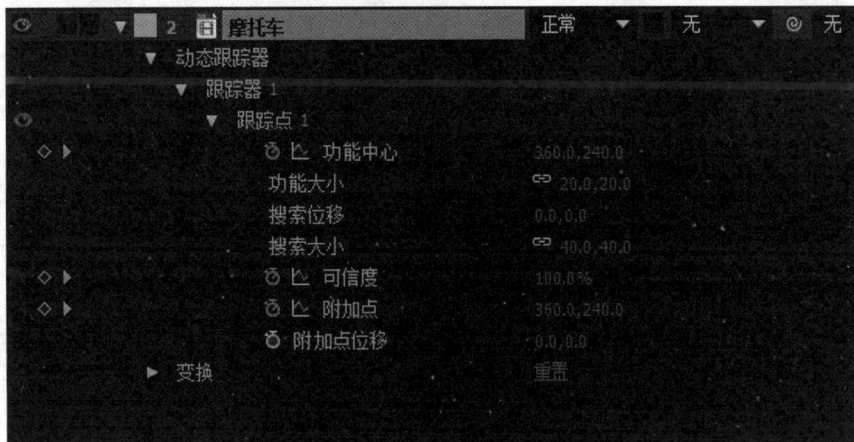

图10-4

在跟踪点属性中，主要包括以下参数。

☆ 功能中心：用于设置特性区域的中心位置。

☆ 功能大小：用于设置特性区域的大小。

☆ 搜索位移：用于设置搜索区域中心相对于特性区域中心的位置。

☆ 搜索大小：用于设置搜索区域中心的大小。

☆ 可信度：在进行运动跟踪时生成的每个帧的跟踪匹配的程度。

☆ 附加点：设置目标图层或效果控制点的位置。

☆ 附加点位移：设置目标图层或效果控制点相对于特性区域中心的位移。

▋ 10.1.5 调节跟踪点

设置运动跟踪时，经常需要通过调整特性区域、搜索区域和附加点来调整跟踪点，可以使用【选取工具】▣分别调整每个区域的大小，也可以进行整体调节。在移动特性区域时，特性区域中的图像区域被放大到400%。

▌ 10.2 制作跟踪动画

在本节中，将详细介绍不同跟踪器的制作方式。

▋ 10.2.1 跟踪摄像机

【跟踪摄像机】是对视频素材进行分析以提取摄像机运动的数据，在合成中匹配动态摄像机和三维图层，如图10-5所示。

图10-5

操作步骤：

01 双击【项目】面板，导入"跟踪摄像机素材.mp4"视频，以导入视频大小创建合成，如图10-6所示。

图10-6

02 选择【窗口】|【跟踪器】命令，显示【跟踪器】面板。选中"跟踪摄像机素材.mp4"图层，使用鼠标左键单击【跟踪器】面板中的【跟踪摄像机】按钮，在【合成】窗口中显示"在后台分析"的提示，在【效果控件】面板中，将为图层添加【3D摄像机跟踪器】特效，并同时显示分析进度，如图10-7所示。

图10-7

03 单击【3D摄像机跟踪器】特效中的【创建摄像机】选项，将创建一个匹配当前视频视角的"3D跟踪器摄像机"层，如图10-8所示。

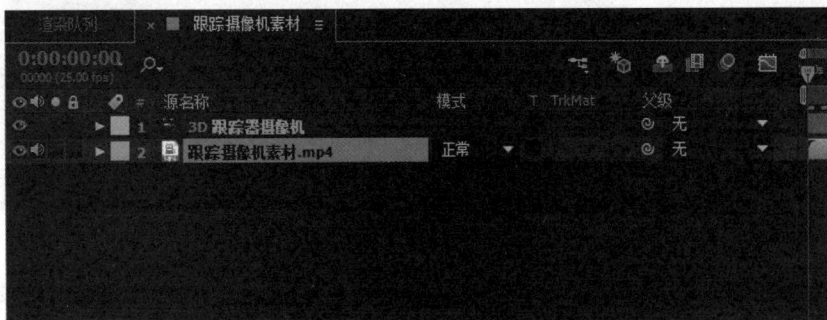

图10-8

04 在【3D摄像机跟踪器】特效被选中的状态下，在【合成】窗口中选择一个跟踪点，单击鼠标右键，在弹出的菜单中选择【创建文本】命令，如图10-9所示。

图10-9

05 文本图层将自动转换为三维文本图层，修改文本内容为"草原"，将文本图层的【缩放】属性参数调整为9.0,9.0,9.0%，如图10-10所示。

图10-10

06 选择"草原"图层，使用【矩形工具】在文本下方绘制蒙版，在【蒙版1】中，勾选【反转】

复选框，将【蒙版羽化】属性参数调整为89.0,89.0像素，如图10-11所示。

图10-11

10.2.2　变形稳定器

　　【变形稳定器】主要是针对抖动的视频素材进行稳定处理，使用【变形稳定器】进行稳定处理时，要尽量保证视频清晰，同时避免画面中出现较快的透视变形。

01 双击【项目】面板，导入"变形稳定器.avi"视频，以导入视频大小创建合成，如图10-12所示。

图10-12

02 选择【窗口】|【跟踪器】命令，显示【跟踪器】面板。选中"变形稳定器.avi"图层，使用鼠标左键单击【跟踪器】面板中的【变形稳定器】按钮，在【合成】窗口中显示"在后台分析"的提示，在【效果控件】面板中，将为图层添加【变形稳定器 VFX】特效，并同时显示分析进度，如图10-13所示。

图10-13

03 分析结束后，自动对画面进行稳定处理，【变形稳定器 VFX】特效会对画面进行自动缩放处理，如图10-14所示。

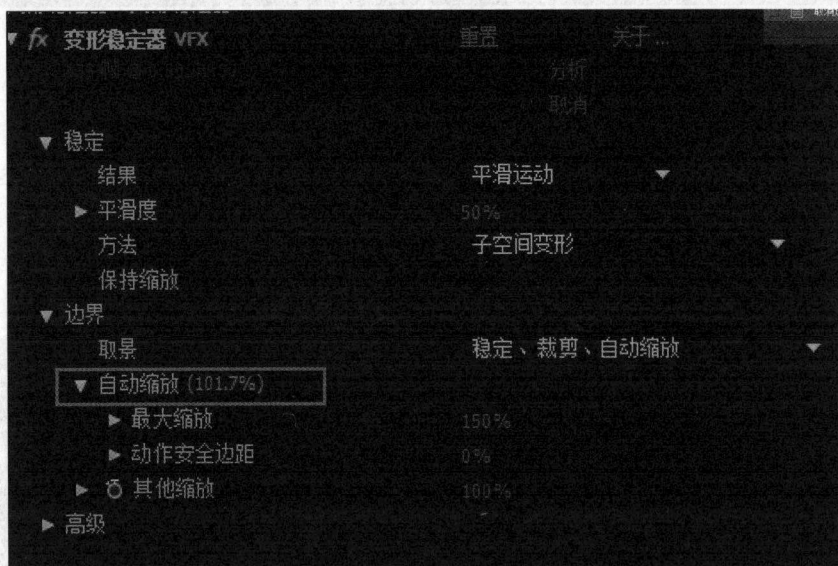

图10-14

10.2.3 跟踪运动

01 双击【项目】面板，导入"画.mov"视频文件和"素材.mp4"视频文件，以"画.mov"视频大小创建合成，如图10-15所示。

02 在【时间轴】面板中选择"画.mov"图层，选择【窗口】|【跟踪器】命令，显示【跟踪器】面板。选中"画.mov"图层，使用鼠标左键单击【跟踪器】面板中的【跟踪运动】按钮，

将【运动源】设置为"画.mov"图层，【跟踪类型】设置为【透视边角定位】，此时可以在【合成】窗口中观察到4个跟踪点，如图10-16所示。

图10-15

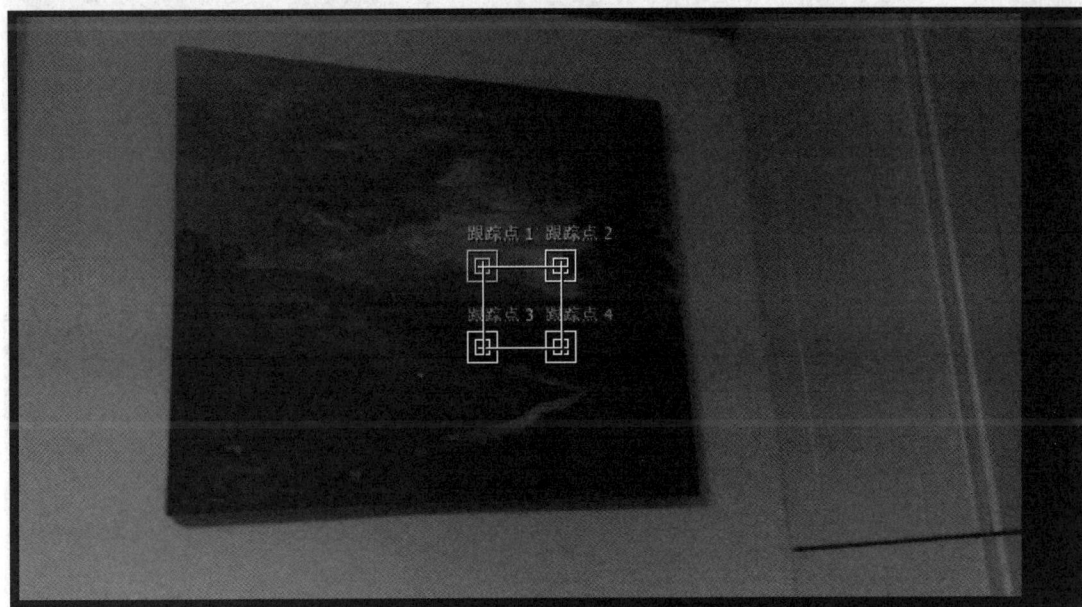

图10-16

03 将【时间指示器】移动到合成的初始位置，使用【选取工具】将4个跟踪点调整到画的4个角上，如图10-17所示。

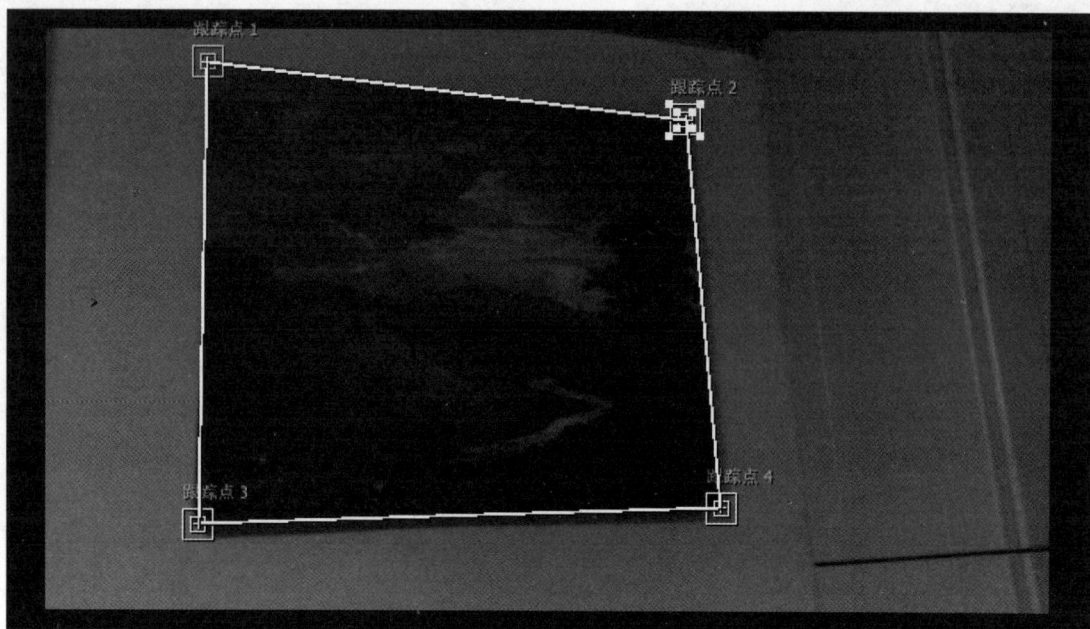

图10-17

04 单击【跟踪运动】面板中的【向前分析】按钮，进行运动跟踪分析，如图10-18所示。

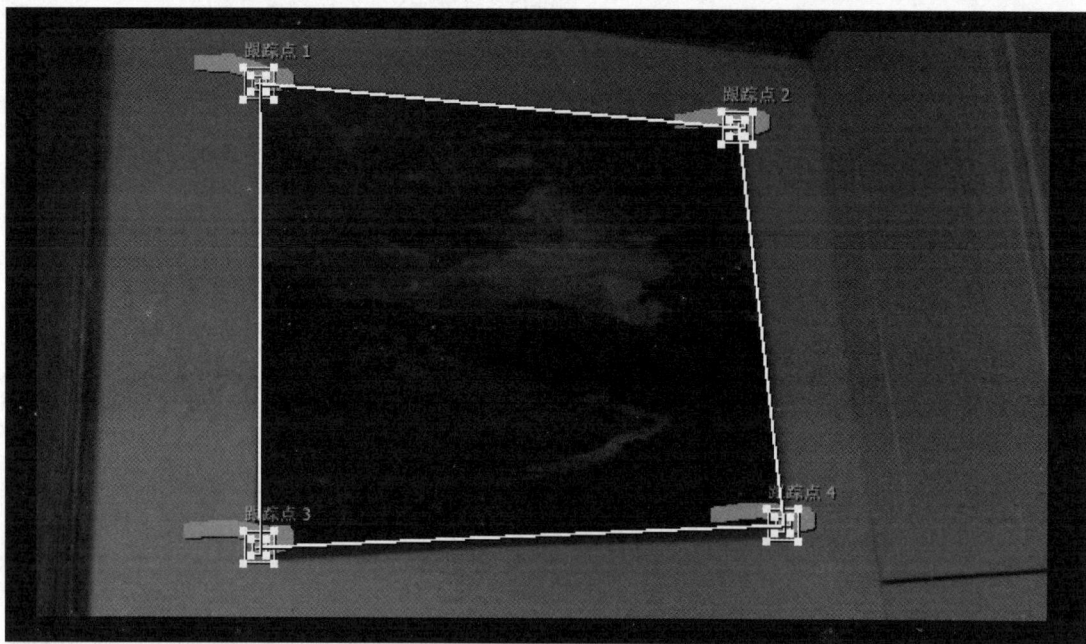

图10-18

05 将"素材.mp4"视频文件拖曳到【时间轴】面板中，并放置在图层最上端位置，如图10-19所示。

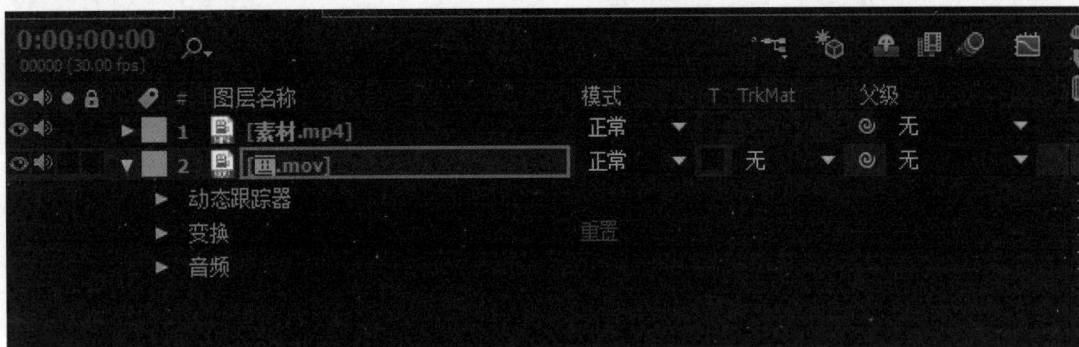

图10-19

06 选择"画.mov"图层，单击【编辑目标】按钮，在弹出的【运动目标】对话框中将运动应用于"1.素材.mp4"，单击【确定】按钮完成编辑，如图10-20所示。

图10-20

07 单击【跟踪运动】面板中的【应用】按钮，将跟踪数据应用于"素材.mp4"图层，在"素材.mp4"图层中添加了【边角定位】特效，同时4个边角都设置了关键帧，如图10-21所示。

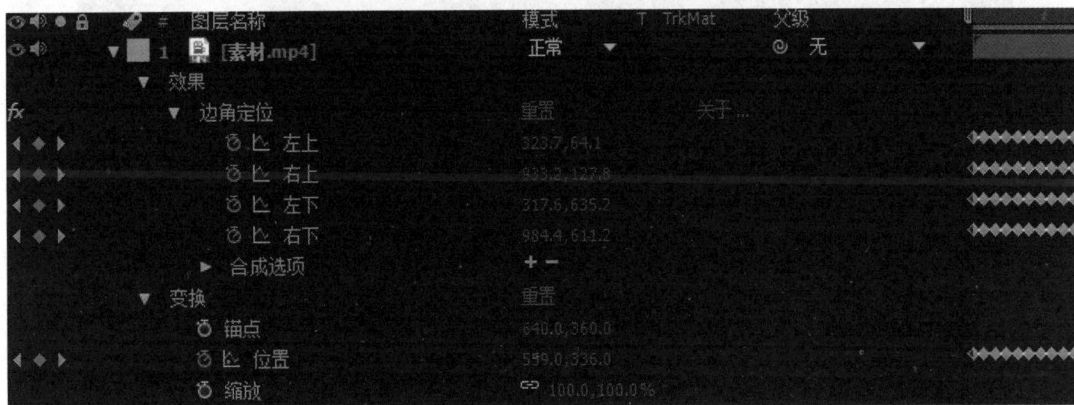

图10-21

08 预览动画效果，如图10-22所示。

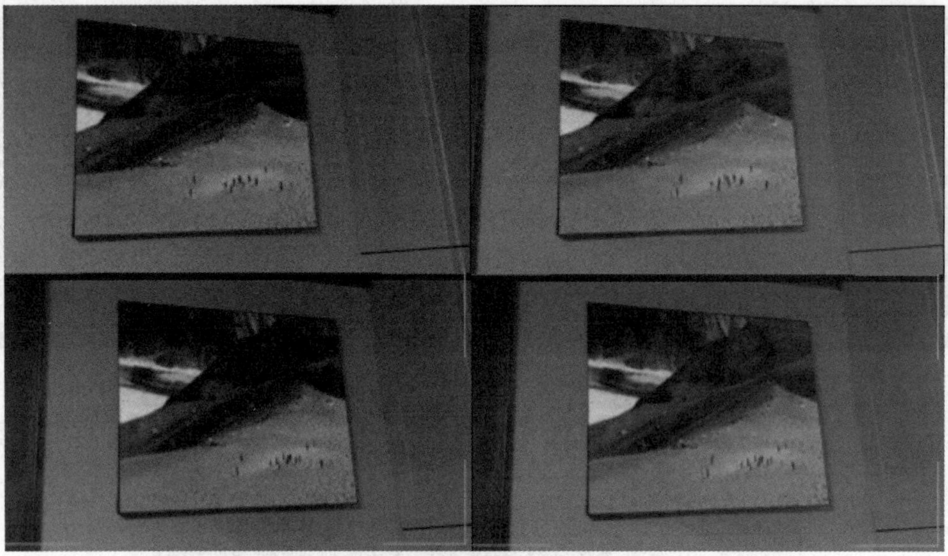

图10-22

10.2.4 稳定运动

　　【运动跟踪】和【稳定运动】处理跟踪数据的原理是一样的，【稳定运动】可以将跟踪数据应用于源图层本身以抵消运动。

01 双击【项目】面板，导入"素材.avi"视频文件，以"素材.avi"视频大小创建合成，如图10-23所示。

图10-23

02 在【时间轴】面板中选择"素材.avi"图层，选择【窗口】|【跟踪器】命令，显示【跟踪器】面板。选中"素材.avi"图层，使用鼠标左键单击【跟踪器】面板中的【稳定运动】按钮，将【运动源】设置为"素材.avi"图层，勾选【位置】复选框，如图10-24所示。

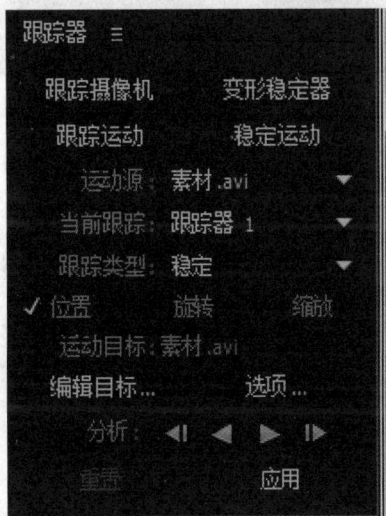

图10-24

03 将【时间指示器】移动到合成的初始位置，使用【选取工具】将跟踪点调整到画面的合适位置，单击【向前分析】按钮，进行运动跟踪分析，如图10-25所示。

图10-25

04 单击【应用】按钮，将跟踪数据应用于"素材.avi"图层，系统会弹出【动态跟踪器应用选项】对话框，单击【确定】按钮完成操作，如图10-26所示。

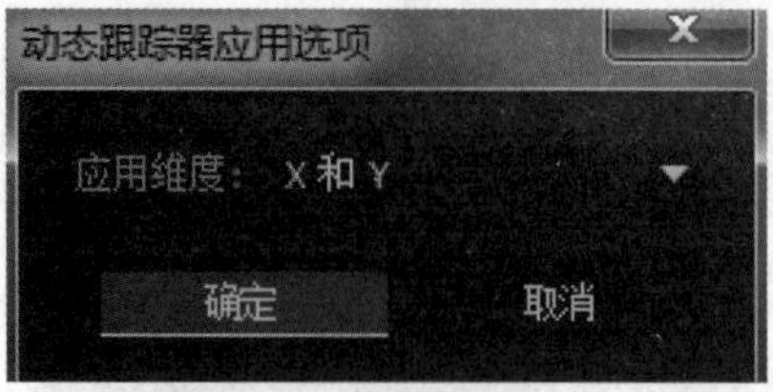

图10-26

05 应用完成后，调整"素材.avi"图层中【缩放】属性的参数为103.0,103.0%，使画面完全显示出来，预览最终效果，如图10-27所示。

图10-27

| 10.3 表达式

使用表达式可以创建图层属性之间的关系，制作复杂的动画效果。表达式语言基于标准的JavaScript语言，它是一小段软件，用户不必了解JavaScript语言就能够使用表达式。

▌10.3.1 表达式语言

After Effects表达式语言使用核心标准的 JavaScript 1.2 语言，具有自己的一组扩展对象，如图层、合成、素材和摄像机，这样就可以使用表达式访问到After Effects项目中的绝大多数的属性值。在进行表达式输入时，由于JavaScript 是区分大小写的语言，所以在编写表达式时，一定要注意大小写，用分号来分隔语句或行。

用户可以使用表达式语言访问图层属性 (property) 的属性 (attribute) 和方法。全局对象和次级对象使用点号来分开，目标与属性和方法之间也是使用点号进行分开，如thisComp. layer("图层2").effect。对于图层以下的级别，可以使用圆括号进行分级。

例如，要将"图层1"中的【位置】属性与图层 B 中的【时间码】特效的【文本位置】属性相关联，可以为"图层1"的【位置】属性编写如下表达式：

thisComp.layer("图层2").effect("时间码")("文本位置")

其中，表达式的语言分别为：

☆ thisComp：用来说明表达式所应用的最高层级，可以理解为这个合成。

☆ layer("图层2")：特定图层对象的名称，如图层名称为CM.jpg，可编辑为（"CM.jpg"）。

☆ effect("时间码")：该图层中的特定效果的名称。

☆ ("文本位置")：该图层中的特定效果的属性名称。

如果使用对象属性是自身，那么在表达式输入中可以忽略对象层级。例如在图层的【旋转】属性中使用wiggle()表达式，可以使用wiggle(5, 10) 或rotation. wiggle(5, 10)。

10.3.2 数组与维度

在After Effects中，经常用到的一个数据类型是数组。数组是一种按照顺序储存参数的特殊对象，数组用中括号括起参数列表，用逗号分隔具体参数，如[8，20]。

数组对象的维度是数组中元素的数目。当用数组下标表示的时候，需要用几个数字来表示才能唯一确定这个元素，这个数组就是几维。例如，一个数字确定一个元素a[6]就是一维的；两个数字确定一个元素b[3][9]就是二维的； 三个数字c[6][5][1]就是三维的。After Effects 的不同属性具有不同维度，具体取决于这些属性具有的参数的数目。如图10-28所示为常见的属性和纬度。

维度	属性
一维	不透明度、旋转
二维	二维空间中的位置、缩放、锚点
三维	三维空间中的位置、缩放、锚点、方向
四维	颜色（红、绿、蓝、Alpha）

图10-28

用户可以使用括号和索引号访问数组对象的各个元素，数组对象中的元素会从 0 开始建立索引。在三维图层中，【位置】属性如下所示建立索引。

☆ position[0]：表示X轴信息。

☆ position[1]：表示Y轴信息。

☆ position[2]： 表示Z轴信息。

10.3.3 添加、编辑和移除表达式

用户可以通过手动输入创建表达式，也可以通过表达式语言菜单输入整个表达式，还可以通过表达式关联器或者从其他表达式中复制。

用户可以在【时间轴】面板中创建表达式。例如，展开图层属性，在【位置】属性中，按住Alt键单击【位置】属性左侧的【时间变化秒表】按钮，即可为该属性添加表达式，包含表达式的属性的值显示为红色或粉红色类型。当需要移除该属性的表达式时，按住Alt键再次单击【时间变化秒表】按钮即可，如图10-29所示。

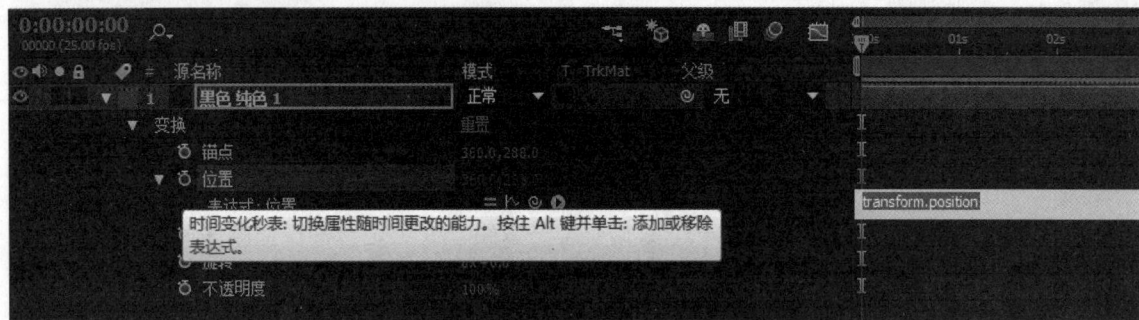

图10-29

用户还可以在【时间轴】面板中选择需要添加表达式的图层，展开图层属性，选择任意属性，执行【动画】|【添加表达式】命令来完成。当该图层属性已经存在表达式时，可以执行【动画】|【移除表达式】命令删除表达式。

1. 手动编辑表达式

如果需要在表达式输入框内手动输入表达式，可以通过以下方式来实现。

第一步：激活表达式输入框。在进入表达式编辑模式后，默认会选中整个表达式。如果要添加到表达式，可以使用鼠标左键单击表达式输入框内的任意位置。

第二步：在表达式输入框内编辑和输入表达式，可以选择是否使用表达式语言菜单。

第三步：使用数字小键盘上的Enter键或在编辑框外单击，将退出表达式编辑模式。

> **提 示**
>
> 如果输入的表达式有误，After Effects将在【合成】窗口下端位置显示其错误，并且自动终止表达式的运行，黄色的警告图标⚠将会显示在表达式旁，单击该警告可以查看错误信息，如图10-30所示。

图10-30

手动输入表达式制作循环动画效果的操作步骤如下。

01 新建合成。执行【合成】|【新建合成】命令，在【合成设置】面板中设定合成大小，调整合成设置。将合成大小调整为720×576像素，修改合成名称，设置像素长宽比为方形像素，合成长度为10秒，如图10-31所示。

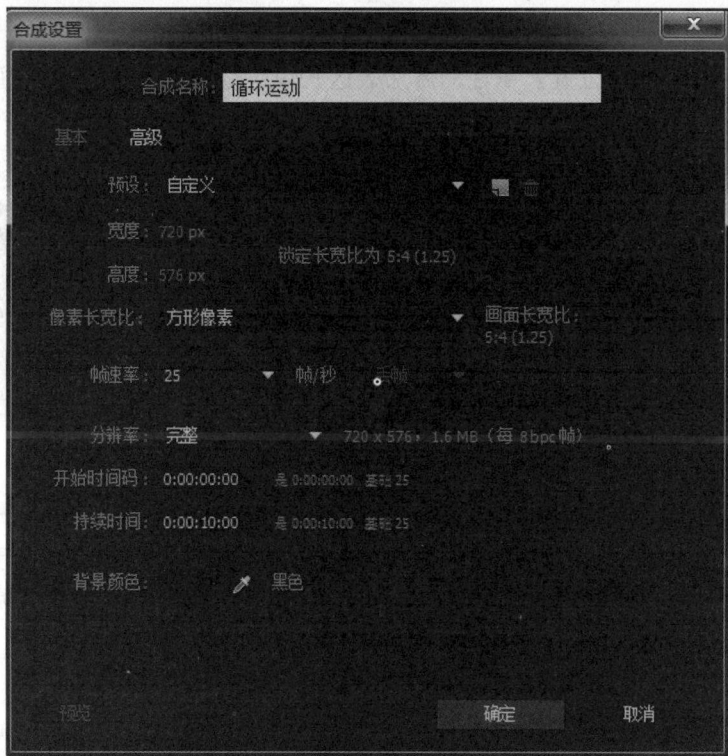

图10-31

02 使用【椭圆工具】创建形状图层，调整【填充】和【描边】效果，如图10-32所示。

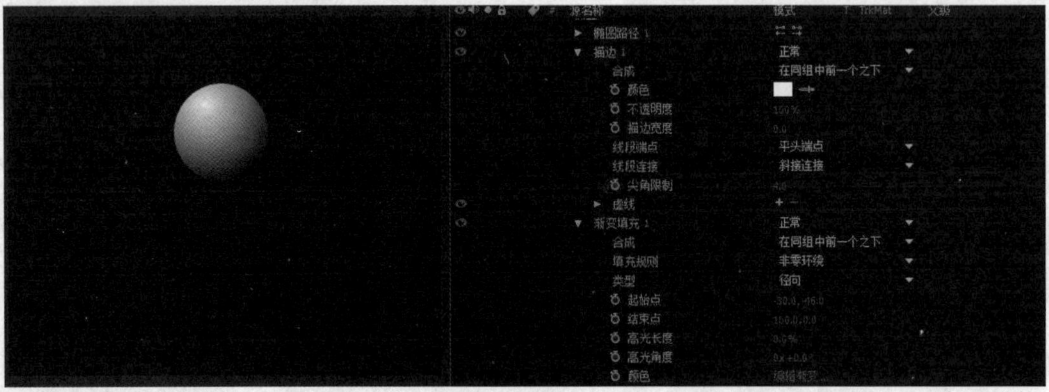

图10-32

03 选择"形状图层1"，创建【位置】属性关键帧，在0:00:00:00位置、0:00:00:08位置、0:00:00:16位置分别将【位置】属性中的Y轴参数调整为288.0,518.0,288.0，如图10-33所示。

图10-33

04 选择"形状图层1"的【位置】属性，激活表达式输入框，在表达式输入框内输入如下所示的表达式，如图10-34所示。

```
loopOut(type="cycle", numKeyframes=0)
```

图10-34

> **提示**
>
> 上述表达式主要用于设置循环效果。其中loop表示循环，loopOut表示向后循环，type=cycle表示循环类型，就是重复类型，numkeyframes表示选择哪些关键帧进行循环，为0表示所有关键帧循环；为1表示只循环最后两个关键帧；为2表示循环最后3个关键帧，以此类推。

2. 使用关联器编辑表达式

使用表达式关联器可以从一个属性拖动到另一属性，以将这些属性与一个表达式相关联，将关联器拖动到属性以创建指向该属性值的链接，如图10-35所示。

图10-35

使用表达式关联器可以拖动到其他属性的名称或数值来创建关联。如果拖动到属性的名称，则生成的表达式会将所有值作为一个整体显示。例如，如果将关联器拖动到【锚点】属性的名称上，则会显示如下表达式。

```
thisComp.layer("表达式").transform.anchorPoint
```

如果将表达式关联器拖动到【锚点】属性的X轴数值上，那么【锚点】属性的X值将关联到自身的X轴和Y轴的数值，显示如下表达式。

```
temp = thisComp.layer("表达式").transform.anchorPoint[0];
[temp, temp]
```

提 示

由于在【时间轴】面板中的图层、遮罩和滤镜可以具有相同的名称。在使用表达器关联时，After Effects 会对其重命名。

3. 在图表编辑器模式下查看表达式

在图表编辑器模式下，可以从图表编辑器底部的【选择图标类型和选项】中勾选【显示表达式编辑器】，被添加表达式的属性将被显示，但当选择多个添加了表达式的属性后，会提示"多个选定的属性具有表达式"。用户可以使用快捷键Shift+F3退出图表编辑器模式。要调整表达式输入框的大小，可以向上或向下拖动其底边缘，如图10-36所示。

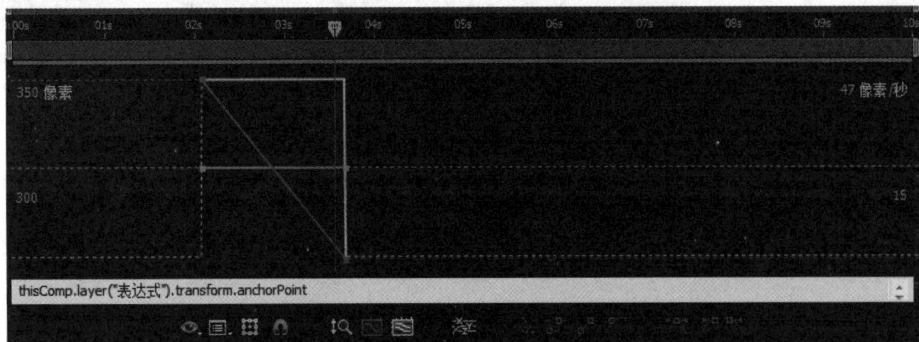

图10-36

4. 向表达式添加注释

表达式注释可以用于解释表达式的作用，并不会影响表达式的实际使用效果，只是在开头的位置加入说明性的文字，以便于辨识。

为表达式添加注释的方式主要有两种。

第一种：在注释开头输入 //。系统将忽略 // 和表达式结束点的任何语句，它们都被认定为表达式的注释。例如，//这是表达式注释，如图10-37所示。

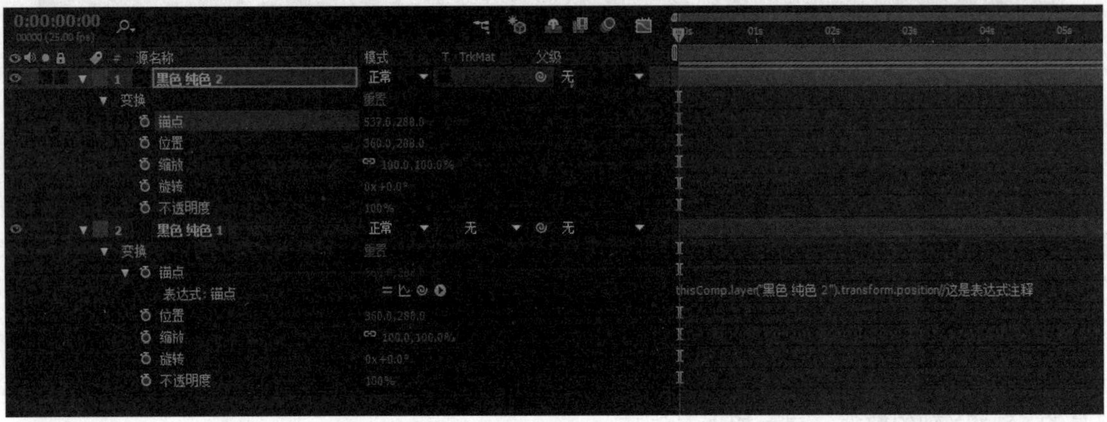

图10-37

第二种：在注释开头键入 /* 并在注释结尾键入 */。处于 /* 和 */ 之间的任何语句都将被认定为是表达式的注释。例如，/*这是表达式注释*/，如图10-38所示。

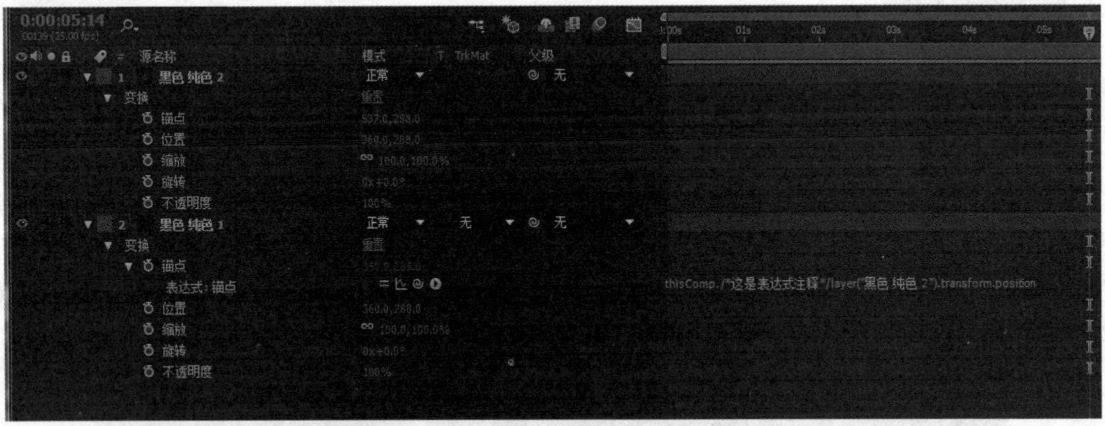

图10-38

10.3.4 保存和调用表达式

当用户编辑完表达式后，可以将表达式复制粘贴到文本编辑应用程序中存储，也可以将表达式保存为动画预设。在保存的动画预设中，动画属性只具有表达式但没有关键帧时，动画预设只保存表达式信息；如果动画属性不仅具有表达式而且具有关键帧时，动画预设将同时保存关键帧和表达式的信息。

提示

在调用表达式时，有的表达式涉及特定的名称时，需要重新修改表达式部分内容才能够正确使用。

☆ 复制表达式和关键帧：如果要将一个属性中的表达式和关键帧信息复制到其他属性中，可以在【时间轴】面板中选中该属性并进行复制，然后粘贴到目标图层属性中。

☆ 只复制表达式：如果只将表达式进行复制，而不复制属性中的关键帧信息，可以选择该属性，执行【编辑】|【仅复制表达式】命令，然后粘贴到目标图层属性中即可。

10.3.5 将表达式转换为关键帧

在【时间轴】面板中，选择已经添加表达式的属性，执行【动画】|【关键帧辅助】|【将表达式转换为关键帧】命令，可以将表达式转换为关键帧。在进行关键帧转换时，After Effects 会自动计算表达式，在每一帧的位置创建一个新的关键帧，原表达式将被禁用，如图10-39所示。

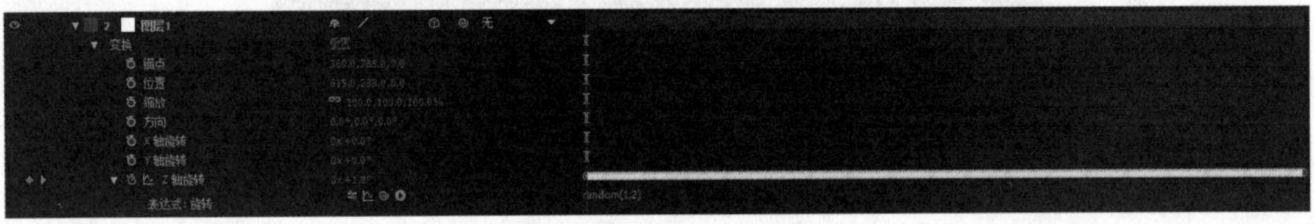

图10-39

10.3.6 表达式控制效果

使用表达式控制效果，只需要将一个或多个属性同时链接到控制器，就可以使用单个控制效果来同时影响其属性。

用户可以执行【效果】|【表达式控制】命令中的某个子命令，为图层添加表达式控制。表达式控制效果的名称指示其提供的属性控制类型：【3D点控制】、【点控制】、【复选框控制】、【滑块控制】、【角度控制】、【图层控制】和【颜色控制】，如图10-40所示。

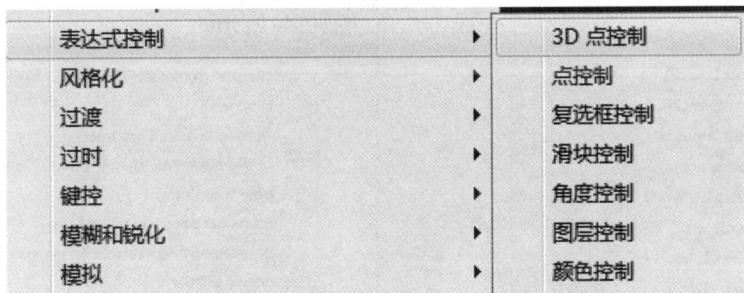

图10-40

使用表达式控制效果可以应用到任何类型的图层当中，但是一般会应用到一个空图层当中，将空图层当作控制图层来使用，其他图层的属性使用表达式链接到空图层的表达式控制效果中。

■ 10.3.7 表达式语言引用

用户可以使用库，根据需要在表达式菜单中选择相应的表达式语言，而不需要手动输入。单击动画属性中的 ▶ 按钮，即可打开表达式库，如图10-41所示。

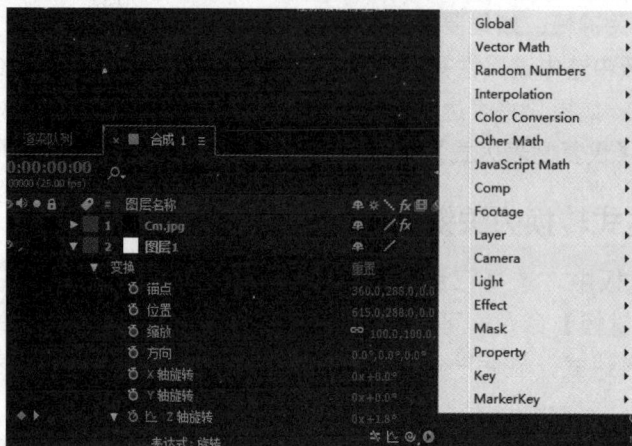

图10-41

☆ Global：表达式的子菜单如图10-42所示。

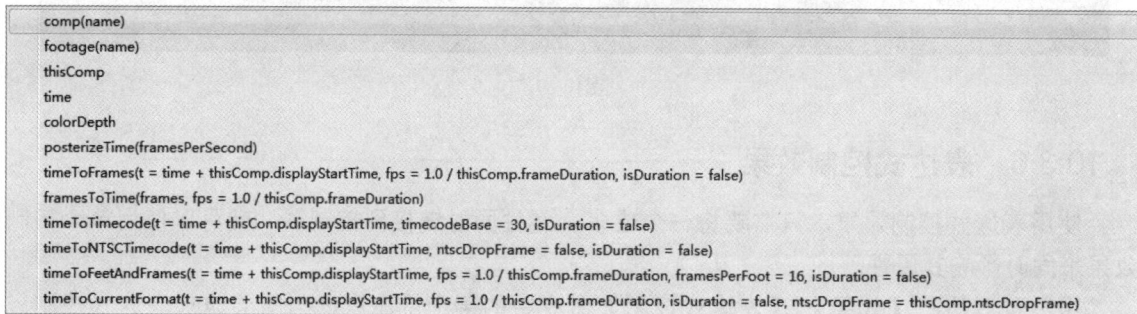

```
comp(name)
footage(name)
thisComp
time
colorDepth
posterizeTime(framesPerSecond)
timeToFrames(t = time + thisComp.displayStartTime, fps = 1.0 / thisComp.frameDuration, isDuration = false)
framesToTime(frames, fps = 1.0 / thisComp.frameDuration)
timeToTimecode(t = time + thisComp.displayStartTime, timecodeBase = 30, isDuration = false)
timeToNTSCTimecode(t = time + thisComp.displayStartTime, ntscDropFrame = false, isDuration = false)
timeToFeetAndFrames(t = time + thisComp.displayStartTime, fps = 1.0 / thisComp.frameDuration, framesPerFoot = 16, isDuration = false)
timeToCurrentFormat(t = time + thisComp.displayStartTime, fps = 1.0 / thisComp.frameDuration, isDuration = false, ntscDropFrame = thisComp.ntscDropFrame)
```

图10-42

☆ Vector Math：表达式的子菜单如图10-43所示。

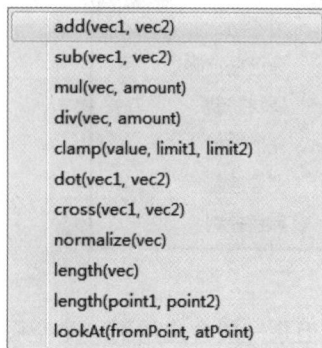

```
add(vec1, vec2)
sub(vec1, vec2)
mul(vec, amount)
div(vec, amount)
clamp(value, limit1, limit2)
dot(vec1, vec2)
cross(vec1, vec2)
normalize(vec)
length(vec)
length(point1, point2)
lookAt(fromPoint, atPoint)
```

图10-43

☆ Random Numbers：表达式的子菜单如图10-44所示。

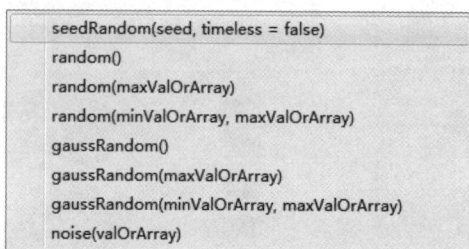

```
seedRandom(seed, timeless = false)
random()
random(maxValOrArray)
random(minValOrArray, maxValOrArray)
gaussRandom()
gaussRandom(maxValOrArray)
gaussRandom(minValOrArray, maxValOrArray)
noise(valOrArray)
```

图10-44

☆ Interpolation：表达式的子菜单如图10-45所示。

```
linear(t, value1, value2)
linear(t, tMin, tMax, value1, value2)
ease(t, value1, value2)
ease(t, tMin, tMax, value1, value2)
easeIn(t, value1, value2)
easeIn(t, tMin, tMax, value1, value2)
easeOut(t, value1, value2)
easeOut(t, tMin, tMax, value1, value2)
```

图10-45

☆ Color Conversion：表达式的子菜单如图10-46所示。

```
rgbToHsl(rgbaArray)
hslToRgb(hslaArray)
```

图10-46

☆ Other Math：表达式的子菜单如图10-47所示。

```
degreesToRadians(degrees)
radiansToDegrees(radians)
```

图10-47

☆ JavaScript Math：表达式的子菜单如图10-48所示。

```
Math.cos(value)
Math.acos(value)
Math.tan(value)
Math.atan(value)
Math.atan2(y, x)
Math.sin(value)
Math.sqrt(value)
Math.exp(value)
Math.pow(value, exponent)
Math.log(value)
Math.abs(value)
Math.round(value)
Math.ceil(value)
Math.floor(value)
Math.min(value1, value2)
Math.max(value1, value2)
Math.PI
Math.E
Math.LOG2E
Math.LOG10E
Math.LN2
Math.LN10
Math.SQRT2
Math.SQRT1_2
```

图10-48

Comp：表达式的子菜单如图10-49所示。

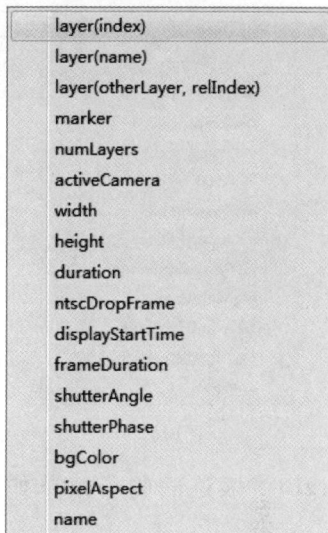

```
layer(index)
layer(name)
layer(otherLayer, relIndex)
marker
numLayers
activeCamera
width
height
duration
ntscDropFrame
displayStartTime
frameDuration
shutterAngle
shutterPhase
bgColor
pixelAspect
name
```

图10-49

☆ Footage：表达式的子菜单如图10-50所示。

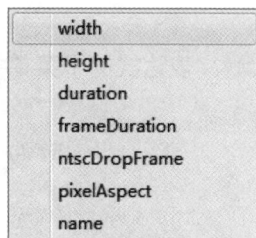

```
width
height
duration
frameDuration
ntscDropFrame
pixelAspect
name
```

图10-50

☆ Layer：表达式的子菜单如图10-51所示。

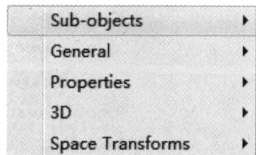

```
Sub-objects      ▶
General          ▶
Properties       ▶
3D               ▶
Space Transforms ▶
```

图10-51

☆ Camera：表达式的子菜单如图10-52所示。

图10-52

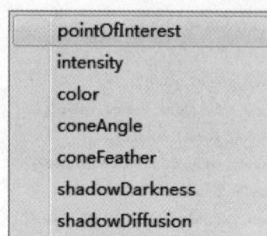

图10-53

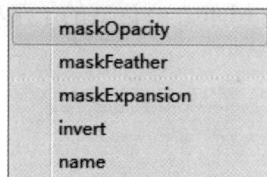

图10-54

☆ Light：表达式的子菜单如图10-53所示。

☆ Effect：表达式的子菜单如图10-54所示。

☆ Mask：表达式的子菜单如图10-55所示。

maskOpacity
maskFeather
maskExpansion
invert
name

图10-55

☆ Property：表达式的子菜单如图10-56所示。

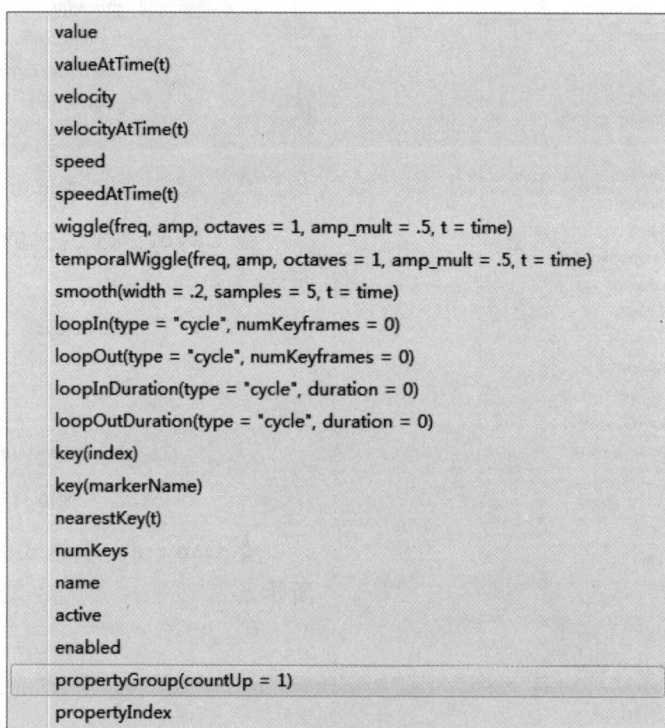

图10-56

☆ Key：表达式的子菜单如图10-57所示。

☆ Markerkey：表达式的子菜单如图10-58所示。

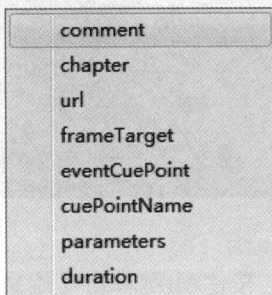

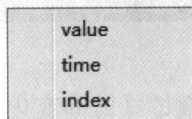

图10-57　　　　　　　　　图10-58

10.4　地震效果模拟（案例）

本案例是通过创建表达式，将图层的位置信息和旋转信息与【滑块控制】效果链接，通过调整【滑块】参数，模拟地震效果。

操作步骤：

01 新建合成。双击【项目】面板，导入"素材.avi"文件，并以素材大小创建合成，如图10-59所示。

图10-59

02 选择"素材.avi"图层，展开图层变换属性，在【位置】属性中，按住Alt键单击【位置】属性左侧的【时间变化秒表】按钮，输入表达式wiggle(8,50)，如图10-60所示。

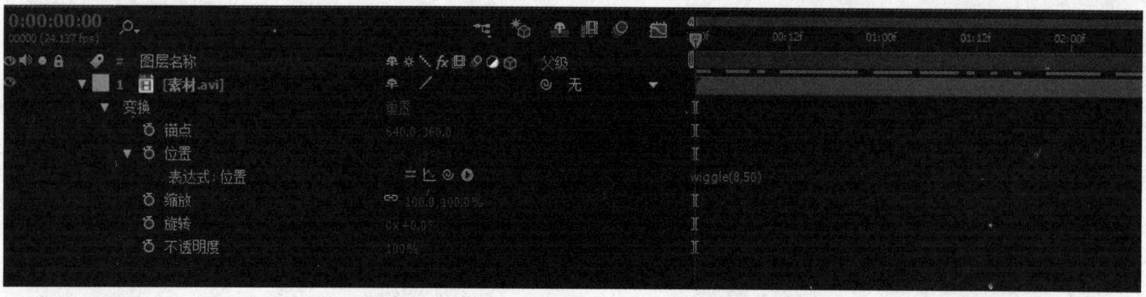

图10-60

03 在【旋转】属性中，按住Alt键单击【旋转】属性左侧的【时间变化秒表】按钮，复制粘贴【位置】属性中的表达式，并将表达式更改为wiggle(8,50)/40，如图10-61所示。

图10-61

04 选择"素材.avi"图层，单击鼠标右键，执行【效果】|【表达式控制】|【滑块控制】命令，为图层添加表达式控制效果，如图10-62所示。

图10-62

05 选择"素材.avi"图层，展开图层变换属性，在【位置】属性中，激活表达式输入框，选中wiggle控制中的"50"数值，将抖动的最大数值链接到【滑块控制】效果中的【滑块】选项，如图10-63所示。

06 选择"素材.avi"图层，展开图层变换属性，在【旋转】属性中，激活表达式输入框，同样将抖动的最大数值关联到【滑块控制】效果中的【滑块】选项，如图10-64所示。

图10-63

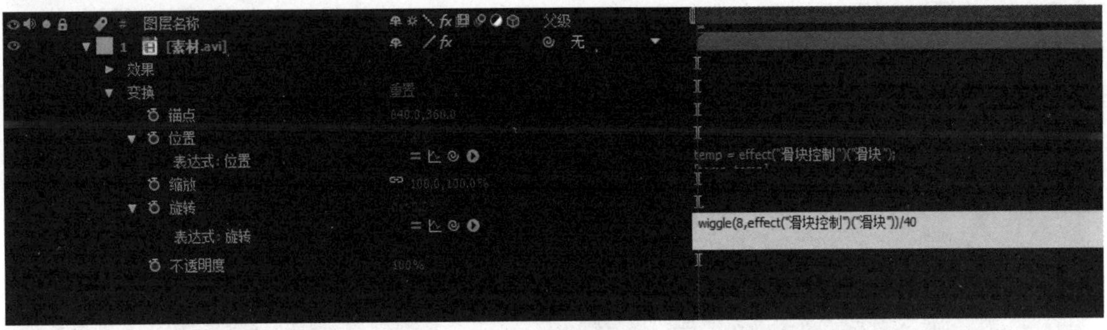

图10-64

07 将【时间指示器】移动至0:00:00:04位置，激活【滑块】属性的【时间变化秒表】按钮，将【滑块】参数调整为0；将【时间指示器】移动至0:00:00:09位置，【滑块】参数调整为27；将【时间指示器】移动至0:00:01:22位置，【滑块】参数调整为80；将【时间指示器】移动至0:00:03:11位置，【滑块】参数调整为3，激活【运动模糊】按钮，如图10-65所示。

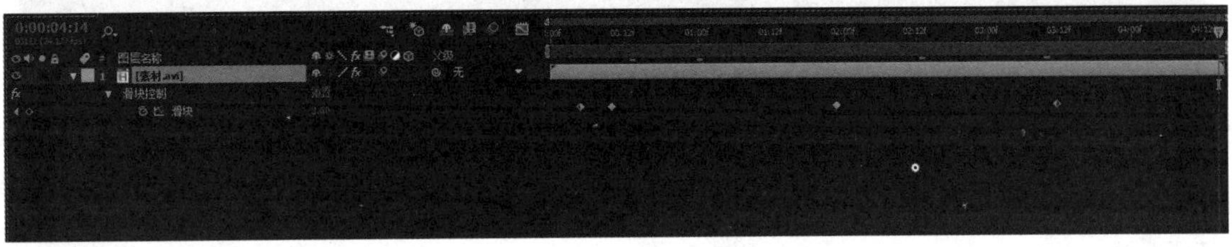

图10-65

08 选择"素材.avi"图层，展开图层变换属性，在【缩放】属性中，将属性参数调整为

109.0,109.0%，如图10-66所示。

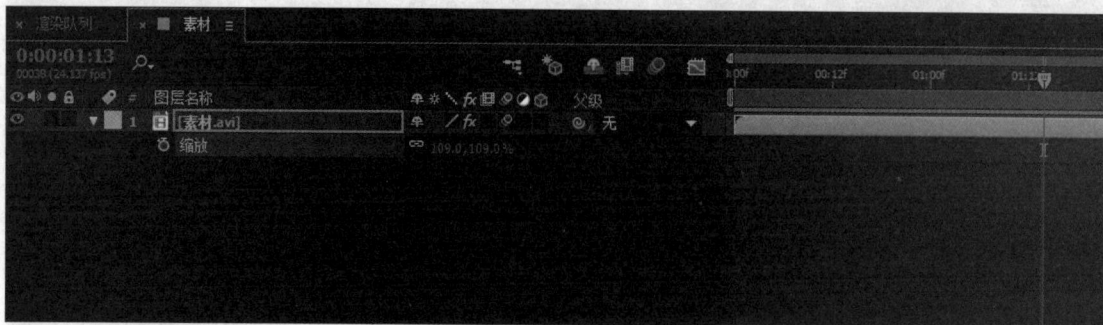

图10-66

至此，本案例制作完成，我们可以通过【播放】来观察动画效果。

10.5　寻找宝藏(案例)

本案例是将普通图层转换为三维图层，创建灯光、摄像机来模拟真实的三维空间，同时为灯光图层、摄像机图层添加表达式来模拟灯光和摄像机晃动的效果。在为摄像机图层制作完成动画后，开启摄像机景深选项，同时使用表达式将【焦距】链接到摄像机【位置】属性和目标点的【位置】属性中，实现主体一直保持清晰可见的效果，如图10-67所示。

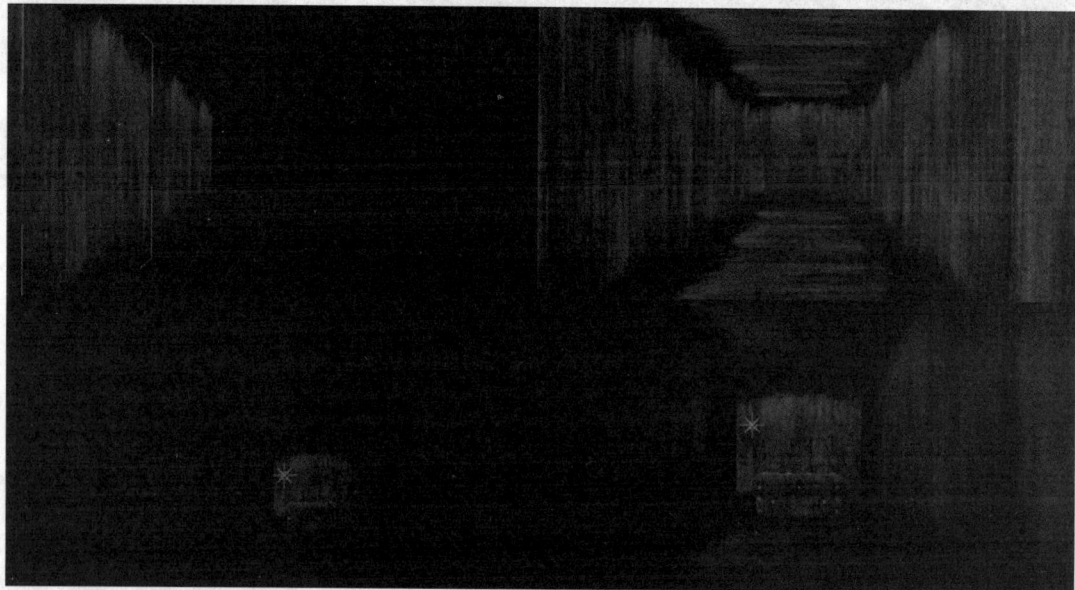

图10-67

操作步骤：

01 新建合成。双击【项目】面板，导入"墙面.jpg"文件，并以素材大小创建合成，如图10-68所示。

图10-68

02 选择"墙面.jpg"图层，激活【3D图层】按钮，将图层转换为三维图层，并将【位置】属性参数调整为252.0,311.5,0.0，【方向】属性参数调整为0.0°,90.0°,0.0°，如图10-69所示。

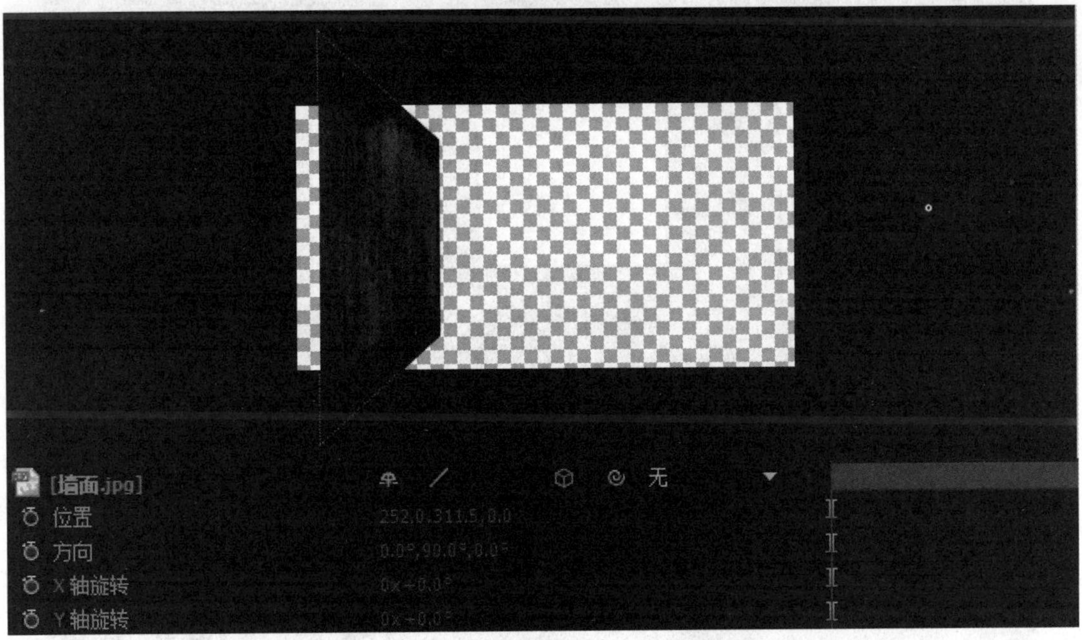

图10-69

03 选择"墙面.jpg"图层，执行【编辑】|【重复】命令，复制图层，将复制图层的【位置】属性调整为866.0,311.5,0.0，如图10-70所示。

图10-70

04 选择"墙面.jpg"图层,执行【编辑】|【重复】命令,复制图层,将复制图层的【位置】属性调整为563.1,617.5,0.0,【X轴旋转】参数调整为0×+90°,如图10-71所示。

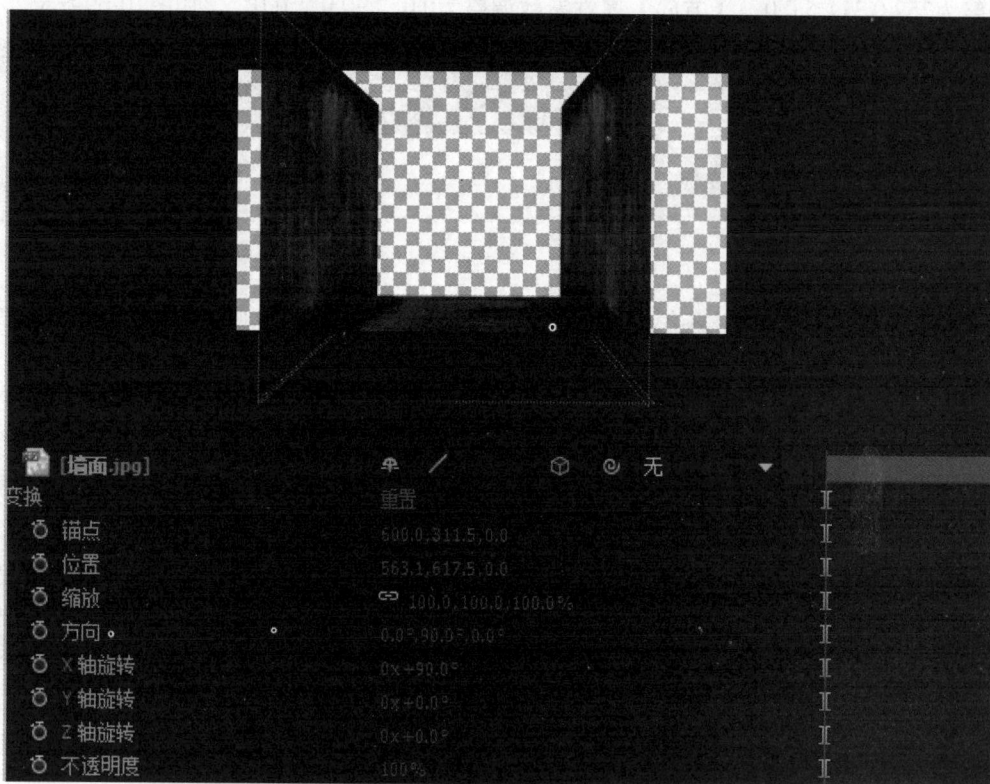

图10-71

05 选择"墙面.jpg"图层,执行【编辑】|【重复】命令,复制图层,将复制图层的【位置】属性调整为563.1,4.5,0.0,如图10-72所示。

图10-72

06 选择"墙面.jpg"图层,执行【效果】|【风格化】|【动态拼贴】命令,将【输出宽度】数值调整为500.0,如图10-73所示。

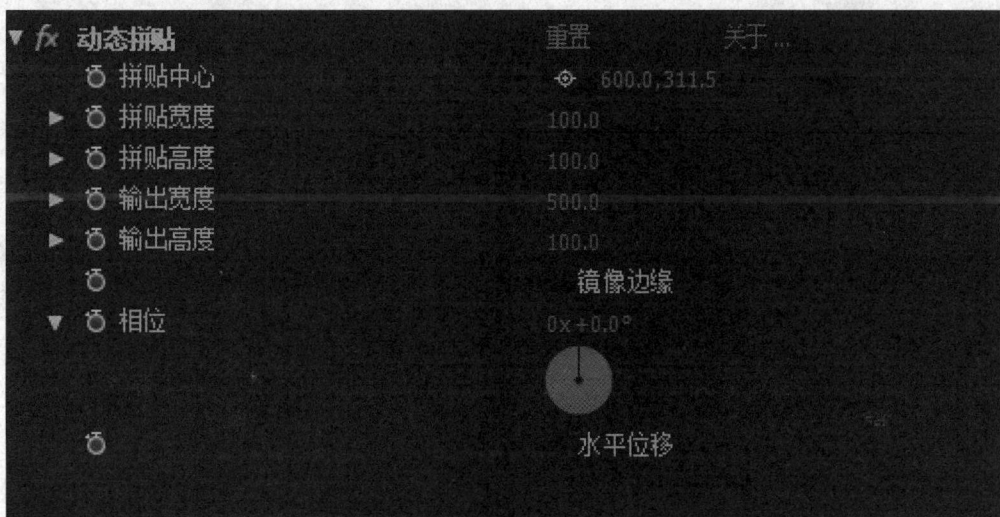

图10-73

07 将【动态拼贴】效果复制给其他3个图层，如图10-74所示。

图10-74

08 选择"墙面.jpg"图层，执行【编辑】|【重复】命令，复制图层，删除图层效果。将【位置】属性参数调整为563.1,276.5,2497.0，【方向】属性参数调整为0.0°,90.0°,0.0°，【Y轴旋转】属性调整为0×+90.0°，如图10-75所示。

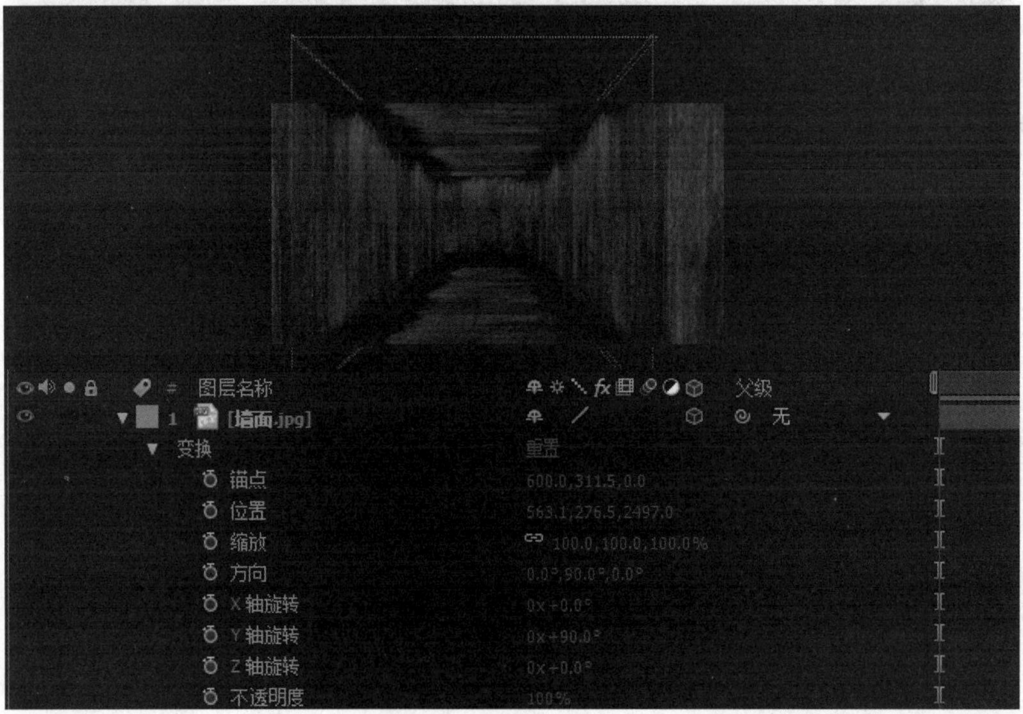

图10-75

09 在【时间轴】面板的空白区域单击鼠标右键，执行【新建】|【摄像机】命令，在【摄像机设置】面板中，将【预设】值改为【35毫米】，单击【确定】按钮完成摄像机图层的创建，如图10-76所示。

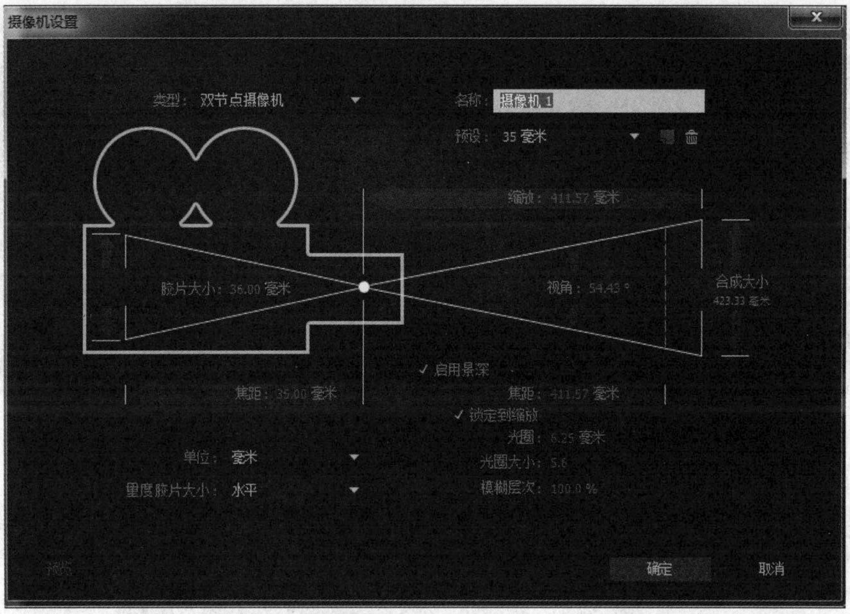

图10-76

10 在【时间轴】面板的空白区域单击鼠标右键，在弹出的对话框中执行【新建】|【灯光】命令，将【强度】值设置为260%，【颜色】设置为蓝色，如图10-77所示。

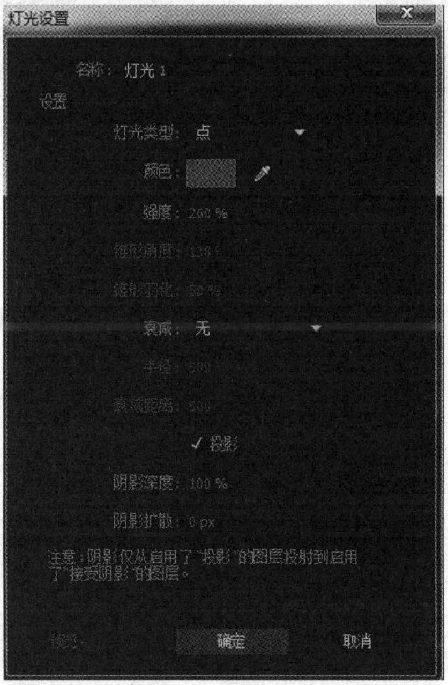

图10-77

11 选择"灯光1"图层，将【位置】属性调整为418.0,261.5,1685.3，在【强度】属性中，按住Alt键单击【强度】属性左侧的【时间变化秒表】按钮，输入表达式wiggle(3,30)，如图10-78所示。

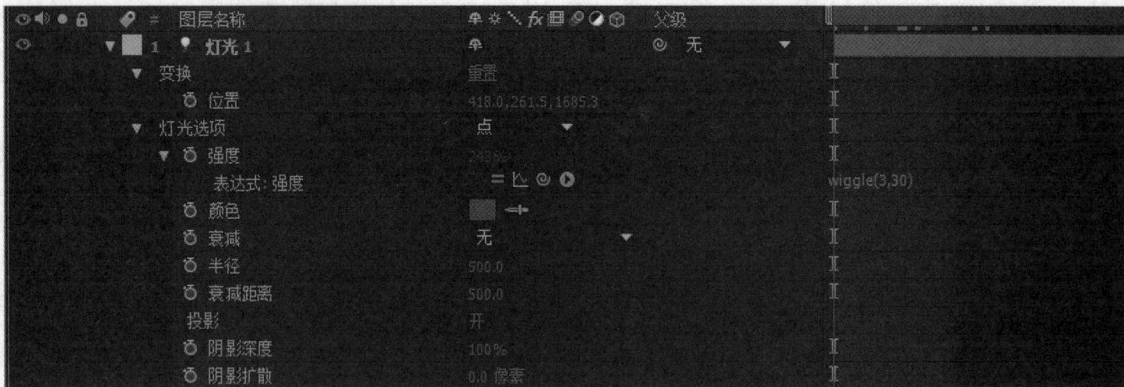

👁 🔊 🔒 ✦ #	图层名称	🐾 ✦ ✲ fx 🖽 ⊘ ⚙	父级	
👁 ▼ ▌ 1	💡 灯光 1	🐾	⚙ 无 ▼	
▼ 变换		重置		
⏱ 位置		418.0,261.5,1685.3		
▼ 灯光选项		点 ▼		
▼ ⏱ 强度		243%		
表达式:强度		≡ ⌐ ⊙ ▶		wiggle(3,30)
⏱ 颜色		▢ ↦		
⏱ 衰减		无 ▼		
⏱ 半径		500.0		
⏱ 衰减距离		500.0		
投影		开		
⏱ 阴影深度		100%		
⏱ 阴影扩散		0.0 像素		

图10-78

12 双击【项目】面板，导入"宝藏.png"文件，如图10-79所示。

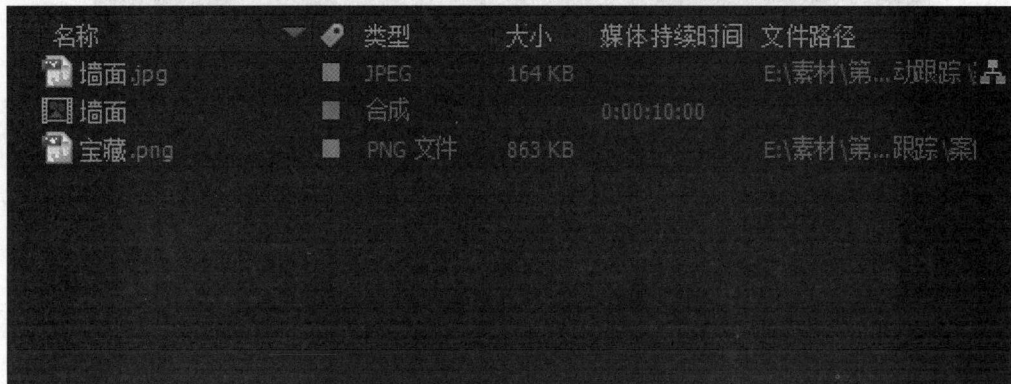

名称	🏷	类型	大小	媒体持续时间	文件路径
📄 墙面.jpg	▢	JPEG	164 KB		E:\素材\第...动跟踪\✦
🖼 墙面	▢	合成		0:00:10:00	
📄 宝藏.png	▢	PNG 文件	863 KB		E:\素材\第...跟踪\案|

图10-79

13 将"宝藏.png"文件放置于【时间轴】面板的最上方，调整"宝藏.png"的【缩放】参数为40.0,40.0,40.0%，【位置】属性参数为565.0,533.0,2163.0，如图10-80所示。

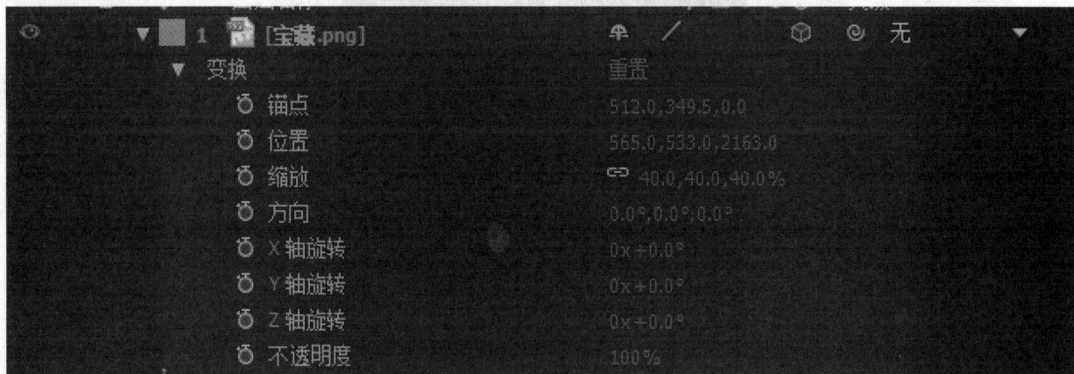

👁 ▼ ▌ 1	📄 [宝藏.png]	🐾 /	⬛ ⚙ 无	▼
▼ 变换		重置		
⏱ 锚点		512.0,349.5,0.0		
⏱ 位置		565.0,533.0,2163.0		
⏱ 缩放		⊂⊃ 40.0,40.0,40.0%		
⏱ 方向		0.0°,0.0°,0.0°		
⏱ X 轴旋转		0x +0.0°		
⏱ Y 轴旋转		0x +0.0°		
⏱ Z 轴旋转		0x +0.0°		
⏱ 不透明度		100%		

图10-80

14 选择"摄像机1"图层，将【时间指示器】移动至0:00:00:00位置，激活【目标点】和【位置】属性的【时间变化秒表】按钮，并将【目标点】参数调整为527.3,285.2,-13.8，【位置】属性参数调整为750.0,525.0,-1705.1，如图10-81所示。

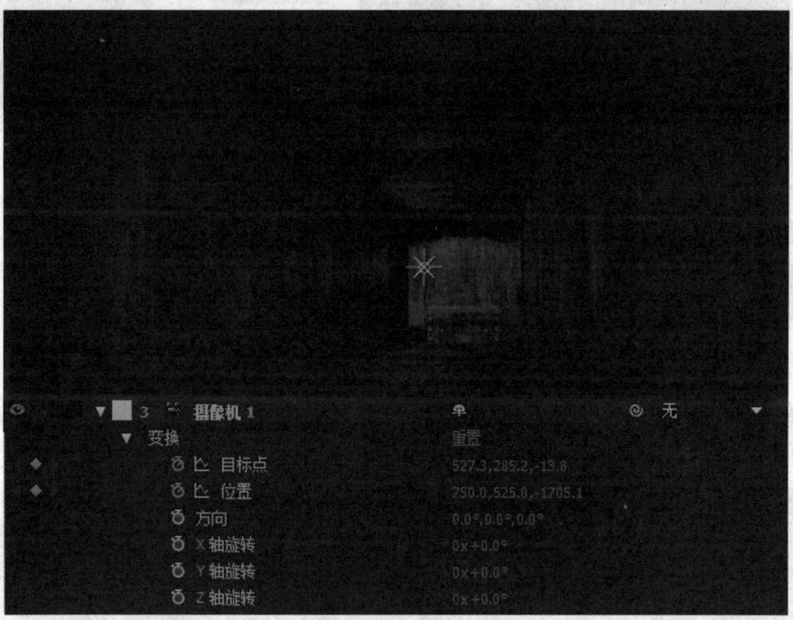

图10-81

15 选择"摄像机1"图层，将【时间指示器】移动至0:00:03:03位置，并将【目标点】参数调整为611.3,421.7,16.6，【位置】参数调整为615.9,426.4,-115.5，如图10-82所示。

图10-82

16 选择"摄像机1"图层上的所有关键帧，单击鼠标右键，执行【关键帧辅助】|【缓动】命令，将关键帧类型改为【缓动】，如图10-83所示。

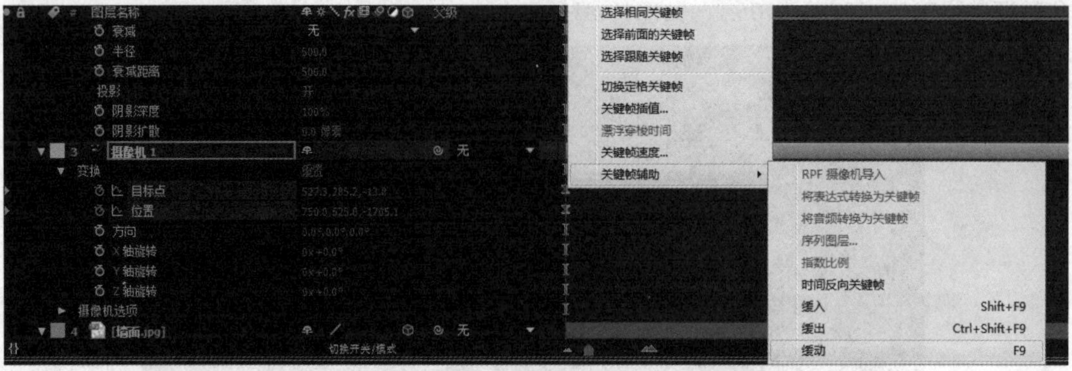

图10-83

17 选择"摄像机1"图层，展开图层变换属性，在【位置】属性中，按住Alt键单击【位置】属性左侧的【时间变化秒表】按钮，输入表达式wiggle(.6,14)，如图10-84所示。

图10-84

18 选择"摄像机1"图层，展开摄像机选项，将【光圈】属性参数调整为60.0像素，【模糊层次】属性参数调整为198%，如图10-85所示。

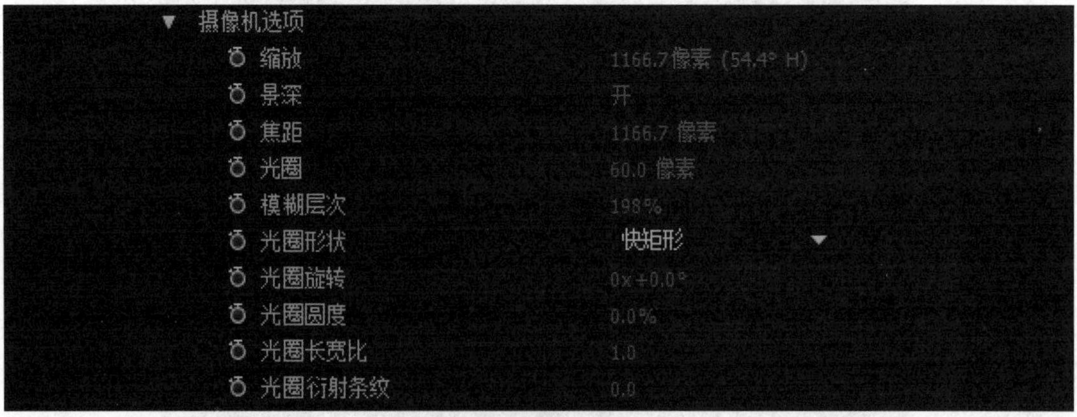

图10-85

19 选择"摄像机1"图层，展开摄像机选项，在【焦距】属性中，按住Alt键单击【焦距】属性左侧的【时间变化秒表】按钮，输入表达式length(thisComp.layer("宝藏.png").transform.

position,transform.position)，如图10-86所示。

图10-86

至此，本案例制作完成，我们可以通过【播放】来观察动画效果。

第11章

常用效果介绍

After Effects为用户提供了大量的效果，熟练掌握各种常用效果是学习After Effects的关键。在After Effects中，效果分为内置效果和外置插件效果。在本章中，将详细讲解常用的内置效果，用户也可以通过购买外置效果插件，安装到After Effects中，配合内置效果制作出绚丽的动画效果。

11.1　过渡

在Premiere中专门提供了单独的转场设置，After Effects不同于专门的剪辑类型的软件，而是利用【过渡】效果实现转场。在【过渡】效果组中，一共内置了17种转场效果。

11.1.1　线性擦除

用户可以通过【线性擦除】效果模拟某一角度上的擦除过渡效果，如图11-1所示。

图11-1

执行【效果】|【过渡】|【线性擦除】命令，可以在【效果控件】面板中调整【线性擦除】效果的参数，如图11-2所示。

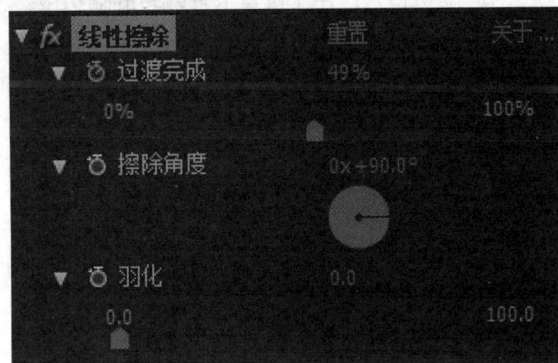

图11-2

☆ 过渡完成：用于设置过渡完成的百分比。

☆ 擦除角度：用于对图层过渡变化角度进行调整。

☆ 羽化：用于对羽化值进行设定，过渡边缘会随着【羽化】值的增加而模糊。

11.1.2　块溶解

用户可以通过【块溶解】效果模拟块状分解效果，如图11-3所示。

图11-3

执行【效果】|【过渡】|【块溶解】命令，可以在【效果控件】面板中调整【块溶解】效果的参数，如图11-4所示。

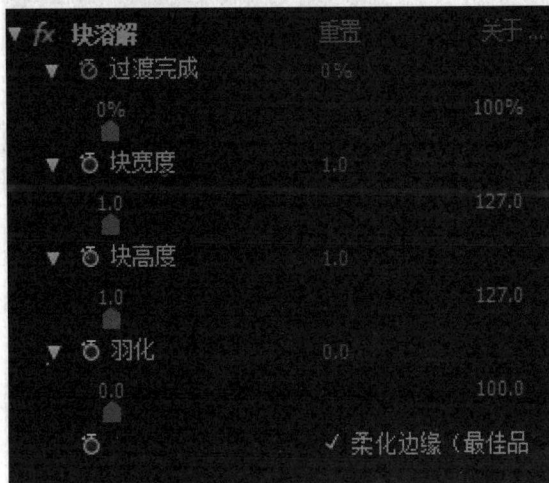

图11-4

☆ 过渡完成：用于设置过渡完成的百分比。

☆ 块宽度：用于设置图层过渡的板块的宽度。

☆ 块高度：用于设置图层过渡的板块的高度。

☆ 羽化：用于对羽化值进行设置，过渡边缘会随着【羽化】值的增加而模糊。

11.1.3　卡片擦除

用户可以通过【卡片擦除】效果将图像

拆分为若干个小卡片来完成过渡擦除效果，如图11-5所示。

图11-5

执行【效果】|【过渡】|【卡片擦除】命令，可以在【效果控件】面板中调整【卡片擦除】效果的参数，如图11-6所示。

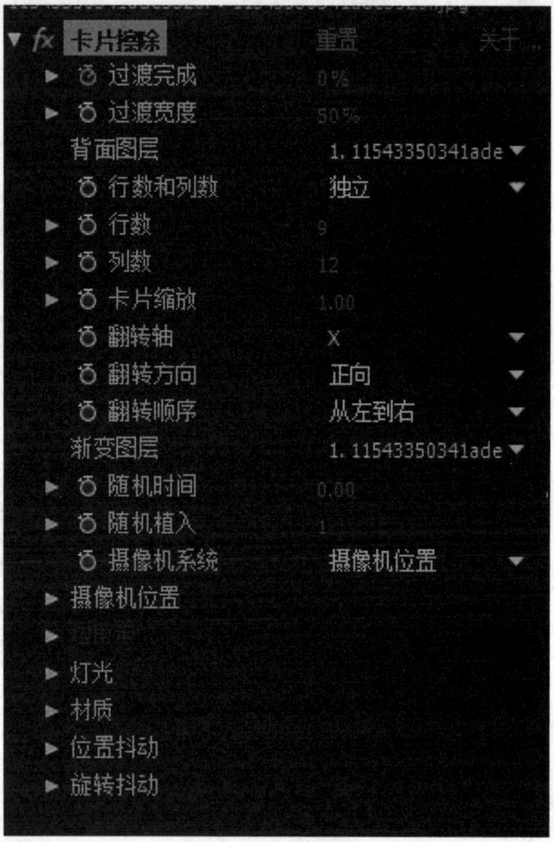

图11-6

☆ 过渡完成：用于设置过渡完成的百分比。

☆ 过渡宽度：用于设置卡片擦除的宽度。

☆ 背面图层：用于指定切换图像的背面显示图层。

☆ 行数和列数：在【独立】模式下，【行数】和【列数】可以单独进行设置。在

【列数受行数控制】模式下，【列数】参数由【行数】控制。

☆ 行数：用于设置过渡卡片的行数。

☆ 列数：用于设置过渡卡片的列数。

☆ 卡片缩放：用于设置卡片的缩放比例。

☆ 翻转轴：用于设置卡片翻转的坐标轴向，有【X】、【Y】和【随机】3种模式。

☆ 翻转方向：用于设置卡片翻转的方向，有【正向】、【反向】和【随机】3种模式。

☆ 翻转顺序：用于设置卡片翻转的顺序，共有9种模式可供选择。

☆ 渐变图层：用于设置一个渐变图层影响卡片翻转效果。

☆ 随机时间：用于对卡片的随机变化进行设置，卡片随机翻转的顺序会随着该参数的增大而变大。

☆ 随机植入：用于设置卡片翻转的随机度。

☆ 摄像机系统：用于设置效果的摄像机系统，共有【摄像机位置】、【边角定位】和【合成摄像机】3种模式。

☆ 摄像机位置：用于设置摄像机的位置。

☆ 边角定位：通过边角定位点来控制摄像机的位置。

☆ 灯光：用于设置灯光的类型、强度、颜色、位置等属性。

☆ 材质：用于设置材质的参数。

☆ 位置抖动：用于设置卡片在原始位置上产生抖动效果，可以设置卡片在X\Y\Z轴的抖动数量和速度。

☆ 旋转抖动：用于设置卡片在原始角度上产生抖动效果，可以设置卡片在X\Y\Z轴的抖动数量和速度。

11.1.4 径向擦除

用户可以通过【径向擦除】效果用径向旋转模拟擦除效果，如图11-7所示。

图11-7

执行【效果】|【过渡】|【径向擦除】命令，可以在【效果控件】面板中调整【径向擦除】效果的参数，如图11-8所示。

图11-8

☆ 过渡完成：用于设置过渡完成的百分比。

☆ 起始角度：用于设置径向擦除的起始位置。

☆ 擦除中心：用于设置擦除区域的中心点位置。

☆ 擦除：用于设置擦除的方式，共有【顺时针】、【逆时针】和【两者兼有】3种模式。

☆ 羽化：用于对羽化值进行设置，过渡边缘会随着【羽化】值的增加而模糊。

11.1.5　渐变擦除

用户可以通过设置【渐变擦除】效果并根据两个图层的亮度值产生擦除效果，如图11-9所示。

图11-9

执行【效果】|【过渡】|【渐变擦除】命令，可以在【效果控件】面板中调整【渐变擦除】效果的参数，如图11-10所示。

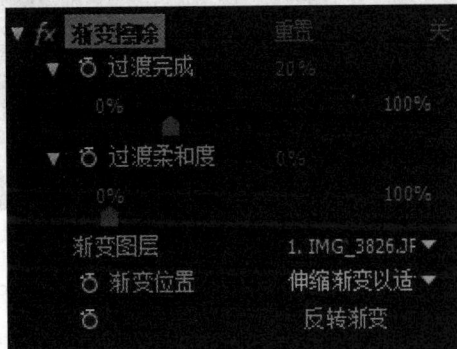

图11-10

☆ 过渡完成：用于设置过渡完成的百分比。

☆ 过渡柔和度：用于设置过渡边缘的柔化程度。

☆ 渐变图层：用于指定一个渐变图层。

☆ 渐变位置：用于设置渐变层的位置，共有【拼贴渐变】、【中心渐变】和【伸缩渐变以适合】3种模式。

☆ 反转渐变：勾选该复选框，用于将渐变层反向，使亮度信息反转。

11.1.6　光圈擦除

用户可以通过【光圈擦除】效果设置半径大小来模拟擦除效果，如图11-11所示。

图11-11

执行【效果】|【过渡】|【光圈擦除】命令，可以在【效果控件】面板中调整【光圈擦除】效果的参数，如图11-12所示。

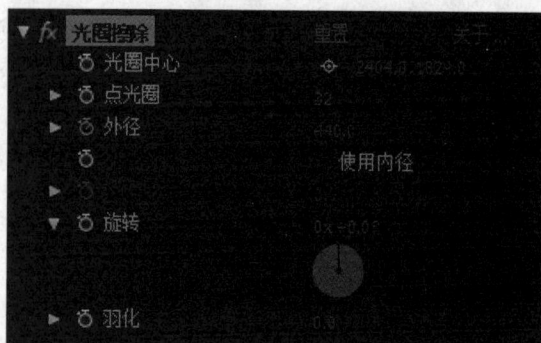

图11-12

☆ 光圈中心：用于设置擦除效果的中心位置。

☆ 点光圈：用于设置光圈的点数，数值越大，越接近于圆形。

☆ 外径：用于设置外半径的大小。

☆ 内径：用于设置内半径的大小，在勾选【使用内径】复选框后可以调节该参数。

☆ 旋转：用于设置擦除效果的角度。

☆ 羽化：用于对羽化值进行设置，过渡边缘会随着【羽化】值的增加而模糊。

11.1.7 百叶窗

用户可以通过【百叶窗】效果模拟百叶窗的闭合，完成图像的擦除效果，如图11-13所示。

图11-13

执行【效果】|【过渡】|【百叶窗】命令，可以在【效果控件】面板中调整【百叶窗】效果的参数，如图11-14所示。

图11-14

☆ 过渡完成：用于设置过渡完成的百分比。

☆ 方向：用于设置擦除的方向。

☆ 宽度：用于设置百叶窗的宽度。

☆ 羽化：用于对羽化值进行设置，过渡边缘会随着【羽化】值的增加而模糊。

11.1.8 CC Glass Wipe

用户可以通过【CC Glass Wipe】效果模拟玻璃溶化图像的效果，如图11-15所示。

图11-15

执行【效果】|【过渡】|【CC Glass Wipe】命令，可以在【效果控件】面板中调整【CC Glass Wipe】效果的参数，如图11-16所示。

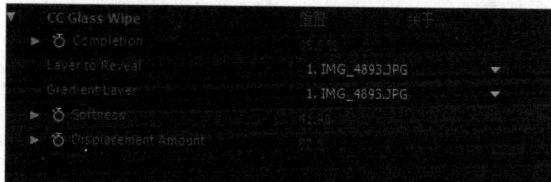

图11-16

☆ Completion(完成度)：用于设置过渡完成的百分比。

☆ Layer to Reveal(显示图层)：用于设置当前的显示图层。

☆ Gradient Layer(渐变图层)：用于设置渐变效果的图层。

☆ Softness(柔化)：用于设置擦除效果的柔化程度。

☆ Displacement Amount(置换程度)：用于设置擦除效果的置换程度。数值越大，效果越强，反之效果越弱。

11.1.9　CC Grid Wipe

用户可以通过【CC Grid Wipe】效果将图像分解为很多的网格来完成擦除效果，如图11-17所示。

图11-17

执行【效果】|【过渡】|【CC Grid Wipe】命令，可以在【效果控件】面板中调整【CC Grid Wipe】效果的参数，如图11-18所示。

图11-18

☆ Completion(完成度)：用于设置过渡完成的百分比。

☆ Center(中心)：用于设置变换的中心点位置。

☆ Rotation(旋转)：用于设置网格的旋转角度。

☆ Border(边缘)：用于设置网格的边缘位置。

☆ Tiles(拼贴)：用于设置网格的密集程度。

☆ Shapes(形状)：用于设置网格的形状。

☆ Reverse Transition(反转变化)：勾选该复选框，将反转擦除的形状。

11.1.10　CC Image Wipe

用户可以通过【CC Image Wipe】效果将图层之间的像素进行比较，从而产生擦除效果，如图11-19所示。

图11-19

执行【效果】|【过渡】|【CC Image Wipe】命令，可以在【效果控件】面板中调整【CC Image Wipe】效果的参数，如图11-20所示。

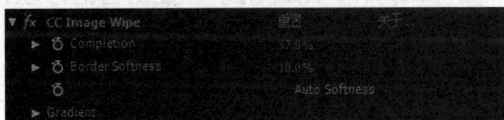

图11-20

☆ Completion(完成度)：用于设置过渡完成的百分比。

☆ Border Softness(边缘)：用于设置过渡边缘的柔化程度。

☆ Auto Softness(自动柔化)：勾选该复选框，过渡边缘将自动产生柔化效果。

☆ Gradient(渐变)：用于指定渐变的图层。

11.1.11　CC Jaws

用户可以通过【CC Jaws】效果制作锯齿裂缝来模拟图像的擦除效果，如图11-21所示。

图11-21

执行【效果】|【过渡】|【CC Jaws】命令，可以在【效果控件】面板中调整【CC Jaws】效果的参数，如图11-22所示。

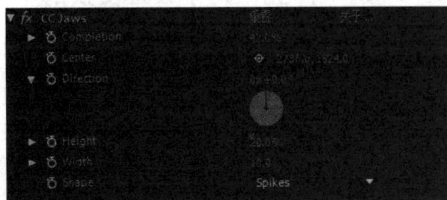

图11-22

☆ Completion(完成度)：用于设置过渡完成的百分比。

☆ Center(中心)：用于设置变换的中心点位置。

☆ Direction(方向)：用于设置锯齿的方向。

☆ Height(高度)：用于设置锯齿的高度。

☆ Width(宽度)：用于设置锯齿的宽度。

☆ Shape(形状)：用于设置锯齿的形状，共提供了4种模式。

11.1.12　CC light Wipe

用户可以通过【CC light Wipe】效果将图层之间的像素进行比较，从而产生擦除效果，如图11-23所示。

图11-23

执行【效果】|【过渡】|【CC light Wipe】命令，可以在【效果控件】面板中调整【CC light Wipe】效果的参数，如图11-24所示。

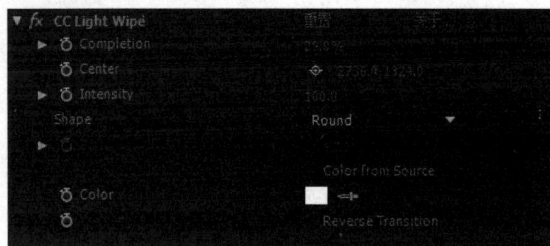

图11-24

☆ Completion(完成度)：用于设置过渡完成的百分比。

☆ Center(中心)：用于设置变换的中心点位置。

☆ Intensity(强度)：用于设置光线的强度，数值越大，光线越强。

☆ Shape(形状)：用于设置模拟光线擦除的形状，共提供了3种模式。

☆ Direction(方向)：用于设置擦除的方向，只有在【Doors】和【Square】模式时才可设置。

☆ Color from Source(颜色来自图像源)：启用该复选框，将从源点位置上开始发光。

☆ Color(颜色)：用于设置发光的颜色。

☆ Reverse Transition(反转变化)：勾选该复选框，将反转光线擦除层。

11.1.13　CC line Sweep

用户可以通过【CC line Sweep】效果以直线的方式产生擦除效果，如图11-25所示。

图11-25

执行【效果】|【过渡】|【CC line Sweep】命令，可以在【效果控件】面板中调整【CC line Sweep】效果的参数，如图11-26所示。

图11-26

☆ Completion(完成度)：用于设置过渡完成的百分比。

☆ Direction(方向)：用于设置擦除的方向。

☆ Thickness(厚度)：用于设置擦除效果的厚度。

☆ Slant(倾斜)：用于设置擦除效果的倾斜程度。

☆ Flip Direction(反转方向)：用于反转擦除的方向。

11.1.14 CC Radial Scale Wipe

用户可以通过【CC Radial Scale Wipe】效果在画面中生成一个边缘扭曲的圆形来模拟擦除效果,如图11-27所示。

图11-27

执行【效果】|【过渡】|【CC Radial Scale Wipe】命令,可以在【效果控件】面板中调整【CC Radial Scale Wipe】效果的参数,如图11-28所示。

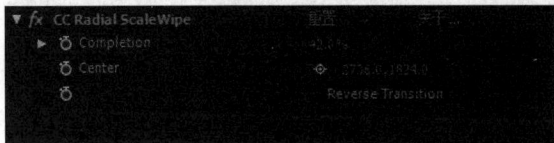

图11-28

☆ Completion(完成度): 用于设置过渡完成的百分比。

☆ Center(中心): 用于设置变换的中心点位置。

☆ Reverse Transition(反转变化):勾选该复选框,将反转擦除效果。

11.1.15 CC Scale Wipe

用户可以通过【CC Scale Wipe】效果使图像产生拉伸,从而模拟擦除效果,如图11-29所示。

图11-29

执行【效果】|【过渡】|【CC Scale Wipe】命令,可以在【效果控件】面板中调整【CC Scale Wipe】效果的参数,如图11-30所示。

图11-30

☆ Stretch(拉伸):用于设置拉伸的强度,数值越大,拉伸效果越明显。

☆ Center(中心):用于设置拉伸中心点位置。

☆ Direction(方向):用于设置拉伸的方向。

11.1.16 CC Twister

用户可以通过【CC Twister】效果使图像产生扭曲变形,从而模拟擦除效果,如图11-31所示。

图11-31

执行【效果】|【过渡】|【CC Twister】命令,可以在【效果控件】面板中调整【CC Twister】效果的参数,如图11-32所示。

图11-32

☆ Completion(完成度): 用于设置过渡完成的百分比。

☆ Backside(背面):用于设置扭曲背面的图像。

☆ Shading(阴影):启用该复选框,将为扭曲的图像产生明暗效果。

☆ Center(中心):用于设置扭曲中心点位置。

☆ Axis(坐标):用于设置扭曲的角度。

11.2 风格化

【风格化】效果是通过修改原图像像素，使图像产生特殊的艺术效果。在After Effects中，共包含了23种不同风格的效果。

11.2.1 CC Burn Film

用户可以通过【CC Burn Film】效果模拟图像燃烧的效果，如图11-33所示。

图11-33

执行【效果】|【风格化】|【CC Burn Film】命令，可以在【效果控件】面板中调整【CC Burn Film】效果的参数，如图11-34所示。

图11-34

☆ Burn(燃烧)：用于设置燃烧的程度。

☆ Center(中心)：用于设置燃烧的中心点位置。

☆ Random Seed(随机种子)：用于设置燃烧的随机数值。

11.2.2 CC Mr.Smoothie

用户可以通过【CC Mr.Smoothie】效果模拟像素溶解的效果，如图11-35所示。

图11-35

执行【效果】|【风格化】|【CC Mr.Smoothie】命令，可以在【效果控件】面板中调整【CC Mr.Smoothie】效果的参数，如图11-36所示。

图11-36

☆ Flow Layer(流动图层)：用于设置产生图像溶解的图层。

☆ Property(属性)：用于设置像素溶解的属性类型。

☆ Smoothness(平滑度)：用于设置画面的平滑程度。

☆ Sample A(采样A)：用于设置采样点A的位置。

☆ Sample B(采样B)：用于设置采样点B的位置。

☆ Phase(相位)：用于设置相位的角度。

☆ Color Loop(颜色循环)：用于设置颜色的循环类型。

11.2.3 CC Glass

用户可以通过【CC Glass】效果模拟图像被玻璃覆盖的效果，如图11-37所示。

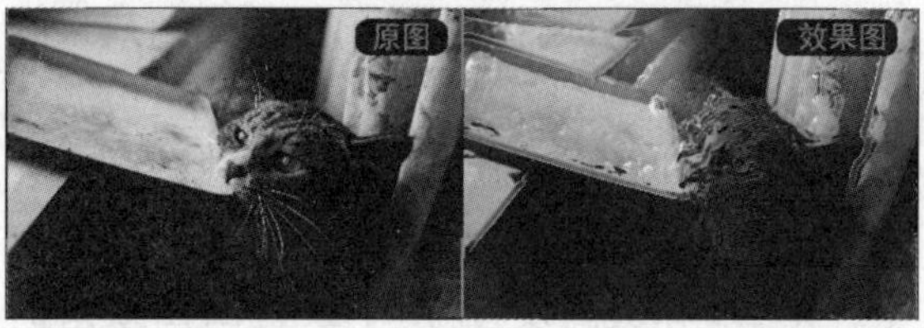

图11-37

执行【效果】|【风格化】|【CC Glass】命令，可以在【效果控件】面板中调整【CC Glass】效果的参数，如图11-38所示。

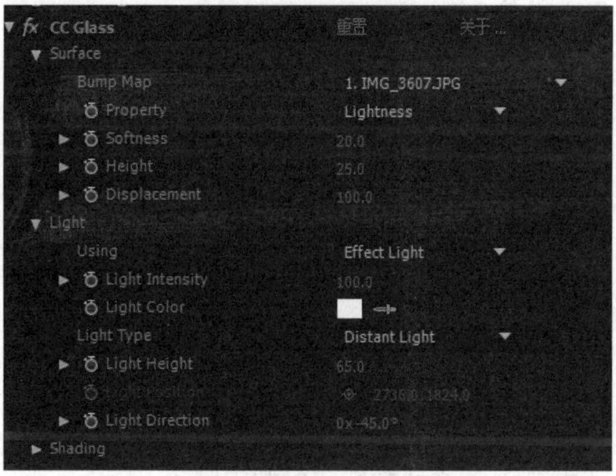

图11-38

☆ Bump Map(凹凸贴图)：用于设置在图像中出现的凹凸效果的映射图层。

☆ Property(属性)：用于设置凹凸效果的计算方式。

☆ Softness(柔和度)：用于设置凹凸效果的柔和程度。

☆ Height(高度)：用于设置凹凸效果的深度。

☆ Displacement(置换)：用于设置原图像与凹凸效果的融合比例。

☆ Using(使用)：用于设置灯光的使用类型。

☆ Light Intensity(灯光强度)：用于设置灯光的强度。

☆ Light Color(灯光颜色)：用于设置灯光的颜色。

☆ Light Type(灯光类型)：用于设置灯光的照射方式。

☆ Light Height(灯光高度)：用于设置灯光的高度，高度越高，照射范围越大。

☆ Light Position(灯光位置)：用于设置点光源的照射位置。

☆ Light Direction(灯光方向)：用于模拟平行光的照射方向。

☆ Shading(明暗)：用于设置图像的材质显示效果。

11.2.4 CC Kaleida

用户可以通过【CC Kaleida】效果使图像呈现万花筒的效果，如图11-39所示。

图11-39

执行【效果】|【风格化】|【CC Kaleida】命令，可以在【效果控件】面板中调整【CC Kaleida】效果的参数，如图11-40所示。

图11-40

☆ Center(中心)：用于设置万花筒效果的中心点位置。

☆ Size(尺寸)：用于设置每个效果组件的大小。

☆ Mirroring(镜像)：用于设置镜像的方式，共有9种类型。

☆ Rotation(旋转)：用于设置万花筒旋转的角度。

☆ Floating Center(浮动中心)：启用该复选框，将产生没有中心的效果。

11.2.5 CC Plastic

用户可以通过【CC Plastic】效果模拟塑料凹凸效果，如图11-41所示。

图11-41

执行【效果】|【风格化】|【CC Plastic】命令，可以在【效果控件】面板中调整【CC Plastic】效果的参数，如图11-42所示。

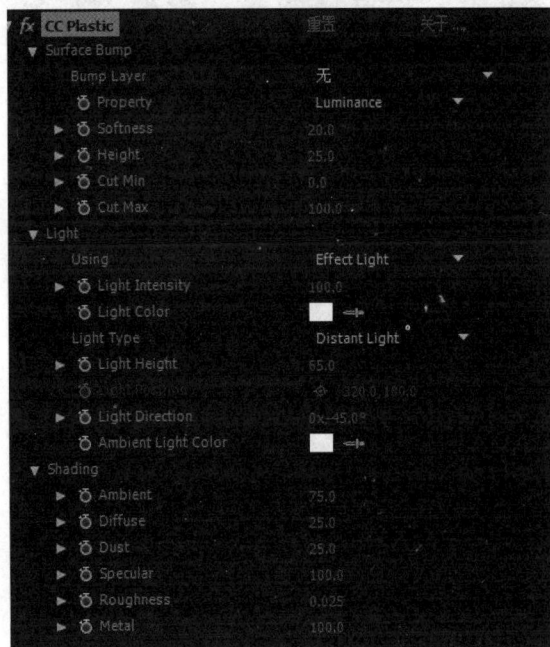

图11-42

☆ Bump Layer(凹凸图层)：用于设置在图像中出现的凹凸效果图层。

☆ Property(属性)：用于设置凹凸效果的计算方式。

☆ Softness(柔和度)：用于设置凹凸效果的柔和程度。

☆ Height(高度)：用于设置凹凸效果的深度。

☆ Cut Min(最小剪切)：用于设置剪切的最小数值。

☆ Cut Max(最大剪切)：用于设置剪切的最大数值。

☆ Using(使用)：用于设置灯光的使用类型。

☆ Light Intensity(灯光强度)：用于设置灯光的强度。

☆ Light Color(灯光颜色)：用于设置灯光的颜色。

☆ Light Type(灯光类型)：用于设置灯光的照射方式。

☆ Light Height(灯光高度)：用于设置灯光的高度，高度越高，照射范围越大。

☆ Light Position(灯光位置)：用于设置点光源的照射位置。

☆ Light Direction(灯光方向)：用于模拟平行光的照射方向。

☆ Ambient Light Color(环境灯光)：用于设置环境光的颜色。

☆ Diffuse(漫反射)：用于设置光线扩散的程度。

☆ Dust(灰尘)：用于设置画面颗粒大小的程度。

☆ Specular(反射)：用于设置光线反射效果的强弱程度。

☆ Roughness(粗糙度)：用于设置图像像素的粗糙程度。

☆ Metal(金属)：用于设置图像产生金属质感的程度。

11.2.6 CC Threshold

用户可以通过【CC Threshold】效果将画面划分为黑白两色，如图11-43所示。

图11-43

执行【效果】|【风格化】|【CC Threshold】命令，可以在【效果控件】面板中调整【CC Threshold】效果的参数，如图11-44所示。

图11-44

☆ Threshold(阈值)：用于设置阈值的大小，高于阈值像素的画面会变为白色，低于阈值像素的画面变为黑色。

☆ Channel(通道)：用于设置通道类型。

☆ Invert(反转)：勾选此选项，将反转效果。

☆ Blend w.Original(与原始图像混合)：用于设置与原始图像的混合程度。

11.2.7 浮雕

用户可以通过【浮雕】效果使画面产生浮雕的效果，如图11-45所示。

图11-45

执行【效果】|【风格化】|【浮雕】命令，可以在【效果控件】面板中调整【浮雕】效果的参数，如图11-46所示。

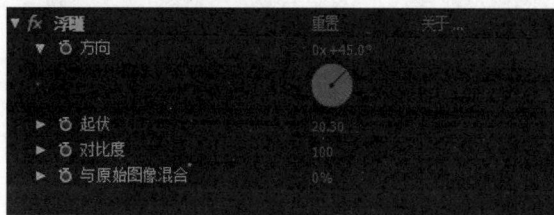

图11-46

☆ 方向：用于设置浮雕的方向。

☆ 起伏：用于设置浮雕的尺寸。

☆ 对比度：用于设置浮雕效果的对比程度。

☆ 与原始图像混合：用于设置与原始图像的混合程度。

11.2.8 画笔描边

用户可以通过【画笔描边】效果使图像产生画笔绘制的效果，如图11-47所示。

图11-47

执行【效果】|【风格化】|【画笔描边】命令，可以在【效果控件】面板中调整【画笔描边】效果的参数，如图11-48所示。

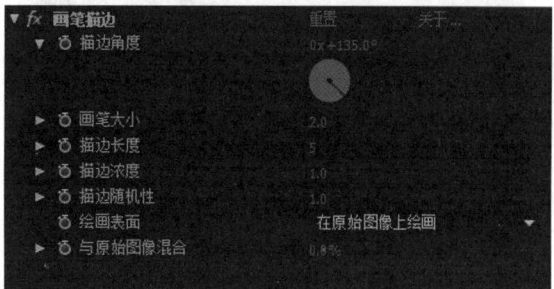

图11-48

☆ 描边角度：用于设置绘制效果的角度。

☆ 画笔大小：用于设置绘制效果的笔触大小。

☆ 描边长度：用于设置绘制效果的笔触长度。

☆ 描边浓度：用于设置笔触之间的密度。

☆ 描边随机性：用于设置画笔笔触的随机性。

☆ 绘画表面：用于设置绘制的方式，有【在原始图像上绘画】、【在透明背景上绘画】、【在白色上绘画】、【在黑色上绘画】4种方式。

☆ 与原始图像混合：用于设置与原始图像的混合程度。

11.2.9　发光

用户可以通过【发光】效果使图像中比较明亮的区域产生发光效果，如图11-49所示。

图11-49

执行【效果】|【风格化】|【发光】命令，可以在【效果控件】面板中调整【发光】效果的参数，如图11-50所示。

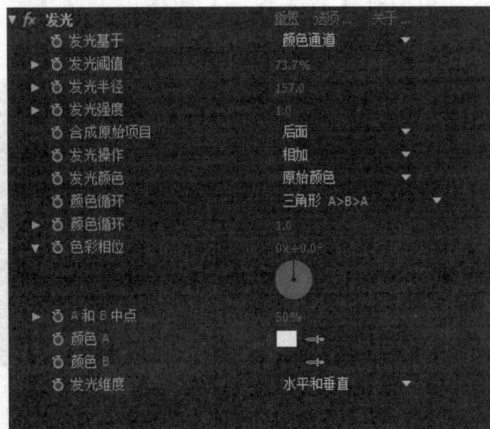

图11-50

☆ 发光基于：用于设置发光效果的作用通道，包括【颜色通道】和【Alpha通道】两种方式。

☆ 发光阈值：用于设置发光程度的数值。

☆ 发光半径：用于设置发光的半径范围。

☆ 发光强度：用于设置发光的强度。

☆ 合成原始项目：用于设置发光效果与原始图像的混合方式，包括【顶端】、【后面】和【无】3种方式。

☆ 发光操作：用于设置发光效果与原始图像的混合模式。

☆ 发光颜色：用于设置发光的颜色类型，包括【原始颜色】、【A和B颜色】和【任意映射】3种类型。

☆ 颜色循环：用于设置颜色循环的顺序。

☆ 色彩相位：用于设置颜色的相位变化。

☆ A和B中点：用于设置发光颜色A和B的中点比例。

☆ 颜色A：用于设置A的发光颜色。

☆ 颜色B：用于设置B的发光颜色。

☆ 发光维度：用于设置发光效果的作用方向，包括【水平】、【垂直】、【水平和垂直】3种模式。

11.2.10　卡通

用户可以通过【卡通】效果将图像处理为卡通风格的图像，如图11-51所示。

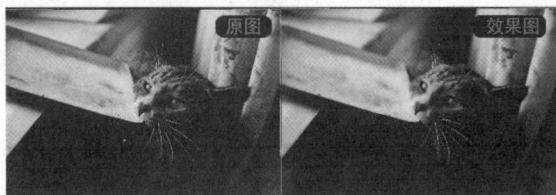

图11-51

执行【效果】|【风格化】|【卡通】命令，可以在【效果控件】面板中调整【卡通】

效果的参数，如图11-52所示。

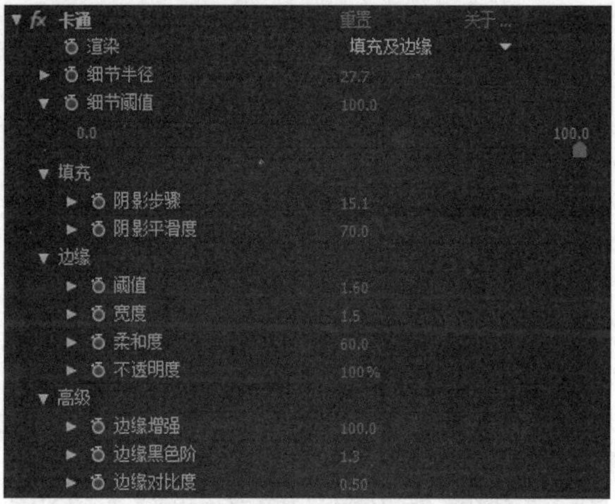

图11-52

☆ 渲染：用于设置渲染的类型，包括【填充】、【边缘】和【填充及边缘】3种模式。

☆ 细节半径：用于设置卡通效果的细节半径。

☆ 细节阈值：用于设置卡通效果的细节阈值，数值越大，显示的细节越少。

☆ 填充：用于设置填充的具体数值，包括【阴影步骤】和【阴影平滑度】两个选项。

☆ 边缘：用于设置边缘属性参数，包括【阈值】、【宽度】、【柔和度】和【不透明度】选项。

☆ 高级：用于设置边缘区域效果，包括【边缘增强】、【边缘黑色阶】和【边缘对比度】选项。

11.2.11 马赛克

用户可以通过【马赛克】效果使画面产生马赛克效果，如图11-53所示。

图11-53

执行【效果】|【风格化】|【马赛克】命令，可以在【效果控件】面板中调整【马赛克】效果的参数，如图11-54所示。

图11-54

☆ 水平块：用于设置水平方向上马赛克的数量。

☆ 垂直块：用于设置垂直方向上马赛克的数量。

☆ 锐化颜色：勾选该复选框，将对马赛克的颜色进行锐化处理。

11.3 模糊和锐化

【模糊和锐化】效果组是用于设置图像的模糊和锐化效果，在【模糊和锐化】效果组中，共内置了17种效果。

11.3.1 CC Cross Blur

用户可以通过【CC Cross Blur】效果沿X轴和Y轴方向对素材进行模糊处理，如图11-55所示。

图11-55

执行【效果】|【模糊和锐化】|【CC Cross Blur】命令，可以在【效果控件】面板中调整【CC Cross Blur】效果的参数，如图11-56所示。

图11-56

☆ Radius X(X轴半径)：用于设置X轴的模糊半径。

☆ Radius Y(Y轴半径)：用于设置Y轴的模糊半径。

☆ Transfer Mode(变换模式)：用于设置变换的混合模式。

☆ Repeat Edge Pixels(重置边缘像素)：勾选该复选框，边缘位置的像素将被锁定。

11.3.2　CC Radial Blur

用户可以通过【CC Radial Blur】效果生成螺旋状模糊的效果，如图11-57所示。

图11-57

执行【效果】|【模糊和锐化】|【CC Radial Blur】命令，可以在【效果控件】面板中调整【CC Radial Blur】效果的参数，如图11-58所示。

图11-58

☆ Type(类型)：用于设置模糊的类型，共提供了6种模式。

☆ Amount(数量)：用于设置图像模糊的程度，数值越大，模糊程度越高。

☆ Quality(质量)：用于设置图像模糊的细腻程度，数值越大，模糊效果越细腻。

☆ Center(中心)：用于设置图像模糊的中心点位置。

11.3.3　CC Radial Fast Blur

用户可以通过【CC Radial Fast Blur】效果使画面产生快速放射状模糊效果，如图11-59所示。

图11-59

执行【效果】|【模糊和锐化】|【CC Radial Fast Blur】命令，可以在【效果控件】面板中调整【CC Radial Fast Blur】效果的参数，如图11-60所示。

图11-60

☆ Center(中心)：用于设置图像模糊的中心点位置。

☆ Amount(数量)：用于设置图像模糊的程度，数值越大，模糊程度越高。

☆ Zoom(缩放)：用于创建不同效果的缩放方式，共提供了3种模式。

11.3.4　CC Vector Blur

用户可以通过【CC Vector Blur】效果使画面产生水纹模糊效果，如图11-61所示。

图11-61

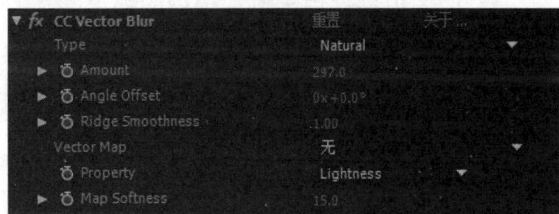

图11-63

执行【效果】|【模糊和锐化】|【CC Vector Blur】命令，可以在【效果控件】面板中调整【CC Vector Blur】效果的参数，如图11-62所示。

图11-62

☆ Type(类型)：用于设置模糊的方式，共提供了5种模式。

☆ Amount(数量)：用于设置图像模糊的程度，数值越大，模糊程度越高。

☆ Angle Offset(角度偏移)：用于设置模糊的偏移角度。

☆ Ridge Smoothness(脊线平滑)：用于调整模糊效果隆起部分的平滑程度。

☆ Vector Map(矢量映射)：用于指定模糊的图层。

☆ Property(属性)：用于设置模糊处理的通道的方式。

☆ Map Softness(图像柔化)：用于设置图像的柔化程度，数值越大，图像越柔和。

11.3.5　快速模糊

用户可以通过【快速模糊】效果在水平和垂直方向上产生模糊效果，如图11-63所示。

执行【效果】|【模糊和锐化】|【快速模糊】命令，可以在【效果控件】面板中调整【快速模糊】效果的参数，如图11-64所示。

图11-64

☆ 模糊度：用于设置模糊的程度，数值越大，图像越模糊。

☆ 模糊方向：用于设置模糊的方向，包括【水平和垂直】、【水平】和【垂直】3种模式。

☆ 重复边缘像素：勾选该复选框，边缘位置的像素将被锁定。

11.3.6　锐化

用户可以通过【锐化】效果使图像的对比度提高，如图11-65所示。

图11-65

执行【效果】|【模糊和锐化】|【锐化】命令，可以在【效果控件】面板中调整【锐化】效果的参数，如图11-66所示。

图11-66

锐化量：用于设置图像的锐化程度，数值大，锐化程度越高。

▌ 11.3.7　复合模糊 ————————○

用户可以通过【复合模糊】效果根据参考图层的像素进行模糊处理，如图11-67所示。

图11-67

执行【效果】|【模糊和锐化】|【复合模糊】命令，可以在【效果控件】面板中调整【复合模糊】效果的参数，如图11-68所示。

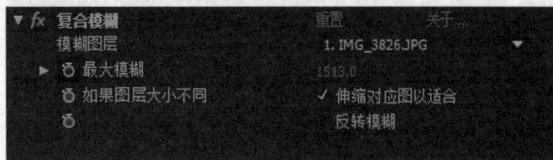

图11-68

☆ 模糊图层：用于指定模糊的参考图层。

☆ 最大模糊：用于设置模糊的强度。

☆ 伸缩对应图以适合：勾选该复选框，当图层大小不同时，将伸缩对应图以适合。

☆ 反转模糊：用于将模糊效果反转。

▌ 11.4　模拟 　　　　　　 🔍 ➡

【模拟】效果组是用于模拟符合自然规律的粒子运动效果，如下雨、下雪、破碎、泡沫等。在【模拟】效果组中，共内置了18种效果。

▌ 11.4.1　CC Particle Systems II ————————○

用户可以通过【CC Particle Systems II】效果模拟粒子运动的效果，多用于模拟烟花、星空等效果。

执行【效果】|【模拟】|【CC Particle Systems II】命令，可以在【效果控件】面板中调整【CC Particle Systems II】效果的参数，如图11-69所示。

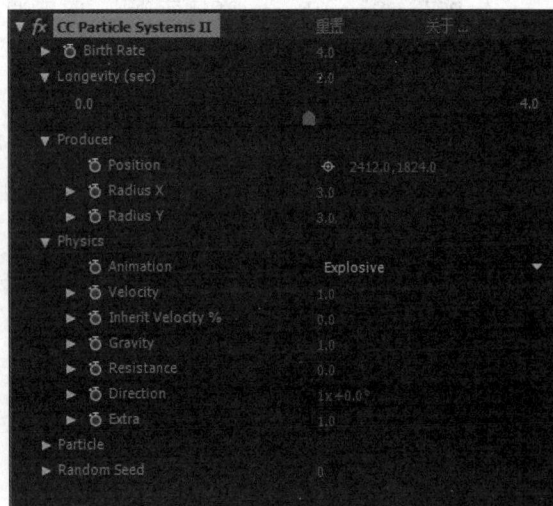

图11-69

1. Birth Rate(出生率)：用于设置粒子的出生率。

2. Longevity(sec)(持续时间)：用于设置粒子的持续时间。

3. Producer(制造者)：用于设置粒子出生的位置和半径。

☆ Position(位置)：用于设置粒子出生的位置。

☆ Radius X/Y(半径X/Y)：用于设置粒子发射的半径大小。

4. Physics(物理)：用于设置粒子的物理属性。

☆ Animation(动画)：用于设置粒子动画的类型，共提供了9种模式。

☆ Velocity(速度)：用于设置粒子运动的速度。

☆ Inherit Velocity %(继承速度%)：用于设置粒子的继承速度的百分比。

☆ Gravity(重力)：用于设置重力的大小。

☆ Resistance(阻力)：用于设置粒子运动时所受到的阻力大小。

☆ Direction(方向)：用于设置粒子的发射方向。

☆ Extra(附加)：用于设置粒子附加的数量。

5. Particle(粒子)：用于设置粒子的形状、颜色、大小等属性。

☆ Particle Type(粒子类型)：用于设置粒子的类型，共提供了18种模式。

☆ Birth Size(出生尺寸)：用于设置粒子产生时的尺寸大小。

☆ Death Size(消亡尺寸)：用于设置粒子消亡时的尺寸大小。

☆ Size Variation(尺寸变化)：用于设置粒子的尺寸大小变化。

☆ Opacity Map(不透明度贴图)：用于设置不透明度贴图的类型。

☆ Max Opacity(最大不透明度)：用于设置粒子的最大不透明度。

☆ Source Alpha Inheritance(源Alpha继承)：勾选该复选框，将继承源图像的Alpha通道。

☆ Color Map(贴图颜色)：用于设置粒子的贴图颜色类型。

☆ Birth Color(出生颜色)：用于设置粒子出生时的颜色。

☆ Death Color(消亡颜色)：用于设置粒子消亡时的颜色。

☆ Transfer Mode(变换模式)：用于设置粒子产生的叠加模式。

6. Random Seed(随机种子)：用于设置粒子的随机种子数量。

11.4.2 CC Pixel Polly

用户可以通过【CC Pixel Polly】效果模拟图像破碎的效果，如图11-70所示。

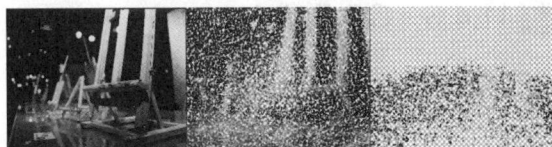

图11-70

执行【效果】|【模拟】|【CC Pixel Polly】命令，可以在【效果控件】面板中调整【CC Pixel Polly】效果的参数，如图11-71所示。

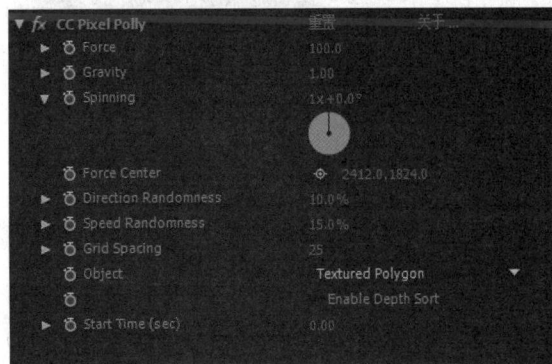

图11-71

☆ Force(强度)：用于设置破碎的强弱程度，数值越大，图像分裂的程度越高。

☆ Gravity(重力)：用于设置重力的大小。

☆ Spinning(旋转)：用于设置粒子自转的圈数。

☆ Force Center(强度中心)：用于设置破碎的中心点位置坐标。

☆ Direction Randomness(随机方向)：用于设置粒子在移动时方向的随机值。

☆ Speed Randomness(随机速度)：用于设置粒子在移动时速度的随机值。

☆ Grid Spacing(网格间隔)：用于设置碎片的间隔程度，数值越大，碎片的尺寸越大。

☆ Object(对象)：用于设置碎片的模式，共提供了4种模式。

☆ Enable Depth Sort(启用景深)：勾选该复选框，将启用粒子深度进行显示。

☆ Start Time(sec)(开始时间(秒))：用于设置破碎的起始时间点。

11.4.3　CC Rainfall

用户可以通过【CC Rainfall】效果模拟下雨的效果，如图11-72所示。

图11-72

执行【效果】|【模拟】|【CC Rainfall】命令，可以在【效果控件】面板中调整【CC Rainfall】效果的参数，如图11-73所示。

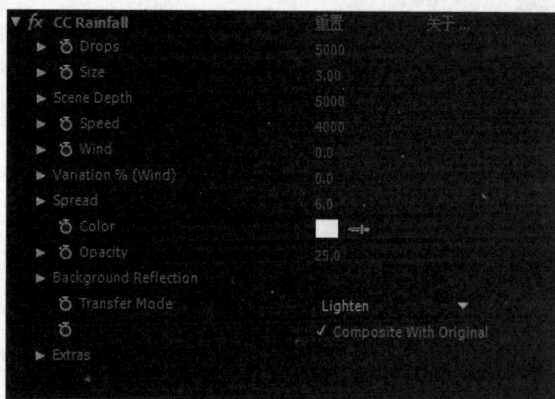

图11-73

☆ Drops(下落)：用于设置下落雨滴的数量。

☆ Size(尺寸)：用于设置雨滴的尺寸大小。

☆ Scene Depth(场景深度)：用于设置雨滴的景深效果。

☆ Speed(速度)：用于设置雨滴的下落速度。

☆ Wind(风)：用于调节风力的大小，从而影响雨滴的下落方向。

☆ Variation%(Wind)(风向变化)：用于设置风向的随机变化。

☆ Spread(散布)：用于设置雨滴的散布程度。

☆ Color(颜色)：用于设置雨滴的颜色。

☆ Opacity(不透明度)：用于设置雨滴的不透明度属性数值。

☆ Background Reflection(背景反射)：用于设置背景对雨滴效果的反射属性。

☆ Transfer Mode(变换模式)：用于设置雨滴效果的变换模式。

☆ Composite With Original：默认为勾选状态，雨滴效果将和原始图层同时显示。

☆ Extras(附加)：用于雨滴效果的附加设置，如【偏移】、【随机种子】等属性。

11.4.4 卡片动画

用户可以通过【卡片动画】效果根据其他图层的内容，将当前图像分解为若干的卡片并调节动画效果，如图11-74所示。

图11-74

执行【效果】|【模拟】|【卡片动画】命令，可以在【效果控件】面板中调整【卡片动画】效果的参数，如图11-75所示。

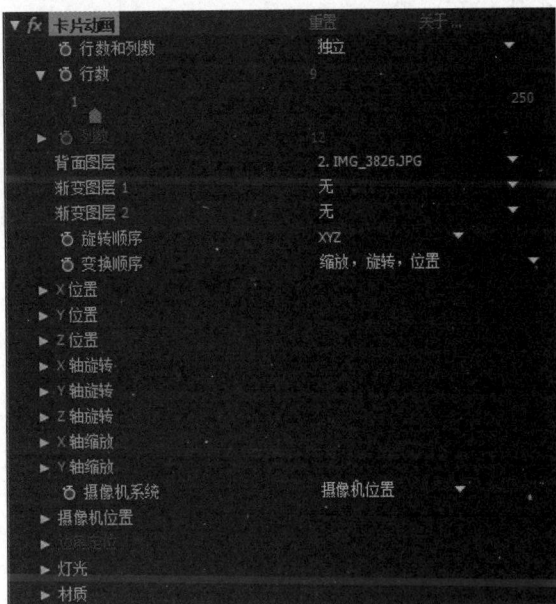

图11-75

☆ 行数和列数：在【独立】模式下，行数和列数是单独控制的。在【列数受行数控制】模式下，只能够调节【行数】的参数。

☆ 行数：用于设置行数的大小。

☆ 列数：用于设置列数的大小。

☆ 背面图层：用于指定一个背景图层。

☆ 渐变图层1/2：用于指定作为渐变的图层。

☆ 旋转顺序：用于设置卡片动画的旋转顺序。

☆ 变换顺序：用于设置卡片动画的变换顺序。

☆ X/Y/Z位置：用于设置在X/Y/Z轴上，原素材的位置变化效果。

☆ X/Y/Z轴旋转：用于设置在X/Y/Z轴上，原素材的旋转变化效果。

☆ X/Y轴缩放：用于设置在X/Y轴上，原素材的缩放变化效果。

☆ 摄像机系统：用于设置摄像机系统的模式，包括【摄像机位置】、【边角定位】和【合成摄像机】3种类型。

☆ 摄像机位置：在选择【摄像机位置】模式时，可以调节其相关属性。

☆ 边角定位：在选择【边角定位】模式时，可以调节其相关属性。

☆ 灯光：用于对效果中的灯光的属性进行控制。

☆ 材质：用于对效果中的材质的属性进行控制。

11.4.5 粒子运动场

用户可以通过【粒子运动场】效果模拟各种自然效果，如雨、雪等，也可以用来模拟烟花爆炸的效果。通过效果属性参数的设置，可以制作出真实的粒子动画效果。

执行【效果】|【模拟】|【粒子运动场】命令，可以在【效果控件】面板中调整【粒子运动场】效果的参数，如图11-76所示。

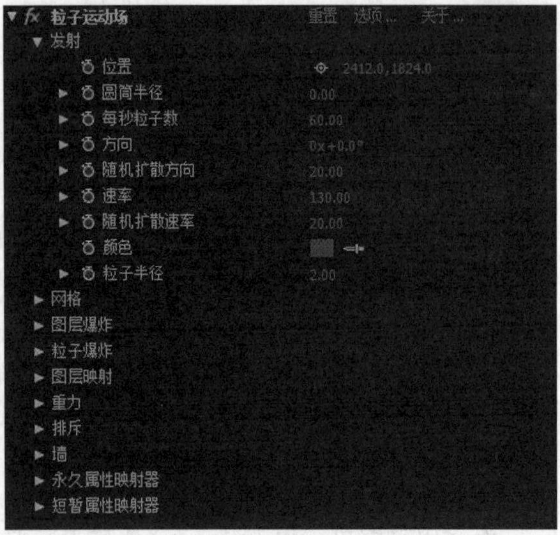

图11-76

1. **发射**：用于设置粒子发射的方向、速度、颜色等属性。

☆ 位置：用于设置粒子发射点的位置。

☆ 圆筒半径：用于设置粒子发射点的半径大小。

☆ 每秒粒子数：用于设置每秒发射粒子的数量。

☆ 方向：用于设置粒子发射的方向。

☆ 随机扩散方向：用于设置粒子发射方向的随机偏移。

☆ 速率：用于设置粒子发射的速度。

☆ 随机扩散速率：用于设置粒子发射速度的随机变化。

☆ 颜色：用于设置粒子的颜色。

☆ 粒子半径：用于设置粒子的半径大小。

2. **网格**：用于设置网格粒子发射器的位置、尺寸等属性。

☆ 位置：用于设置网格中心的位置。

☆ 宽度：用于设置网格的宽度大小。

☆ 高度：用于设置网格的高度大小。

☆ 粒子交叉：用于设置网格区域中水平方向上的粒子数。

☆ 粒子下降：用于设置网格区域中垂直方向上的粒子数。

☆ 颜色：用于设置粒子的颜色。

☆ 粒子半径：用于设置粒子的半径大小。

3. **图层爆炸**：用于指定图层作为爆炸对象，模拟爆炸效果。

☆ 引爆图层：用于设置爆炸的图层。

☆ 新粒子的半径：用于设置爆炸所产生的粒子的半径。

☆ 分散速度：用于设置爆炸产生的粒子的分散速度，数值越大，粒子更为分散。

4. **粒子爆炸**：用于设置粒子本身的爆炸效果，可以使一个粒子分裂为多个粒子。

☆ 新粒子的半径：用于设置新粒子的半径大小。

☆ 分散速度：用于设置新粒子的分散速度，数值越大，粒子更为分散。

☆ 影响：用于设置粒子受到影响的范围。

5. **图层映射**：用于指定任意图层作为粒子样式。

☆ 使用图层：用于指定作为映射的图层。

☆ 时间偏移类型：用于设置时间偏移类型。

☆ 时间偏移：用于设置时间偏移效果大小。

☆ 影响：用于设置粒子受到影响的范围。

6. **重力**：用于设置重力场，可以模拟现实世界中的重力效果。

☆ 力：用于设置重力的大小。

☆ 随机扩散力：用于设置重力对于粒子影响的随机性。

☆ 方向：用于设置重力的方向，默认为180°，重力向下。

☆ 影响：用于设置粒子受到影响的范围。

7. **排斥**：用于设置粒子间的排斥力，控制粒子互相排斥。

☆ 力：用于设置力的大小。

☆ 力半径：用于设置力的影响范围。

☆ 排斥物：用于设置哪些粒子作为排斥的对象。

☆ 影响：用于设置粒子受到影响的范围。

8. 墙：用于设置一个封闭的区域，约束粒子的运动范围。

☆ 边界：用于设置一个封闭的区域作为边界墙。

☆ 影响：用于设置粒子受到影响的范围。

9. 永久属性映射器：用于设置永久的属性映射器。

☆ 使用图层作为映射：用于指定一个图层作为影响粒子的对象。

☆ 将红色/绿色/蓝色映射为：用于指定层映射的某一通道控制粒子的属性。

☆ 最大值：用于设置映像图层的最大效果。

☆ 最小值：用于设置映像图层的最小效果。

10. 短暂属性映射器：用于设置短暂属性映射器，具体参数与【永久属性映射器】基本相同。

▌ 11.4.6　泡沫 ————————○

用户可以通过【泡沫】效果模拟泡沫、水珠等流体效果。

执行【效果】|【模拟】|【泡沫】命令，可以在【效果控件】面板中调整【泡沫】效果的参数，如图11-77所示。

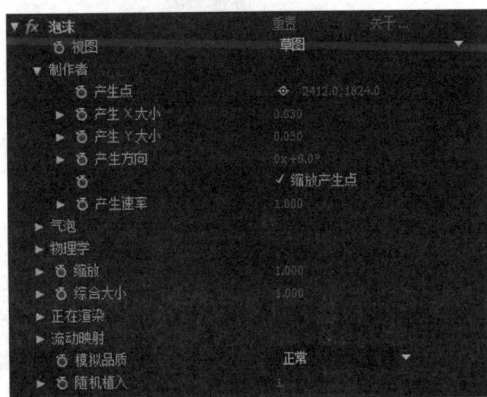

图11-77

1. 制作者：用于对泡沫粒子发射器的属性进行控制。

☆ 产生点：用于设置泡沫发射点的位置。

☆ 产生X大小：用于控制发射器X轴的尺寸大小。

☆ 产生Y大小：用于控制发射器Y轴的尺寸大小。

☆ 产生方向：用于设置发射器的方向。

☆ 缩放产生点：默认情况下为勾选状态，用于设置缩放产生点的位置。

☆ 产生速率：用于设置气泡发射的速度，数值越大，发射速度越快。

2. 气泡：用于对泡沫粒子的尺寸大小和持续时间等属性进行设置。

☆ 大小：用于控制泡沫粒子的大小。

☆ 大小差异：用于控制泡沫粒子的大小差异。

☆ 寿命：用于设置泡沫粒子的持续时间。

☆ 气泡增长速度：用于设置泡沫粒子的生长速度。

☆ 强度：用于控制泡沫粒子效果的强度。

3. 物理学：用于设定粒子运动的效果。

☆ 初始速度：用于设置泡沫粒子的初始速度。

☆ 初始方向：用于设置泡沫粒子的初始方向。

☆ 风速：用于设置影响泡沫粒子的风速。

☆ 风向：用于设置影响泡沫粒子的风向。

☆ 湍流：用于设置泡沫粒子的混乱程度。

☆ 摇摆量：用于设置泡沫粒子的摇摆程度。

☆ 排斥力：用于设置泡沫粒子之间的排斥力。

☆ 弹跳速度：用于设置泡沫粒子的弹跳速度。

☆ 黏度：用于设置泡沫粒子的黏稠性，

数值越高，粒子堆积越密集。

4. 缩放：用于控制粒子效果的缩放。

5. 综合大小：用于设置泡沫粒子的综合尺寸大小。

6. 正在渲染：用于设置泡沫粒子的渲染属性。

☆ 混合模式：用于设置泡沫粒子间的混合模式，共提供了3种方式。

☆ 气泡纹理：用于设置泡沫粒子的纹理样式，可以在下拉列表中选择预设样式，也可以自定义设置。

☆ 气泡纹理分层：用于指定一个层作为自定义粒子纹理的样式。

☆ 气泡方向：用于设置泡沫粒子的方向。

☆ 环境映射：用于设置泡沫粒子的反射环境。

☆ 反射强度：用于设置泡沫粒子的反射强度。

☆ 反射融合：用于设置泡沫粒子的反射聚集度。

7. 流动映射：用于确定陡度时白色和黑色之间的差值。如果泡沫粒子会随机弹离流动图，则减小此值。

☆ 流动映射：用于指定影响粒子效果的图层。

☆ 流动映射黑白对比：用于设置影响泡沫粒子效果的图层的强度。

☆ 流动映射匹配：用于设置影响粒子效果的图层的适配。

8. 模拟品质：用于设置泡沫粒子的品质，共有3种模式。

9. 随机植入：用于设置泡沫粒子的随机效果。

11.5 扭曲

【扭曲】效果是对合成中的图像进行拉伸、挤压、扭曲等变形效果。在【扭曲】效果组中，共内置了37种效果。

11.5.1 CC Bend It

用户可以通过【CC Bend It】效果指定弯曲位置的起始点和结束点，实现画面弯曲效果，如图11-78所示。

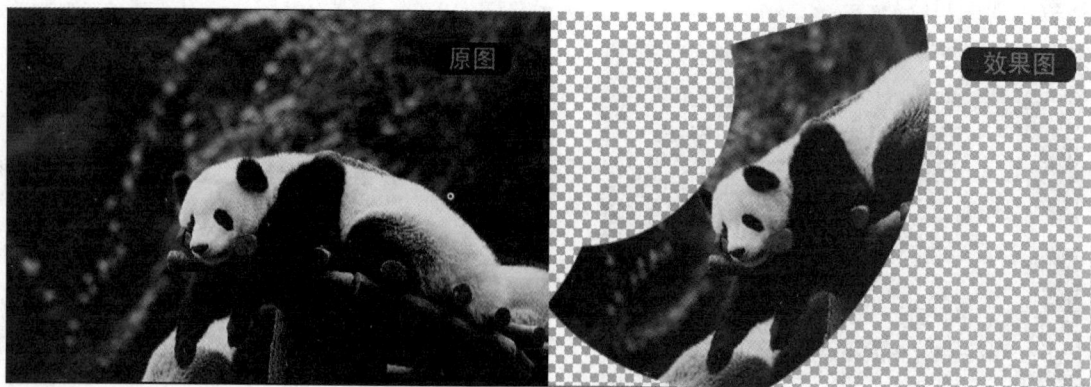

图11-78

执行【效果】|【扭曲】|【CC Bend It】命令，可以在【效果控件】面板中调整【CC Bend It】效果的参数，如图11-79所示。

图11-79

☆ Bend(弯曲)：用于设置图像弯曲的程度。

☆ Start(开始)：用于设置图像弯曲的起始点位置。

☆ End(结束)：用于设置图像弯曲的结束点位置。

☆ Render Prestart(渲染前)：用于设置弯曲的模式，共提供了4种模式。

☆ Distort(扭曲)：用于控制图像结束点的状态。

11.5.2　CC Flo Motion

用户可以使用【CC Flo Motion】效果通过两个定位点来设置扭曲变形的效果，如图11-80所示。

图11-80

执行【效果】|【扭曲】|【CC Flo Motion】命令，可以在【效果控件】面板中调整【CC Flo Motion】效果的参数，如图11-81所示。

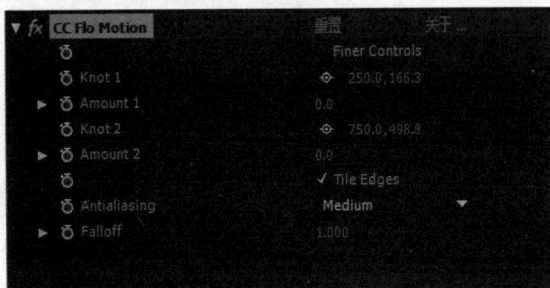

图11-81

☆ Finer Controls(精细控制)：勾选该复选框，扭曲效果将变为图像局部扭曲。

☆ Knot1/2(控制点1/2)：用于设置控制点1和2的位置。

☆ Amount1/2(数量1/2)：用于设置控制点1和2的扭曲强度。

☆ Tile Edges(边缘拼贴)：默认为勾选状态，取消该选项，图像将不产生拼贴效果。

☆ Antialiasing(抗锯齿)：用于设置扭曲效果的平滑程度。

☆ Falloff(衰减)：用于设置图像的扭曲程度，数值越大，图像扭曲效果越小。

11.5.3　CC Page Turn

用户可以通过【CC Page Turn】效果模拟翻页效果，如图11-82所示。

图11-82

执行【效果】|【扭曲】|【CC Page Turn】命令，可以在【效果控件】面板中调整【CC Page Turn】效果的参数，如图11-83所示。

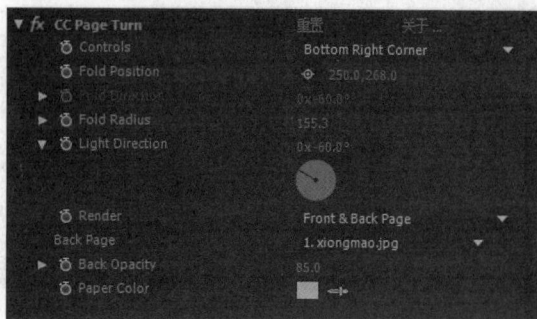

图11-83

☆ Controls(控制点)：用于设置折叠的方式，共提供了4种模式。

☆ Fold Position(折叠位置)：用于设置折叠的位置。

☆ Fold Direction(折叠方向)：用于设置折叠的角度。

☆ Fold Radius(折叠半径)：用于设置折叠半径的大小。

☆ Light Direction(灯光方向)：用于设置折叠时灯光的方向。

☆ Render(渲染)：用于设置渲染的方式，共提供了3种模式。

☆ Back Page(背面书页)：用于设置书页卷起时，背面的图案。

☆ Back Opacity(背面不透明度)：用于设置书页卷起时，背面的不透明度。

☆ Paper Color(书页颜色)：用于设置书页的颜色。

11.5.4　CC Smear

用户可以使用【CC Smear】效果通过调节控制点的位置和属性模拟涂抹变形效果，如图11-84所示。

图11-84

执行【效果】|【扭曲】|【CC Smear】命令，可以在【效果控件】面板中调整【CC Smear】效果的参数，如图11-85所示。

图11-85

☆ From(开始点)：用于设置涂抹开始的位置。

☆ To(结束点)：用于设置涂抹结束的位置。

☆ Reach(涂抹到达)：用于设置两个点之间的图像拉伸程度，数值越大，拉伸效果越明显，当数值为负值时，向结束点相反方向拉伸。

☆ Radius(涂抹半径)：用于设置拉伸的半径大小。

11.5.5　CC Tiler

用户可以通过【CC Tiler】效果对图像进行重复平铺处理，如图11-86所示。

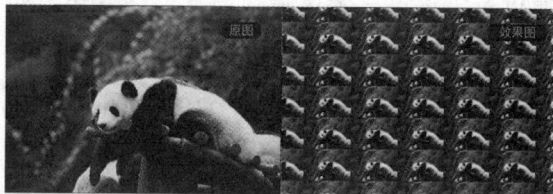

图11-86

执行【效果】|【扭曲】|【CC Tiler】命令，可以在【效果控件】面板中调整【CC Tiler】效果的参数，如图11-87所示。

图11-87

☆ Scale(缩放)：用于设置图像的缩放大

小，数值越小，图像平铺的数量越多。

☆ Center(中心)：用于设置图像平铺的中心点位置。

☆ Blend w.Original(与原始图像混合)：用于设置与原始图像的混合程度。

11.5.6 边角定位

用户可以使用【边角定位】效果通过4个控制点模拟图像透视变形效果，如图11-88所示。

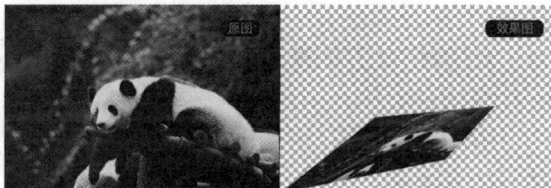

图11-88

执行【效果】|【扭曲】|【边角定位】命令，可以在【效果控件】面板中调整【边角定位】效果的参数，如图11-89所示。

图11-89

☆ 左上：用于控制左上控制点的坐标位置。

☆ 右上：用于控制右上控制点的坐标位置。

☆ 左下：用于控制左下控制点的坐标位置。

☆ 右下：用于控制右下控制点的坐标位置。

11.5.7 变形

用户可以通过【变形】效果调节图像的弯曲程度使图像产生变形的效果，如图11-90所示。

图11-90

执行【效果】|【扭曲】|【变形】命令，可以在【效果控件】面板中调整【变形】效果的参数，如图11-91所示。

图11-91

☆ 变形样式：用于选择变形的样式，共提供了15种模式。

☆ 变形轴：用于设置变形的轴向，分为【水平】和【垂直】方向。

☆ 弯曲：用于设置变形的弯曲程度。

☆ 水平扭曲：用于设置在水平方向上变形的弯曲程度。

☆ 垂直扭曲：用于设置在垂直方向上变形的弯曲程度。

11.5.8 波纹

用户可以通过【波纹】效果使画面产生波纹涟漪的效果，如图11-92所示。

图11-92

执行【效果】|【扭曲】|【波纹】命令，可以在【效果控件】面板中调整【波纹】效果的参数，如图11-93所示。

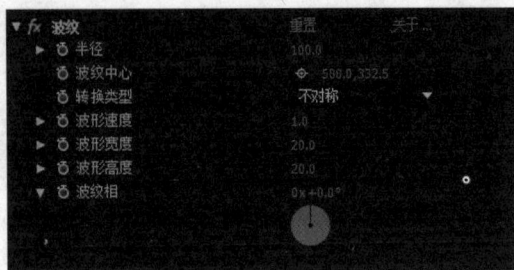

图11-93

☆ 半径：用于设置波纹的半径大小。

☆ 波纹中心：用于设置波纹的中心点位置坐标。

☆ 转换类型：用于设置波纹的转换方向，有【不对称】和【对称】两种模式。

☆ 波形速度：用于设置波纹的扩散速度。

☆ 波形宽度：用于设置波纹之间的距离。

☆ 波形高度：用于设置波纹的高度。

☆ 波纹相：用于设置波纹的相位属性。

11.5.9 放大

用户可以通过【放大】效果模拟画面局部被放大的效果，如图11-94所示。

图11-94

执行【效果】|【扭曲】|【放大】命令，可以在【效果控件】面板中调整【放大】效果的参数，如图11-95所示。

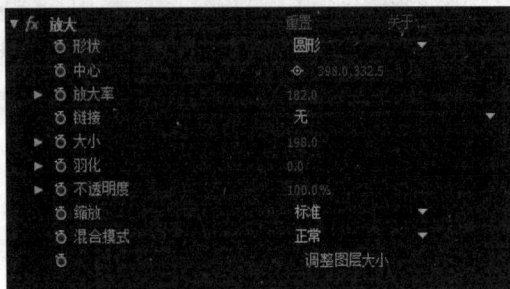

图11-95

☆ 形状：用于设置放大的区域外形，包括【圆形】和【正方形】两种模式。

☆ 中心：用于设置放大效果的中心点位置坐标。

☆ 放大率：用于设置放大效果的比例。

☆ 链接：用于设置放大的链接方式，包括【无】、【大小至放大率】和【大小和羽化至放大率】3种模式。

☆ 大小：用于设置被放大区域的大小尺寸。

☆ 羽化：用于设置被放大区域边缘的羽化程度。

☆ 不透明度：用于设置被放大区域内的图像的不透明度。

☆ 缩放：用于设置缩放的方式，包括【标准】、【柔和】和【散布】3种模式。

☆ 混合模式：用于设置被放大区域的混合模式。

11.5.10 极坐标

用户可以通过【极坐标】效果将矩形形状与极线形状之间进行转换来模拟变形效果，如图11-96所示。

图11-96

执行【效果】|【扭曲】|【极坐标】命令，可以在【效果控件】面板中调整【极坐标】效果的参数，如图11-97所示。

图11-97

☆ 插值：用于设置变形的程度，数值越大，变形效果越明显。

☆ 转换类型：用于设置图像变形的类型，包括【矩形到极线】和【极线到矩形】两种模式。

11.5.11　镜像

用户可以通过【镜像】效果模拟镜面反射效果，如图11-98所示。

图11-98

执行【效果】|【扭曲】|【镜像】命令，可以在【效果控件】面板中调整【镜像】效果的参数，如图11-99所示。

图11-99

☆ 反射中心：用于设置产生反射效果的中心点位置坐标。

☆ 反射角度：用于设置反射的角度。

11.5.12　球面化

用户可以通过【球面化】效果在图像表面产生球面化效果，如图11-100所示。

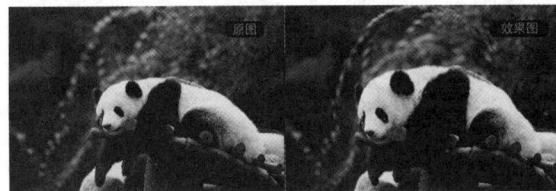

图11-100

执行【效果】|【扭曲】|【球面化】命令，可以在【效果控件】面板中调整【球面化】效果的参数，如图11-101所示。

图11-101

☆ 半径：用于设置创建球面效果的半径大小，数值越大，图像的球面化面积越大。

☆ 球面中心：用于设置球面效果的中心位置坐标。

11.5.13　凸出

用户可以通过【凸出】效果模拟局部区域的膨胀或收缩效果，如图11-102所示。

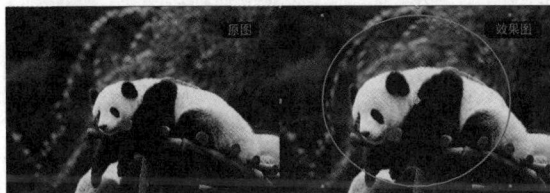

图11-102

执行【效果】|【扭曲】|【凸出】命令，可以在【效果控件】面板中调整【凸出】效果的参数，如图11-103所示。

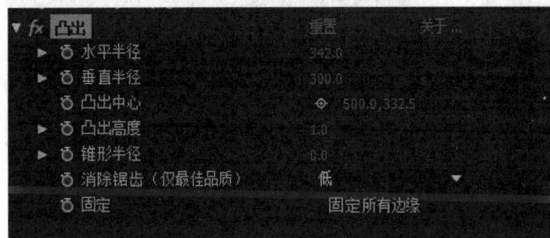

图11-103

☆ 水平半径：用于设置在水平方向上凸出效果的半径大小。

☆ 垂直半径：用于设置在垂直方向上凸出效果的半径大小。

☆ 凸出中心：用于设置突出效果的中心点位置坐标。

☆ 凸出高度：用于设置突出效果的高度，当数值为负时，将产生收缩效果。

☆ 锥形半径：用于设置变形区域的半径大小。

☆ 消除锯齿(仅最佳品质)：用于设置产生变形效果后的品质，包括【高】和【低】两种模式。

☆ 固定所有边缘：启用该复选框，图像边缘区域将不产生变形效果。

11.5.14 网格变形

用户使用【网格变形】效果可以通过应用网格变形的贝塞尔曲线和控制点位置，调整图像变形效果，如图11-104所示。

图11-104

执行【效果】|【扭曲】|【网格变形】命令，可以在【效果控件】面板中调整【网格变形】效果的参数，如图11-105所示。

图11-105

☆ 行数：用于设置网格的行数，数值越大，控制效果越精细。

☆ 列数：用于设置网格的列数，数值越大，控制效果越精细。

☆ 品质：用于设置网格变形的质量，数值越大质量越高。

☆ 扭曲网格：通过添加关键帧或表达式，用于设置网格变形的动画效果。

11.5.15 液化

用户可以通过【液化】效果在图像中进行拉伸挤压、放大等操作，图像处理过程类似于Photoshop中的【液化】效果，如图11-106所示。

图11-106

执行【效果】|【扭曲】|【液化】命令，可以在【效果控件】面板中调整【液化】效果的参数，如图11-107所示。

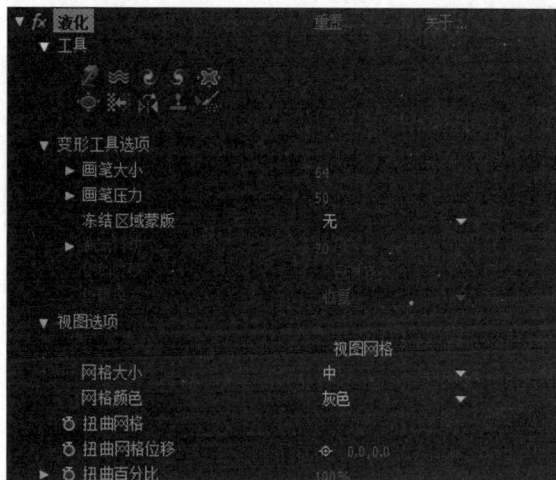

图11-107

☆ 工具：用于选择液化效果的工具，共包括【变形工具】、【湍流工具】、顺时针【旋转扭曲工具】、逆时针【旋转扭曲工具】、【凹陷工具】、【膨胀工具】、【转移像素工具】、【反射工具】、【仿制工具】和【重建工具】10种工具。

☆ 变形工具选项：用于设置每种工具的具体调节参数。

☆ 画笔大小：用于设置液化工具的笔刷大小。数值越大，产生的变形范围越大。

☆ 画笔压力：用于设置液化工具变形的强度，数值越大，变形效果越突出。

☆ 冻结区域蒙版：通过设置蒙版来避免产生变形效果。

☆ 湍流抖动：【湍流工具】选项用于设置产生混乱抖动的程度。

☆ 仿制位移：【仿制工具】选项用于图像仿制时对齐仿制的位置。

☆ 重建模式：【重建工具】选项用于设置图像的恢复模式，包括【恢复】、【置换】、【放大扭曲】和【仿射】4种模式。

☆ 视图选项：用于调整网格的属性来设置查看的方式。

☆ 视图网格：勾选该复选框，将显示变形网格。

☆ 网格大小：用于设置单个网格的大小。

☆ 网格颜色：用于设置网格显示的颜色。

☆ 扭曲网格：通过为网格变形效果创建关键帧或表达式，创建动画效果。

☆ 扭曲网格位移：用于设置图像变形的偏移坐标。

☆ 扭曲百分比：用于设置图像液化程度的百分比。

11.5.16　置换图

用户可以使用【置换图】效果通过另一张图像的颜色信息来影响被置换图层的像素偏移，常用来模拟水中的文字随水波抖动效果，如图11-108所示。

图11-108

执行【效果】|【扭曲】|【置换图】命令，可以在【效果控件】面板中调整【置换图】效果的参数，如图11-109所示。

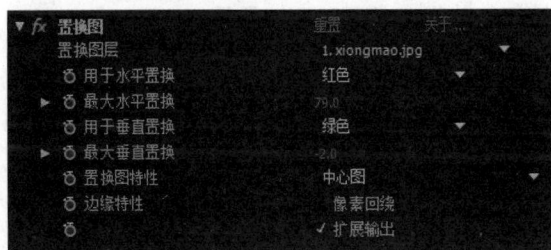

图11-109

☆ 置换图层：用于设置置换的图层。

☆ 用于水平置换：用于设置水平方向上像素偏移的参考通道信息。

☆ 最大水平置换：用于设置水平方向上像素偏移的最大值。

☆ 用于垂直置换：用于设置垂直方向上像素偏移的参考通道信息。

☆ 最大垂直置换：用于设置垂直方向上像素偏移的最大值。

☆ 置换图特性：用于设置置换图层的置换方式，包括【中心图】、【伸缩对应图以适应】和【拼贴图】3种模式。

☆ 像素回绕：勾选该复选框，将锁定边缘像素，不产生任何变形效果。

☆ 扩展输出：默认为勾选状态，变形效果将延伸到原图像的外侧。

| 11.6 生成

【生成】特效是用来为图像添加填充、渐变等效果，或者根据原图像的信息产生不同的形状，也可以产生常见的画面特效效果，如闪电、镜头光晕效果。在【生成】效果组中，共内置了26种效果。

■ 11.6.1 高级闪电

用户可以通过【高级闪电】效果模拟真实的闪电效果，如图11-110所示。

图11-110

执行【效果】|【生成】|【高级闪电】命令，可以在【效果控件】面板中调整【高级闪电】效果的参数，如图11-111所示。

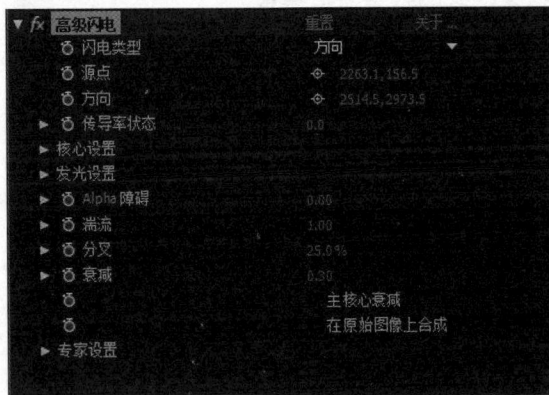

图11-111

☆ 闪电类型：用于设置闪电的类型，共提供了8种模式。

☆ 源点：用于设置闪电的开始位置。

☆ 方向：用于设置闪电的结束位置。

☆ 传导率状态：用于设置闪电传导率的随机状态。

☆ 核心设置：用于设置闪电的【核心半径】、【核心不透明度】、【核心颜色】属性

参数。

☆ 发光设置：用于设置闪电的【发光半径】、【发光不透明度】、【发光颜色】属性参数。

☆ Alpha障碍：用于设置Alpha通道信息对闪电的影响程度。

☆ 湍流：用于设置闪电效果中的湍流状态，数值越大，闪电效果中包含的分支越多。

☆ 分叉：用于设置闪电的分叉状态，数值越大，分叉越多。

☆ 衰减：用于设置闪电的衰减程度，数值越大，边缘衰减程度越高。

☆ 主核心衰减：勾选该复选框，闪电的主核心区域将产生衰减效果。

☆ 在原始图像上合成：勾选该复选框，闪电效果将与原始图像共同显示。

☆ 专家设置：用于闪电高级参数的调整。

■ 11.6.2 镜头光晕

用户可以通过【镜头光晕】效果模拟镜头光晕的效果，如图11-112所示。

图11-112

执行【效果】|【生成】|【镜头光晕】命

令,可以在【效果控件】面板中调整【镜头光晕】效果的参数,如图11-113所示。

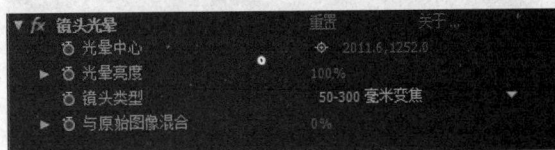

图11-113

☆ 光晕中心:用于设置光晕效果的中心点位置坐标。

☆ 光晕亮度:用于设置光晕效果的强度。

☆ 镜头类型:用于设置不同镜头类型下的光晕效果,包括【50-300毫米变焦】、【35毫米变焦】和【105毫米变焦】3种模式。

☆ 与原始图像混合:用于设置镜头光晕效果与原始图像的混合程度。

11.6.3 描边

用户可以通过【描边】效果为图像添加边框轮廓,如图11-114所示。

图11-114

执行【效果】|【生成】|【描边】命令,可以在【效果控件】面板中调整【描边】效果的参数,如图11-115所示。

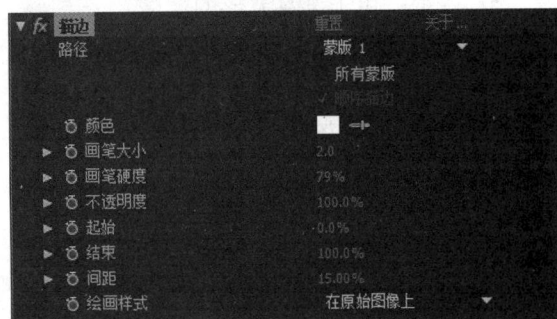

图11-115

☆ 路径:用于设置要添加描边效果的蒙版层。

☆ 所有蒙版:启用该复选框,原始图像中的所有蒙版都将添加描边效果。

☆ 顺序描边:默认为勾选状态,当制作描边动画效果时,描边将按照蒙版的顺序依次开始。

☆ 颜色:用于设置描边效果的颜色。

☆ 画笔大小:用于设置描边的画笔笔刷大小。

☆ 画笔硬度:用于设置描边边缘的硬化程度,数值越大,描边效果越清晰。

☆ 不透明度:用于设置描边效果的不透明度。

☆ 起始:用于设置描边效果的起始位置。

☆ 结束:用于设置描边效果的结束位置。

☆ 间距:用于设置画笔效果之间的间隔距离,数值越大,间隔越大。

☆ 绘画样式:用于设置描边效果与原始图像的显示样式,包括【在原始图像上】、【在透明背景上】和【显示原始图像】3种模式。

11.6.4 四色渐变

用户可以通过【四色渐变】效果设置渐变坐标点的位置和颜色添加颜色渐变效果,如图11-116所示。

图11-116

执行【效果】|【生成】|【四色渐变】命令,可以在【效果控件】面板中调整【四色渐变】效果的参数,如图11-117所示。

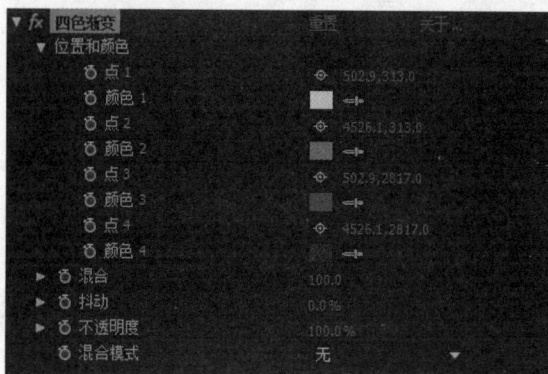

图11-117

☆ 点1/2/3/4：用于设置控制点的坐标位置。

☆ 颜色1/2/3/4：用于设置控制点所对应的颜色。

☆ 混合：用于设置颜色效果之间的混合程度，数值越高，混合效果越明显。

☆ 抖动：用于设置渐变效果中杂色的数量，数值越高，杂色数量越多。

☆ 不透明度：用于设置渐变效果的不透明度。

☆ 混合模式：用于设置渐变效果与原始图像之间的混合模式。

▌11.6.5 音频波形

用户可以使用【音频波形】效果通过指定音频图层生成一条波动的音频线，用来模拟跳动的音频轨效果，如图11-118所示。

图11-118

执行【效果】|【生成】|【音频波形】命令，可以在【效果控件】面板中调整【音频波形】效果的参数，如图11-119所示。

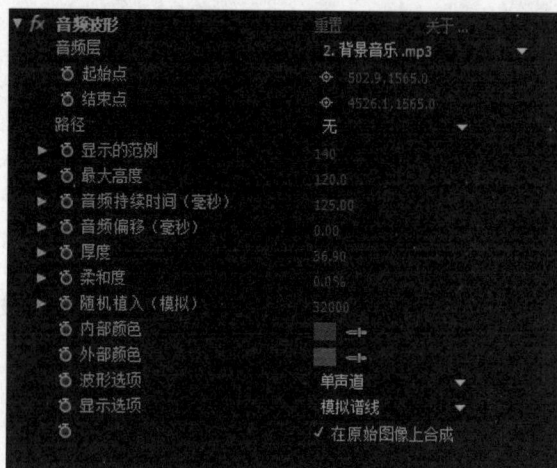

图11-119

☆ 音频层：用于设置以波形显示的音频图层。

☆ 起始点：用于设置音频线的起始点位置。

☆ 结束点：用于设置音频线的结束点位置。

☆ 路径：用于设置音频线沿着路径进行显示。

☆ 显示的范例：用于设置波形中的样本数量。

☆ 最大高度：用于设置音频线的最大振幅。

☆ 音频持续时间(毫秒)：用于设置计算音频的时间。

☆ 音频偏移(毫秒)：用于设置计算音频的时间偏移。

☆ 厚度：用于设置波形的宽度。

☆ 柔和度：用于设置波形边缘的柔和程度。

☆ 随机植入(模拟)：用于设置音频线的随机数量。

☆ 内部颜色：用于设置波形的内部颜色。

☆ 外部颜色：用于设置波形的外部颜色。

☆ 波形选项：用于设置波形的选项，包括【单声道】、【左声道】和【右声道】3种模式。

☆ 显示选项：用于设置波形的显示模式，包括【模拟频点】、【数字】和【模拟谱线】3种模式。

☆ 在原始图像上合成：勾选该复选框，音频波形效果将与原始图像共同显示。

11.7 时间

【时间】特效是设置与素材时间相关的属性以产生特殊效果。在【时间】效果组中，共内置了8种效果。

11.7.1 CC Force Motion Blur

用户可以通过【CC Force Motion Blur】效果对动态视频前后帧进行取样，与当前时间点所在图像进行混合，如图11-120所示。

图11-120

执行【效果】|【时间】|【CC Force Motion Blur】命令，可以在【效果控件】面板中调整【CC Force Motion Blur】效果的参数，如图11-121所示。

图11-121

☆ Motion Blur Samples(运动模糊样本)：用于设置图像运动模糊效果的采样数量。

☆ Shutter Angle(快门角度)：用于设置快门角度的大小，数值越大，模糊效果越明显。

☆ Native Motion Blur(本地动态模糊)：默认为关闭状态，用于设置是否启用图像的动态模糊效果。

11.7.2 残影

用户可以通过【残影】效果模拟画面拖尾效果，如图11-122所示。

图11-122

执行【效果】|【时间】|【残影】命令，可以在【效果控件】面板中调整【残影】效果的参数，如图11-123所示。

图11-123

☆ 残影时间(秒)：用于设置延迟效果产生的时间。数值为正时，显示当前帧之后的图像；数值为负时，显示当前帧之前的图像。

☆ 残影数量：用于设置残影画面的数量。

☆ 起始强度：用于设置残影画面的初始强度。

☆ 衰减：用于设置残影效果衰减的程度。

☆ 残影运算符：用于设置残影效果生成

图像的混合模式，共提供了7种模式。

11.7.3 时差

用户可以通过【时差】效果计算两帧之间的色彩差异效果，如图11-124所示。

图11-124

执行【效果】|【时间】|【时差】命令，可以在【效果控件】面板中调整【时差】效果的参数，如图11-125所示。

图11-125

☆ 目标：用于设置与添加效果的图层进行对比的层。

☆ 时间偏移量(秒)：用于设置对比画面的时间偏移量。

☆ 对比度：用于调节画面对比的程度。

☆ 绝对差值：勾选该复选框，将只显示两帧画面中有差异的部分。

☆ Alpha通道：用于设置计算Alpha通道数据的方式，共提供了9种模式。

11.7.4 时间扭曲

用户可以通过【时间扭曲】效果对原始素材的播放速度、模糊、权重值等参数进行精确的调整，如图11-126所示。

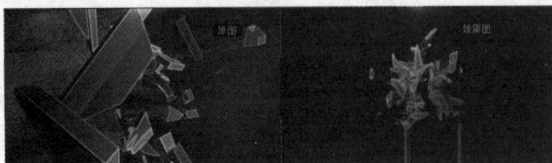

图11-126

执行【效果】|【时间】|【时间扭曲】命令，可以在【效果控件】面板中调整【时间扭曲】效果的参数，如图11-127所示。

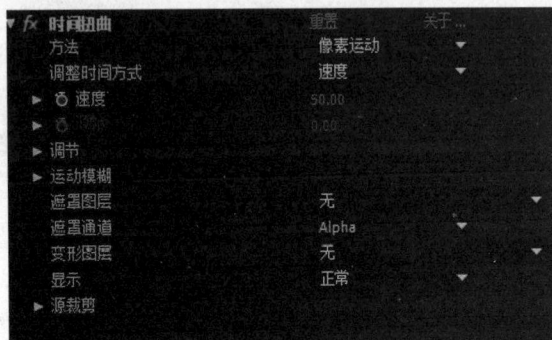

图11-127

☆ 方法：用于设置插值计算模式，包括【像素运动】、【全帧】和【帧混合】3种模式。

☆ 调整时间方式：用于设置调整时间的方式。

☆ 速度：调整速度用于当前显示的画面。

☆ 源帧：以时间帧为基础来调整画面。

☆ 调节：用于设置【像素运动】模式下的属性，包括【矢量详细信息】、【平滑】、【从一个图像开始构建】、【适当明亮度更改】、【权重】等属性。

☆ 运动模糊：用于调整图像的运动模糊的相关属性，包括【快门控制】、【快门角度】、【快门采样】等。

☆ 遮罩图层：用于指定遮罩图层。

☆ 遮罩通道：用于设定遮罩通道的计算模式，包括【明亮度】、【反转明亮度】、【Alpha】和【反转Alpha】4种模式。

☆ 变形图层：用于指定变形图层。

☆ 显示：用于显示模式的调整，包括【遮罩】、【正常】、【前景】和【背景】4种模式。

☆ 源裁剪：可通过【左侧】、【右侧】、【底部】、【顶部】对画面区域进行裁剪。

11.7.5　时间置换

用户可以使用【时间置换】效果通过不同时间的图像信息来产生图像变形效果，如图11-128所示。

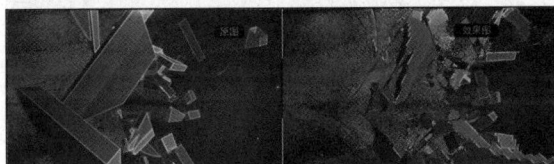

图11-128

执行【效果】|【时间】|【时间置换】命令，可以在【效果控件】面板中调整【时间置换】效果的参数，如图11-129所示。

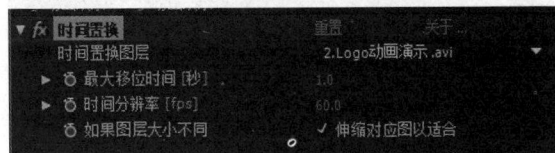

图11-129

☆ 时间置换图层：用于设置时间置换的图层。

☆ 最大移位时间[秒]：用于设置产生最大偏移的时间。

☆ 时间分辨率[fps]：用于调整帧速率。

☆ 伸缩对应图以适应：默认为勾选状态，【时间置换图层】的选定图层的大小将匹配当前图层的大小。

11.7.6　像素运动模糊

用户可以通过【像素运动模糊】效果分析视频素材进行运动模糊效果的模拟，如图11-130所示。

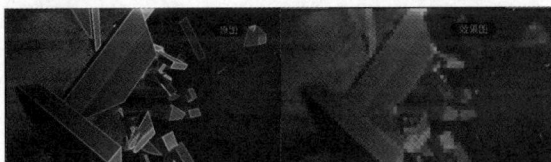

图11-130

执行【效果】|【时间】|【像素运动模糊】命令，可以在【效果控件】面板中调整【像素运动模糊】效果的参数，如图11-131所示。

图11-131

☆ 快门控制：用于快门的控制选项，包括【手动】和【自动】两种模式。

☆ 快门角度：用于设置快门的角度，数值越大，模糊效果越明显。

☆ 快门采样：用于设置模糊效果的采样精度，数值越大，运动模糊效果越平滑。

☆ 矢量详细信息：用于设置计算运动模糊效果的矢量信息。

11.8　实用工具

【实用工具】特效主要是用来对图像的显示信息进行调整。在【实用工具】效果组中，共内置了7种效果。

11.8.1 Cineon转换器

Cineon格式是由Kodak开发的，它是一种适合于电子复合、操纵和增强的10位/通道数字格式。使用Cineon格式可以在不损失图像品质的情况下输出回胶片。【Cineon转换器】效果是对Cineon格式转换的高级控制效果，如图11-132所示。

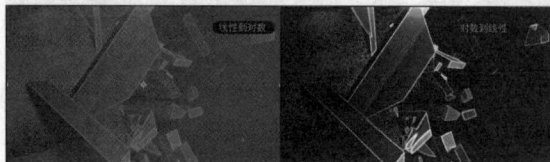

图11-132

执行【效果】|【实用工具】|【Cineon转换器】命令，可以在【效果控件】面板中调整【Cineon转换器】效果的参数，如图11-133所示。

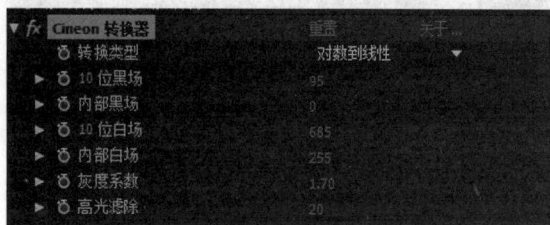

图11-133

☆ 转换类型：用于设置转换 Cineon文件的方式。【对数到线性】可转换作为Cineon序列渲染的8-bpc对数非Cineon 图层。【线性到对数】可将Cineon文件的包含8-bpc线性代理的图层转换为8-bpc对数文件；【对数到对数】可将8- bpc或10 -bpc对数Cineon文件渲染为8-bpc对数代理。

☆ 10位黑场：用于转换10-bpc对数 Cineon 图层的黑场(最低密度)。

☆ 内部黑场：用于设置图层的黑场。

☆ 10位白场：用于转换 10-bpc 对数 Cineon 图层的白场(最高密度)。

☆ 内部白场：用于设置图层的白场。

☆ 灰度系数：分别增大或减小灰度系数，以使中间调变亮或变暗。

☆ 高光滤除：用于校正明亮高光的滤除值。

11.8.2 HDR高光压缩

用户可以通过【HDR高光压缩】效果压缩高动态范围图像中的颜色值，以便它们归入低动态范围图像的值范围内，如图11-134所示。

图11-134

执行【效果】|【实用工具】|【HDR高光压缩】命令，可以在【效果控件】面板中调整【HDR高光压缩】效果的参数，如图11-135所示。

图11-135

数量：用于设置高光压缩的程度。数值越大，压缩效果越明显。

11.8.3 HDR压缩扩展器

用户可以通过【HDR压缩扩展器】效果在不牺牲素材的高动态范围的情况下，使HDR图像使用不支持高动态范围颜色的工具，如图11-136所示。

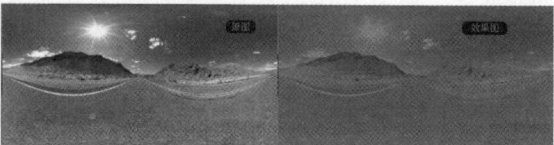

图11-136

执行【效果】|【实用工具】|【HDR压缩扩展器】命令，可以在【效果控件】面板

中调整【HDR压缩扩展器】效果的参数，如图11-137所示。

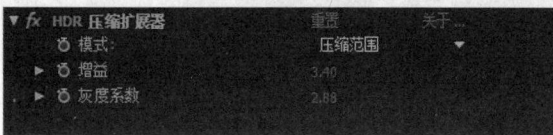

图11-137

☆ 模式：用于设置压缩器的模式，包括【压缩范围】和【扩展范围】两种模式。

☆ 增益：用于设置压缩范围或扩展范围中的最大输出数值。

☆ 灰度系数：用于设置画面中的灰度系数。灰度系数影响范围中值的分布，从而可提高范围中特定区域的精度。

11.8.4 颜色配置文件转换器

用户可以通过【颜色配置文件转换器】效果通过指定输入和输出配置文件，将图层从一个颜色空间转换到另一个颜色空间，如图11-138所示。

图11-138

执行【效果】|【实用工具】|【颜色配置文件转换器】命令，可以在【效果控件】面板中调整【颜色配置文件转换器】效果的参数，如图11-139所示。

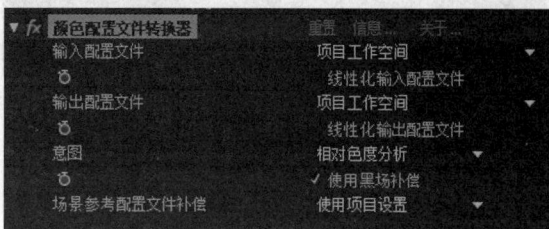

图11-139

☆ 输入配置文件：用于选择一个输入颜色配置文件。

☆ 线性化输入配置文件：启用该复选框，将以线性化输入配置文件。

☆ 输出配置文件：用于选择一个输出颜色配置文件。

☆ 线性化输出配置文件：启用该复选框，将以线性化输出配置文件。

☆ 意图：用于调整颜色配置文件转换效果，包括【感性】、【饱和度】、【使用色度分析】、【绝对色度分析】4种模式。

☆ 使用黑场补偿：默认为勾选状态，可确保图像中的阴影详细信息通过模拟输出设备的完整动态范围得以保留。

☆ 场景参考配置文件补偿：用于确定【颜色配置文件转换器】的每个实例是否会补偿场景引用的配置文件，包括【使用项目设置】、【开】、【关】3种模式。

11.9 透视

【透视】效果主要用于制作图像的透视效果，针对平面素材模拟三维透视变化效果。在【透视】效果组中，共内置了10种效果。

11.9.1 3D眼镜

用户可以通过【3D眼镜】效果把两个图像作为元素在新空间中融合在一起，如图11-140所示。

图11-140

执行【效果】|【透视】|【3D眼镜】命令，可以在【效果控件】面板中调整【3D眼镜】效果的参数，如图11-141所示。

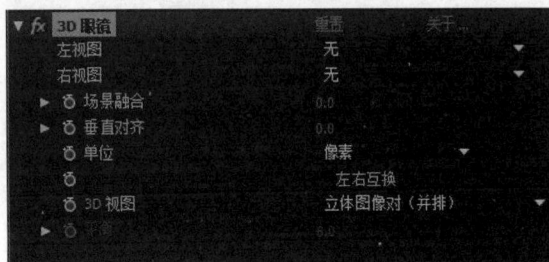

图11-141

☆ 左视图：用于设置左侧显示的图层。

☆ 右视图：用于设置右侧显示的图层。

☆ 场景融合：用于设置左右两个视图偏移的数量。

☆ 垂直对齐：用于控制左右视图相对于彼此的垂直偏移。

☆ 单位：用于设置参数的单位，包括【像素】和【源的%】两个选项。

☆ 左右互换：勾选该复选框，将对左右图像进行交换。

☆ 3D视图：用于设置左右图像的结合方式，共提供了9种模式。

☆ 平衡：在平衡的【3D视图】选项中指定平衡的级别。

11.9.2　CC Spotlight

用户可以通过【CC Spotlight】效果模拟聚光灯照射效果，如图11-142所示。

图11-142

执行【效果】|【透视】|【CC Spotlight】命令，可以在【效果控件】面板中调整【CC Spotlight】效果的参数，如图11-143所示。

图11-143

☆ From(起始点)：用于设置聚光灯发射点的位置坐标。

☆ To(结束点)：用于设置聚光灯照射点的位置坐标。

☆ Height(高度)：用于设置聚光灯照射点的高度。

☆ Cone Angle(聚光区)：用于设置聚光灯照射区域的大小，数值越大，照射的范围越大。

☆ Edge Softness(边缘柔化)：用于设置照射边缘的虚化程度。

☆ Color(颜色)：用于设置聚光灯的颜色。

☆ Intensity(强度)：用于设置聚光灯的灯光强弱程度。

☆ Render(渲染)：用于设置聚光灯效果的渲染模式，共提供了8种模式。

☆ Gel layer(影响层)：用于指定一个影响的图层。

11.9.3　边缘斜面

用户可以通过【边缘斜面】效果为原图像的边缘生成明亮的轮廓效果，如图11-144所示。

图11-144

执行【效果】|【透视】|【边缘斜面】命令，可以在【效果控件】面板中调整【边缘斜面】效果的参数，如图11-145所示。

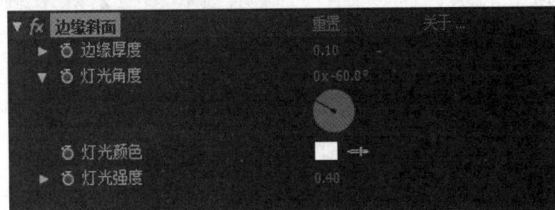

图11-145

☆ 边缘厚度：用于设置斜面的宽度，数值越大，边缘越厚。

☆ 灯光角度：用于设置照射图像的灯光的角度。

☆ 灯光颜色：用于设置照射图像的灯光的颜色。

☆ 灯光强度：用于设置照射图像的灯光的强度。

11.9.4　径向阴影

用户可以通过【径向阴影】效果根据图像的Alpha信息创建阴影效果，如图11-146所示。

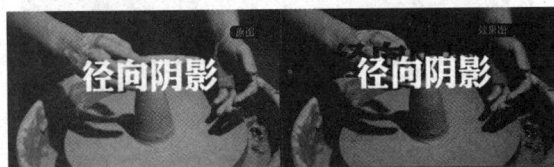

图11-146

执行【效果】|【透视】|【径向阴影】命令，可以在【效果控件】面板中调整【径向阴影】效果的参数，如图11-147所示。

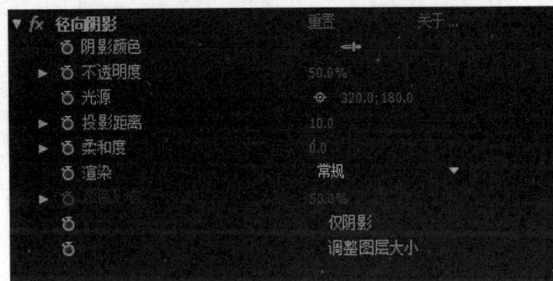

图11-147

☆ 阴影颜色：用于设置阴影的颜色。

☆ 不透明度：用于设置阴影的不透明度。

☆ 光源：用于设置光源的位置坐标，从而影响阴影的投射位置。

☆ 投影距离：用于设置阴影和主体之间的距离。

☆ 柔和度：用于设置阴影边缘的柔和程度。

☆ 渲染：用于设置渲染的模式，包括【常规】和【玻璃边缘】两种模式。

☆ 颜色影响：用于设置【玻璃边缘】模式下玻璃边缘的影响程度。

☆ 仅阴影：勾选该复选框，将只显示阴影部分。

☆ 调整图层大小：勾选该复选框，使阴影可扩展到图层的原始边界之外。

11.9.5　斜面Alpha

用户可以通过【斜面Alpha】效果为图像的Alpha边界增加明亮的外观效果，如图11-148所示。

图11-148

执行【效果】|【透视】|【斜面Alpha】命令，可以在【效果控件】面板中调整【斜面Alpha】效果的参数，如图11-149所示。

图11-149

☆ 边缘厚度：用于设置斜面的宽度，数值越大，边缘越厚。

☆ 灯光角度：用于设置照射图像的灯光的角度。

☆ 灯光颜色：用于设置照射图像的灯光的颜色。

☆ 灯光强度：用于设置照射图像的灯光的强度。

11.10 杂色和颗粒

【杂色和颗粒】效果主要用于添加或移除图像中的杂色和颗粒。在【杂色和颗粒】效果组中，共内置了11种效果。

11.10.1 蒙尘与划痕

用户可以通过【蒙尘与划痕】效果指定半径之内的不同像素更改为更类似邻近的像素，从而减少杂色和瑕疵，如图11-150所示。

图11-150

执行【效果】|【杂色和颗粒】|【蒙尘与划痕】命令，可以在【效果控件】面板中调整【蒙尘与划痕】效果的参数，如图11-151所示。

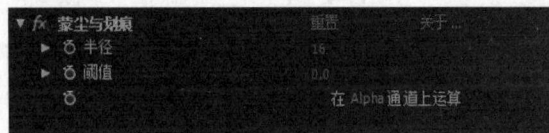

图11-151

☆ 半径：用于设置像素间差异的距离，数值越大，融合效果越明显。

☆ 阈值：用于设置像素能够与其邻近像素在多大程度上不同而不被效果更改。

☆ 在Alpha通道上运算：启用该复选框，将在Alpha通道上进行运算。

11.10.2 移除颗粒

用户可以通过【移除颗粒】效果移除颗粒和可见杂色，如图11-152所示。

图11-152

执行【效果】|【杂色和颗粒】|【移除颗粒】命令，可以在【效果控件】面板中调整【移除颗粒】效果的参数，如图11-153所示。

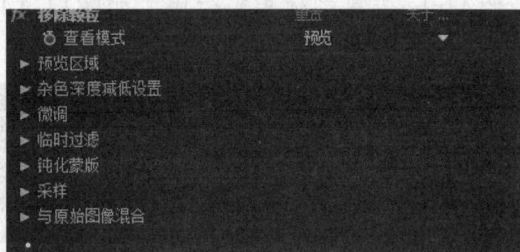

图11-153

☆ 查看模式：用于设置查看的模式，包括【预览】、【杂色样本】、【混合遮罩】和【最终输出】4种模式。

☆ 预览区域：用于设置预览区域的【中心】、【宽度和高度】、【方框颜色】等属性。

☆ 杂色深度减低设置：用于设置杂色降低的各项属性数值。

☆ 微调：用于设置【色度抑制】、【纹理】、【杂点大小偏差】、【清理固态区域】的具体参数。

☆ 临时过滤：用于设置是否开启【临时过滤】选项，并控制过渡的【数量】和【运动敏感度】。

☆ 钝化蒙版：用于设置钝化蒙版的【数量】、【半径】和【阈值】大小，可增加边缘和细节的对比度，以帮助恢复可能在颗粒减少过程中损失的一些锐度。

☆ 采样：用于控制采样的具体参数，如【源帧】、【样本数量】、【样本大小】、【样本选择】等。

☆ 与原始图像混合：用于设置与原始图像混合的具体参数。如【数量】、【颜色匹配】、【模糊遮罩】等。

11.10.3　杂色

用户可以通过【杂色】效果为画面添加杂色效果，如图11-154所示。

图11-154

执行【效果】|【杂色和颗粒】|【杂色】命令，可以在【效果控件】面板中调整【杂色】效果的参数，如图11-155所示。

图11-155

☆ 杂色数量：用于设置添加杂色的数量。

☆ 使用杂色：默认为勾选状态，随机值将单独添加到红色、绿色和蓝色通道中，杂色呈现彩色效果。

☆ 剪切结果值：默认为勾选状态，杂色将显示在原始图像之上。

11.10.4　中间值

用户可以通过【中间值】效果将每个像素替换为另一像素，此像素具有指定半径的邻近像素的中间颜色值，如图11-156所示。

图11-156

执行【效果】|【杂色和颗粒】|【中间值】命令，可以在【效果控件】面板中调整【中间值】效果的参数，如图11-157所示。

图11-157

☆ 半径：用于设置像素间差异的距离，数值越大，融合效果越明显。

☆ 在Alpha通道上运算：启用该复选框，将在Alpha通道上进行运算。

11.10.5　杂色HLS

用户可以通过【杂色HLS】效果将杂色添加到图像的色相、亮度和饱和度中，如

图11-158所示。

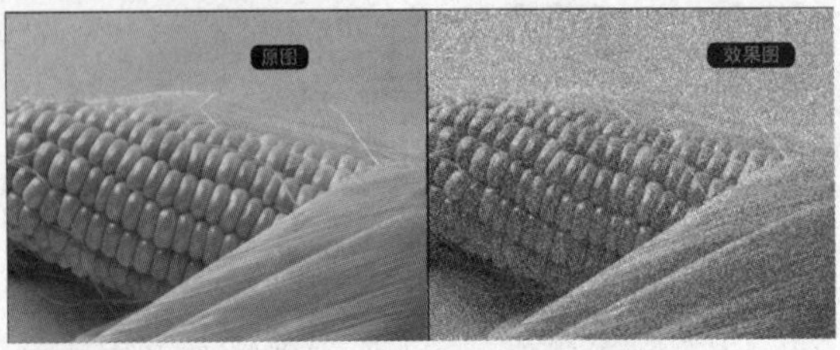

图11-158

执行【效果】|【杂色和颗粒】|【杂色 HLS】命令，可以在【效果控件】面板中调整 【杂色HLS】效果的参数，如图11-159所示。

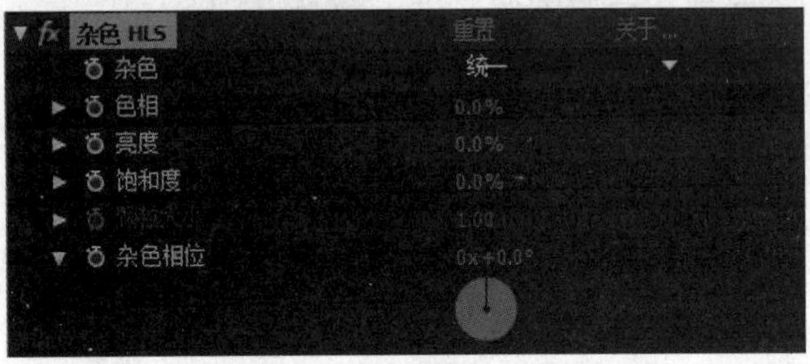

图11-159

☆ 杂色：用于设置杂色的类型。【统一】可以产生统一杂色；【方形】可以产生高对比度杂色；【颗粒】可以产生类似于胶片颗粒的杂色。

☆ 色相：用于设置添加到【色相】的杂色量。

☆ 亮度：用于设置添加到【亮度】的杂色量。

☆ 饱和度：用于设置添加到【饱和度】的杂色量。

☆ 颗粒大小：用于设置【颗粒】模式下颗粒的大小。

☆ 杂色相位：用于设置杂色的随机数值。

第12章

综合案例

随着影视行业的不断发展，视频包装目前已成为最常用的技术之一。高质量的视频包装，能够突出节目，确立并增强观众对自己节目的识别能力。视频包装作品的制作，不仅仅需要对软件熟练地掌握，同时也是对设计师的设计能力和审美能力的综合考核。在本章中，将通过两个典型的案例，介绍内置效果和外置插件效果的使用。通过这两个案例的讲解，希望大家能够了解视频包装的基本制作流程和方法。

| 12.1　Logo演示动画　　　　　　　🔍 ➡

在进行视频包装制作时，经常会涉及Logo演示动画的制作，在本案例中，将利用After Effects的外置插件Particular配合自带特效，详细介绍Logo动画的制作方法，如图12-1所示。

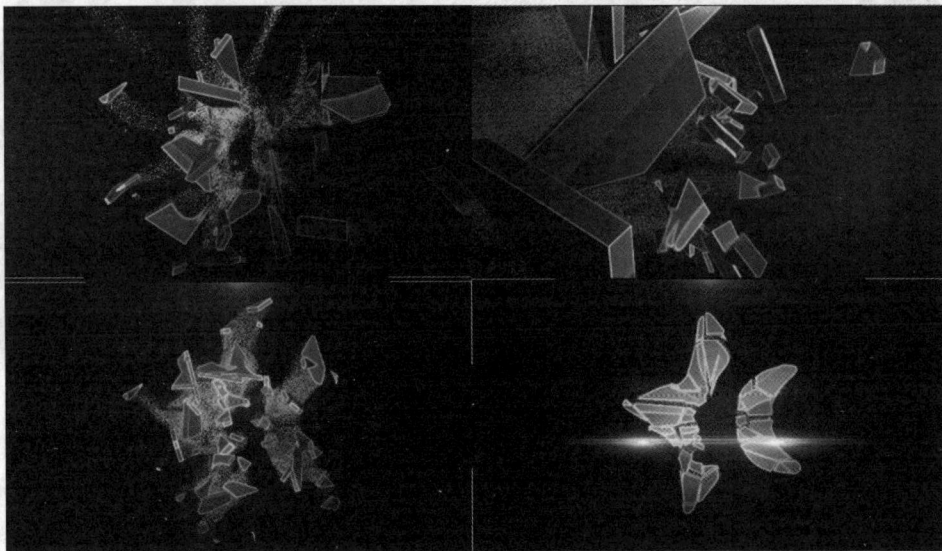

图12-1

◼12.1.1　制作镜头1动画 ─────────────○

01 双击【项目】面板，导入"Logo.psd"文件，将导入种类修改为【合成-保持图层大小】，设置【图层选项】为【可编辑的图层样式】，如图12-2所示。

02 执行【合成】|【新建合成】命令，新建合成，将【合成名称】修改为"Logo破碎"，使用预设模式【HDV/HDTV 720 25】，将合成的【持续时间】调整为10秒，如图12-3所示。

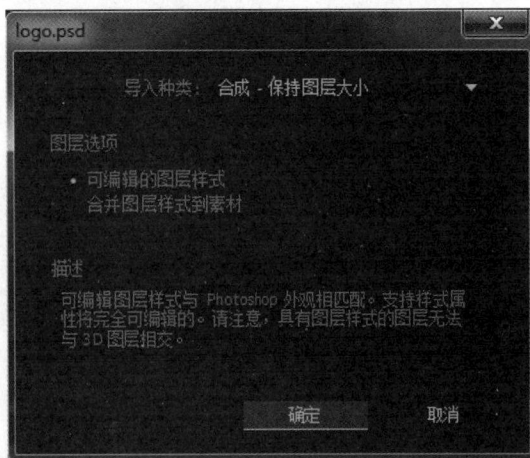

图12-2

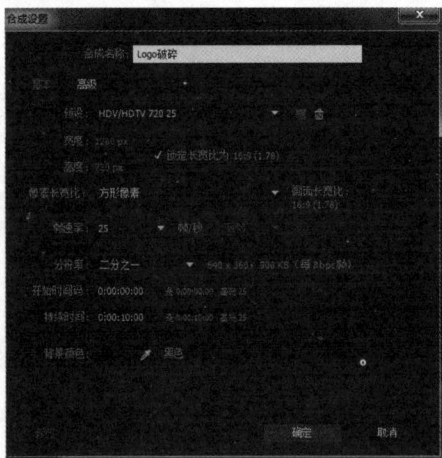

图12-3

03 将"Logo"合成文件拖曳到"Logo破碎"合成中，如图12-4所示。

图12-4

04 选择"Logo"图层，单击鼠标右键，执行【效果】|【模拟】|【碎片】命令，添加效果，如图12-5所示。

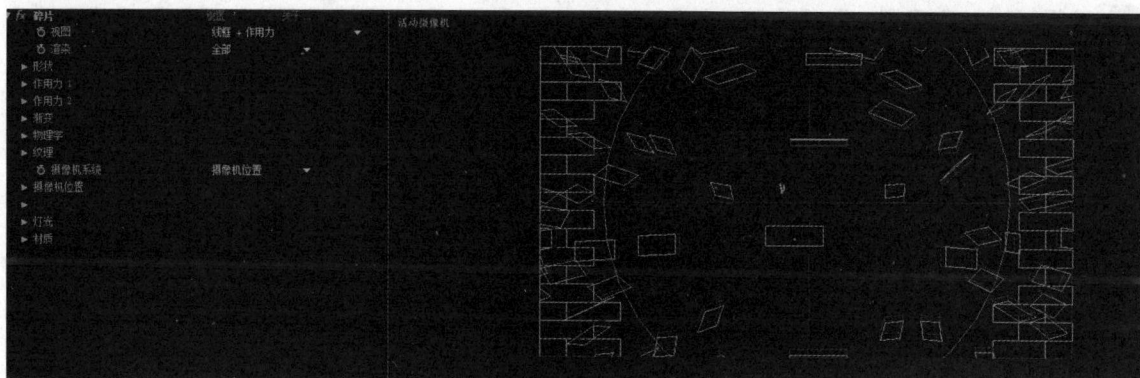

图12-5

05 选择"Logo"图层，在【效果控件】面板中修改【碎片】效果参数。将【视图】选项调整为【已渲染】，【图案】选项调整为【玻璃】，【重复】参数调整为15.00，【凸出深度】参数调整为0.18，在【作用力1】选项中，将【深度】参数调整为4.00，【半径】参数调整为5.00，【强度】参数调整为0.80，在【物理学】选项中，将【重力】参数调整为0.00，如图12-6所示。

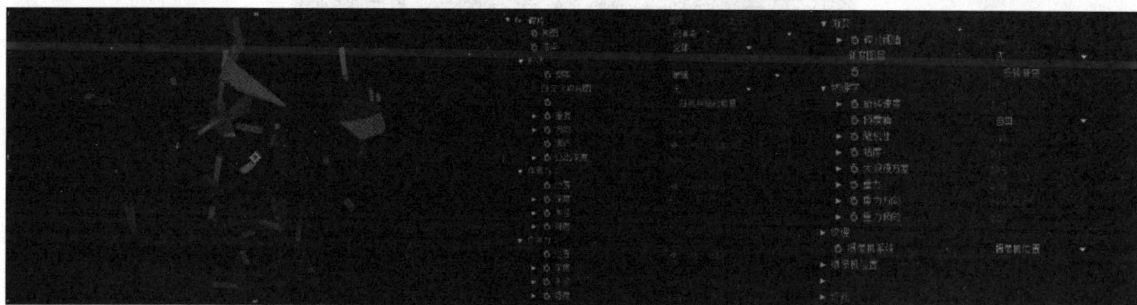

图12-6

06 在【时间轴】面板的空白区域单击鼠标右键，执行【新建】|【摄像机】命令，在【摄像机设置】面板中，将【预设】调整为【15毫米】，如图12-7所示。

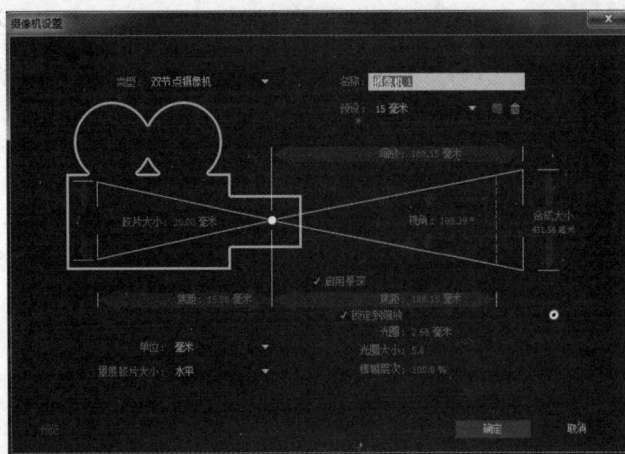

图12-7

07 选择"Logo"图层，在【效果控件】面板中，将【碎片】效果的【摄像机系统】选项调整为【合成摄像机】，如图12-8所示。

图12-8

08 选择"摄像机1"图层，将"摄像机1"【位置】属性Z轴参数调整为-920，如图12-9所示。

图12-9

09 选择"摄像机1"图层，将"摄像机1"【位置】属性Z轴参数调整为-920，如图12-10所示。

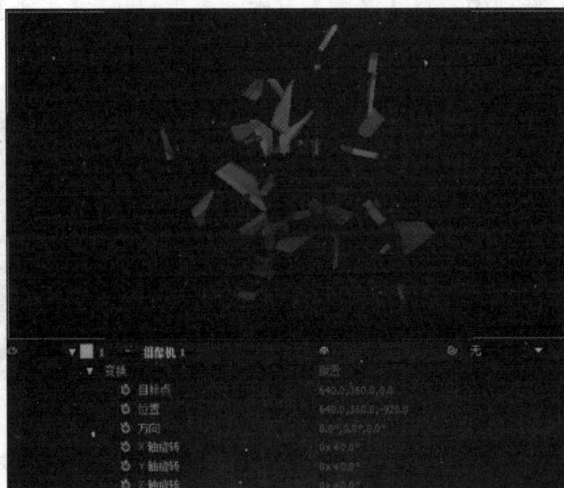

图12-10

10 选择"Logo"图层，执行【编辑】|【重复】命令，并将复制图层重命名为"边缘"，如图12-11所示。

图12-11

11 选择"边缘"图层，执行【效果】|【风格化】|【查找边缘】命令，在【效果控件】面板中，勾选【查找边缘】效果的【反转】复选框，如图12-12所示。

图12-12

12 选择"边缘"图层，执行【效果】|【颜色校正】|【色调】命令，在【效果控件】面板中，将【色调】效果中的【将白色映射到】颜色调整为黄色，如图12-13所示。

图12-13

13 选择"边缘"图层，执行【效果】|【模糊和锐化】|【快速模糊】命令，在【效果控件】面板中，将【快速模糊】效果中的【模糊度】参数设置为2.5，如图12-14所示。

图12-14

14 选择"边缘"图层，将图层混合模式调整为【相加】，如图12-15所示。

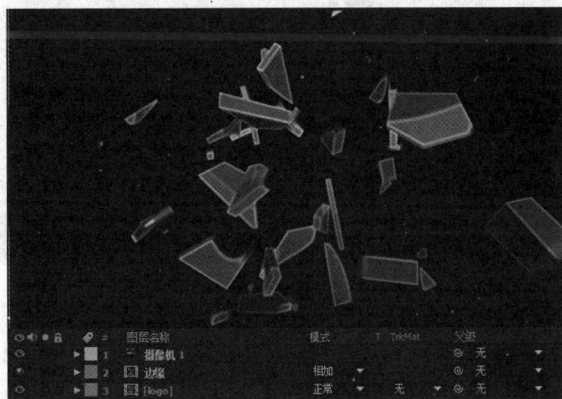

图12-15

15 选择"边缘"图层，执行【编辑】|【重复】命令，如图12-16所示。

图12-16

16 执行【合成】|【新建合成】命令，新建合成，将【合成名称】修改为"镜头1"，使用预设模式【HDV/HDTV 720 25】，将合成的【持续时间】调整为10秒，如图12-17所示。

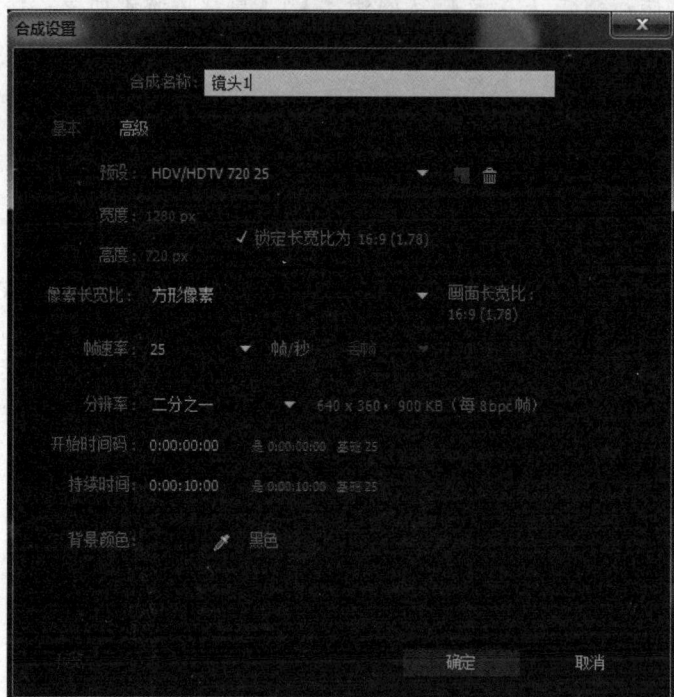

图12-17

17 将"Logo破碎"合成拖曳至"镜头1"合成中，如图12-18所示。

图12-18

18 在【时间轴】面板的空白区域单击鼠标右键，执行【新建】|【纯色】命令，在【纯色设置】面板中，将【名称】调整为"粒子"，单击【确定】按钮完成创建，如图12-19所示。

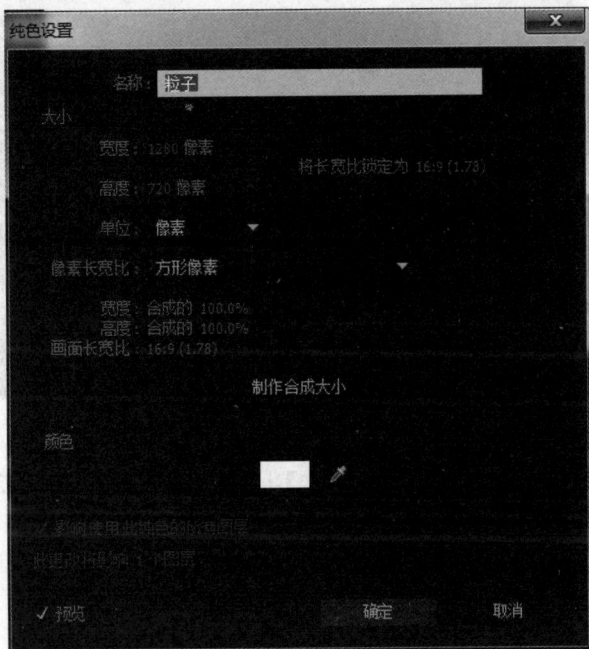

图12-19

19 选择【粒子】图层，执行【效果】|【Trapcode】|【Particular】命令，如图12-20所示。

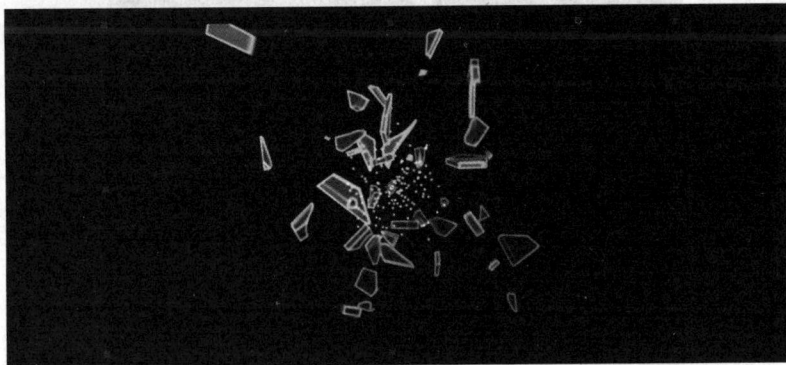

图12-20

20 选择【粒子】图层，在【效果控件】面板中，将【Particles/sec】参数调整为900000，将【Emitter Type】选项设置为【layer】，将【Velocity】参数调整为0.0，【Velocity Random[%]】参数调整为0.0，【Velocity Distribution】参数调整为0.0，【Velocity from Motion[%]】参数调整为0.0。将【Emitter Size Z】参数调整为0，在【Layer Emitter】属性中，将【layer】选项设置为"Logo破碎"图层，并将"Logo破碎"图层转换为三维图层，将【Layer Sampling】选项调整为【Particle Birth Time】，在【particle】选项中，将【Life[sec]】参数调整为10.0，【Sphere Feather】参数调整为0.2，【size】参数调整为1.0，【Size Random[%]】参数调整为45.0，将【Opacity】参数调整为88.0，【Opacity Random[%]】参数调整为30.0，将【Blend Mode】选项调整为【Add】，在【physics】选项中，将【Gravity】参数调整为5.0，如图12-21所示。

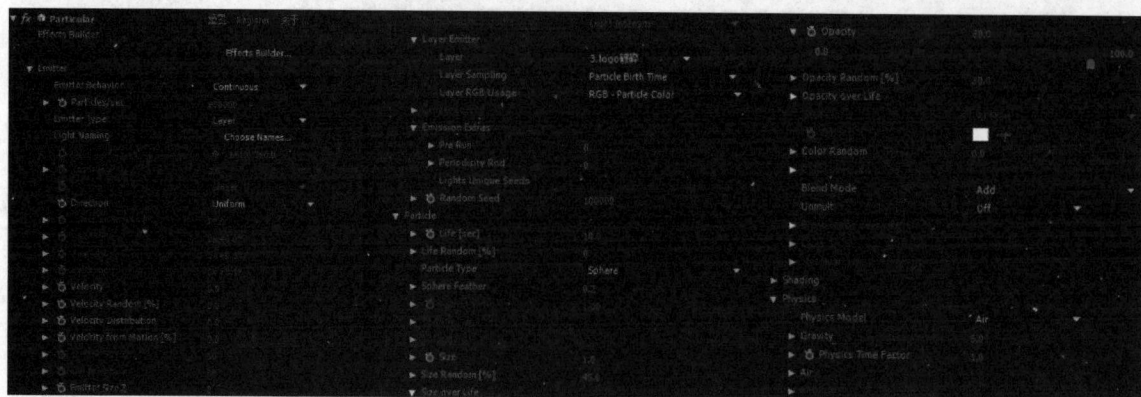

图12-21

21 选择"粒子"图层，执行【效果】|【风格化】|【发光】命令，如图12-22所示。

图12-22

22 选择"粒子"图层，在【效果控件】面板中，调整【发光】效果，将【发光阈值】参数设置为77.3%，【发光半径】参数设置为113.0，【发光强度】参数设置为0.4，如图12-23所示。

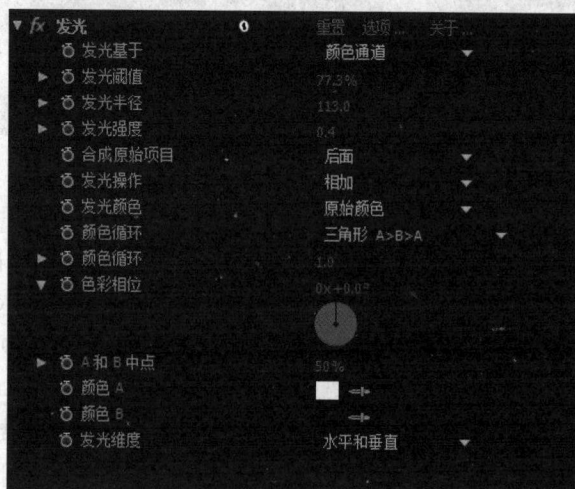

图12-23

23 将"粒子"图层拖曳至"Logo破碎"图层下方，如图12-24所示。

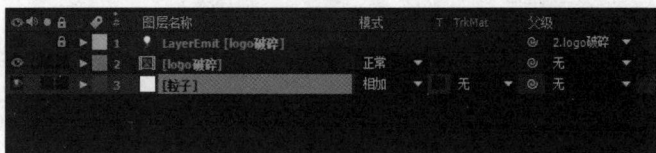

图12-24

24 双击【项目】面板，导入"BG.jpg"文件，并将"BG.jpg"文件拖曳至"镜头1"合成最底端位置，如图12-25所示。

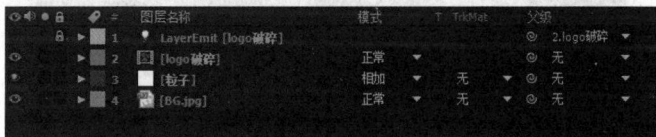

图12-25

25 在【时间轴】面板中空白区域单击鼠标右键，执行【新建】|【纯色】命令，在【纯色设置】面板中将颜色修改为深蓝色，单击【确定】按钮完成创建，如图12-26所示。

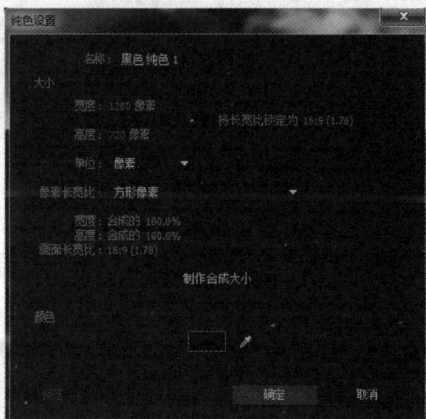

图12-26

26 选择"深色 蓝色 纯色1"图层，使用【钢笔工具】绘制前端遮罩，将【蒙版羽化】参数调整为527.0,527.0像素，"深色 蓝色 纯色1"图层的【不透明度】属性参数调整为65%，如图12-27所示。

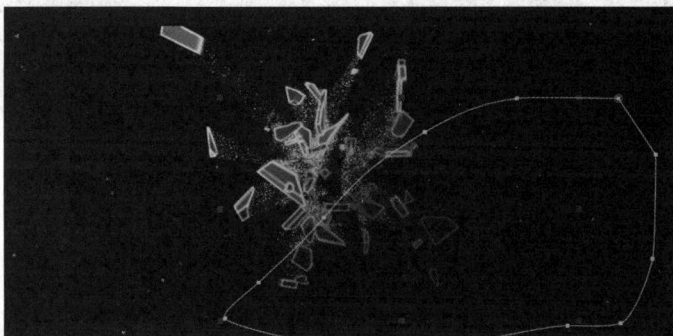

图12-27

27 在【时间轴】面板的空白区域单击鼠标右键,执行【新建】|【纯色】命令,在【纯色设置】面板中将颜色修改为橙色,单击【确定】按钮完成创建,如图12-28所示。

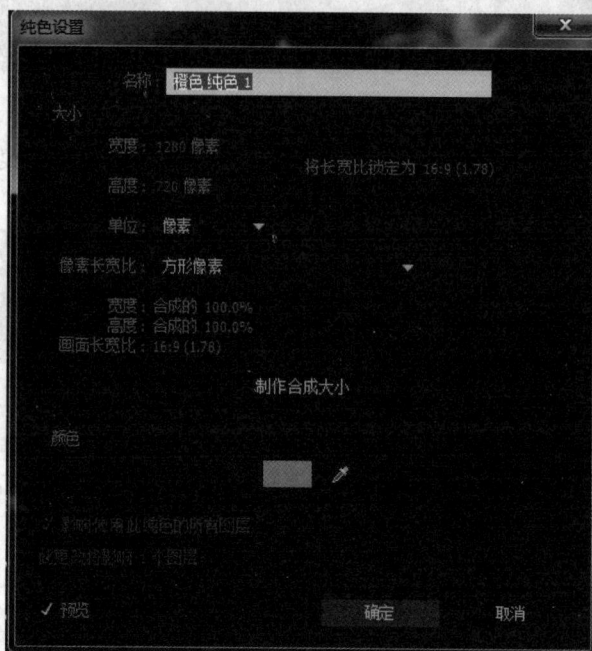

图12-28

28 选择"橙色 纯色1"图层,使用【钢笔工具】绘制左侧遮罩,将【蒙版羽化】参数调整为520.0,520.0像素,"橙色 纯色1"图层的【不透明度】属性参数调整为44%,将图层混合模式调整为【相加】,如图12-29所示。

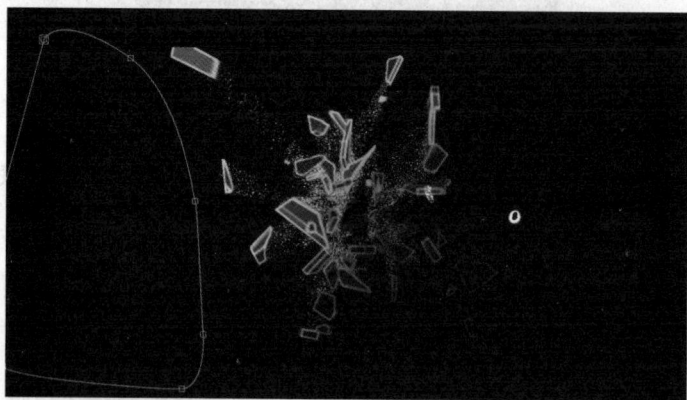

图12-29

12.1.2 制作镜头2动画

01 执行【合成】|【新建合成】命令,新建合成。将【合成名称】修改为"镜头2",使用预设模式【HDV/HDTV 720 25】,将合成的【持续时间】调整为10秒,如图12-30所示。

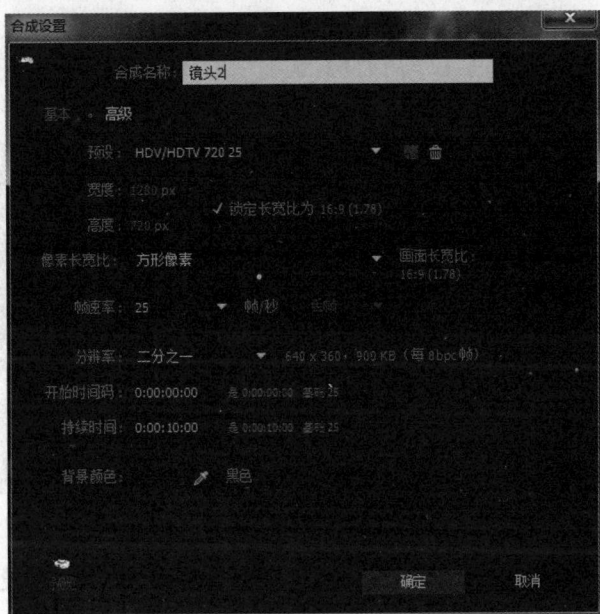

图12-30

02 在【项目】面板中找到"Logo破碎"合成,执行【编辑】|【重复】命令,复制出"Logo破碎2"合成,并将合成拖曳至"镜头2"合成中,如图12-31所示。

图12-31

03 双击"Logo破碎2"合成,进入"Logo破碎2"合成编辑面板,选择"摄像机1"图层,将摄像机1的【目标点】参数调整为640.0,360.0,-249.0,【位置】参数调整为414.0,396.0,-286.3,如图12-32所示。

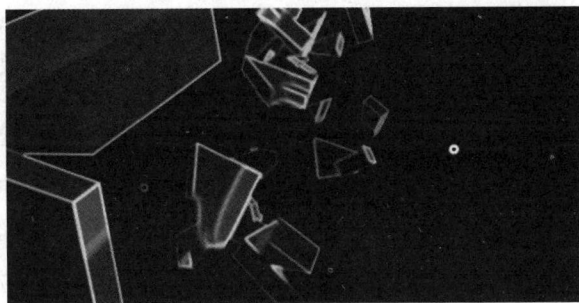

图12-32

04 在"Logo破碎2"合成编辑面板中，分别选择"Logo"图层、"边缘"图层、"边缘2"图层，进入【效果控件】面板中，将【作用力1】选项中的【强度】参数调整为0.80，降低Logo在"镜头2中"的破碎速度，如图12-33所示。

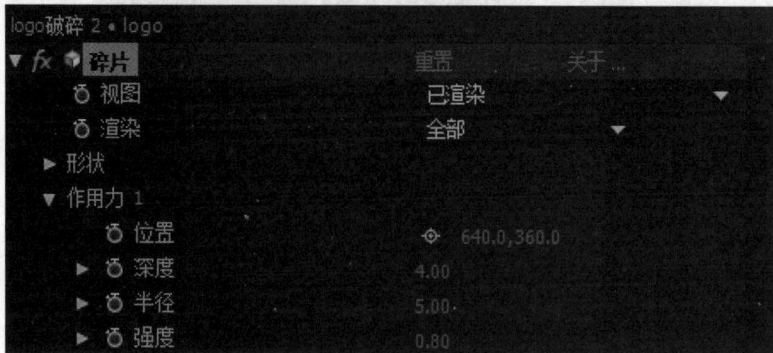

图12-33

05 将"镜头1"中的"粒子"图层和"BG.jpg"图层执行【编辑】|【复制】、【编辑】|【粘贴】命令，粘贴到"镜头2"中。将"粒子"图层和"BG.jpg"图层放置于"Logo破碎2"图层下方，如图12-34所示。

图12-34

06 "Logo破碎2"图层转换为三维图层，如图12-35所示。

图12-35

07 选择"粒子"图层，在【效果控件】面板中，将【Layer Emitter】选项中的【Layer】指定为"Logo破碎2"图层，如图12-36所示。

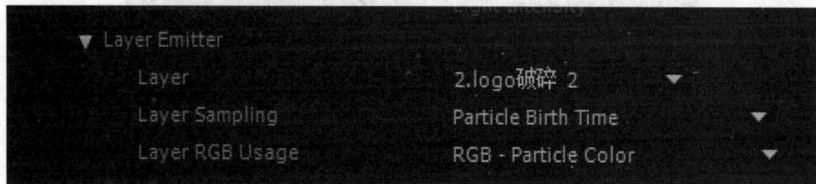

图12-36

08 选择"粒子"图层，将【不透明度】属性参数调整为60%，如图12-37所示。

图12-37

09 在【时间轴】面板的空白区域单击鼠标右键，执行【新建】|【纯色】命令，在【纯色设置】面板中将颜色修改为橙色，单击【确定】按钮完成创建，如图12-38所示。

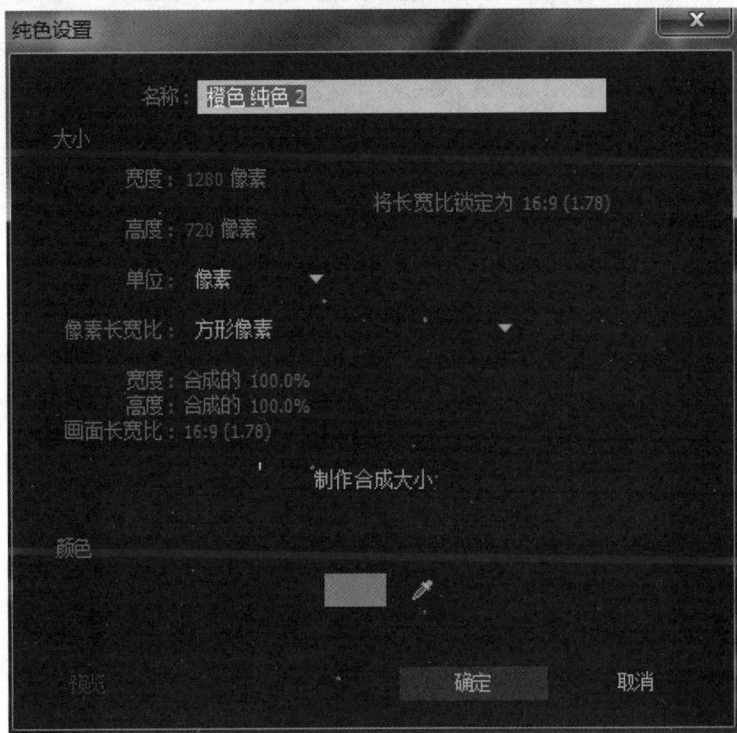

图12-38

10 选择"橙色 纯色2"图层，使用【钢笔工具】绘制右侧遮罩，将【蒙版羽化】参数调整为520.0,520.0像素。将"橙色 纯色1"图层的【不透明度】属性参数调整为44%，将图层混合模式调整为【相加】，如图12-39所示。

图12-39

11 在【时间轴】面板的空白区域单击鼠标右键，执行【新建】|【纯色】命令，在【纯色设置】面板中将颜色修改为深蓝色，单击【确定】按钮完成创建，如图12-40所示。

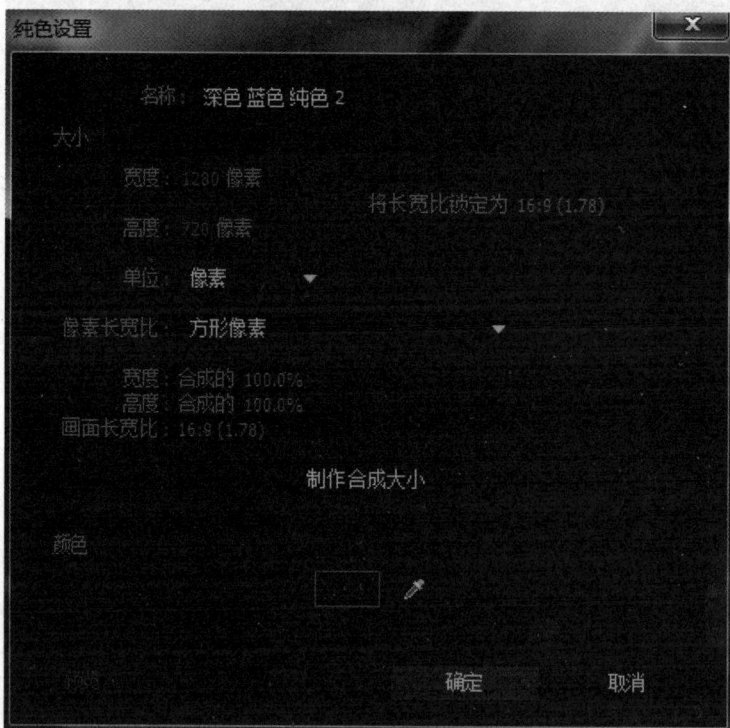

图12-40

12 选择"深色 蓝色 纯色2"图层，使用【钢笔工具】绘制左侧遮罩，将【蒙版羽化】参数调整为527.0,527.0像素。"深色 蓝色 纯色1"图层的【不透明度】属性参数调整为65%，如图12-41所示。

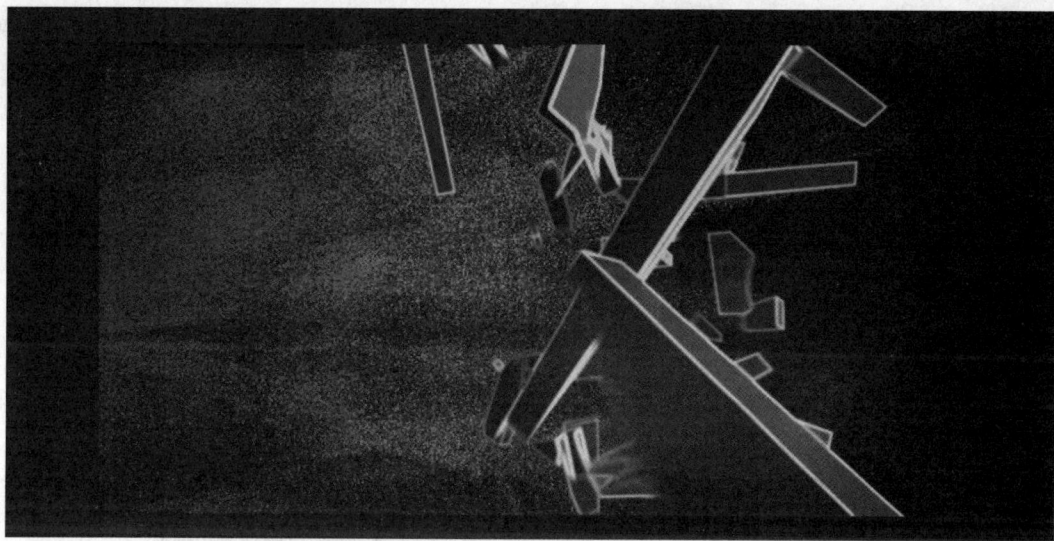

图12-41

12.1.3 制作镜头3动画

01 执行【合成】|【新建合成】命令，新建合成，将【合成名称】修改为"镜头3"，使用预设模式【HDV/HDTV 720 25】，将合成的【持续时间】调整为10秒，如图12-42所示。

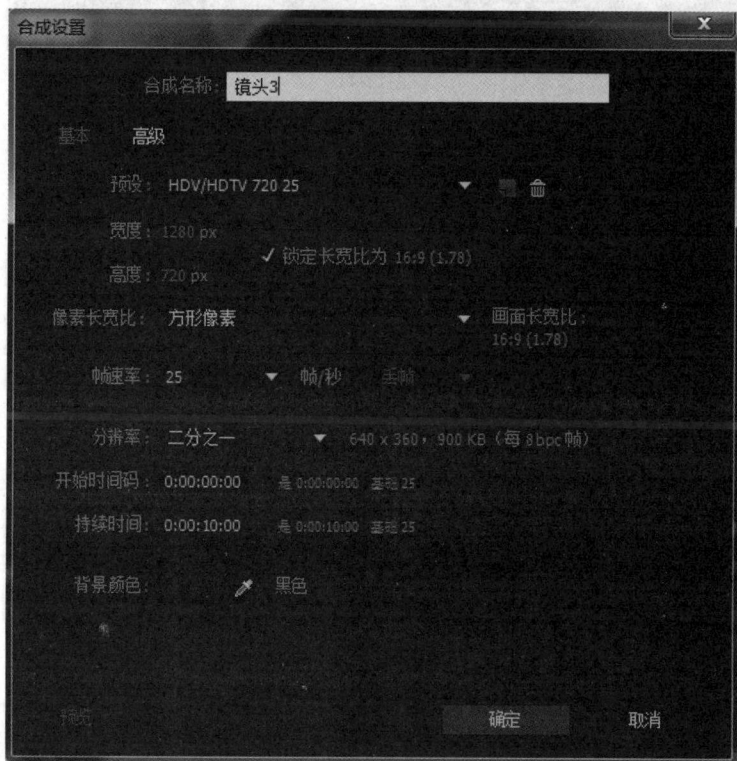

图12-42

02 在【项目】面板中找到"Logo破碎2"合成，执行【编辑】|【重复】命令，复制出"Logo破碎3"合成，并将合成拖曳至"镜头3"合成中，如图12-43所示。

图12-43

03 双击"Logo破碎3"合成，进入"Logo破碎3"合成编辑面板，分别选择"Logo"图层、"边缘"图层、"边缘2"图层，进入【效果控件】面板中，将【碎片】效果的【摄像机系统】选项调整为【摄像机位置】，并删除"Logo破碎3"合成中的摄像机图层，如图12-44所示。

图12-44

04 将"镜头2"中的"粒子"图层和"BG.jpg"图层执行【编辑】|【复制】、【编辑】|【粘贴】命令，粘贴到"镜头3"中。将"粒子"图层和"BG.jpg"图层放置于"Logo破碎3"图层下方，如图12-45所示。

图12-45

05 将"Logo破碎3"图层转换为三维图层，如图12-46所示。

图12-46

06 选择"粒子"图层，在【效果控件】面板中，将【Layer Emitter】选项中的【Layer】指定为"Logo破碎3"图层，如图12-47所示。

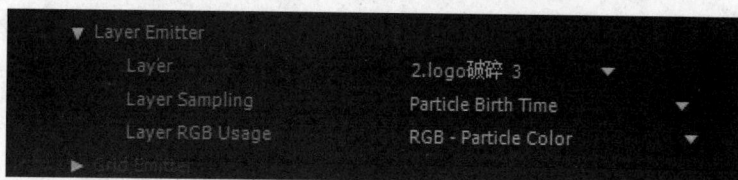

图12-47

07 在【时间轴】面板的空白区域单击鼠标右键，执行【新建】|【纯色】命令，在【纯色设置】面板中将颜色修改为深蓝色，单击【确定】按钮完成创建，如图12-48所示。

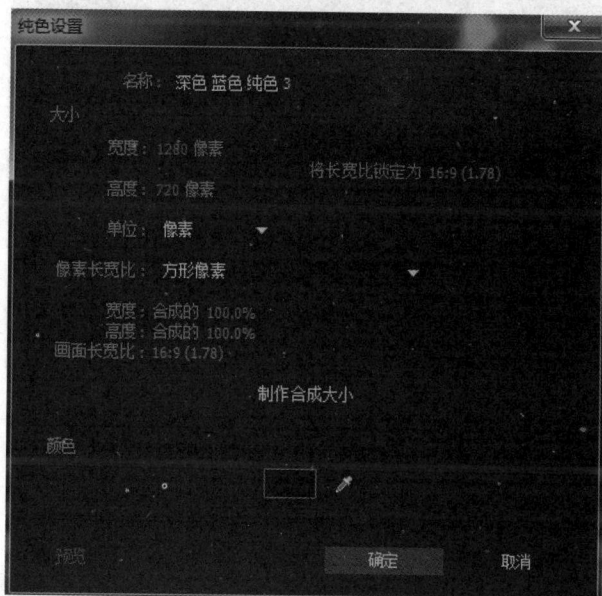

图12-48

08 选择"深色 蓝色 纯色3"图层，双击【椭圆工具】创建最大遮罩，勾选【反转】复选框，将【蒙版羽化】参数调整为527.0,527.0像素，将"深色 蓝色 纯色1"图层的【不透明度】属性参数调整为65%，如图12-49所示。

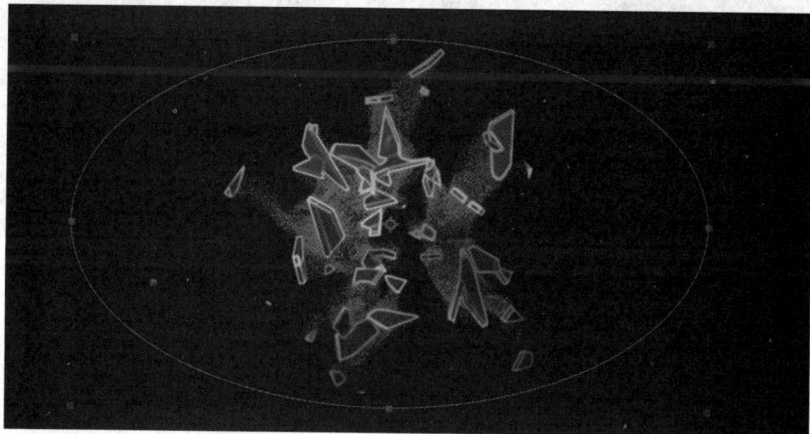

图12-49

09 在【时间轴】面板的空白区域单击鼠标右键，执行【新建】|【纯色】命令，在【纯色设置】面板中将颜色修改为橙色，单击【确定】按钮完成创建，如图12-50所示。

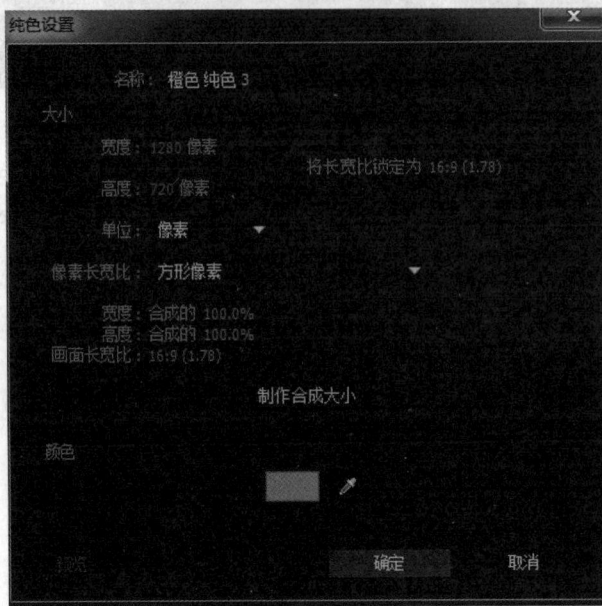

图12-50

10 选择"橙色 纯色2"图层，使用【椭圆工具】创建遮罩，将【蒙版羽化】参数调整为527.0,527.0像素，将"深色 蓝色 纯色1"图层的【不透明度】属性参数调整为45%，如图12-51所示。

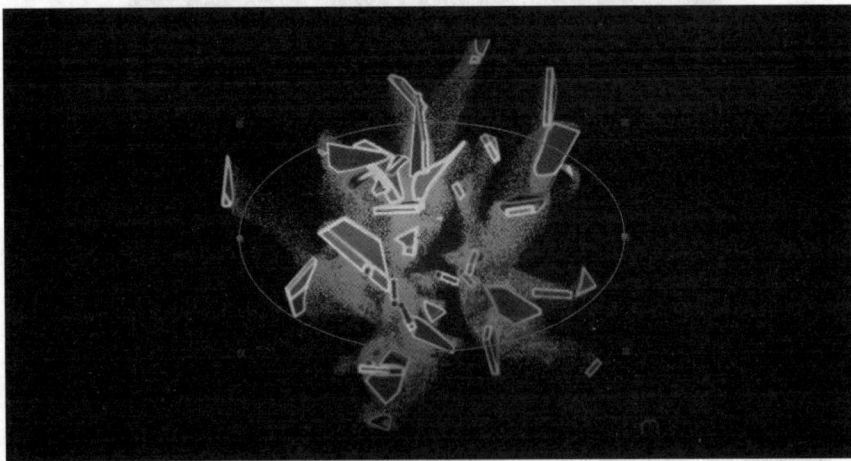

图12-51

12.1.4 合成镜头

01 执行【合成】|【新建合成】命令，新建合成，将【合成名称】修改为"总合成"，使用预设模式【HDV/HDTV 720 25】，将合成的【持续时间】调整为10秒，如图12-52所示。

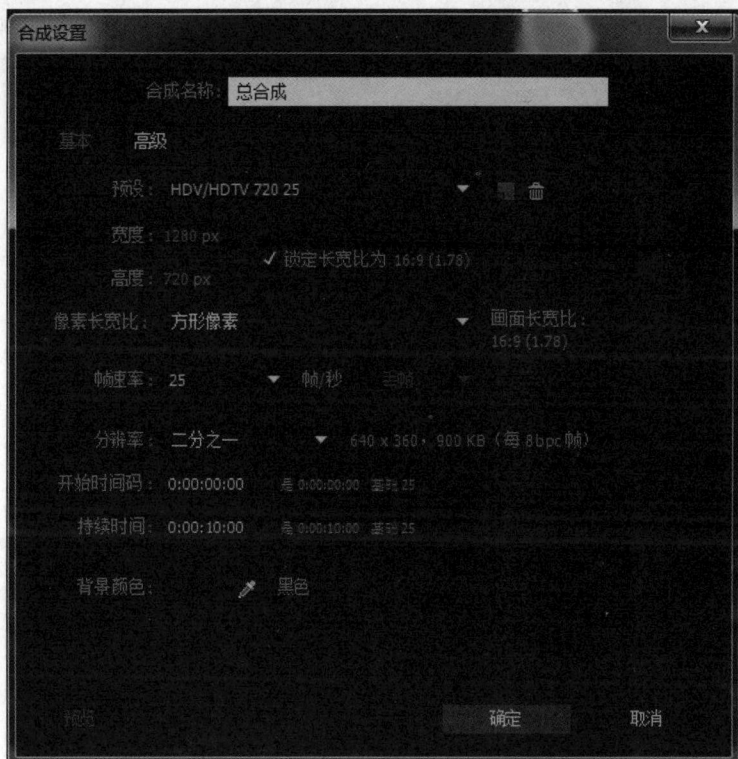

图12-52

02 选择"镜头1"合成，将【时间指示器】移动至0:00:00:14位置，使用快捷键B定义合成预览的入点位置；将【时间指示器】移动至0:00:03:17位置，使用快捷键N定义合成预览的出点位置，如图12-53所示。

图12-53

03 选择"镜头1"合成，执行【合成】|【添加到渲染队列】命令，如图12-54所示。

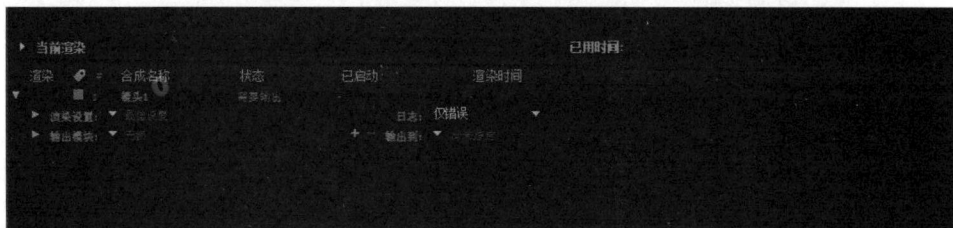

图12-54

04 在【输出模块设置】面板中，将【格式】选项设置为【"Targa"序列】，如图12-55所示。

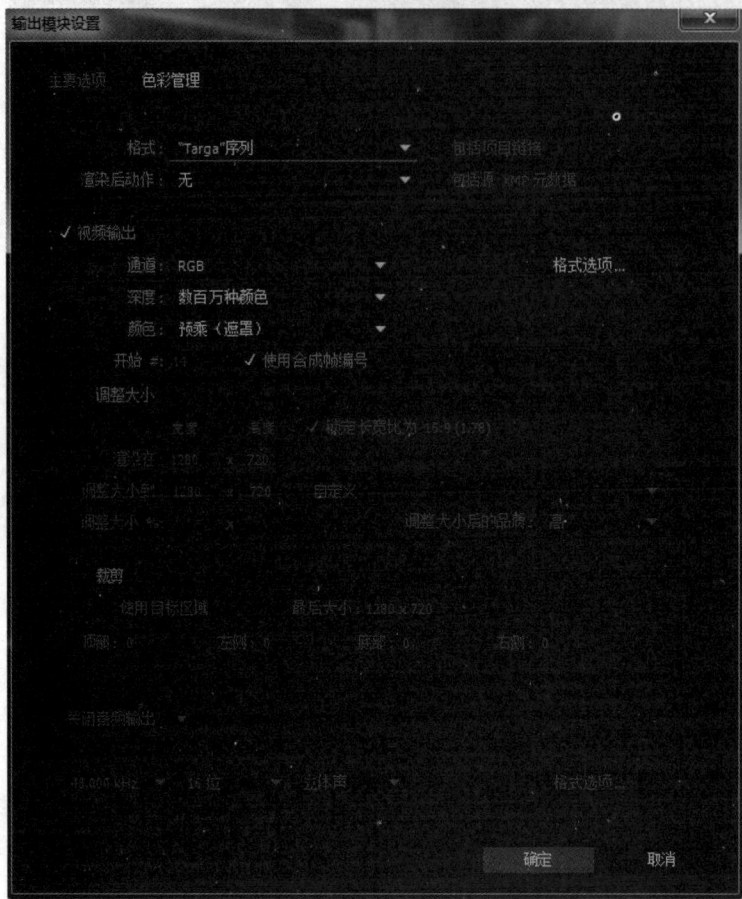

图12-55

05 在【输出到】设置中，指定到相应的文件输出位置，如图12-56所示。

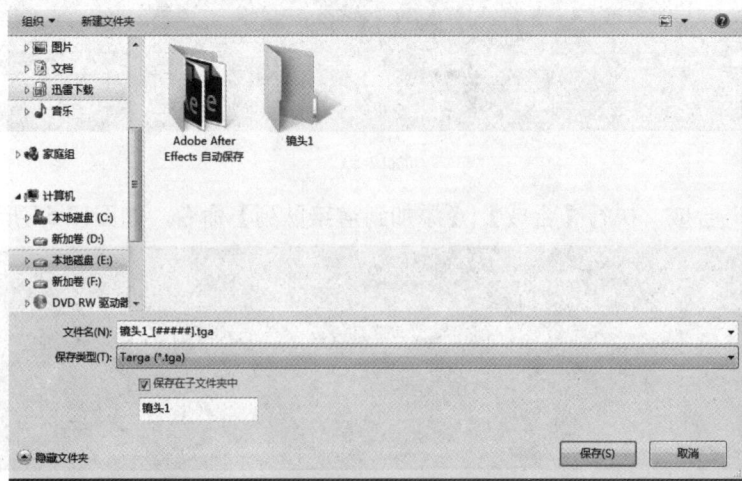

图12-56

06 在【渲染队列】面板中单击【渲染】按钮，如图12-57所示。

图12-57

07 选择"镜头2"合成，将【时间指示器】移动至0:00:01:00位置，使用快捷键B定义合成预览的入点位置；将【时间指示器】移动至0:00:05:00位置，使用快捷键N定义合成预览的出点位置，如图12-58所示。

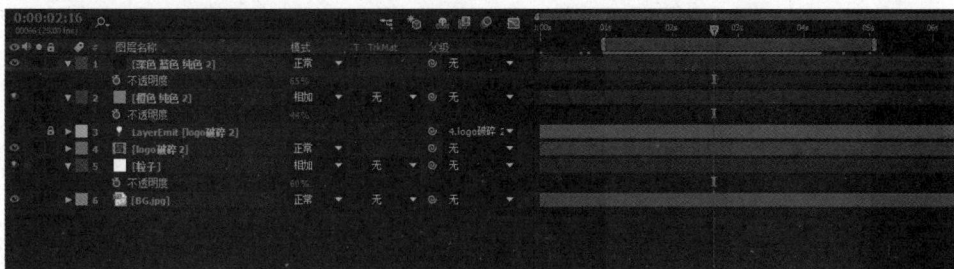

图12-58

08 使用相同的方法得到"镜头2"渲染输出文件，如图12-59所示。

图12-59

09 选择"镜头3"合成，将【时间指示器】移动至0:00:02:06位置，使用快捷键N定义合成预览的出点位置，如图12-60所示。

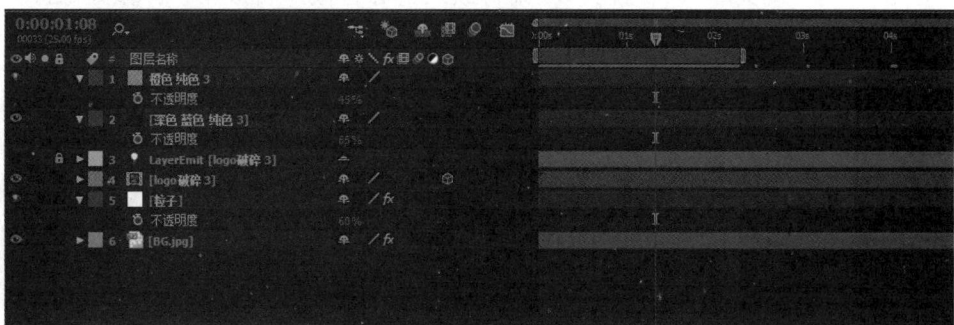

图12-60

10 使用相同的方法得到"镜头3"渲染输出文件，如图12-61所示。

图12-61

11 双击【项目】面板，分别导入"镜头1/2/3"渲染输出的文件，勾选【Targa序列】复选框，如图12-62所示。

图12-62

12 将"镜头1"、"镜头2"、"镜头3"素材放入"总合成"合成中，并按照顺序排列，如图12-63所示。

图12-63

13 选择"镜头1"图层,单击鼠标右键,执行【时间】|【时间反向图层】命令,如图12-64所示。

图12-64

14 选择"镜头2"、"镜头3"图层,单击鼠标右键,执行【时间】|【时间反向图层】命令,如图12-65所示。

图12-65

15 将【时间指示器】移动至0:00:09:09位置,将"Logo"合成拖曳至"总合成"合成中,并将素材入点位置对齐【时间指示器】,如图12-66所示。

图12-66

16 将"镜头3"合成中的"橙色 纯色2"图层和"深色 蓝色 纯色3"图层执行【编辑】|【复制】、【编辑】|【粘贴】命令,粘贴到"总合成"中。将"橙色 纯色2"图层和"深色 蓝色 纯色3"图层放置于"Logo"图层上方,并对齐入点位置,如图12-67所示。

图12-67

17 双击【项目】面板，导入"辉光"文件夹中的素材文件，勾选【Targa序列】复选框，如图12-68所示。

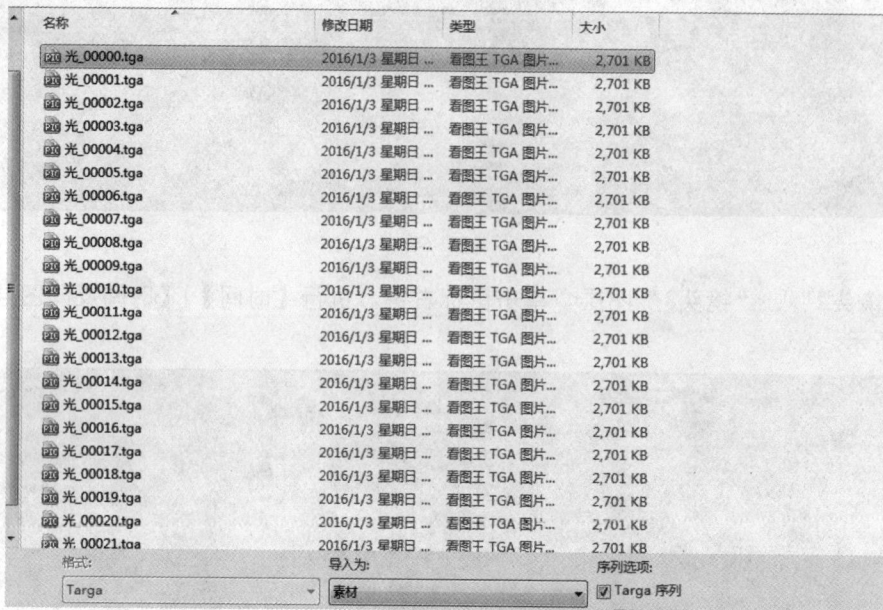

名称	修改日期	类型	大小
光_00000.tga	2016/1/3 星期日 …	看图王 TGA 图片…	2,701 KB
光_00001.tga	2016/1/3 星期日 …	看图王 TGA 图片…	2,701 KB
光_00002.tga	2016/1/3 星期日 …	看图王 TGA 图片…	2,701 KB
光_00003.tga	2016/1/3 星期日 …	看图王 TGA 图片…	2,701 KB
光_00004.tga	2016/1/3 星期日 …	看图王 TGA 图片…	2,701 KB
光_00005.tga	2016/1/3 星期日 …	看图王 TGA 图片…	2,701 KB
光_00006.tga	2016/1/3 星期日 …	看图王 TGA 图片…	2,701 KB
光_00007.tga	2016/1/3 星期日 …	看图王 TGA 图片…	2,701 KB
光_00008.tga	2016/1/3 星期日 …	看图王 TGA 图片…	2,701 KB
光_00009.tga	2016/1/3 星期日 …	看图王 TGA 图片…	2,701 KB
光_00010.tga	2016/1/3 星期日 …	看图王 TGA 图片…	2,701 KB
光_00011.tga	2016/1/3 星期日 …	看图王 TGA 图片…	2,701 KB
光_00012.tga	2016/1/3 星期日 …	看图王 TGA 图片…	2,701 KB
光_00013.tga	2016/1/3 星期日 …	看图王 TGA 图片…	2,701 KB
光_00014.tga	2016/1/3 星期日 …	看图王 TGA 图片…	2,701 KB
光_00015.tga	2016/1/3 星期日 …	看图王 TGA 图片…	2,701 KB
光_00016.tga	2016/1/3 星期日 …	看图王 TGA 图片…	2,701 KB
光_00017.tga	2016/1/3 星期日 …	看图王 TGA 图片…	2,701 KB
光_00018.tga	2016/1/3 星期日 …	看图王 TGA 图片…	2,701 KB
光_00019.tga	2016/1/3 星期日 …	看图王 TGA 图片…	2,701 KB
光_00020.tga	2016/1/3 星期日 …	看图王 TGA 图片…	2,701 KB
光_00021.tga	2016/1/3 星期日 …	看图王 TGA 图片…	2,701 KB

格式：Targa   导入为：素材   序列选项：☑ Targa 序列

图12-68

18 将导入的序列文件拖动到"总合成"中，叠加模式调整为【相加】，并将素材的入点位置调整到0:00:08:04，如图12-69所示。

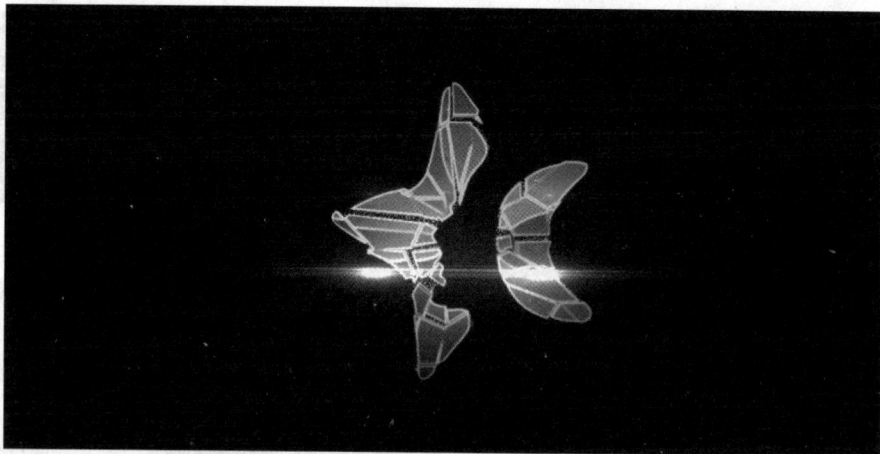

图12-69

19 选择"光"图层，执行【效果】|【颜色校正】|【色相/饱和度】命令，在【效果控件】面板中，将【主色相】参数修改为0×+173.0°，如图12-70所示。

20 在【时间轴】面板的空白区域单击鼠标右键，执行【新建】|【调整图层命令】，新建调整图层，如图12-71所示。

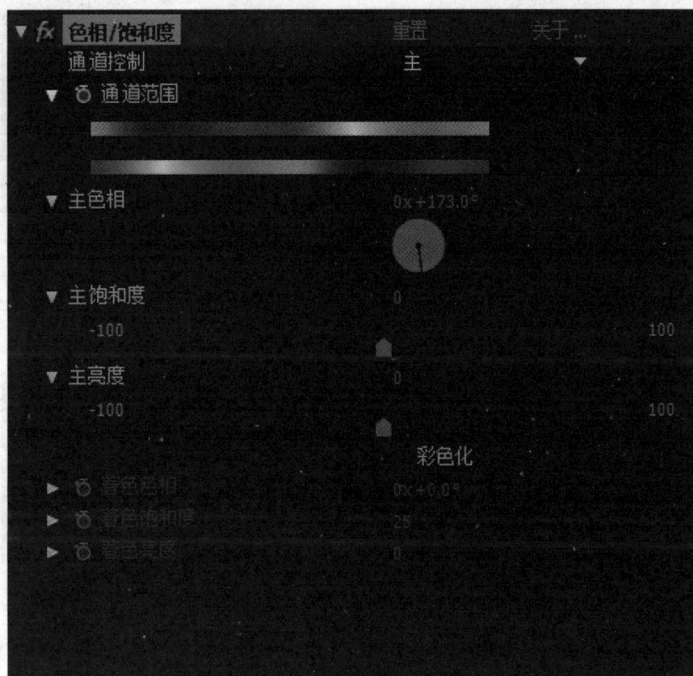

图12-70

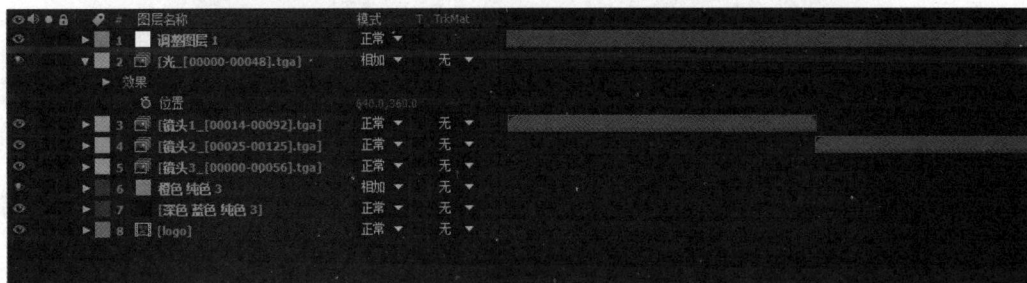

图12-71

21 选择"调整图层1"图层，执行【效果】|【颜色校正】|【亮度和对比度】命令，将【时间指示器】移动至0:00:08:24位置，在【效果控件】面板中，激活【亮度】选项中的【时间变化秒表】按钮，如图12-72所示。

图12-72

22 将【时间指示器】移动至0:00:09:05位置，在【效果控件】面板中，将【亮度】参数调整为150，如图12-73所示。

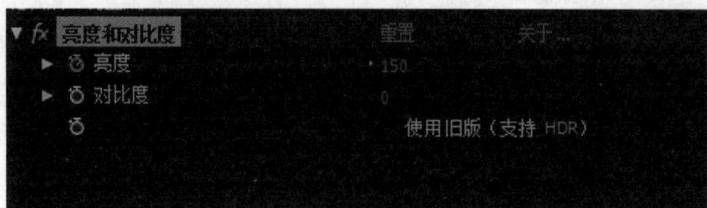

图12-73

23 将【时间指示器】移动至0:00:09:11位置，在【效果控件】面板中，将【亮度】参数调整为0，如图12-74所示。

图12-74

24 双击【项目】面板，导入"整体光晕"文件夹中的素材文件，勾选【Targa序列】复选框，如图12-75所示。

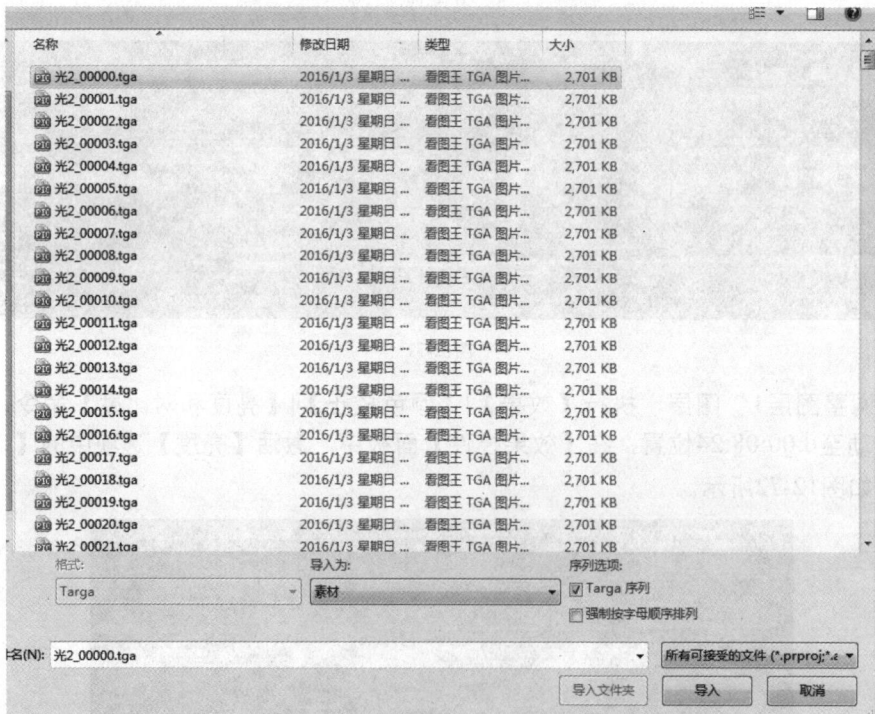

图12-75

25 将导入的序列文件拖动到"总合成"中，放置到图层的最上端位置，叠加模式调整为【相加】，【不透明度】属性参数调整为60%，如图12-76所示。

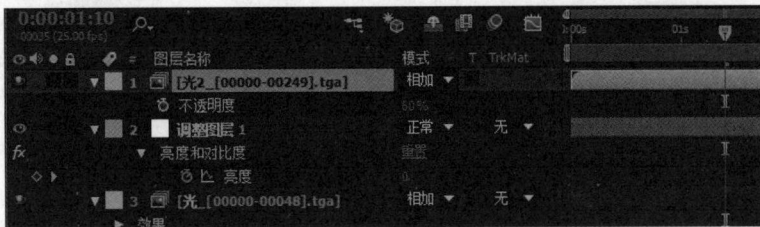

图12-76

26 双击【项目】面板，导入"背景音乐.mp3"文件，并将素材放置在"总合成"中，如图12-77所示。

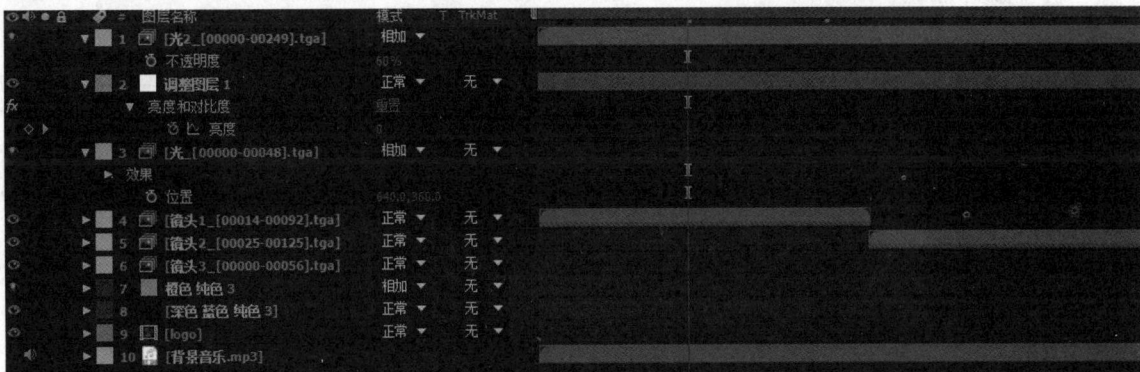

图12-77

27 选择"总合成"合成，执行【合成】|【添加到渲染队列】命令，在【输出模块设置】面板中，将【格式】选项调整为【AVI】，单击【格式选项】，在【AVI选项】面板中，选择合适的【视频编码解码器】，如图12-78所示。

图12-78

28 在【输出到】选项中，设置文件的输出路径位置，并单击【渲染】按钮，如图12-79所示。

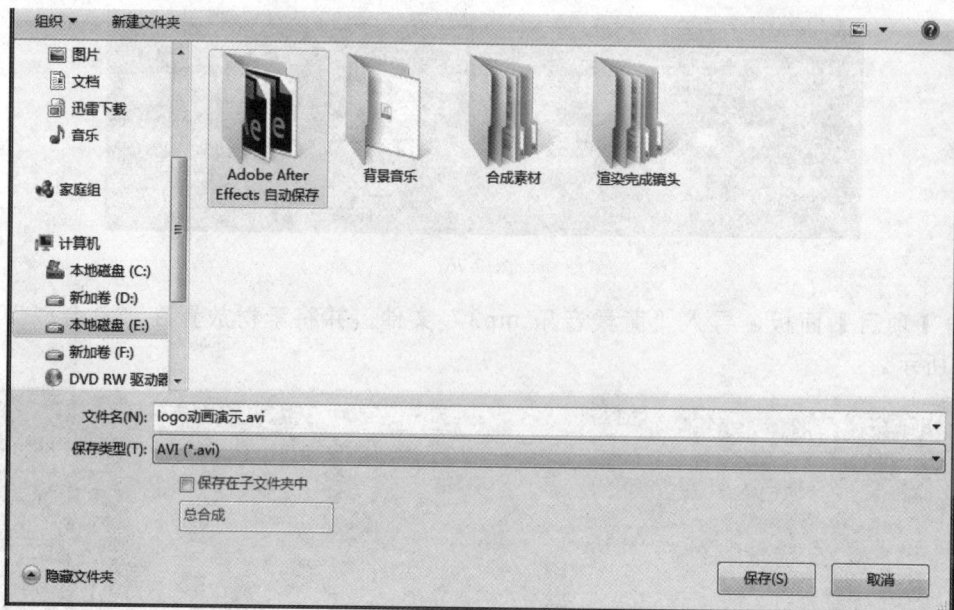

图12-79

至此，本案例制作完成。

12.2　制作新闻类片头

在进行视频包装制作时，经常会涉及新闻类片头的制作，在本案例中，将利用After Effects的内置效果配合已经制作完成的素材，详细介绍新闻类片头的制作方法，如图12-80所示。

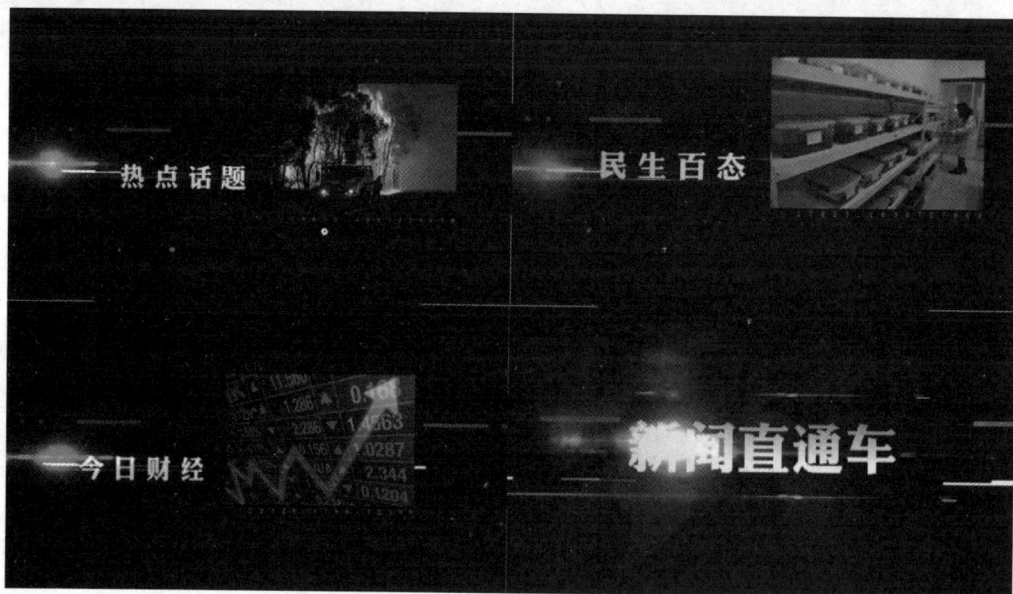

图12-80

12.2.1 制作镜头1动画

01 执行【合成】|【新建合成】命令，新建合成，将【宽度】设置为2350px，【高度】设置为720px，将合成的【持续时间】调整为10秒，如图12-81所示。

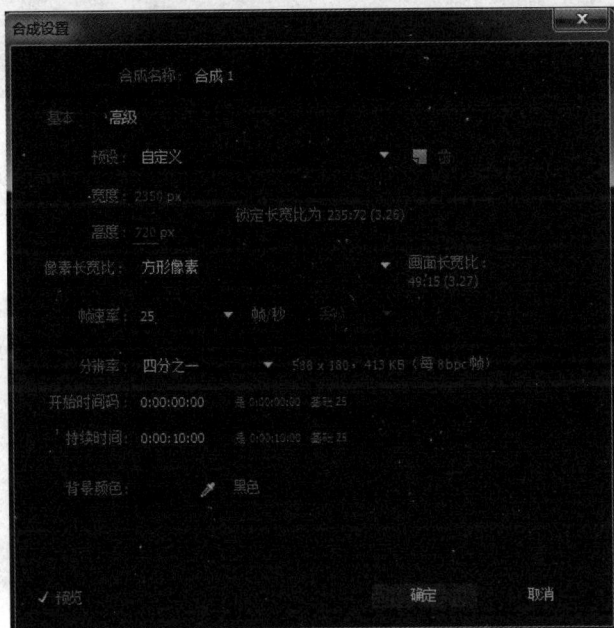

图12-81

02 双击【项目】面板，导入"地图.png"文件，并将"地图.png"文件拖曳至"合成1"中，如图12-82所示。

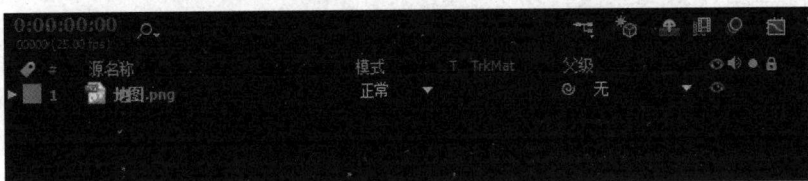

图12-82

03 选择"地图.png"图层，展开图层的变换属性，将【缩放】属性参数调整为129.0,129.0%，【位置】属性参数调整为1165.0,506.0，【不透明度】属性参数调整为12%，如图12-83所示。

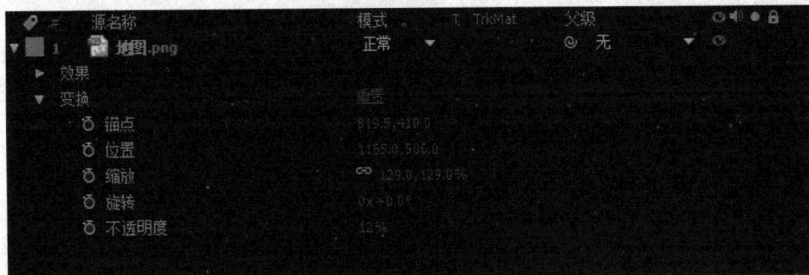

图12-83

04 选择"地图.png"图层，单击鼠标右键，执行【效果】|【生成】|【填充】命令。在【效果控件】面板中，将【填充】效果的【颜色】属性调整为淡蓝色，如图12-84所示。

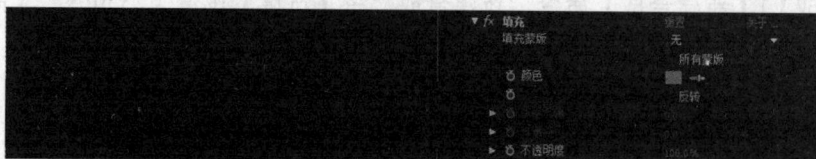

图12-84

05 双击【项目】面板，导入"元素1.png"、"元素2.png"、"元素3.png"、"光1.png"、"光2.png"、"光3.png"、"素材1"文件，并将素材文件拖曳至"合成1"中，如图12-85所示。

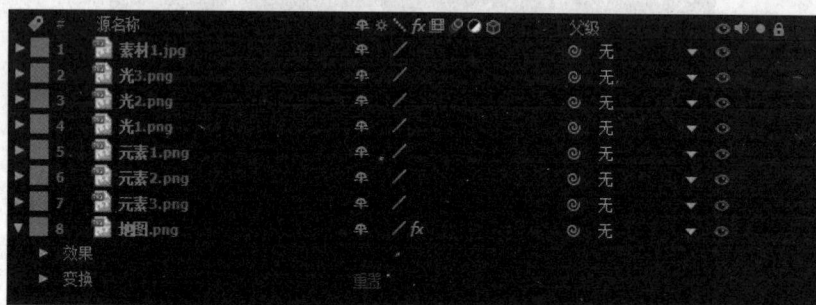

图12-85

06 在【时间轴】面板中，将所有图层转换为三维图层，如图12-86所示。

图12-86

07 在【时间轴】面板中，选择"地图.png"图层，展开图层的变换属性，将【位置】属性参数调整为1173.3,437.8,890.0,如图12-87所示。

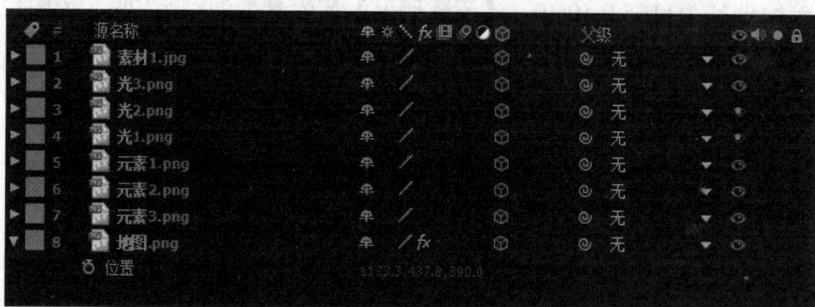

图12-87

08 在【时间轴】面板中，选择"元素3.png"图层，展开图层的变换属性，将【位置】属性参数调整为1175.0,360.0,1611.0，如图12-88所示。

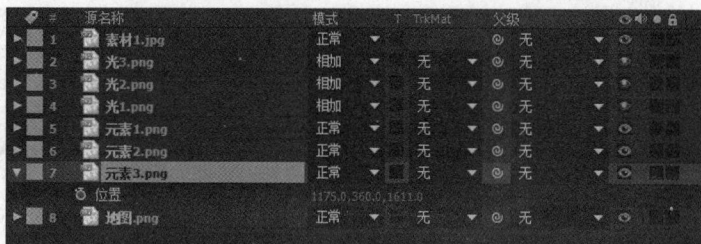

图12-88

09 在【时间轴】面板中，选择"元素2.png"图层，展开图层的变换属性，将【位置】属性参数调整为1175.0,278.0,552.0，如图12-89所示。

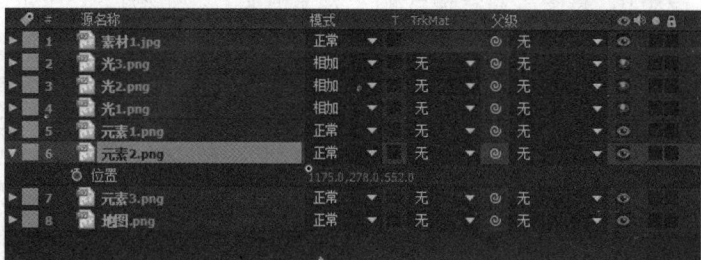

图12-89

10 在【时间轴】面板中，选择"元素1.png"图层，展开图层的变换属性，将【位置】属性参数调整为1175.0,454.0,1998.0，如图12-90所示。

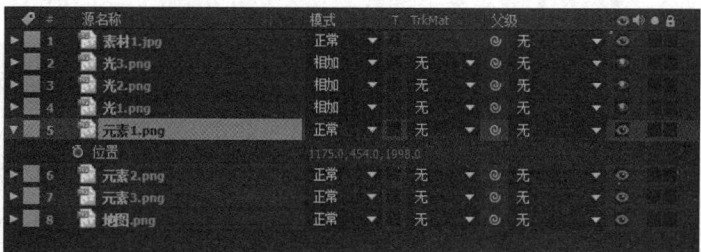

图12-90

11 在【时间轴】面板中，选择"光1.png"图层，展开图层的变换属性，将【位置】属性参数调整为1175.0,620.0,4881.0，将图层混合模式调整为【相加】，如图12-91所示。

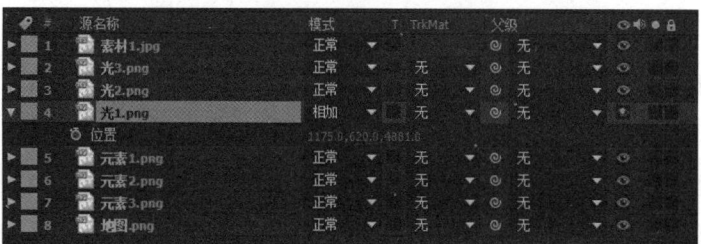

图12-91

12 在【时间轴】面板中，选择"光2.png"图层，展开图层的变换属性，将【位置】属性参数调整为1175.0,-70.0,6328.0，将图层混合模式调整为【相加】，如图12-92所示。

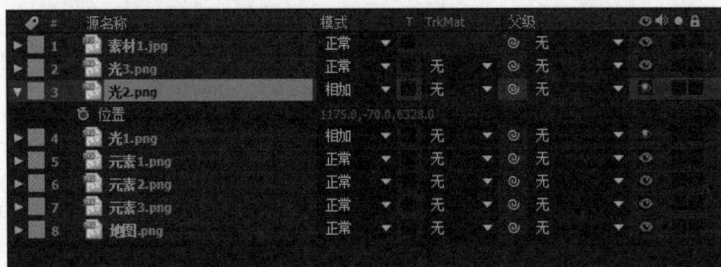

图12-92

13 在【时间轴】面板中，选择"光3.png"图层，展开图层的变换属性，将【位置】属性参数调整为1281.0,332.0,7976.0，将图层混合模式调整为【相加】，如图12-93所示。

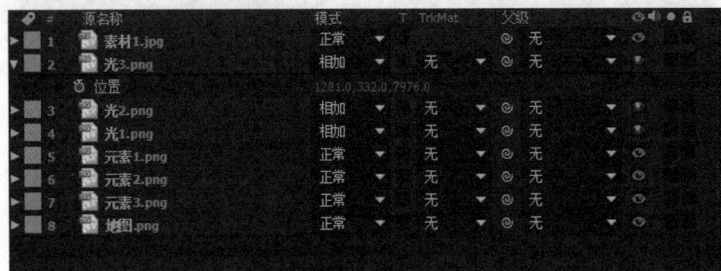

图12-93

14 在【时间轴】面板中，选择"素材1.jpg"图层，展开图层的变换属性，将【位置】属性参数调整为1345.8,325.9,0.0，【缩放】属性参数调整为40.0,40.0,40.0%，如图12-94所示。

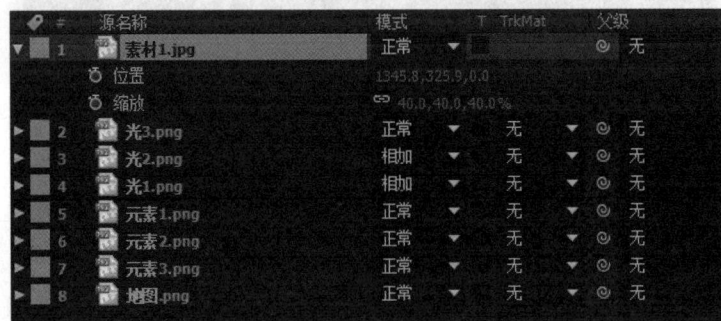

图12-94

15 在【时间轴】面板的空白区域单击鼠标右键，执行【新建】|【纯色】命令，在弹出的【纯色设置】面板中，将【颜色】设置为黑色，单击【确定】按钮完成创建，如图12-95所示。

16 选择"黑色 纯色1"图层，执行【效果】|【文本】|【编号】命令，添加【编号】效果，如图12-96所示。

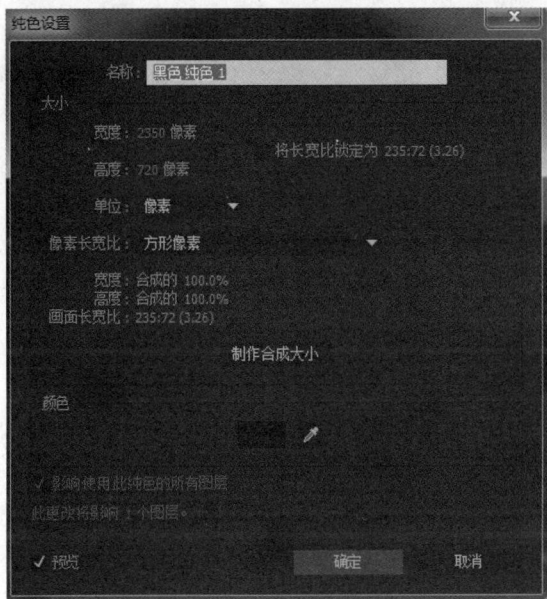

图12-95

图12-96

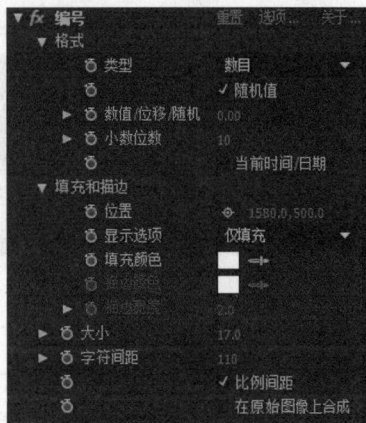

图12-97

图12-98

17 选择"黑色 纯色1"图层，将图层转换为三维图层。在【效果控件】面板中，调整【编号】效果属性参数。勾选【随机值】复选框，将【小数位数】参数调整为10，【填充颜色】调整为白色，【位置】参数调整为1580.0,500.0，【大小】调整为17.0，【字符间距】调整为110，如图12-97所示。

18 在【时间轴】面板的空白区域单击鼠标右键，执行【新建】|【文本】命令，输入文字"热点话题"。在【字符】面板中，将【字体大小】设置为111，【位置】属性参数调整为729.0,461.0,0.0，并将文本图层转换为三维图层，效果如图12-98所示。

19 执行【合成】|【新建合成】命令，新建合成，在【预设】选项中选择【HDV/HDTV 720 25】，将合成的【持续时间】调整为10秒，【合成名称】修改为"镜头1"，如图12-99所示。

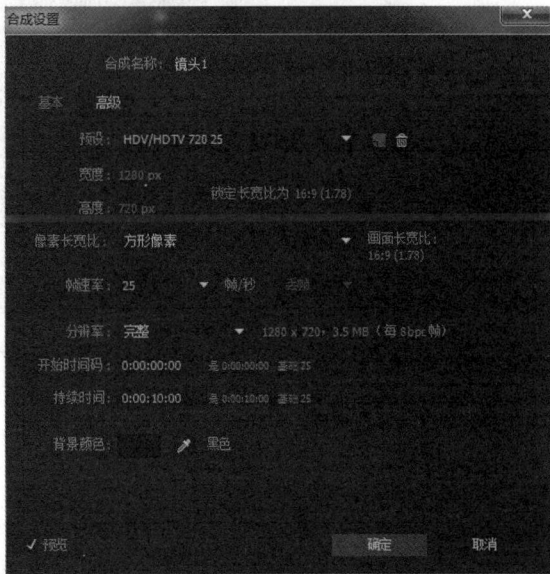

图12-99

393

20 将"合成1"合成拖曳至"镜头1"合成中,作为"镜头1"的素材,如图12-100所示。

图12-100

21 将"合成1"图层转换为三维图层,并开启塌陷开关▦,如图12-101所示。

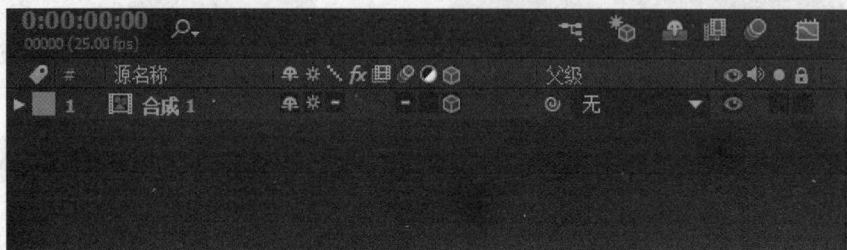

图12-101

22 执行【新建】|【摄像机】命令,在【摄像机设置】对话框中,将【预设】选择为【35毫米】,单击【确定】按钮完成创建,如图12-102所示。

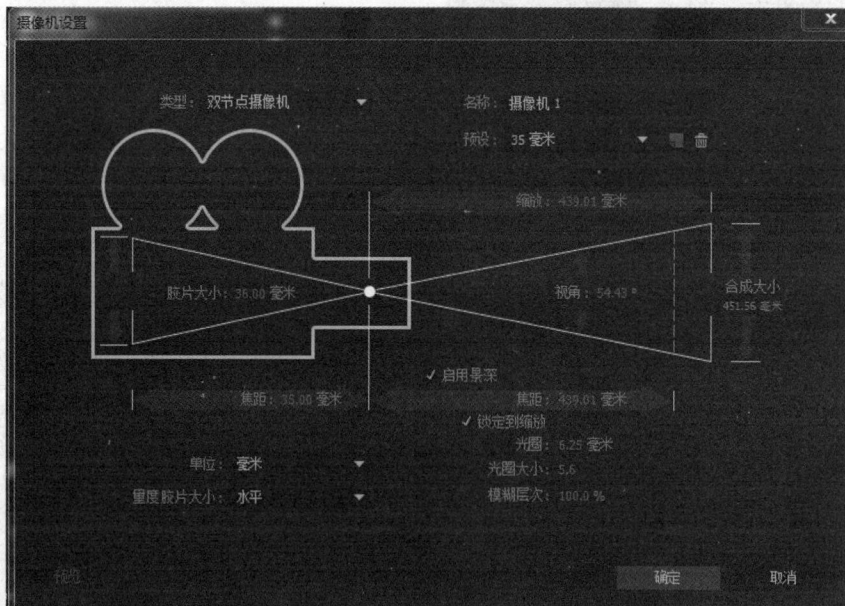

图12-102

23 选择"摄像机1"图层,将【时间指示器】移动至0:00:00:00位置,激活【目标点】和【位置】属性的【时间变化秒表】按钮,并将【目标点】属性参数调整为-1428.0,354.0,0.0,将【位置】属性参数调整为-1428.0,354.0,-1244.4,如图12-103所示。

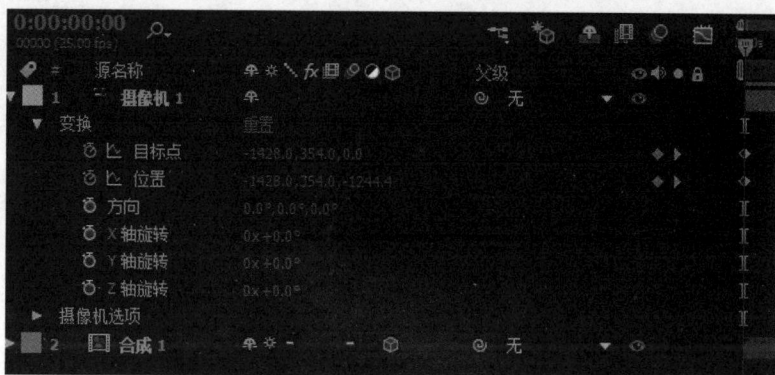

图12-103

24 选择"摄像机1"图层，将【时间指示器】移动至0:00:00:14位置，将【目标点】属性参数调整为552.0,350.0,0.0，将【位置】属性参数调整为552.0,350.0,-1244.4，如图12-104所示。

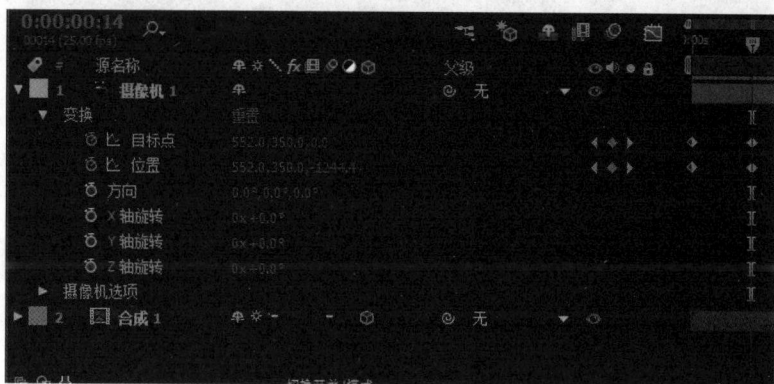

图12-104

25 选择"摄像机1"图层，将【时间指示器】移动至0:00:01:17位置，将【目标点】属性参数和【位置】属性参数在当前时间点添加关键帧，如图12-105所示。

图12-105

26 选择"摄像机1"图层，将【时间指示器】移动至0:00:01:21位置，将【目标点】属性参数调整为608.5,357.6,0.0，将【位置】属性参数调整为608.5,357.6,-949.6，如图12-106所示。

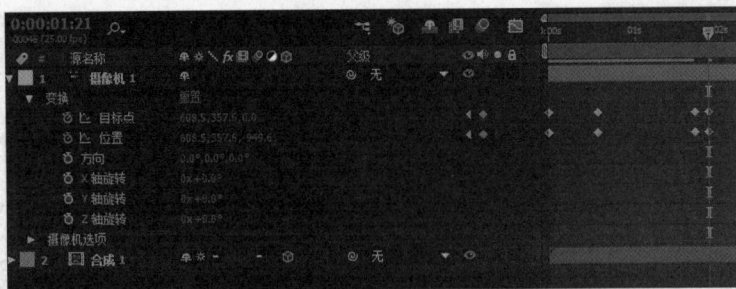

图12-106

27 在【时间轴】面板的空白区域单击鼠标右键，执行【新建】|【空对象】命令，创建空对象图层，如图12-107所示。

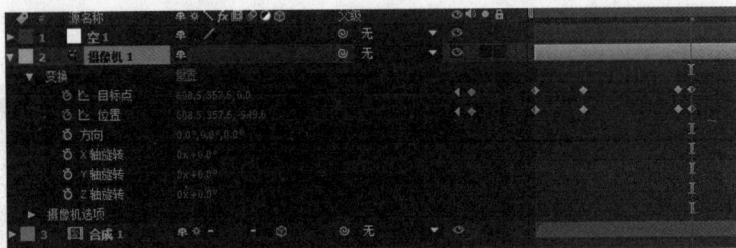

图12-107

28 选择"空1"图层，展开图层变换属性，在【位置】属性中添加表达式，输入"wiggle(4,7)"，如图12-108所示。

图12-108

29 选择"摄像机1"图层，指定图层父级图层为"空1"图层，如图12-109所示。

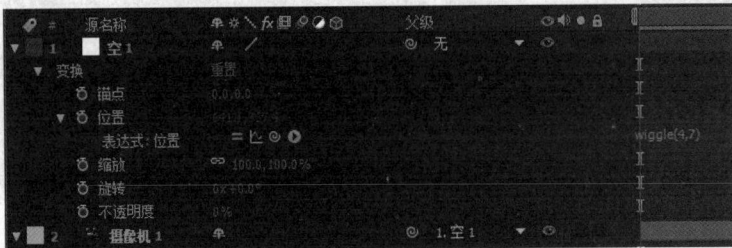

图12-109

30 在【时间轴】面板的空白区域单击鼠标右键，执行【新建】|【纯色】命令，在【纯色设置】面板中，将【颜色】调整为"深红色"，单击【确定】按钮完成创建，如图12-110所示。

31 选择"深红色 纯色1"图层，使用【钢笔工具】绘制不规则蒙版，将【蒙版羽化】属性参数调整为492.0,92.0，图层【不透明度】属性调整为32%，如图12-111所示。

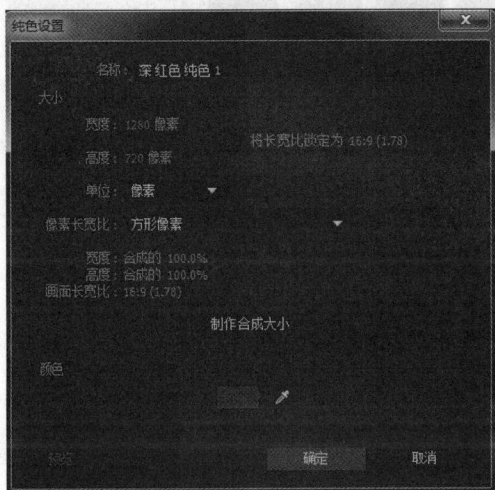

图12-110

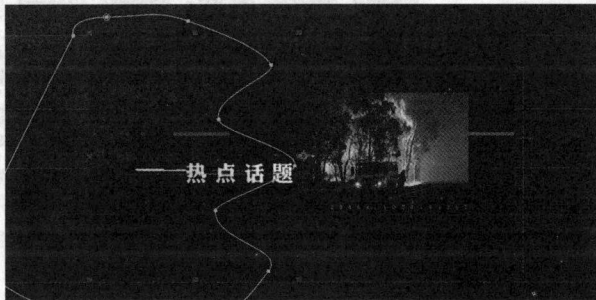

图12-111

32 在【时间轴】面板的空白区域单击鼠标右键，执行【新建】|【纯色】命令，在【纯色设置】面板中，将【颜色】调整为深蓝色，单击【确定】按钮完成创建，如图12-112所示。

33 选择"深蓝色 纯色1"图层，使用【钢笔工具】绘制不规则蒙版，将【蒙版羽化】属性参数调整为492.0,492.0，图层【不透明度】属性调整为32%，如图12-113所示。

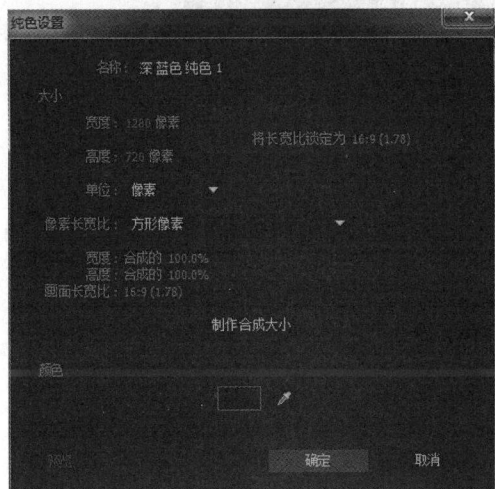

图12-112

图12-113

34 双击【项目】面板，导入序列图片"flare"，勾选【JPEG序列】复选框，如图12-114所示。

35 将"flare"序列拖曳至"镜头1"合成中，调整"flare"图层位置于【时间轴】面板最上方的位置，执行【图层】|【变换】|【适合复合】命令，将图层匹配到合成大小。将图层的叠加模式修改为【相加】，如图12-115所示。

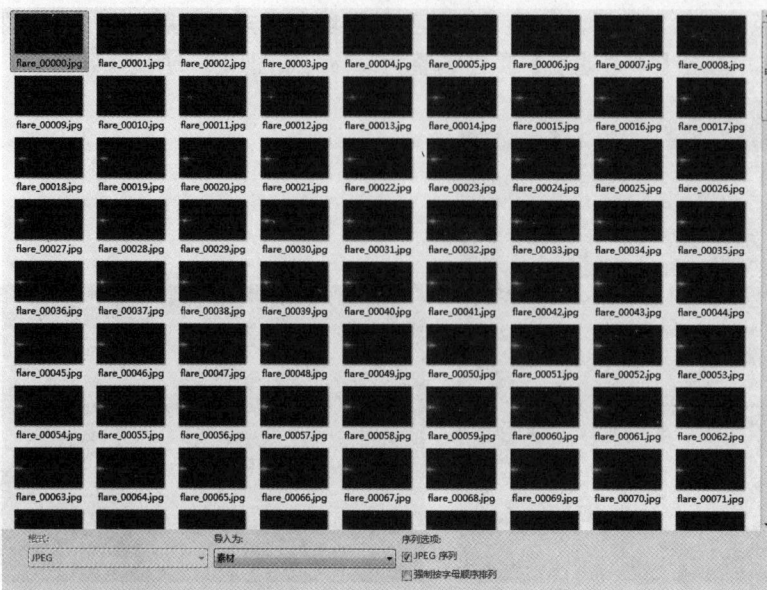

图12-114

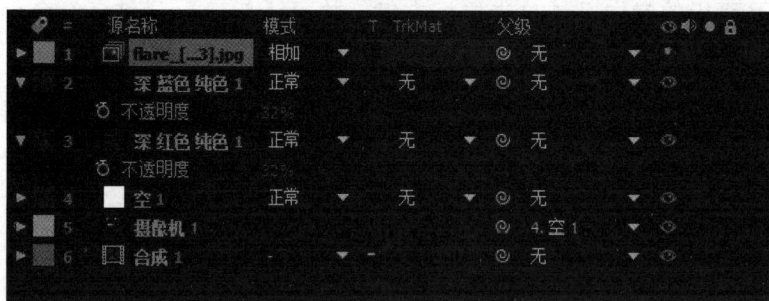

图12-115

36 选择"flare"图层，单击鼠标右键，执行【效果】|【颜色校正】|【曲线】命令，调整曲线形态，如图12-116所示。

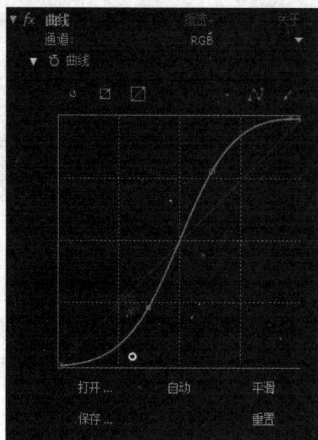

图12-116

12.2.2　制作镜头2动画

01 在【项目】面板中，选择"合成1"素材，执行【编辑】|【重复】命令，创建"合成2"素材，如图12-117所示。

图12-117

02 在【项目】面板中，双击"合成2"素材，进入"合成2"合成的编辑面板，双击"热点话题"文字图层，重新输入文字"民生百态"，如图12-118所示。

图12-118

03 双击【项目】面板，导入"素材3.jpg"文件，并将"素材3.jpg"文件拖曳至"合成2"中，如图12-119所示。

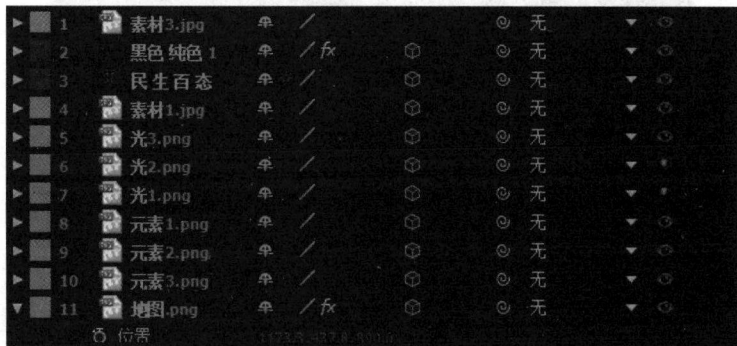

图12-119

04 选择"素材3"图层，将"素材3"图层转换为三维图层，将"素材3"的【位置】属性参数调整为1345.8,325.9,0.0，【缩放】属性参数调整为40.0,40.0,40.0%，如图12-120所示。

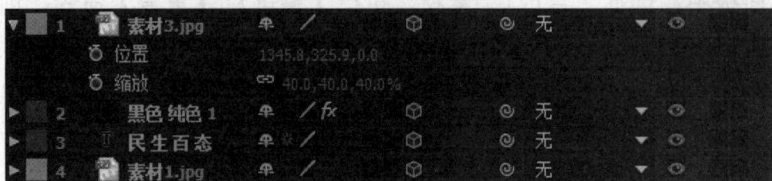

图12-120

05 选择"素材1"图层，执行【编辑】|【清除】命令，如图12-121所示。

图12-121

06 执行【合成】|【新建合成】命令，新建合成，在【预设】选项中选择【HDV/HDTV 720 25】，将合成的【持续时间】调整为10秒，【合成名称】修改为"镜头2"，如图12-122所示。

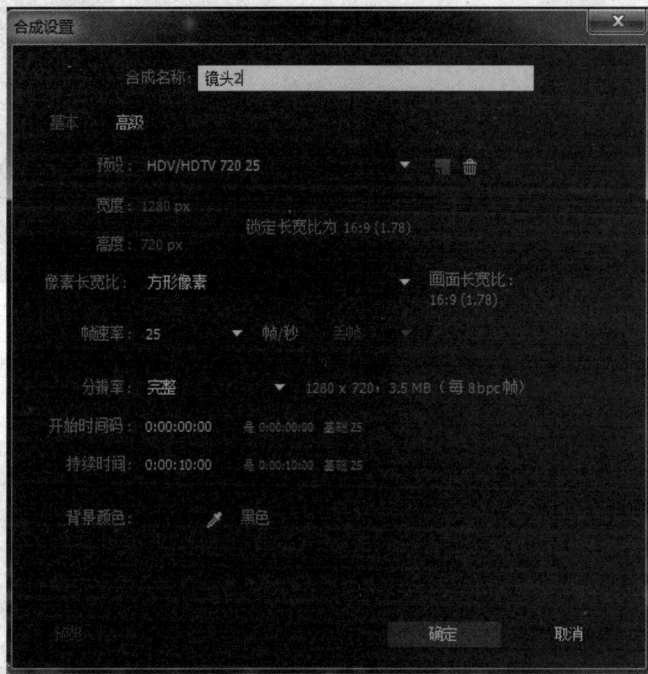

图12-122

07 将"合成2"合成拖曳至"镜头2"合成中，作为"镜头2"的素材，如图12-123所示。

图12-123

08 将"合成2"图层转换为三维图层,并开启塌陷开关■,如图12-124所示。

图12-124

09 执行【新建】|【摄像机】命令,在【摄像机设置】对话框中,将【预设】选择为【35毫米】,单击【确定】按钮完成创建,如图12-125所示。

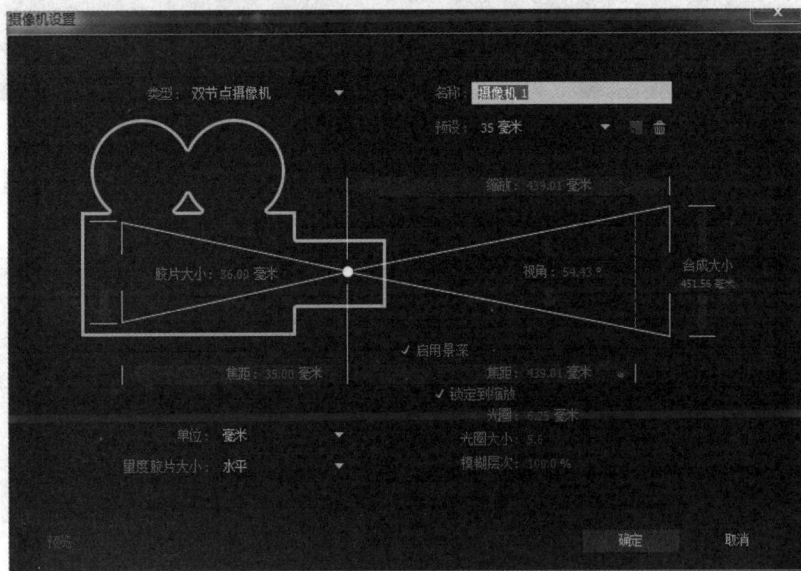

图12-125

10 选择"摄像机1"图层,将【时间指示器】移动至0:00:00:00位置,激活【目标点】和【位置】属性的【时间变化秒表】按钮,并将【目标点】属性参数调整为-1520.0,330.0,0.0,【位置】属性参数调整为-1520.0,330.0,-1244.4,如图12-126所示。

图12-126

11 选择"摄像机1"图层，将【时间指示器】移动至0:00:00:08位置，将【目标点】属性参数调整为646.0,352.0,0.0，【位置】属性参数调整为646.0,352.0,-1244.4，如图12-127所示。

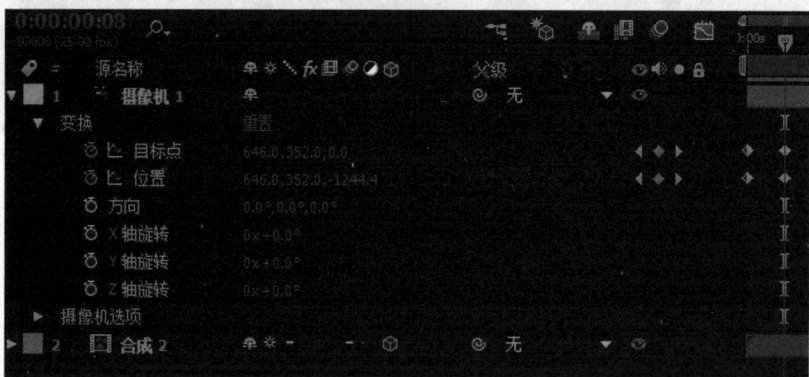

图12-127

12 选择"摄像机1"图层，将【时间指示器】移动至0:00:01:07位置，将【目标点】属性参数和【位置】属性参数在当前时间点添加关键帧，如图12-128所示。

图12-128

13 选择"摄像机1"图层，将【时间指示器】移动至0:00:01:11位置，将【目标点】属性参数调整为572.0,387.5,0.0，将【位置】属性参数调整为552.9,387.5,-1096.5，如图12-129所示。

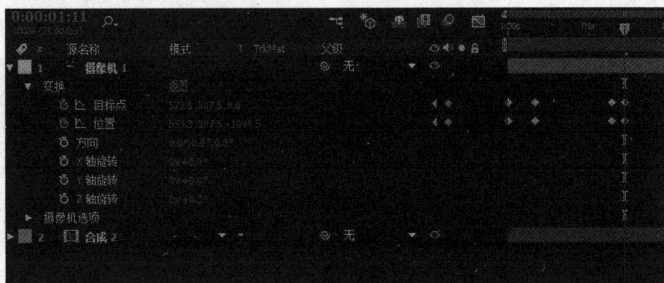

图12-129

14 在【时间轴】面板的空白区域单击鼠标右键，执行【新建】|【空对象】命令，创建空对象图层，如图12-130所示。

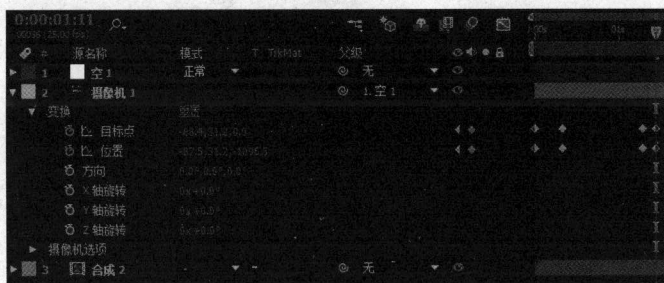

图12-130

15 选择"空1"图层，展开图层变换属性，在【位置】属性中添加表达式，输入"wiggle(4,7)"，如图12-131所示。

图12-131

16 选择"摄像机1"图层，指定图层的父级图层为"空1"图层，如图12-132所示。

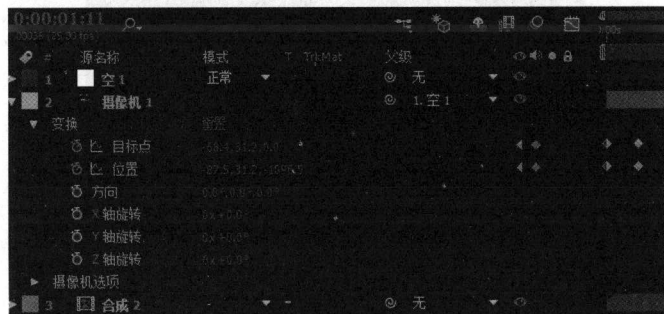

图12-132

17 选择"镜头1"合成中的"深红色 纯色1"图层、"深蓝色 纯色1"图层、"flare"图层，执

行【编辑】|【复制】、【编辑】|【粘贴】命令，复制到"镜头2"合成中，如图12-133所示。

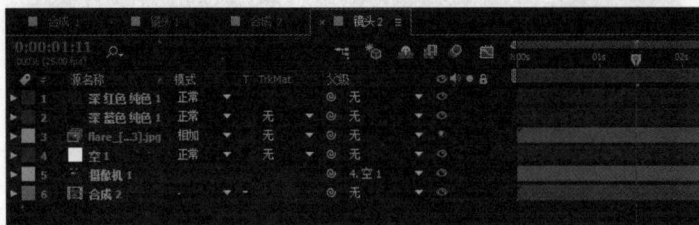

图12-133

18 使用相同的方法制作"镜头3"合成，如图12-134所示。

图12-134

12.2.3 制作镜头4动画

01 双击【项目】面板，导入"镜头4.PSD"图层，在【导入种类】选项中，选择【合成-保持图层大小】，单击【确定】按钮完成导入，如图12-135所示。

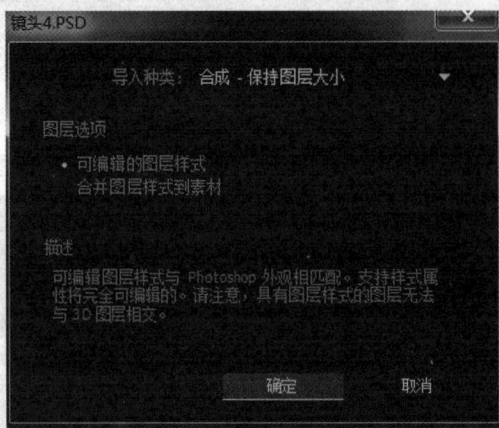

图12-135

02 在【项目】面板中双击"镜头4"合成，进入合成编辑面板。选择"新闻直通车"图层，执行【效果】|【生成】|【梯度渐变】命令。在【效果控件】面板中，调整【梯度渐变】属性参数，将【渐变起点】参数调整为336.5,-99.0，如图12-136所示。

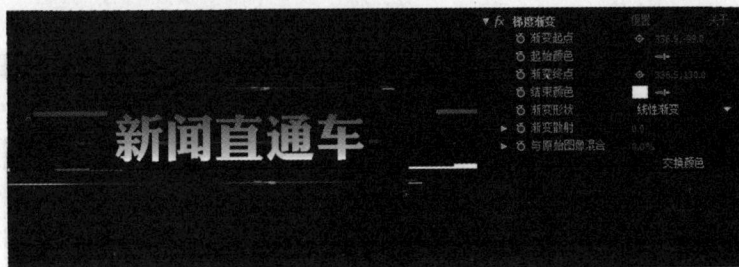

图12-136

03 选择"镜头1"合成中的"深红色 纯色1"图层和"深蓝色 纯色1"图层,执行【编辑】|【复制】、【编辑】|【粘贴】命令,复制到"镜头4"合成中,如图12-137所示。

图12-137

04 选择"新闻直通车"图层,将图层转换为三维图层。将【时间指示器】移动至0:00:00:21位置,激活【Y轴旋转】和【不透明度】属性的【时间变化秒表】按钮,并将【Y轴旋转】属性参数调整为0×+90.0°,【不透明度】属性参数调整为0,如图12-138所示。

图12-138

05 选择"新闻直通车"图层,将【时间指示器】移动至0:00:01:03位置,将【Y轴旋转】属性参数调整为0,【不透明度】属性参数调整为100%,如图12-139所示。

图12-139

06 双击"项目"面板，导入"light.mov"文件，将素材拖曳至"镜头4"合成中。将"light. mov"素材的起始点调整至0:00:00:04位置，图层混合模式为【相加】，并将图层放置于"新闻直通车"图层之上，如图12-140所示。

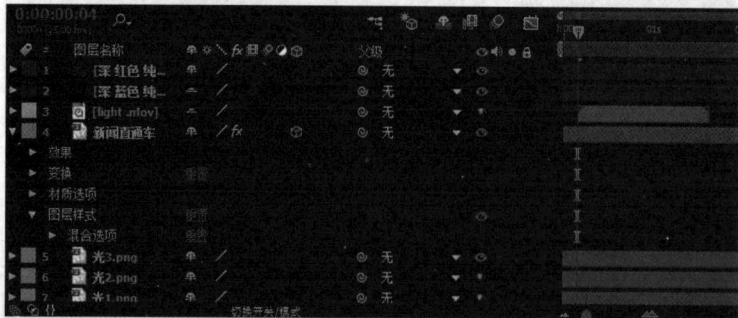

图12-140

07 在【时间轴】面板的空白区域单击鼠标右键，执行【新建】|【调整图层】命令，新建"调整图层1"，如图12-141所示。

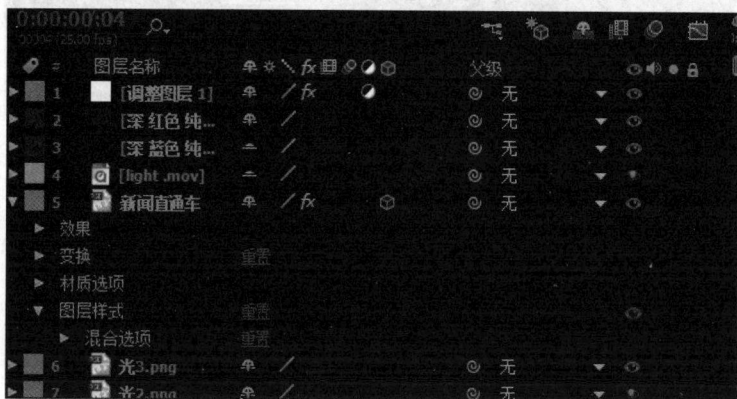

图12-141

08 选择"调整图层1"图层，执行【效果】|【颜色校正】|【亮度和对比度】命令，将【时间指示器】移动至0:00:00:14位置，在【效果控件】面板中，激活【亮度】属性的【时间变化秒表】按钮，如图12-142所示。

图12-142

09 将【时间指示器】移动至0:00:01:02位置，在【效果控件】面板中，将【亮度】属性参数调整为150，如图12-143所示。

图12-143

10 将【时间指示器】移动至0:00:01:14位置,在【效果控件】面板中,将【亮度】属性参数调整为0,如图12-144所示。

图12-144

11 选择"新闻直通车"图层,执行【编辑】|【重复】命令,复制出"新闻直通车2"图层,如图12-145所示。

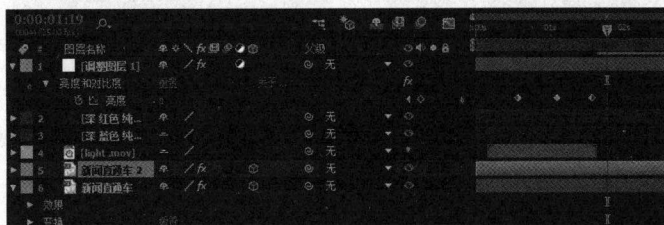

图12-145

12 选择"新闻直通车2"图层,将图层混合模式调整为【相加】,使用【矩形工具】绘制遮罩,如图12-146所示。

图12-146

13 选择"新闻直通车2"图层的"蒙版1"，将【时间指示器】移动至0:00:01:19位置，激活【蒙版路径】属性的【时间变化秒表】按钮，将"蒙版1"移动至画面左侧位置，如图12-147所示。

图12-147

14 选择"蒙版1"，将【时间指示器】移动至0:00:02:08位置，将"蒙版1"移动至画面右侧位置，如图12-148所示。

图12-148

15 选择"蒙版路径"中的关键帧，执行【编辑】|【复制】、【编辑】|【粘贴】命令，复制关键帧，如图12-149所示。

图12-149

12.2.4 合成镜头

01 执行【合成】|【新建合成】命令，新建合成，在【预设】选项中选择【HDV/HDTV 720 25】，将合成的【持续时间】调整为10秒，【合成名称】修改为"总合成"，如图12-150所示。

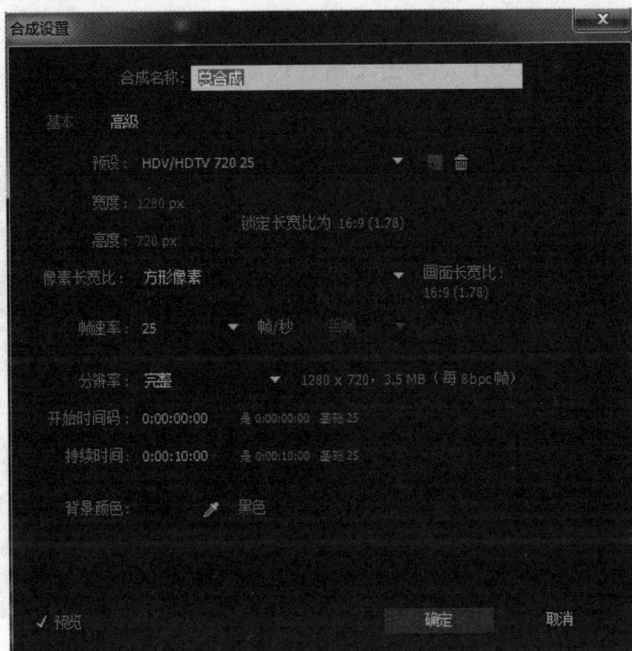

图12-150

02 将"镜头1"、"镜头2"、"镜头3"、"镜头4"拖曳至"总合成"中,如图12-151所示。

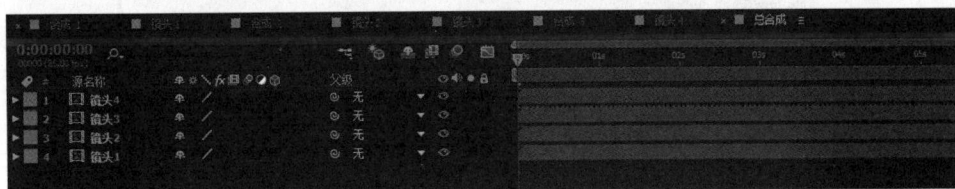

图12-151

03 将"镜头2"图层的入点调整至0:00:02:20位置,"镜头3"图层的入点调整至0:00:05:07位置,"镜头4"图层的入点调整至0:00:07:01位置,如图12-152所示。

图12-152

04 双击【项目】面板,导入"背景音乐.mp3"文件,并将素材放置在"总合成"中,如图12-153所示。

图12-153

05 选择"总合成"合成，执行【合成】|【添加到渲染队列】命令，在【输出模块设置】面板中，将【格式】选项调整为【AVI】，单击【格式选项】，在【AVI选项】中，选择合适的视频编码解码器，如图12-154所示。

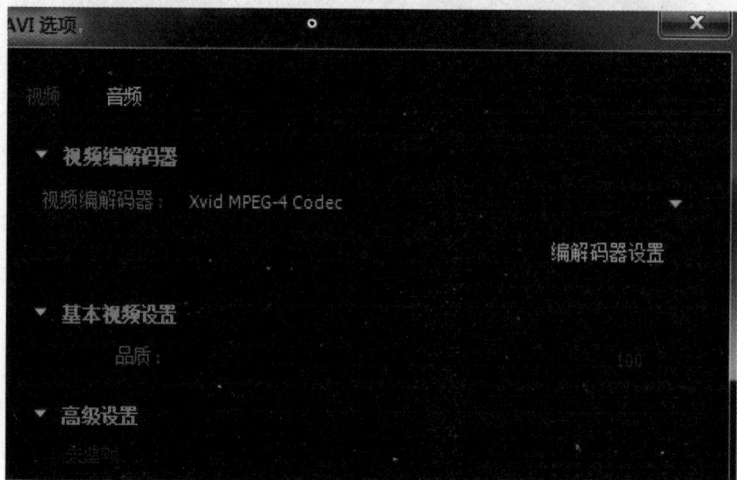

图12-154

06 在【输出到】选项中，设置文件输出路径位置，并单击【渲染】按钮，如图12-155所示。

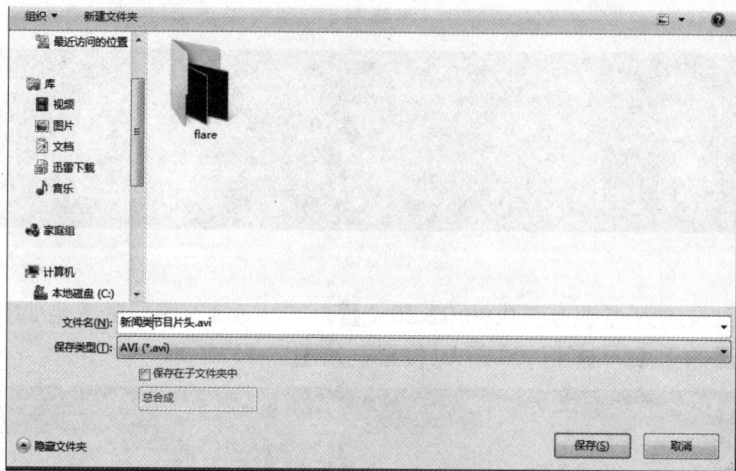

图12-155

至此，本案例制作完成。